Rumbo al final

Rumbo al final

La agonía del planeta

Alcides Vidal

Copyright © 2016 por Alcides Vidal.

Número de Control de la Biblioteca del Congreso de EE. UU.:　　2016905480
ISBN:　　　　Tapa Dura　　　　　　978-1-5144-8233-9
　　　　　　　Tapa Blanda　　　　　978-1-5144-8232-2
　　　　　　　Libro Electrónico　　　978-1-5144-8231-5

Todos los derechos reservados. Ninguna parte de este libro puede ser reproducida o transmitida de cualquier forma o por cualquier medio, electrónico o mecánico, incluyendo fotocopia, grabación, o por cualquier sistema de almacenamiento y recuperación, sin permiso escrito del propietario del copyright.

Las opiniones expresadas en este trabajo son exclusivas del autor y no reflejan necesariamente las opiniones del editor. La editorial se exime de cualquier responsabilidad derivada de las mismas.

Información de la imprenta disponible en la última página.

Fecha de revisión: 04/07/2016

Para realizar pedidos de este libro, contacte con:
Xlibris
1-888-795-4274
www.Xlibris.com
Orders@Xlibris.com
738210

CONTENIDO

Agradecimientos..vii
Prefacio ix
Exordio de la Obra xi
Introducción..xvii

Capítulo I 1
    Empezando desde el Origen 1
    El Planeta Tierra Enfermo 13
    El Contexto del Planeta Tierra................................15
    El Teorema de la Vida Limitada..............................27
    La Vejes del Planeta Tierra......................................33
    Rumbo al Final - La Agonía del Planeta................40

Capítulo II...**51**
    La Lucha por el Equilibrio Biológico......................51
    Aparición de la Vida Terrenal 57
    El Ser Viviente..81

Capítulo III **87**
    La Vida 87
    Vida Terrenal en Perspectiva 92
    La Biocosmos 95
    La Especie Humana logra el "Grado D" 102
    Dejando Huellas...108

Capítulo IV **122**
    La Superpoblación del Planeta..............................122
    Peligroso aumento poblacional Terrestre 126
    Países más poblados...130
    Conclusión..139

Capítulo V..**142**
    Consecuencias del Aumento Poblacional 142

Capítulo VI **181**
    La Pobreza Mundial 181

Capítulo VII **198**
    Problemas Heredados del Siglo Pasado 198
    Primer Problema del Siglo - El Hambre 213
    El Índice Global del Hambre 225
    Bolsa Familia - Brasil 236
    Segundo Problema del Siglo - El Agua 238

Capítulo VIII **246**
    El Ambiente Ecológico y su Protección 246
    Acciones para Salvar al Mundo 256
    Las Cumbres – Pactos y Tratados Internacionales 264

Capítulo IX **296**
    Contaminación y Desastres 296
    Peligro de la Basura Nuclear 307
    La Bomba Atómica 314
    El Caso Nuclear Brasileño 322
    El Poder de Fuego Humanoide 329

Capítulo X **341**
    Gastos en Armamentos 341
    La Guerra Fría y sus Armas Calientes 350
    Humano También para Liderar 360
    Poder de Alienación Humana 375

Capítulo XI **384**
    Bajo el amparo Legal de la Biocosmos 384
    Leyes en la Biocosmos 384
    Enunciados de la Leyes de la Biocosmos 386

Capítulo XII **393**
    Conclusión 393

    Bibliografía, Referencias y Notas 399
    Siglas 412
    Palabras nuevas 417

AGRADECIMIENTOS

AGRADEZCO A LOS brillantes escritores, científicos, articulistas y a todos de manera general, de quienes sus estupendas ideas las sumé a las mías, en beneficio de la humanidad y del Planeta Tierra.

Mi cariñoso agradecimiento para todas las personas que me ayudaron iniciar, desarrollar y terminar esta obra.

    Claudia Faustino
    Daniel Vidal Farfán
    Hugo Salinas
    José Armando Rondán Aguilar
    Júlia Carolina Gabancho Quiñones,
        mi madre, 102 años, transicón del idealizado Mundo-2.

Especial thanks:

    Xlibris' team.

PREFACIO

SOMOS PARTE DE una generación de Seres Humanos muy afortunados que habitamos el Planeta Tierra en dos históricos tiempos: A fines del milenio pasado y en las décadas iniciales de éste. Singulares eras donde no todo fue gloria en nuestro largo trajinar. Con el advenimiento de la modernidad aparecieron gigantescos problemas globales que en la actualidad han obligado al ser humano, en su conjunto, a participar más activamente en la búsqueda de alternativas de solución.

La obra desarrolla el tema desde dos puntos de vista: Primero, hace conocer que el Planeta Tierra pasa por momentos clamorosos y merece la urgente atención del ser humano. Segundo, denuncia que la Especie Humana se ha apropiado del Planeta Tierra con absoluta exclusividad, sin tener en consideración que la vida de las demás especies peligra y también alerta que la sobrepoblación humana produce los primeros efectos negativos que se agudizarán a mediados de este siglo.

Son realidades muy bien identificadas y fáciles de mensurar pero que se proyectan como problemas calamitosos para el Planeta Tierra, su biodiversidad y en especial para la Especie Humana. Razones por las que este libro se propone concientizar a la Sociedad Mundo para cambiar paradigmas, con el intuito de intentar desacelerar el ritmo del definitivo "Rumbo al Final" del Paneta Tierra, para incidir en una vida mejor para todos.

El autor

EXORDIO DE LA OBRA

LA OBRA SE enrumba para traer a luz un problema que a la larga se convertirá en un grito humano de clamor. Hoy el Planeta Tierra, donde la Especie Humana apareció para iniciar su constante e imparable proceso de evolución, no es más el planeta grandemente viviente como lo fue en un principio. El Planeta Tierra se ha debilitado, está maltratado, avejentado y muy comprometido se dirige a su definitivo "Rumbo al Final".

Sin embargo reconforta al informar que esa situación debe ser observada como un fenómeno esperado; porque lo que está sucediendo con el Planeta Tierra no es nada más que un desgaste de vida, un envejecimiento natural, un debilitamiento esperado de recursos y un fenómeno que tarde o temprano tendría que acentuarse infaliblemente.

La obra exalta que la preocupación, en mayor grado, está relacionada con la presencia comprometedora de la Especie Humana (**EH**) en ese contexto. El Ser Humano, habitante terrenal en mayoría, tiene su cuota de participación en ese proceso. Por no decir que su responsabilidad es significativa. El hombre, a pesar de saberlo, finge que no ve y lamentablemente mantiene su acción destructora con una fuerza incontenible, contribuyendo para que todo transcurra en un tiempo menor de lo esperado; ya que se observa que la acción devastadora humana sigue su curso, consecuentemente su participación continuará con la misma intensidad, siempre ayudando a poner velocidad al proceso en que el Planeta Tierra (**PT**) se encuentra. Situación muy oportuna que exige que la **EH** tenga consciencia de ese proceso para que pueda recapacitar a tiempo, contribuyendo para que esta situación sea minimizada y consecuentemente elimine parte de su responsabilidad.

"*Estamos viviendo un mundo que cambia rápidamente*" **George Bush**, 27/09/1991. Verdad, pero el cambio mencionado no es en el sentido del "Rumbo al Final", es otro.

No obstante, el libro hace una ponderación oportuna, ya que encuentra en la acción del Ser Humano una incongruencia del destino terrenal; con una mano construye y a sabiendas, con la otra destruye; con su voz afirma y reconfirma y luego desmiente y niega; reconoce y después desconoce y luego incrimina e ignora. Sin embargo, muy sumergido en el ambiente viviente del PT, que a pesar de encontrarse realmente en su imparable "Rumbo al Final" (**RF**), paradójicamente el hombre está consiguiendo vivir más tiempo cada día que pasa. El promedio de la Expectativa de Vida (**EV**) del Ser Humano alrededor del mundo, ha aumentado significativamente, sobre todo desde las primeras décadas del milenio en el que estamos viviendo y que augura convertir a este Siglo en el de mejor EV para la EH, que en toda la historia de la humanidad.

Al mismo tiempo el libro observa que **no basta vivir más tiempo y mejor**, sino que la EH necesita tener consciencia del significado de la vida y del papel que juega la acción de mantener al PT saludable y conservado, por lo que necesita analizar las implicancias y repercusiones de su obra con prioridad, ya que, con el pasar del tiempo el hombre se ha olvidado de sus responsabilidades naturales y ha pasado a apoderarse del PT incondicionalmente y lo que es peor, lo está superpoblando a doquier. Consecuentemente las otras especies vivientes, ciertamente están siendo muy perjudicadas. Como es de conocimiento público, muchas de las especies ya perdieron su hábitat natural y de las pocas que restan están migrando para intentar adaptarse a la vida en los grandes centros urbanos, como ocurre con las palomas silvestres, las tórtolas, los gallinazos, las gaviotas, las lechuzas, los tucanes y otros animales más, dependiendo de la región contemplada. Observando esa lamentable situación podemos registrar muchos casos en que algunas especies, tanto animal como vegetal ya fueron extinguidas.

La obra no deja de poner en tela de juicio su preocupación futurista y conciliadora de esperanza. Dice que el hombre, poblador camuflado en el estruendoso mundo de la tecnología, cree tener suficientes argumentos para considerarse muy orgulloso de formar parte de una sociedad de "Humanos Diferentes", que nunca antes existió. Pero el mismo hombre actual, racional, inteligente, moderno y constructor de la innovación, ha relegado por completo sus principios básicos, relacionados con las condiciones del desarrollo de la vida terrenal y no está recapacitando sobre <u>la verdadera finalidad de su existencia en el centro de este sistema viviente</u>. Él, continúa ignorando que es exactamente el sistema viviente que olvida e ignora, el que permitió el origen de su especie y el que propició las condiciones para que el ser humano se desarrolle incondicionalmente para continuar habitándolo hasta la consumación de su especie. Bajo esas circunstancias el hombre aún tiene la oportunidad para demostrar con resultados, el cumplimiento de sus verdaderas razones del porqué de su existencia en el PT, si es que así lo deseara hacer hoy, conscientemente.

El libro enfáticamente hace entender que el Hombre Terrenal de hoy se enrumba por senderos diferentes, dejando atrás sus dogmas naturales. Ha preferido iniciar una nueva labor en su actividad cotidiana y ha incluido obligaciones diferentes por cumplir. Ahora él quiere dedicarse en cuerpo y alma a su actividad moderna; dando origen a la nueva era del trabajo intelectual en el desarrollo tecnológico, buscando la superación y la ganancia del codiciado dinero. Hoy pasa a preocuparse más, por no decir con exclusividad, por el aspecto material y financiero y dirige su objetivo hacia la avaricia, en cómo adquirir más y más la ambicionada fortuna, acumulándola, en señal de ostentación y riqueza, característica y ambición general de la sociedad actual.

La obra también demuestra que el hombre de hoy está muy comprometido con el mundo de las finanzas, siempre sin salida y sediento por adquirir más, invirtiendo sus ganancias en bienes con mayor valor monetario, que a simple vista realmente parece ser importante y hasta cierto punto da la impresión de que esa actitud fuera vital; más en un análisis de conciencia posterior, específicamente realizada en la hora de hacer el **Balance Contable Material Final** concluye que: "todo lo que ha adquirido, comparado con todo lo que de la vida lleva, el resultado final siempre dará un cociente cuantificador negativo; cierra el arqueo del ciclo de adquisición de un bien material y capital en rojo"; situación que hace concluir que al final de cuentas: "tanta preocupación, durante toda una vida por el codiciado dinero, por la ostentación de la riqueza, por el uso de las marcas o grifes y por un bien material, no sirvió de nada, a pesar de haber tenido una impresión contraria".

> *"(…) Solo puedo llevar conmigo los recuerdos que fueron fortalecidos por el amor. Esta es la verdadera riqueza que te seguirá, te acompañará, le dará la fuerza y la luz para seguir adelante".* **Steve Jobs.**

El hombre lucha a lo largo de toda su vida para guardar y acumular dinero. Hasta parece que solo vive para practicar ese vicio. Al final todos mueren, la mayoría de ellos pobres y algunos otros sin saber que se encontraban echados sobre un colchón de billetes o de ser poseedores de una suntuosa cuenta bancaria que ya no sirve para nada más.

Ponga mucha atención: *"Me fingí estar muerto para ver cómo sería mi entierro"*. Fidel Castro. Nosotros aumentaríamos: "Y *para ver el despilfarro del dinero, herencia"*.

La obra arenga que la vida es para vivirla constantemente bien y siempre buscando la felicidad; no para dejarla pasar en el tiempo preocupados en cómo guardar o cómo no gastar el codiciado dinero. Pero si existe el dinero hagamos de él un auxiliador para conseguir vivir más y mejores tiempos, jamás para guardarlo pensando en que beneficiará a otros, posiblemente sean los llamados herederos, ellos solo lo despilfarrarán, olvidándose del resto.

Es muy oportuno recordar: *"A los ojos de los demás, mi vida ha sido el símbolo del éxito. Sin embargo, aparte del trabajo, tengo poca alegría. Finalmente, mi riqueza no es más que un hecho al que estoy acostumbrado".* Extraído de las últimas palabras de "**Steve Jobs**".

Lo que hace concluir que una situación muy especial es la que viene caracterizando al hombre de la Sociedad Moderna, calificada como una sociedad hambrienta de riqueza. Es la sociedad que pertenece al Mundo del Planeta Finanzas, donde el hombre moderno no satisfecho con su ambición personal, pasó a imponerlo preponderantemente como un único sistema de vida, para que sea heredado por inocentes generaciones que, ya nacerán endeudadas. Razones por las que esta obra pone las cartas sobre la mesa para mostrar un problema que hoy merece ser llevado en consideración; indicando que es éste el momento en el cual deben aparecer las primeras manifestaciones de cambios de postura de esa sociedad, situación que contribuirá para mejorar junto a muchos otros factores de la vida en sociedad y a la larga redundará en beneficio de la vida del proprio PT y consecuentemente también en la de todas las demás especies vivientes de manera general. Cambios estos que permitirán que la EH pueda vivir más, mejor y llena de esperanzas los nuevos tiempos.

La obra no deja de proyectar un futuro auspicioso para el Ser Humano cuando presenta alternativas ambiciosas como la vida en "Dos Mundos" y hasta en tres, que se podrían hacer realidad si algunas condiciones fundamentales fueran cumplidas. Pero para ver toda esta ambición hecho realidad, hay que concientizar primero a la Sociedad Mundo, alertando que la vida en este maravilloso PT, hoy, altamente viviente, es transitoria y que el Ser Humano no puede acomodar su quehacer del día a día para dejar pasar la vida en vano, sino que debe orientar su existencia hacia una vida mejor, saludable, mayor y con armonía general, ya que estos deseos son absolutamente realizables; por lo que esta obra viene para promover este punto de vista sin dejar de alertar que el PT se encuentra en su imparable "Rumbo al Final" y que la EH algo puede hacer para minimizar ese proceso.

INTRODUCCIÓN

ESTAMOS TRAYENDO A luz, de manera singular y con innovaciones, la actual situación viviente terrenal, observado bajo dos perfiles: **Primero**, el Planeta Tierra (**PT**) y su inminente "Rumbo al Final" (**RF**) con todas sus consecuencias y **Segundo**, la "Especie Humana" (**EH**) con su descomunal obra y superpoblando el PT descontroladamente. Al mismo tiempo destacamos problemas como: el Calentamiento Global, el armamentismo y sus consecuencias, la basura nuclear, el ambiente ecológico y su protección, entre otros y no podría dejar de incluir los problemas generados por la extrema pobreza en el mundo y sus implicancias; achacando gran culpabilidad en la acción imperante de la mano del hombre. A pesar de relatar serios problemas que degradan la vida humana destacamos que un gran porcentaje de personas en el mundo, de una manera general, está consiguiendo vivir mejor y más tiempo, esto es, mejorando la Expectativa de Vida (**EV**) de su región.

Iniciamos la obra advirtiendo la existencia de una serie de problemas globales que merecen la atención humana inmediata, presentándolos como alertas para que la Cultura Mundo de Humanos la pueda digerir con prioridad, dentro de lo posible para que corra, actuando proactivamente, previniendo para que todo lo anunciado no se llegue a agudizar, trayendo consigo terribles consecuencias futuras. En ese sentido señalamos que la EH ha poblado el PT de una forma exagerada e incondicional; haciéndolo libremente y sin ninguna exigencia, restricción o condición a cambio. Lo neurálgico de esta situación es que la raza humana continúa multiplicándose a un ritmo acelerado, al extremo de consolidar la superpoblación del PT en apenas tres a cuatro décadas más (2050). Situación que nos ha exigido dedicar gran parte del enfoque al problema de la masiva población terrena y al estudio de sus consecuencias. Concluyendo que la sobrepoblación terrena también es un factor que contribuye, dando mayor ritmo para que el inminente e imparable RF del PT continúe su curso con mayor velocidad y sin chances de poderlo detener.

Sin embargo, no podríamos dejar pasar por alto un aspecto muy importante, que es el de hacer entender al hombre de este tiempo que *"se ha olvidado de sus principios básicos, sobre todo del espíritu del desarrollo de la vida terrenal y de la verdadera finalidad de su existencia en el centro de este sistema viviente"*. El hombre ha dejado de observar que es exactamente ese sistema viviente el que ha permitido el origen de su especie y lo que es más importante, que la EH se pueda desarrollar incondicionalmente y con absoluta libertad hasta ahora.

La conciencia clamorosa que esta obra exclama es la voz imperante que pretende hacer entender a los integrantes de la EH que deben recapacitar a tiempo para que, por lo menos puedan contribuir para minimizar los daños, ya que el PT lamentablemente se encuentra en su verdadero e imparable RF, donde la acción humana tiene una cuota de participación. Como ya fue observado, este proceso es natural y se realiza bajo los dogmas de la **"Ley de la Biocosmos**[1]**"**. No obstante, alentador es poder concluir alertando que hay mucho por hacer para que ese proceso no se acelere. Una actitud conciliadora del Ser Humano, muy bien podría minimizar el RF del PT.

Todo trabajo que se relaciona con el Ser Humano; "Vida en el Planeta Tierra" y vida fuera del PT (mundos vivientes integrantes de la Biocosmos), de una manera general implica una explicación especial y profunda con alto grado de complejidad. Por lo que esta obra, refiriéndose a la etapa actual de la vida del PT, trata también el complejo tema, la "Curva de la Vida" del ser viviente en general y en especial de la Especie Humana, suscitándose dentro de la "Línea del Tiempo del Ciclo Viviente Terrenal" (**CVT**), comprendiendo el proceso

---

[1] **Biocosmos** – Biodiversidad en el Cosmos. Biocosmos (Biodiversidad) Vida en el Cosmos. Teoría que define a los organismos vivientes que aparecen al reproducirse desde células de otros organismos vivientes y, no desde una materia no viviente. Biocosmos, ciencia madre de las ciencias. Biodiversidades, algo idéntica a lo que viene a ser la Biología para el PT. Biocosmos, vida de especies en diferentes niveles de desarrollo viviente fuera y dentro del PT. El Planeta Tierra forma parte de la Biocosmos.

que se realiza en el "Macro Sistema Viviente Terráqueo" (**MSVT**), que incluye: ciencia, investigación, conocimiento, filosofía, cronología, indicios, restos, experiencia y un arduo y dedicado trabajo, asociado al estudio para poderlo definir en su amplitud. (Observación[2]).

Esperamos que esta obra arribe con el intuito de alertar, enseñar, orientar, recordar y mostrar que "la vida de un ser: no viene, no pasa y ni se va en vano". Que el contenido de la obra arroje luz para facilitar y ayudar a minimizar las causas de los problemas que influencian para que el PT haya adquirido celeridad en la situación que se encuentra actualmente.

Por estas y otras razones estamos centrando nuestra preocupación en los más de ocho billones de Seres Humanos que pueblan el PT, apuntándolos como los cómplices también de lo que ocurre mal, como resultado de su acción en este mundo. Por lo que creemos que esta obra aparece para dar el grito inicial, la alerta certera y hasta para sugerir posibles soluciones. Intenta demostrar que hay mucho por hacer, sobre todo en lo relacionado con la contribución activa en la preservación del medio ambiente, que como se observa no es llevado en serio y ni tratado con la conciencia consensual que se merece para que sea realizada a plenitud.

El mensaje breve que esta obra trae es alertar y expresar que el hombre, fiel representante de la EH ignora la gravedad de sus acciones en contra de la Madre Naturaleza, olvidando que ese inofensivo medio ambiente es el responsable para que la biodiversidad se mantenga en desarrollo y continúe ofreciendo condiciones para que las demás especies vivan también. Por lo que creemos que esta obra llega en el momento más oportuno posible, como aviso de que el PT, ultrajado y repleto de maldad, se dirige en su "Rumbo al Final"; sin olvidar que la EH también se encuentra dentro de ese increíble proceso; lo que hacer entender que, los integrantes de la EH también viajan como pasajeros, juntos, en ese mundo mayor y que el final forzado y en simultáneo se hará realidad, si la EH perdurara hasta que ese instante se pueda realizar.

---

[2] **Observación:** A última hora el tema sobre la Curva de la Vida fue desglosado de esta obra y está siendo publicado como un libro aparte. La obra original resultó demasiado grande y no quisimos editarlo por tomos, por lo que preferimos constituirlo en un nuevo libro. Mil disculpas.

CAPÍTULO I

Empezando desde el Origen

AÚN ENCONTRAMOS DIFICULTAD para conocer el origen de la vida, pero somos incansables en su búsqueda. Lo que hace con que, enfrentar los desafíos sea la mayor virtud que ostentan los integrantes de la Especie Humana (EH), autóctona del Planeta Tierra (PT), que lucha incesantemente por conocer su origen, aunque desconfía que tenga que desaparecer antes de descubrirlo. Razones por las que nos remontaremos al ámbito de la historia de la humanidad, de donde esperamos extraer algunos conocimientos para ilustrar que desde el principio el hombre siempre se ha preocupado en saber, en conocer, en su bienestar y en la de sus descendientes, y por luchar por conseguir sus ideales. Obvio, haciéndolo primero, para sobrevivir y luego, para no morirse de hambre. En seguida pasó a preocuparse por su grupo familiar y sus vecinos y luego por su aldea. El Ser Humano siempre fue muy grato con "La Madre Naturaleza", por ejemplo: los aborígenes en Bolivia y en algunas regiones del centro y sur en Perú muy bien lo reconocen llamándola "*La Pacha Mama*"; la Madre Tierra, con mucha razón, pero la mayoría terrestre no vive en esas regiones.

En la Era de la Piedra los integrantes de la EH ya se daban cuenta de la importancia de ser parte de un mundo mayor y saludable, aun con sus escasos conocimientos al respecto. En ningún instante ellos actuaron para destruir su entorno; lo único que buscaban era encontrar un lugar seguro y mejor para fijarse y continuar desarrollando sus vidas familiarmente. La Tierra era sagrada, pues de ahí venía el sustento alimenticio diario y ellos demostraron que podían vivir en un mundo absolutamente natural. Desde esa era el Ser Humano ya utilizaba pedazos de árboles o de arbustos como bastón de apoyo, estaca, palo abre trochas y tal vez sea el bejuco el más utilizado en los quehaceres primitivos para auxiliarse. Luego inventó sus rudimentarias herramientas y materiales de defensa, como extensión de sus brazos, dándoles un mayor alcance, ya que su función fundamental era la caza y la defensa contra los animales que los podían atacar o contra las fieras que podría encontrar en su errante trajinar.

En el período **Paleolítico** el hombre era poseedor de algunas rudimentarias armas de piedra tallada como: hachas, mazos, puntas de lanzas, arpones y otros elementos como hueso y madera dura. Experiencias mejoradas en el **Neolítico** cuando sus armas de piedra fueron pulidas y sirvieron para distintos otros usos. Fueron épocas cuando se inventó el arco, la flecha, la onda de bejuco, muy rudimentarios y de poco poder inicialmente, pero que mejoraron notablemente el alcance del cazador.

En el transcurso de varios milenios el hombre descubrió que podía utilizar las semillas y se dedicó a la agricultura primitiva, razones por las que decide establecerse en lugares fijos por largas temporadas, beneficiándose del resultado de su accionar en la producción agrícola. Los primitivos asentamientos humanos crecieron exactamente en los valles y en los alrededores de las tierras de cultivo y así aparecieron grupos de cabañas, viviendas para constituir la población. En ese período también se descubrieron los metales, que fueron convertidos en elementos para la fabricación de herramientas de labranza y para mejorar las rudimentarias armas.

En la **Edad del Bronce,** auxiliados por el control del fuego que llegaron dominar, las antiguas y rudimentarias armas progresaron; Ejemplo: las lanzas con puntas de piedra o de hueso fueron reemplazadas por puntas de bronce. Este Mineral también fue utilizado para elaborar pesadas y largas espadas de doble filo; se inventaron también picas, dardos y otros elementos arrojadizos con puntas de bronce. Las armas eran manufacturadas con la finalidad de defenderse de animales predadores y más tarde, hasta del propio hombre, por lo que se inicia el proceso de invención de armas para la lucha contra el otro hombre; que por señal, perdura hasta la actualidad, pero de esta vez con armamento sofisticado.

"En el origen de la Humanidad, los seres humanos logran reproducir su actividad económica utilizando sus extremidades

corporales para obtener los bienes alimenticios necesarios para su supervivencia. Es una manera de trabajar que lo denomino proceso de trabajo a mano desnuda, porque son sus manos la única herramienta del cual disponía[3]" Dr. Hugo Salinas.

Todo este raciocinio nos hace concluir que el hombre antiguo aprendió a construir lo que necesitaba y a cazar animales; posteriormente hacía realidad el proceso de domesticación de algunos de ellos y descubre la habilidad de hacer germinar semillas y cultivar las plantas. Luego compartía y realizaba el intercambio con sus vecinos de aldea de lo que sabía hacer y poseía. Actividades estas identificadas como el intercambio de alimentos, o cambio de un producto que tenía por otro, acción que posteriormente fue llamada de "trueque". Entonces, ya se practicaba alguna labor-productiva-familiar-social, pero esa práctica era benéfica, necesaria, colaborativa, contributiva y con intenciones de un intercambio recíproco y nunca como una impostora obligación comercial especulativa cambiando un bien por dinero.

Un milenio Previos Calendario Actual (PCA) ya existían los llamados "Derechos de Propiedad" y se practicaba el Sistema de Mercado entre babilonios y fenicios. En el periodo que comprende los siglos XVI al XVII el Capitalismo se expande del Continente asiático hasta el Continente Europeo.

Con el descubrimiento de América la navegación prospera y se abren rutas marítimas jamás imaginadas antes. El comercio se amplió desde el Mediterráneo hasta el Océano Atlántico que sumado a la exploración de las especerías en Asia, permitió que Europa crezca económicamente mientras que India y China, que respondían por la mitad de la economía mundial, eran superadas.

España consolidó su dominio en el Nuevo Continente. Los Reyes de España en su ambición por la riqueza y la ampliación de su territorio, al instalar sus colonias emplearon hombres que practicaron métodos crueles contra los aborígenes (indios), en la búsqueda del oro y la plata,

---

[3] Dr. Hugo SALINAS - LAS EMPRESAS-PAÍS Y LA GRAN TRANSFORMACIÓN, La empresa, unidad celular de una economía de mercado, Pagina 19, Lima Perú.

en las minas y tierras de cultivo en lo que hoy es América del Sur. Pero los indios no solamente fueron sometidos al trabajo forzado, ellos tenían que cambiar su ideología y creencias también. En ese sentido los indios en América también fueron obligados a convertirse al Catolicismo, pagando con su vida en caso se opusieran.

El colonialismo Español realizó una destrucción irrecuperable en los pueblos del Imperio Incaico: **primero**, apropiándose de sus riquezas; **segundo**: privándoles de sus costumbres; **tercero**, sometiéndoles bajo su yugo a un prolongado colonialismo y **cuarto**, obligándoles a convertirse al Catolicismo, a venerar a sus santos y a su Dios. De ese modo España implantó el colonialismo salvaje y practicó el mercantilismo que definía como riqueza a la acumulación de oro y plata.

El actual capitalismo aún estaba lejos de implantarse. La palabra "Capital" fue creada en 1860 por socialistas para referirse a cualquier cosa opuesta al colectivismo. **Marx** la usó en su libro **El Capital**. La mayoría de los países se identificaron como Capitalistas y otros como comunistas. El Capitalismo es la fuerza económica que domina el mundo. El Comunismo, un sistema maltratado por los integrantes de su antónimo. No obstante, proyecciones conscientes hacen notar que el mundo terminará comunista, forzado por las propias necesidades y la carencia de recursos donde el capital no tenga más que comprar, sumergido en el medio de la lucha de clases del uno contra el otro por algo para comer y beber.

> *"Él (Jesús Cristo) fue el primer Comunista. Repartió el pan, repartió los peces y transformó el agua en vino."* **Fidel Castro**.

Con el advenimiento de los nuevos tiempos el antiguo trueque se ha modernizado y ese sistema se ha unido a una institución capitalista integrando un mundo aparte, el Planeta Finanzas y con él, como corolario, "proliferaron los bancos" que se enquistaron en la sociedad sirviendo para almacenar el codiciado dinero y para que así se creen las castas de los que guardan más y otra de los que no tienen que guardar, resumido en los: Ricos y Políticos con sus opuestos, la clase mayoritaria, que son los Pobres (los de una extrema pobreza, por no decir los miserables).

Razones por las que venimos repitiendo que reflexionar sobre <u>la real finalidad del ser humano en la vida terrenal se hace necesaria hoy más que nunca</u>. Aunque se crea que será muy difícil de hacer un raciocinio consciente con miras de poder cambiar paradigmas enquistados en las entrañas de la sociedad, las esperanzas perduraran.

> *"El mundo del futuro tiene que ser común para todos."* **Fidel Castro**.

Verdad, debería serlo, pero está demasiado lejos de alcanzarse ese deseo.

Al mismo tiempo es fácil observar que los patrones de vida natural están siendo pasados por alto, por no decir que ya fueron olvidados. Hoy, esos estándares no existen más en la mente humana que, no tiene tiempo para recapacitar en ellos ya que en primer lugar tiene que pensar en cómo adquirir más y más dinero (con la esperanza de ser un día rico) y en dónde y cómo guardar y consumir más. Lo que hace necesario dar el grito de protesta y alertar sobre cómo estamos llevando la vida hoy y cuál es el modelo y característica del hombre en las primeras décadas vividas de este nuevo milenio, del cual, ninguno de esta generación pasará.

A propósito, cuando publiqué mi primer libro en Brasil, en los finales del milenio pasado (mayo de 1992) seleccioné un grupo de palabras que consideré tendrían suceso en el Nuevo Milenio[4]: *Colonización, competitividad, conquistas, descubiertas, deuda, enfermedades, ecología, economía, guerra, globalización, independencia, inflación, informática, inventos, modernización, mudanzas y privatización*; con las que desarrollé gran parte del libro.

Ya vivimos casi dos décadas de este milenio, (el que es llamado de Nuevo Milenio) el mismo marca una nueva era, sin embargo no nos detuvimos un instante para reaccionar y reconocer que somos afortunados porque tenemos la dicha de vivir en dos épocas dichosas: la del final del milenio pasado (hasta 1999) y el inicio del milenio actual (desde el año 2000).

---

[4] Fuente: Cartas na Mesa, Empresa Empresario e Informática, Editora Erica, Brasil 1992. Pagina 16 y 17.

Habrá mucha historia por contar y mayores sorpresas por encontrar en los nuevos tiempos.

Excepcionalmente ese cambio de milenio nos permite establecer las marcadas diferencias entre la juventud del milenio pasado con la juventud actual. La juventud actual se cree victoriosa sin haber vencido ninguna batalla; sin haber vivido bien la vida y sin haber observado que el "suceso" conseguido durante la etapa de la juventud sólo puede ser bien mensurado cuando se ingrese a la siguiente etapa del Proceso Viviente Terrenal, la adultez. No obstante, el aparente semblante de esa victoria temporal muestra el otro lado de la realidad, algo que el proceso viviente no lo puede ocultar ya que se presenta como un problema potencial.

En lo que va del período de vida que identifica a la juventud perteneciente al Nuevo Milenio (éste), observamos que ciertas manifestaciones y características son diferentes, si comparadas con lo ocurrido en la misma etapa de la vida de la juventud que vivió el siglo anterior. Diferencias que se manifiestan en algunas características disparejas que son preocupantes y tendrán que ser llevadas en consideración como alertas para analizar hoy lo que serán las consecuencias fatales mañana.

> *"Pensar, es el trabajo más difícil que existe. Tal vez por eso sean pocos los que se dedican a él."* **Henry Ford**.

Proyectándonos al futuro podremos anticiparnos que el tiempo vivido por la juventud de estos días (inicios de este milenio) fue grandemente perdido en diversión y que, solamente viviendo el mañana es que ellos sentirán que el tiempo perdido en su juventud nunca más lo podrán recuperar, porque la otra etapa de la existencia llega sin tener en cuenta de la existencia pasada, a no ser arrastrar terribles consecuencias.

En la futura adultez y vejez de esta juventud, sus integrantes estarán obligados a soportar problemas que "aparentemente no sabrán de donde vinieron ni quién los creó", pero que en la realidad serán síntomas de enfermedades que fueron generadas en el transcurso del ayer (en épocas de su juventud) por lo que tendrán que continuar asumiendo esas consecuencias, ya dentro de un sufrimiento mayor sin poderlos remediar. El tiempo perdido jamás será recuperado.

Esa misma juventud, de principios de este nuevo milenio, se inicia con serios problemas típicos de su generación. Problemas suficientes que servirán para caracterizarlos. Apenas como ejemplos didácticos podemos citar algunos de ellos:

- ✓ **Tendencias a la <u>Obesidad</u>**. Característica que lo vienen confirmando las Convenciones ECO; específicamente desde la realización de la "20º Convención **ECO 2013**[5]". Esta Convención, realizada en Liverpool, Inglaterra, alertó sobre el terrible mal que es **la obesidad** y buscaba evitar que ese mal se transforme en una de las enfermedades del presente siglo.

- ✓ **Problemas de <u>Visión</u>.** Particularidad de la juventud actual; iniciándose como dependiente obligatorio y usuaria de los lentes comunes y de los lentes de contacto, para corregir algún problema como miopía, astigmatismo, glaucoma, retina, catarata, estrabismo y otros generados por la exposición prolongada de la visión a los rayos luminiscentes y frecuencias electro electrónicas y magnéticas.

- ✓ **Problemas <u>Dentales</u>**. Los problemas dentales como "mordedura deficiente" u oclusión dental defectuosa; donde el tipo de tratamiento ortodóntico dependerá de sus preferencias y de las opciones que le proponga su dentista, odontólogo u ortodontista. En la mayoría de los casos serán recomendados el uso de los famosos "*brackets*", para hacer presión sobre los dientes. Este proceso requiere instalar pequeños "*brackets*" adheridos a los dientes, conectados mediante un alambre, que el dentista u ortodontista periódicamente aprieta para, de forma gradual, mover los dientes y la mandíbula. Los "*brackets*" pueden ser de metal instalados sobre los dientes. Aunque a veces son colocados detrás de ellos. Situación ésta que nos hace concluir que la juventud del modernismo tiene que conformarse a vivir y soportar por un buen tiempo la fuerte presión que los "brackets"

---

[5] **ECO 2013**, Liverpool, Inglaterra del 12 al 13 de mayo de 2013 - El tema "Obesidad".

ejercen sobre los dientes que crecieron deformes por falta de uso o por no exigirlos oportuna y adecuadamente.

- ✓ **El vicio cibernético**. El exagerado uso de la tecnología vehicula por la Internet; ejemplo: ser usuario acérrimo del computador, para jugar y mantenerse dependiente de la tecnología "multimedia" e "Internet" que los permiten que se mantengan entretenidos día y noche.

- ✓ **Problemas de nomenclatura de herramientas**. Los integrantes de esta "Juventud Moderna" están tan entretenidos todo el santo día y gran parte de la santa noche, que ni siquiera tuvieron tiempo para cambiar adecuadamente de nombre a las generaciones de equipos que aparecieron últimamente. Claro, aquí también juega un papel preponderante el interés económico de las operadoras de telefonía, que hacen posible su comercialización. Ellas no están interesadas en modificar nomenclaturas de los aparatos que comercializan ya que solo quieren vender. Continúan llamando al teléfono móvil de "celular" y hasta de "*Smart Phone*". Cuando la verdad es que ese aparato nada más es un pequeño "Computador de Mano, portátil" que nosotros lo estamos bautizando con el nombre "*CompHands*[6]" *(CH)*.

- ✓ **Problema de acceso al mundo virtual**. El CH les permite acceso incondicional al Mundo Virtual. Moda manía que está caracterizando una legión de jóvenes que se conforma con un minúsculo computadorcito con el que realiza la conectividad ingresando al vasto mundo que la Internet hace posible utilizar.

---

[6] ***CompHands (CH)*** Computer Hands. Computador de Mano. Minúsculo computador de más o menos 10x20 Cm., con sistema operacional Androide de Microsoft, o de otro que incorpora funciones de un teléfono celular, máquina fotográfica, filmadora, editores gráficos, radio, televisión, GPS, termómetro, cronómetro, agenda, calculadora y más, con el que se realiza la conectividad para ingresar al vasto mundo de la Internet, propiciadora del infinito Mundo Virtual en nuestras manos.

- ✓ **El Vicio con las Redes Sociales.** El ingreso al gigantesco **Globo Virtual** los mantiene absortos y les permite vivir apasionados con las Redes Sociales que, en esencia solo consume, sin que lo sepan, su valioso e irrecuperable tiempo en diversión (o sea, nada).

- ✓ **Problemas de privacidad olvidada.** Cree que las Redes Sociales son una fuente para exponer su figura, olvidándose de su propia privacidad. Cree que son almacenes permanentes de figuras y de histórico de reportes de actividades, cuando en la realidad son guardadores de privacidad para que cualquier uno lo pueda ver y usar. En fin, un almacenamiento común, sin derechos de la propiedad y sin criterios de privacidad, no solamente de sus propias imágenes, sino con la de los demás también, inclusive con las de su propia familia; lo peor, aún sin preguntar si la situación es materia de exposición al público desconocido y si necesita autorización. Se olvida que una vez publicado nunca más lo podrá desaparecer (DELETE[7]).

- ✓ **El problema del cabizbajo.** El mal por mantenerse agachado por mucho tiempo, inclusive en la hora de caminar.

- ✓ **El problema de la piel.** Entretenido con su CH, sea en la playa, piscina o en cualquier otro lugar realiza excesiva exposición a los rayos solares y abuso de los dibujos en la piel, tatuándose; cuyo efecto de la tinta y de la exposición prolongada a los rayos solares los perjudicará en el tiempo, convirtiendo los coloridos dibujos en su piel en problemas de salud.

- ✓ **El esfuerzo acumulado y constante.** Una actuación que producirá serias manifestaciones futuras y que se transformará

---

[7] **DELETE** "Delete/Borrar" comando operacional que apenas deja de mostrar, más no de existir y el material, aparentemente borrado, pasa a pertenecer y a quedar en manos de otros, inicialmente de los técnicos que tienen acceso al Servidor y a la Base de Datos, y posteriormente podrán pertenecer a otros usuarios también. Sin contar que los Proveedores de Acceso a Internet son también los dueños de todo el equipo operacional en sus respectivos Data Center.

en graves enfermedades de la modernidad que, el joven de hoy los creó para tener que sopórtalos mañana; lo triste, en su vejez.

- ✓ **El problema Ambición y Consumismo**. La juventud actual, de un mercantilista desenfrenado desde el inicio de este milenio, está viviendo con la única ambición de pertenecer, un día no muy lejano, al Club de los Ricos; como si en el mañana no existirán más los pobres.

- ✓ **El problema del mañana**. Proyecta un mañana para cosechar y ser heredero de todas las consecuencias de los problemas que hoy los creó para soportarlos en su época adulta, llevándolos hasta su ancianidad.

- ✓ **El problema de los resultados inesperados**. Esa misma juventud del sistema online en un virtual "real time", en la búsqueda por el balance positivo de su vida en el Planeta Tierra, sólo habrá conseguido resultados poco esperados, por no decir negativos para su sistema de vida requerida en el Planeta Tierra.

Los jóvenes que describimos, aparentemente orgullosos y muy satisfechos hoy, forman parte del inicio de la era, a la que se le llama **Modernidad Global**. Ellos, satisfechos y muy confiados herederos de todo lo que hicieron sus antepasados, hoy viejos, se sentirán sorprendidos al ver que realmente sólo son los verdaderos dueños de una herencia construida en el pasado, que más generó problemas al usarlos que satisfacciones y que ellos solo tendrán que asumir las consecuencias de lo que hacen hoy, soportándolas por completo más adelante.

> *"En este momento, acostado en la cama del hospital y recordando toda mi vida, me doy cuenta de que todos los elogios y las riquezas de la que yo estaba tan orgulloso, se han convertido en algo insignificante ante la muerte inminente"*. Texto extraído de las últimas palabras de **Steve Jobs**.

Las situaciones narradas nos hacen concluir que el adulto, proveniente de la juventud de hoy, pasará a ser un individuo del ternosinobit; de la miopía común; rehabilitación; obesidad; hipertensión; diabetes;

histotiroidismo; de la depresión, de los *brackets*, de nuevos y desconocidos tipos de cáncer (derivados de linfomas de Hodgkin, tumores óseos, radiación y de otros); del estrés oculto y sin aparentes razones; de las ansias por alimentarse espiritualmente; de la síndrome de la soledad; de la acentuada depresión; de los problemas alimenticios, con males estomacales sin causas aparentes; enfermedades provenientes del constante y prolongado uso de las frecuencias magnéticas y electromagnéticas y la de ser el nuevo integrante de una sociedad de adeptos al consumismo descomunal, al familiar, constante e interminable endeudamiento en un crédito virtual; y que poco hizo (cuando joven) para poder vivir más y mejor el mañana. Lo peor, de continuar bajo esas características, cuando adulto, estará lejos de ser candidato favorito para vivir en el Segundo Mundo (Mundo-2) llamado también de Mundo Científico (Mundo-C); ya que ni siquiera atingirá la EV de su generación.

La vejez es también una de las importantes etapas de la vida del Ser Humano destinada para disfrutarla; para vivir bien y de mejor manera. Es un tiempo final muy limitado y, sabiendo que es la última etapa de la vida, la despedida y el hasta siempre, ya que no hay otra etapa por venir a no ser tener que esperar por la llegada de la propia muerte, tiene que ser llevada en consideración por todos, desde cuando se nace para no ser sorprendido cuando nada más hay que hacer y en situaciones en las que más se desea continuar viviendo por más tiempo.

La ancianidad no es la etapa para vivir soportando las consecuencias de un mal inicio en la vida de juventud o para tener que sobrellevar los estragos de un tiempo muy mal vivido. La vejez es un valioso tiempo para continuar viviendo bien y no para vivir sufriendo los males iniciados en la etapa de la juventud.

Y si a todo esto se incluye el agravante que: *"La vejez es la mayor enfermedad del anciano cuando éste es abandonado por la familia*[8]*"* el mal lucirá peor.

---

[8] Papa Francisco: Pronunciamiento del Papa Francisco, en red de televisión mundial el 2015, en Brasil.

Lejos de lo que pueda ocurrir en el tiempo venidero, abrigamos la esperanza de que esta obra haya venido para contribuir con sus alertas, criterios y definiciones, creando más consciencia consensual para apreciar mejor el don más apreciado de la Especie Humana, su propia vida y la vida de los demás seres vivientes también; respetando siempre al grandioso mundo de la Biodiversidad terrenal.

El medio ambiente es cada vez más exigido a soportar adversidades, que en la mayoría de las circunstancias es proveniente de la imparable acción destructora del propio hombre. Lo ideal sería que el hombre pudiese ser miembro de una sociedad que practica los dogmas de la ecología en su totalidad y así poder vivir más y mejores tiempos, <u>aprovechando mejor todo lo bueno que tiene que ofrecer el Planeta Tierra</u>; para realizar lo imposible, vivir más y mejor para pretender ser relativamente longevo, situación condicional para intentar llevar la vida hasta al el soñado Mundo-2 o el Mundo-C, que esta obra viene para contribuir con su instauración.

Por todo lo expresado hasta aquí, que hasta parecerá alarmante, la recomendación inmediatista es la de mantenerse en un sosiego pacifico para no sorprenderse al ver por la ventana de la vida las imágenes generadas por el hombre como una realidad que refleja una situación futura del mundo exterior. Por lo que no necesariamente se debe tratar a esta situación como una preocupación imperante y de acción desesperadora. Lo importante es saber que "todo lo que existe con vida hoy tendrá su fin mañana" y que ese fin se hará realidad obligatoriamente un día, la Ley de la Biocosmos lo dice. Algunos seres humanos conscientes, están comprometidos con la causa de llevar una vida buena, manteniendo el compromiso de seguir viviendo en un planeta saludable y de luchar para que eso ocurra. Otros no. La verdad es que la Especie Humana está contribuyendo en forma mayoritaria para aumentar las condiciones negativas con su "gran obra" de irresponsabilidad, y está mostrando con su participación que colabora para que el claro y definitivo RF del PT siga su curso más rápido de lo natural.

> (Postrado en la cama de un hospital) *"En la oscuridad, cuando miro las luces verdes del equipamiento para la respiración artificial y siento el zumbido de sus sonidos mecánicos, puedo*

sentir el aliento de la proximidad de la muerte que se me avecina". De las últimas palabras de **Steve Jobs**.

El Planeta Tierra Enfermo

Si, el RF del PT es eminente y se encuentra en curso. Entonces: ¿El PT está enfermo? La respuesta será siempre no, porque la contribución destructora de la mano del hombre no puede ser contemplada como una enfermedad y si como el aditivo propulsor para que el proceso natural de envejecimiento del PT acelere su proceso. Entonces la acción del hombre resulta ser malo y perjudica. Pero ese mal es una simple condición de conciencia. O sea, el hombre ha llegado a extremos que hasta se ha olvidado de su misión principal: la de vivir en bien con la Madre Naturaleza. Entonces ¿El hombre (el inteligente y el súper racional) necesita tratamiento de un psiquiatra-cósmico para tratar su mal? No, el PT no tiene ese profesional disponible, por lo que asume el mal por completo.

El foco de la obra, con el novedoso Teorema de la Vida Limitada, incluyendo las alternativas de desarrollar vida en el Segundo Mundo (Mundo-2) o en el Mundo Científico (Mundo-C) y hasta en un Mundo Tres (Mundo-3), un Súper Mundo Científico (Mundo-sC) es la de hacer llamados de alertas y de conciencia de que el PT no vive "sus mejores momentos"; está como un enfermo y herido y que la EH debe cambiar su estilo vida para contribuir y para pretender ingresar a los nuevos y novedosos mundos de esperanzas presentados aquí. Cuando nos referimos a "sus mejores momentos" nos estamos imaginando aquellos tiempos vividos por el PT en las viejas épocas de su gloria, y concluimos que jamás debería ser comparado con lo que viene ocurriendo hoy; ya que actualmente el PT, en el que apareció la Raza Humana Dominante, ha iniciado su definitivo "Rumbo al Final", después de una gloriosa época de perfecta y abundante habitabilidad en su interior.

No obstante el consuelo perdura para la EH ya que se vislumbra una luz de esperanza en lontananza confirmando que aún es posible enrumbar al PT para seguir su curso de la manera más natural posible y dentro de su padrón inicial, tiempo y espacio que lo venía haciendo hasta ayer; de esta manera se estará contribuyendo para que la Vida Terrenal, juntamente con su biodiversidad, sufra el menor número de adversidades provocadas por el Ser Humano. Esta situación obliga a detenerse un instante para realizar un raciocinio de obligatoria concientización para responder, consensualmente a los siguientes necesarios cuestionamientos: a) <u>¿Por qué y para qué la EH existe</u>? b) ¿Cuál es la real finalidad del ser humano habitar el PT? c) <u>¿Para qué estamos aquí y hasta cuándo</u>? Y finalmente el enigma: d) <u>¿Por qué somos autóctonos del Planeta Tierra</u>?

Muy buenas preguntas que requieren largas y muy complejas definiciones como respuestas. No obstante, una de las tantas explicaciones para contestar a la muy importante interrogante **"b)"** podría ser la siguiente: La real finalidad de la presencia del Ser Humano en medio del desarrollo de la Vida Terrenal, en este maravilloso y sin igual paraíso viviente que es el Planeta Tierra, es muy simple: "Mantener a la Madre Naturaleza siempre saludable" y debe ser obligatoriamente completada con el siguiente fundamento:

> "**Mantener al Planeta Tierra íntegro.** Que el Continente Americano vuelva a ser, por lo menos, tal y como fue cuando lo habitaron nuestros antepasados; de preferencia como en los tiempos que antecedieron a la lamentable colonización del Nuevo Mundo por los españoles y de una manera general por las otras naciones europeas que imponían colonialismo. Del mismo modo que el Viejo Mundo, vuelva a ser un Continente como el de los tiempos anteriores a las épocas Previos Calendario Actual (PCA). Que las generaciones venideras, incluyendo a todos los seres vivientes terrenales (la fauna y la flora), contemplando a la biodiversidad, que incluye a los animales racionales o no, vegetales de toda la flora y también incluyendo al propio medio ambiente, se puedan beneficiar en las mismas condiciones y proporciones que lo hicieron nuestros predecesores en los buenos tiempos. Solamente así se podría continuar viviendo otro largo ciclo de un proceso viviente, aprovechando de la excepcional habitabilidad terrena" mientras el "Rumbo al Final" del Planeta Tierra no concluya su natural trayecto.

Queda claro que la primera respuesta a la interrogante **"b)"** es solamente de concientización y no responde a todos los cuestionamientos antes realizados ya que la verdadera respuesta la tenemos dentro de todos nosotros y ella es la manifestación del producto del resultado de nuestra propia obra, la que venimos realizando incesantemente todos los días vividos.

El Contexto del Planeta Tierra

Sabemos al dedillo que el PT pertenece a un sistema vasto y universal, pero con peculiares características. Sabemos que el Universo en plena expansión es un ambiente aparentemente infinito donde predominan los contrastes: Mucha gravedad en el PT y carencia de ella en el espacio sideral; por un lado el extremo calor que rápidamente puede convertir a un ser viviente en cenizas, y por el otro, el descomunal frio que convierte al agua en descomunales montañas de hilo. Sin embargo en el universo existen los adecuados contrastes ambientales diversificados que dan características especiales y que marcan la diferencia; donde solamente una pequeña minoría privilegiada de planetas, astros, satélites naturales y lunas poseen. Los que adquirieron esta característica son los que forman parte del Grupo Mundos, Planetas de Excepción y son exactamente a éstos que los estamos denominando "Mundos Habitables", que, en su mayoría, de una o de otra manera, pueden albergar algún tipo de vida en su interior y están formando parte de la Biocosmos.

El Planeta Tierra tiene su satélite natural que es la Luna, donde no existe vida, pero aún no se puede descartar la idea de que pudo haber existido antes o que pueda ser habitable en el futuro; respetando las célebres frases de **Buzz Aldrin** (segundo hombre en pisar el suelo lunar): *"La Luna era muerta, una reliquia de los primórdios del Sistema Solar"*; la respuesta lo dará el tiempo.

Bajo la misma línea de raciocinio, entre el Planeta **Mercurio** y el Planeta Tierra, el primero es el que está más cerca al Astro Sol, y se desplaza en casi dos veces más a la velocidad del Planeta Tierra, o sea, a unos 172,248 Kmlh. Con esta velocidad **Mercurio** se convierte en el Planeta más rápido del Sistema Solar. Lo que hace que ese planeta complete su órbita solar en apenas 87.99 días, Ciclo Luz Oscuridad (CLO).

En términos de calor, el Planeta **Venu**s es el más caliente, llegando a una temperatura promedio de 896°F, demostrando que si un cuerpo vivo apareciera en su superficie, sería inmediatamente convertido en cenizas. Así como el Planeta Tierra tiene a la **Luna** como su satélite natural, **Júpiter** tiene cuatro **satélites** naturales y es exactamente Júpiter el Planeta que tiene el Satélite Natural más grande dentro del Sistema Solar, llamado **Ganymede**, con un diámetro de 5,267 Kml. y con un peso de 2017 veces más que la Luna del Planeta Tierra. Los planetas muy diferentes al Planeta Tierra son **Saturno, Júpiter, Uranio y Neptuno** porque estos planetas tienen anillos. **Saturno** es el único planeta que masivamente ostenta los anillos y ellos son los más notorios ya que se expanden en un diámetro de 270,000 Km.

> Apenas para tener una proyección de distancia y de ubicación de la Tierra al Sol diríamos lo siguiente: si el Sol dejara de existir, en la Tierra sólo se sabría de esa ocurrencia después de ocho minutos y 20 segundos; en otras palabras: la luz del Sol que ahora estamos percibiendo, hace ocho minutos y 20 segundos que fue producido[9]. Estamos del Sol a ocho minutos y 20 segundos a la velocidad de la luz.

Entre todas estas importantes características descritas de algunos de los planetas que forman parte del Sistema Solar, el **Planeta Marte** es el que más se asemeja al Planeta Tierra. **En Marte**, la temperatura de su superficie es similar al de la Tierra. De acuerdo con lo que dice **Daniel S. Goldin**, administrador de la **NASA**, la posibilidad de que: *"alguna forma de vida microscopia pudo haber existido en Marte hace 3 billones de años"* es aceptable, anunciado en el año 1996. Este pronunciamiento se basaba en los estudios del meteorito marciano que aterrizó en la Antártica hacen 13,000 años. Estudios de microfósiles de meteoritos marcianos pueden confirmar que allí existió vida[10].

---

[9] Ginness World Records, 2002

[10] Fuente: NASA - Technology Today, A Resource for Technology, Science, & Math Teachers. August September 1997. Page 2 - 3.

La noticia esperada de **Marte** llegó recién en setiembre 2015 cuando la NASA anunciaba al mundo que habían descubierto la existencia de **agua en la superficie de Marte**. Este hallazgo aumentará el entusiasmo para que las naciones ricas preparen sus misiones tripuladas hacia ese planeta dando inicio a las futuras Migraciones Interplanetarias, comentadas más adelante.

En **Brasil** la noticia fue recibida con beneplácito. **João Steiner**, profesor del Instituto de Astronomía, Geofísica y Ciencias Atmosféricas de la Universidad de São Paulo (IAG-USP), rápidamente se pronunció al respecto: *"Ciertamente es un descubrimiento. Del punto de vista científico, es algo notable, ya que el agua es condición para la existencia de vida - y se transforma en muy especial por tratarse de Marte"*. **Steiner** comenta también: *"ya fue comprobada la existencia de agua en estado sólido y líquido en diversos (otros) objetos del Sistema Solar, como en la Luna, Ceres, Europa y Encédalo - respectivamente lunas de Júpiter y Saturno. Marte es objeto de fascinación para la humanidad, porque es un planeta de nuestro sistema que ofrece más condiciones, en tesis, para la existencia de vida."* **Pierre Kaufmann**, Coordinador del Centro de Radio Astronomía y Astrofísica Mackenzie, *"el descubrimiento dará un nuevo estímulo al proyecto de la NASA de llevar adelante una misión tripulada a Marte. ... con ese descubrimiento los esfuerzos para una misión humana podrán quedar más concentrados. Hasta ahora, sólo habían especulaciones vagas sobre las posibilidades de vida en ese planeta, mas esa perspectiva se transforma mucho más sólida con esa evidencia robusta de existencia de agua en estado líquido en Marte"*.

El problema de las misiones tripuladas, de acuerdo a **Kaufmann**, es que ellas imponen obstáculos aún insuperables, desde el punto de vista financiero y de sobrevivencia de los astronautas. *"El viaje es muy largo y un súbito aumento de la actividad solar durante ese período podría someter a los astronautas a radiaciones extremadamente intensas y mortales. La nave precisaría ser excepcionalmente blindada y, por eso, muy pesada, lo que aumentaría las exigencias en relación a los lanzamientos."*

Como si se estuviera anticipando a los acontecimientos, al finalizar agosto de 2015 la NASA concentraba algunos astronautas en una área que se asemejaría al del Planeta Marte, con la intención de prepararlos para que sean ellos los que viajen en la misión programada para el año 2016, que resultaría ser por primera vez, un intento de poner al hombre en la superficie de Marte. Misión que tardaría de uno a dos años (2017 a 2018). La sociedad científica espera ese momento con ansias y claro, el mundo como un todo también. De esa manera se estaría dando los primero pasos para realizar las primeras experiencias que lo estamos llamando las "Migraciones Planetarias" desarrollado en el libro "La Curva de la Vida".

Con el avance de los estudios científicos, hoy en día no podemos creer que sólo exista el **Sistema Solar**, donde el Planeta Tierra lidera las características de Gran Habitabilidad. Creemos que existen muchísimos otros Sistemas similares al Sistema Solar. Por ejemplo, la Estrella **Pistol** es 10 millones de veces más potente que el Sol y en apenas seis segundos emite más energía que el Astro Sol. Su tamaño estimado es de 325 veces más que el Sol. Estimativas dicen que se encuentra a 25,000 años luz del Planeta Tierra. Se cree que la estrella **Pistol** tenga una antigüedad entre uno a tres billones de años. Lo que hace concluir que el Sol es un sistema más antiguo que la estrella Pistol. Lo lamentable es que **Pistol** no puede ser visto desde la Tierra[11].

Dentro del contexto Planeta Tierra y Sistema Solar podríamos decir que la Galaxia más cercana al Planeta Tierra, fuera del Sistema Solar, es *Sagittarius Dwart Elliptical Galaxia*. Esta galaxia está localizada a unos 82,000 años luz de distancia y fue descubierta por **R.A.Ibata** pero fue presentado al mundo por **G.Gilmore** y **M.J.Irwin**, todos ingleses, en abril de 1994[12]. Bajo este mismo criterio el Planeta más cercano, fuera del Sistema Solar fue descubierto el 7 de agosto del año 2000, por los astrónomos liderados por el **Dr.William Choran** de la Universidad de Texas, quienes usaron el Observatorio McDonald, en Estados Unidos. Este planeta, aún sin nombre, es un poco mayor que Júpiter, y gira en órbita de la estrella **Epsilon Eridani**, que se encuentra

---

[11] Los datos informados son los resultados de los estudios con la información disponible del Telescopio Espacial Hubbel. Fuente: Frutos do Passado Sementes do Futuro, Alcides Vidal, Editora Erica, Brasil.

[12] Ginness World Records, 2002.

a 10,500 años luz de distancia del Sol[13] y es un serio candidato para ser un integrante de la **Biocosmos**[14].

Asombrado por esta realidad podríamos decir que el Planeta Tierra, el Planeta Azul en un cielo estrellado, lidera en todas las características de ser un Planeta Altamente Habitable y que permite el libre desarrollo de la evolución del ser viviente en su interior. Situación que nos hace concluir que la mayor y la mejor entre todas las características que pueda tener un planeta es la de poseer la "grandiosa habitabilidad", donde quiera que esa característica exista, dentro de la inmensidad de la **Biocosmos**, solo que la "grandiosa habitabilidad" es absolutamente finita; lo que hace concluir que muchos de ellos, antes tuvieron vida y hoy carecen, como también puede ser que otros nunca tuvieron vida pero que podrían adquirir en el futuro y muchos no existen hoy pero nacerán en el futuro. En todas estas situaciones el PT se ubica, hoy tiene viva pero se encuentra en su "Rumbo al Final" consecuentemente, completado ese rumbo no lo tendrá.

La Biocosmos es vida en el cosmos; biodiversidad existente en diferentes lugares del universo; un fenómeno físico viviente y evolutivo, hasta ahora poco llevado en consideración y discutido con seriedad y profundidad como lo está haciendo esta obra. Claro, motivos tenemos de sobra para explicar esta situación: <u>Primero</u>, fuimos educados bajo dogmas que nos

---

[13] Fue descubierto el 7 de agosto de 2000, por los astrónomos liderados por el Dr. William Choran de la Universidad de Texas, quienes usaron el Observatorio McDonald, Estados Unidos.

[14] **Biocosmos** –Biodiversidad en el Cosmos. **Biocosmos** (Biodiversidad) Vida en el Cosmos. Teoría que define a los organismos vivientes que aparecen al reproducirse desde células de otros organismos vivientes y, no desde una materia no viviente. **Biocosmos**, Biodiversidad en el cosmos, es algo idéntica a lo que viene a ser la Biología para el Planeta Tierra. **Biocosmos**, vida de especies en diferentes niveles de desarrollo viviente fuera y dentro del Planeta Tierra. **Biocosmos**, fenómeno físico viviente y evolutivo. **Biocosmos** es la innegable manifestación del desarrollo de la biodiversidad y de la característica de la habitabilidad cósmica. **Biocosmos** es la ciencia que demuestra que somos apenas uno entre miles de millares de ambientes que vienen albergando algún tipo de vida en sus más diversas manifestaciones y expresiones, uno de ellos y original es el Planeta Tierra; de donde la Especie Humana es oriunda.

imponían creencias de que el Sol era el único astro que brindaba luz y calor y que el Sistema Solar era el total del universo, donde solamente existían (astros nominados o relacionados con los días de la semana provenientes de los nombres en Latín: (Lunes, **M**artes, **M**iércoles, **J**ueves, **V**iernes, **S**ábado y **D**omingo) los que inspiraron a los escritores y filósofos dar los siguientes nombres: Luna, **M**arte, **M**ercurio, **J**úpiter, **V**enus, **S**aturno, Neptuno y Plutón y nada más. La Tierra, el agua y la luz, era algo como si alguien lo hizo con palabras y donde se pudo crear a la pareja, humanos, en un lugar muy especial, para dar inicio a la especie, la raza humana y para que se multiplique, y pensar, como se multiplicó, hoy, superando los siete billones. Segundo, los intereses secretos de las grandes potencias que esconden una realidad que es difícil de explicar en el contexto actual. Los intereses y consecuencias de noticiarlo con claridad y detalles podrían cambiar el rumbo del sistema de vida actual. Cuando la verdad es que La Biocosmos merece el reconocimiento por ser la innegable manifestación del desarrollo de la biodiversidad y de las características de habitabilidad cósmica, donde el PT, con su EH en destaque, es apenas uno entre miles de millares de ambientes que vienen albergando algún tipo de vida en sus más diversas manifestaciones.

> La "**Ley de la Biocosmos**" dice: "**Todo ente que hoy tiene vida, mañana no lo tendrá**" concepto arduamente redundante en esta obra, más tiene su finalidad. Este postulado es una verdadera Ley Universal con principios irrefutables instituidos en la lontananza del pasado, comprendiendo el espacio sideral que alberga a todos los planetas dentro de la **Biocosmos**. Lo que explicado de otra manera, bajo la propia "**Ley de la Biocosmos**" se resume en: "**Todo ser que nace obligatoriamente muere y el que aún no nació tendrá la oportunidad para hacerlo y luego, después de haber completado su ciclo viviente, obligatoriamente dejará de existir, muriendo; por lo que más tarde, su especie también desaparecerá. Las especies también mueren**".

Como todas estas afirmaciones, dentro del concepto de la **Ley de la Biocosmos,** pueden ser corroboradas, entonces concluyamos de la siguiente manera: **"la muerte es obligatoria y ella tiene que ocurrir deseándola o no"**, es una afirmación; ya que **"la vida es finita"**, entonces la vida no podrá ser eterna. Postulado aplicado para todos los seres vivos, como también para todo el medio ambiente viviente que alberga (a la biodiversidad en el universo cósmico) incluyendo a los otros planetas o astros comprendiendo la **Cosmosbiótica**[15] en la Biocosmos también.

> Primordialmente, vida es el estado de desarrollo sustentable de un planeta que alberga en su interior todas las condiciones necesarias para que los seres puedan adquirir vida y desarrollarse con libertad. Bajo este ámbito es que nace el sagrado concepto **"Biodiversidad**[16]**"**.

Proyectándonos retrospectivamente hacia los tiempos de la lontananza cósmica de la historia biocósmica, con datos y arduos estudios científicos acumulados, se concluye que la edad del Planeta Tierra ha sido calculada, estimativamente y para tener un valor numérico, en 4,600 millones de años.

Estudios científicos realizados en el más antiguo fragmento descubierto en el PT, que es un cristal de **Zircón**, calculan su edad entre 4.3 y 4.4 billones de años de antigüedad y esta pequeña muestra representa 100 millones de años más de antigüedad que las muestras encontradas anteriormente. Los primeros vestigios de vida más antiguos datan de 3,800 millones de años, de modo que la habitabilidad primaria (principio de la vida actual) tardó aproximadamente 800 millones de años en formarse. Bajo la misma proyección, la prueba de que el ser viviente aparece como tal, en este caso en el PT, el mismo que ya está ladera abajo, es por la unión de Dos Células (engendradoras) que lo procrean. La señal de vida aparece exactamente porque las circunstancias, donde quiera que se encuentren, así se lo permiten. Estas Dos Células se

---

[15] **Cosmosbiótica** - Relativo a la vida o, que permite su desarrollo en el ambiente de la Biocosmos (vida fuera del Planeta Tierra).

[16] **La biodiversidad** para este caso engloba en su definición a las siguientes especies vivientes: humana, animal y vegetal, incluyendo a su medio ambiente en el Planeta Tierra y en la Biocosmos.

encuentran para generar vida y ellas pertenecen a un ambiente altamente viviente; que en este caso es el PT, pero también pueden producirse en el ambiente de otro planeta (Cosmosbiótica), que aún no lo conocemos y que solamente nos imaginamos muy lejanamente como integrante del concepto que abarca la **Biocosmos**.

> Estudios recientes demuestran que en las células vivas se almacena la información genética en el ADN[17], el cual transcribe su mensaje por medio del ARN[18], que a su vez traduce esta información en una secuencia adecuada de aminoácidos que se ensamblan en PROTEÍNAS[19] encargadas de casi todas las funciones celulares.

En las dos últimas décadas del milenio pasado los científicos **Altman,** de la Universidad de Yale y **Thomas Cech,** de la Universidad de Colorado concluyeron que algunos ARN funcionan como enzimas y pueden separar el ARN y sintetizar más moléculas de ARN, proceso que llamaron de ribosomas. Conforme al modelo propuesto por el **Mundo de ARN**, la química de la Tierra Prebiótica dio origen a las moléculas de ARN auto duplicables que habrían iniciado la síntesis de proteínas.

La hipótesis del **Mundo de ARN** fue enunciada en 1980 por el Premio Nobel **Walter Gilbert** (Universidad de Harvard) en base

---

[17] **ADN** –Acido Desoxirribonucleico. ADN contiene Información Precisa y se convirtió en la molécula de almacenamiento de la información. ADN y ARN son capaces de autoduplicarse (copiarse a sí mismas). PROTEÍNAS.

[18] **ARN– Acido R**ibonucleico ribosómico. El ARN, molécula de transferencia de la información. El ARN es capaz de elevar el mensaje del núcleo hasta el citoplasma, donde se encuentra el ejecutor, el **ribosoma**, cuya misión es la de producir **Proteínas**. Los ADN y ARN son capaces de autoduplicarse (copiarse a sí mismas). PROTEÍNAS. El ARN es una molécula muy parecida al ADN y guarda dos diferencias químicas: la estructura completa del ARN y del ADN; ambas son inmensamente similares. Una cadena de ADN y otra de ARN pueden unirse para formar una estructura de doble hélice. Esto hace posible el almacenamiento de información en el ARN de una forma muy parecida a la que se efectúa en el ADN.

[19] **Proteínas y ADN -** Ver el Dogma Central de Crick donde se aplica el viejo dicho: ¿qué fue 1º: el huevo o la gallina y en los tiempos actuales: el ADN o las Proteínas?.

a los experimentos de **Thomas Cech** (Universidad de Colorado) y **Sídney Altman** (Universidad Yale) en 1986. Sugiere que las moléculas relativamente cortas de ARN se podrían haber formado espontáneamente de modo que fueran capaces de catalizar su propia replicación continua. No obstante, la idea de una vida independiente basada en el ARN es más antigua y ya se puede encontrar en El Código Genético, de **Carl Woese**. Las propiedades del ARN nos pueden dar una idea de la posibilidad conceptual de la hipótesis del Mundo de ARN, aunque su posibilidad como explicación del origen de la vida se encuentra debatida. Se sabe que el ARN es un eficiente catalizador y al igual que el ADN posee la capacidad de almacenar información.

El Mundo de ARN se basa en la Capacidad que tiene el ARN de almacenar, transmitir y duplicar la información genética, de la misma forma que lo hace el ADN. El ARN puede actuar también como una ribosoma (una enzima hecha de ácido ribonucleico). Por todo lo expuesto se piensa que el ARN fue capaz de tener su propia vida independiente. Conclusiones de acuerdo al Experimento de **Miller y Urey** e investigaciones de **Juan Oró**, quien sintetizó adenina a partir del ácido cianhídrico.

> Estudios que hacen concluir que todos los seres vivos y las plantas están constituidos por células. Se estima que el hombre esté constituido por 60 trillones de células que componen su cuerpo.

Las células de los animales como de las plantas tienen mucho en común, no obstante son diferentes. Las células vegetales construyen dos barreras que son llamadas pared celular y está construida, **primero** de celulosa que es bastante resistente y **segundo** por la membrana celular que es una estructura demasiado delgada. La célula animal construye solamente la membrana celular. Por lo que concluimos que la **membrana celular** es común entre los seres vivos[20].

Las especies vivientes que aparecen en el PT nacen de dos células como un conjunto de seres para poblarlo durante el ciclo viviente que le es

---

[20] Fuente: Frutos do Passado Sementes do Futuro, Erica, Brasil, 1993 Pagina 19.

permitido: unas viven horas, otras viven días, semanas, meses, años y décadas; aunque se conoce que algunas tortugas viven siglos. Todas las especies vivirán en su esplendor y con autonomía, pero siempre bajo la obligatoriedad de que esa vida siempre será temporal; porque el postulado de la "Ley de la Biocosmos" es la Ley Universal: "Nació sabiendo que tendrá que vivir un tiempo determinado ya que obligatoriamente morirá un día, por alguna razón o causa, o cuando haya completado su ciclo vital (fin de la vejez)".

Una especie viviente es el producto del Biogénesis[21]. Nace, por una genial coincidencia del Destino Universal y pasa a formar parte de un mundo terrenal que posee las características de ser un planeta Extremadamente Habitable.

El fenómeno natural y obligatorio de la inevitable extinción involuntaria de las especies no ocurrirá solamente en el PT y su biodiversidad, sino que ocurrirá también en un universo mayor, dentro de la Diversidad-Cosmos-Biótico (**DCB**)[22] o *BioCosmos-Diversidad* (**BCD**). La diversidad del B*iocosmos* continuará su rumbo a su extinción también.

Este mundo, grandiosamente viviente y fértil, llamado Planeta Tierra, hoy cobija seres vivos en sus entrañas y lo hace con la única condición de continuar ofreciendo y manteniendo la continuidad de sus características vivientes por algún tiempo más, lo que quiere decir que no garantiza un ambiente para una vida eterna o infinita. Este proceso se realiza

---

[21] **Biogénesis** teoría de los organismos vivientes que aparecen desde otros organismos vivientes y no, desde una materia no viviente.

[22] **Diversidad-Cosmos-Biótico (DCB)** La Diversidad del Cosmos Biótico, la Diversidad de la Vida en el Cosmos; es el sustento de la teoría de los organismos vivientes provenientes de otros organismos vivos y que no lo son desde una materia que no sea la viviente. **DBC**, Explica también la constitución de los seres vivos sobre la base de células y el papel que éstas tienen en la constitución de la vida y en la descripción exacta de las principales características que poseen todos los seres vivos donde quiera que ellos tengan adquirido vida; para esta obra incluyendo a la Biocosmos.

en tiempos que son medidos en **Ciclos Vida-Terrenal (CVT)**[23]. Por citar un ejemplo: se estima que la vida en el PT puede haber aparecido hace aproximadamente 3 billones y 800 millones de años. Tiempo que demoró el Planeta Tierra para llegar al inicio del genial, pero no definitivo, estado viviente actual.

> El CVT es el que mensura el largo tiempo de desarrollo viviente del PT, bajo un ambiente que se encuentra en constante evolución y sobre todo, en un proceso de imparable transformación, en cuyo interior existen seres vivos que se reproducen, siempre adaptándose al estado actual (hábitat), que por señal, también está cambiando raudamente en similares proporciones; mensurado y contabilizado en millones de millones de años Ciclos Luz Oscuridad (CLO), en días solares vividos, reflejando su existencia.

Todas las especies que habitan el Planeta Tierra tienen la singular característica de vivir un ciclo de constante e imparable evolución biológica. Son especies que también mantienen vigente características de su procreación[24], ante un ambiente de fertilidad. Razones por las que la biodiversidad se mantiene activa formando parte de los seres vivos y viene beneficiada por el medio ambiente que los alberga, dentro de la Biocosmos.

> La evolución de los seres vivientes se realiza en proporciones "*Micromillometricas*[25]" referentes con su tamaño y *Micromilloscopico*[26]" referente con el poder de percepción

---

[23] **Ciclos-Vida-Terrenal (CVT)** Un largo tiempo viviente en el Planeta Tierra, mensurado y contabilizado en **millones de millones de años** en días solares de existencia vivida o Previos Calendario Actual (PCA). Muy diferente a la (**CV-T**) Curva de la Vida Terrenal.

[24] **Procreación** reproducción y multiplicación de la propia especie.

[25] **Micromillometricas** Micro Millones Métricas (Medición de tamaño exageradamente Ínfima, no visible a simple vista por poseer un tamaño microscópicamente multiplicado por millón.

[26] **Micromilloscopico** Micro Millones Copico Mensuración visual (Medición visual de tamaños exageradamente Ínfimos, no visible a simple vista por su tamaño microscópicamente multiplicado por millón.

y de visualización. Esto quiere decir que para observar el resultado de ese fenómeno natural en la Biocosmos, manifestado en algo bien notorio físicamente tienen que pasar *Macromillonlapsus*[27]" para su observación. A pesar de que la evolución humana y de un modo general de todos los otros seres vivientes está ocurriendo en todo instante y sin cesar; a ese proceso no se le puede notar por tener como características de ser un proceso demasiado lento y prácticamente *Micromillometricas* (invisible y no notado en pequeños espacios de tiempo). Esto quiere decir que la evolución (grandiosa, por no decir gigantesca) que está ocurriendo en la prole nadie lo podrá observar hoy, pero los que vivirán de aquí en *macromillonlapsus* si lo podrán observar a simple vista. Los resultados de la evolución de las especies, de los tiempos actuales, no seremos nosotros los que lo veremos. Pero somos nosotros los que estamos observando la evolución que se suscitó en *Macromillonlapsus* del pasado.

En el milenio anterior, específicamente en 1,869, **Ernest Haeckel** afirmaba que *"el individuo era el producto de las relaciones entre ambiente y hereditariedad";* ya que los seres vivos poseen medios que los hacen capaces de adaptarse a las variaciones del medio ambiente físico y biótico[28]. O sea, el ajuste de un ser vivo a las condiciones *mesolíticas*[29] constituye un factor de evolución. La fauna y la flora acompañan de cerca a la diversidad de las condiciones, sobre todo a las climáticas; por eso los seres vivos siempre se encuentran habitando en uno de los siguientes elementos: tierra, agua y aire, componentes que caracterizan al Planeta Tierra. Lo que resulta curioso comentar es que el mar, formado por

---

[27] **Macromillonlapsus** Macro Millones Lapsus Mensuración del tiempo (Medición del tiempo en CVT exageradamente largo, no imaginable en el actual sistema viviente terrenal (Tiempo exageradamente distante, dentro del CVT).

[28] **Biótico** Relativo a la vida o, que permite su desarrollo biológico.

[29] **Mesoligicas**, Mesolítico, dícese de la faz del desarrollo técnico de las sociedades prehistóricas que corresponden al abandono progresivo de una economía de depredación, la del Paleolítico, y a la orientación hacia una economía de producción, la del Neolítico.

agua, a pesar de ser el de mayor extensión en el medio terrestre, ostenta el menor número de especies vivientes en su interior.

En general, el ambiente garantiza vida, pero también limita grandemente a la sobrevivencia de los seres. Afirmación conocida como la "**Ley de Chapman**". De acuerdo con esta Ley la población de una especie, en cierto momento, es determinado por la relación entre el potencial biótico (para este caso, índice de reproducción) y la resistencia ambiental. Lo que se resume en el corolario: <u>cuando la resistencia ambiental aumenta, la población disminuye y cuando esa resistencia baja, la población crece</u>.

La EH constantemente está viviendo un gran proceso de evolución, intensificándose en el campo del aparente "progreso" (intelectual, científico y corporal); se desarrolla y obtiene un crecimiento o una mejora en su aspecto físico, intelectual y moral, aunque en su desarrollo emocional es deficiente.

De una manera general se observa un constante y aparente progreso en la comunidad humana, pero también se intensifica el declive perjudicial, como es el caso de la degeneración obligatoria por la que está pasando sin darse cuenta, característica que toda especie viviente tiene que pasar, del cual el humano no puede escapar.

El proceso degenerativo de la **Vida del Planeta Tierra** está en plena actividad. Este proceso se inició hace mucho tiempo atrás, calculado en **CVT** por el **CLO**, y permanecerá en ese trayecto llevando consigo todo y cuanto tiene en su interior, que es agrupado en el concepto de vida terrenal. El imparable curso del PT y su definitivo "Rumbo al Final" es muy lento y silencioso pero eficiente e infalible, llegará a su final.

El Teorema de la Vida Limitada

Para explicar con didáctica todo el complejo proceso viviente que esta obra pretende demostrar se optó por crear un sistema a través de gráficos geométricos, que pueda explicar mejor todo lo que es el proceso vida y con exclusividad vida en el **PT** dentro de la dimensión de la Biocosmos. Por tal motivo fue creado "El Teorema de la Vida Limitada" que esquematiza ese proceso. Por convención el Teorema es llamado **"Teorema Vida'l"**.

El **"Teorema Vida'l"** es la base para demostrar en el tiempo donde se desarrolla el proceso vida. Para explicar gráficamente y en primera magnitud lo que es la Vida del PT (**VdelPT**) y en segundo nivel vida de las especies que lo habitan, vida en el PT (**VenPT**), el Teorema Vida'l se desarrolla de la siguiente manera:

El tiempo es graficado como una "**Línea** recta" iniciándose en "**T1**" y terminando en "**Tn**". El punto "**T1**" identifica el inicio o el principio o el punto cero. Ya el punto "**Tn**" marca o identifica un periodo final, como si apuntara para el infinito, como algo interminable. Desde "T1" hasta "Tn" será un espacio, un tiempo delimitado denominado Línea del Tiempo (LT). A pesar de que el tiempo infinito o interminable en la magnitud de la Ley de la **Biocosmos,** no existe, ya que en términos Biocósmicos toda vida se termina y todos los mundos tienen su final, Ley de la Biocosmos.

LT

Bajo la mensuración didáctica hemos encontrado la mitad entre los puntos "**T1**" y "**Tn**" y lo estamos identificando como el punto "**x**", para obtener dos etapas: "**T1 a x**" y "**x a Tn**". Entonces, "x" es el Marcador de la mitad del Tiempo virtualmente estimado como Vivido y por Vivir, en este caso por el PT.

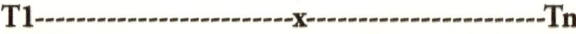

A continuación se observa que después del Punto "x" aparece la variable "Va" del "**Ciclo de Vida-Terrenal (CVT)**. El Punto "**Va**" representa **V**ida **a**parición. Representa el punto de la **Va** del **PT.** Esta variable se encuentra entre el Punto "**x** y **Tn**" Identificado en la **LT** del curso del

RF del **PT**. Y, para entender mejor el sentido de "**Va**" esta variable marca el tiempo como el día de hoy, esta hora, este preciso momento y en el caso de la vida de las especies, el inicio de una Nueva Vida en el PT, resumida en Vida actual.

T1------------------------**x**-----**Va**----------------**Tn**

El **Teorema Vida'l** enfoca dos grandes y sofisticados aspectos en la Biocosmos: **1)** Vida **del** Planeta Tierra (**VdelPT**) y **2)** Vida **en el** Planeta Tierra (**VenPT**).

1).- Vida del Planeta Tierra (VdelPT). Para facilitar la explicación de este grande concepto, hipotéticamente estamos definiendo a la "**VdelPT**" como una circunstancia que se inicia en "**T1**" (donde **T**=Tiempo Inicial "1") y didácticamente terminará en el "**Tn**, **T**iempo **n**" (simbolizando el tiempo "n", final) delimitando así una línea que la estamos nominando como la Línea del Tiempo (**LT**) mensurada bajo los dogmas de la Biocosmos; espacio y tiempo, donde se desarrollará la explicación del "Teorema Vida'l".

Así siendo: El proceso de la **VdelPT** hipotéticamente se inició en el Punto "**T1**" y se desarrolla en toda la extensión de la **LT** continuando así, en su RF, ocurriendo en cualquier punto, teniendo como límite el Punto "**Tn**". Consecuentemente el Desarrollo del Teorema Vida'l, de la **VdelPT** que se inició en el Punto "**T1**" sobre la **LT** y que dependerá mucho de la magnitud de la Expectativa de Vida (**EV**), de **VdelPT** (**E-VdelPT**) para definir su duración que se proyecta hacia un infinito "**n**" que el Teorema Vida'l identifica como límite "**Tn**".

2).- Vida en el Planeta Tierra (VenPT). Ya el proceso del desarrollo de la **VenPT** actual está relacionado con todo tipo de vida que se desarrolla dentro del él. Para el Teorema Vida'l ese proceso se inició con el advenimiento de la variable "**Va**". Ésta se encuentra localizada entre un período restricto que se inicia en el Punto "**x**" de la LT y continuará hasta "**Tn**", como siendo el tiempo por vivir. Para las Especies en el PT la vida se inicia en "**V**ida **a**parición" (**Va**); que para la VdelPT indica la localización actual dentro del proceso en el curso de su RF. El primer grupo de variables del Teorema Vida'l son: x, Mv, RF, Va, TPC y AA[30].

```
T1------------------------x------Va----------------Tn
```

LT

Con estas variables es que se desarrollan los gráficos del Teorema Vida'l de aquí en adelante y en la medida que las circunstancias así lo requieran aparecerán más y nuevas variables. Mayores detalles de este teorema están siendo desarrollados en el libro "La Curva de la Vida".

Explorando el Teorema Vida'l - Entonces, aprovechando la pregunta ¿Qué es la vida? Ahora apoyados en el "Teorema Vida'l" desarrollamos la pregunta de la siguiente manera: La **VdelPT** en la Biocosmos es la vida que aparece en el Punto "**T1**" de la LT y tiene como expectativa de su RF, el Punto "**Tn**". Entonces, para el PT, desde el Punto "T1" al Punto "**Va**" será el tiempo ya vivido y del Punto "**Va**" al Punto "**Tn**" el tiempo por vivir, aproximadamente. Donde "**x**" destaca la mitad para ayudar a obtener la progresión de la VdelPT en función de su mayoridad, o sea, más allá de la mitad.

En el caso de las especies vivientes, la **VenPT** es un ciclo transcurriendo en la Línea del Tiempo (LT) entre "**Va a Tn**", donde un microscópico embrión aparece (nace) exactamente en el Punto "**Va**" que marca el inicio, el nacimiento o su aparición. "**Va**" Identifica el inicio de su desarrollo, ya que el nacido, obligatoriamente tiene que crecer, reproducirse (multiplicándose), continuar viviendo hasta que finalmente llega a su final (muere para siempre), en algún tiempo entre "**Va a Tn**".

Consecuentemente la vida es un ciclo en el infinito del tiempo en la Biocosmos, que permite la existencia y la presencia de un ser viviente en

---

[30] **Variables del Teorema Vida'l.** El primer grupo de variables que el Teorema Vida'l utiliza, son las siguientes: $x = Tn / 2$ $Mv = x$
RF = Año Actual (AA) + TPC (Tiempo Previos Calendario)
$Va = x + RF$ o $(Va=nTn)$ $TPC = x - AA$
AA = 2016 (Constante para el Año Actual - AA).

el PT, para la realización de su proceso de evolución genético-biológica-energético a plenitud[31].

Vida es también todo ente[32] viviente que nace con energía propia para desarrollarse en el Planeta Tierra manteniéndose así hasta morir, ya que todo ser con energía propia[33], que integra un mundo inminentemente viviente, tiene su fin identificado en la agenda del destino universal.

Para el enunciado del "Teorema Vida'l" los llamados seres vivos aparecen para vivir, o sea, nacen en algún punto de la LT y de la Línea **TVT**[34] iniciándose después de "T1" y terminando en "Tn", identificado como el Marcador del Tiempo Actual (MTA) en el Punto "**Va**", que es el inicio de una Nueva Vida en el PT (**VenPT**).

Es exactamente a partir del Punto "**Va**" que el nuevo ser viviente podrá desarrollarse cuando y cuanto quisiera y pudiera, sin restricciones y sin limitaciones, pero esa genial característica no exonera de realizarse el principio más básico de la **"Ley de la Biocosmos"**: Nació para vivir y siempre para morir, obligatoriamente y sin excepción en cualquier instante de un día por llegar. Consecuentemente vida es sinónimo de mortal y vida es morir también.

---

[31] **VenPT** es exactamente el foco principal del libro La Curva de la Vida (2016).

[32] **El término entidad o ente**, en su sentido más general se emplea para denominar todo aquello cuya existencia es perceptible por algún sistema animado, véase; ontología, lógica o semántica. Una entidad puede por lo tanto ser concreta, abstracta, particular o universal. Es decir, las entidades no son sólo los objetos cotidianos como sillas o personas, sino también propiedades, las relaciones, los eventos, números, conjuntos, proposiciones, mundos posibles, creencias, pensamientos, etcétera.

[33] **Etimología de Ente**: Ente deriva del latín medieval ens, entis (nominativo y genitivo de singular: ente, del ente), participio presente del verbo intransitivo ese: ser. Que a su vez proviene de entitas, entitatis (igualmente caso nominativo y genitivo de singular: entidad, de la entidad).

[34] "Teorema Vida'l" en todos sus Cuadros: **LT** que demarca a la **Línea "TVT"**: "T1" Tiempo, "Va" Vida y "Tn" Tiempo (inicio y final) lo que es mejor resumido en la Línea TVT, Tiempo, Vida y Tiempo.

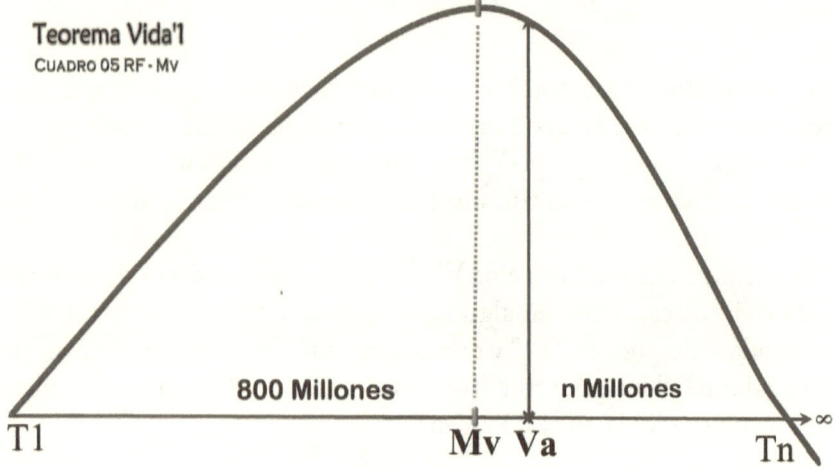

Es exactamente de esta manera que se puede observar que el Ciclo de la Vida Terrenal (**CVT**) que se inicia en el Marcador del Tiempo Actual (**MTA**), forzosamente tendrá que realizar su desarrollo formando una línea progresiva ascendente, hasta llegar a la cúspide (línea vertical Mv) para luego continuar de forma descendente, formando una verdadera curva, trazada sobre la LT "T1 a Tn"; por la que la llamamos "La Curva de la Vida[35] (**CV**)" para las especies y "Curva de la Vida - Terrenal" (**CV-T**) para el PT. Curva que abarca desde el nacimiento o aparición en "T1" hasta su fin proyectado en "Tn"; donde el Punto "Va", para este caso viene a ser el tiempo actual, el día de hoy y este preciso instante. Por lo que, desde tal óptica, se puede vislumbrar que la vida en la Biocosmos y específicamente la VdelPT serán algo mayor y exageradamente inmensa pero absolutamente desconocida y finita.

---

[35] **La Curva de la Vida** - Son las cíclicas obligatorias etapas por las que tiene que pasar una vida en el PT. Comprende todas las etapas de la vida y por donde pasará el ente en su proceso viviente. Curva que demuestra que todo ser viviente tiene trazado su esquema viviente que comprende un tiempo indeterminado para vivir; identificado en su propia CV. Esta curva muestra el ciclo básico de un ser; marcando así las etapas cuando: Nació, Vivió y Murió. Resalta que: "nuestro nuevo estado natural de vida es energía" (La Energía de la Vida y las Fuerzas Ocultas). Todo este proceso está siendo desarrollado en nuevo libro La Curva de la Vida, (2016).

La base del sustento gráfico se diseña sobre la **LT** entre **"T1 a Tn"**; donde el punto inicial para la **VenPT** es identificado con **"T1"**, punto donde se da inicio a otra línea que sube (hasta la Línea perpendicular **Mv**) para generar una curva ya que más adelante baja para cruzar la **LT** en **"Tn"** dejando graficada la Curva de la Vida-Terrenal (**CV-T**) del PT. **Teorema Vida'l Cuadro 05 RF - Mv.**

La variable "**Mv**" es la línea **M**eridiana **v**irtual sobre la "**LT**" de la **VdelPT** que geométricamente viene a ser la **Mitad** (entre "T1" a Tn") como el resultado de la división de "**Tn**" entre **2** (Mv=**Tn/2**) substituyendo a la variable "x", porque es una línea vertical y por ser más nominativa. Luego tenemos la variable "**Va**", línea vertical fluctuante, que progresivamente representa este instante, el día de hoy (el tiempo actual).

De acuerdo al grafico se observa que desde el Punto "**T1**" al "**Va**" existe un espacio que significa el tiempo vivido por el PT (su existencia) y desde la variable "**Va**" al Punto "**Tn**" encontramos otro espacio muy importante, que viene a ser el tiempo por vivir. La línea vertical (Va), señala el estado actual del PT dentro de la **CV-T**.

La Vejes del Planeta Tierra

Con base en el Teorema Vida'l se observa que actualmente el Planeta Tierra ya sobrepasó la mitad de su existencia, identificado en el grafico sobre la **LT** a partir de "**Mv**"; denominado en esta obra como la Línea "Meridiana-virtual" (**Mv**); luego la Línea vertical "**Va**" existe para identificar el momento actual y es ella la que se desplaza sobre la LT identificando el punto exacto de la **VdelPT**. Lo que hace concluir que es la línea perpendicular "Va" la que señala que el PT está viviendo mucho más de la mitad de su ciclo de habitabilidad, identificado a partir de la línea "Mv". Este gráfico demuestra que hace mucho tiempo que el PT ha pasado su época de esplendor (viviendo desde "Mv" a "Va") y que actualmente se encuentra en un activo proceso degenerativo y constante, en un acentuado clima de envejecimiento precoz e imparable (en su rumbo de "Va" a "Tn"), acelerado también por la acción destructiva de los representantes de la EH.

Lo explicado nos hace entender que el proceso natural del "RF" del PT es acompañado por una serie de circunstancias como producto de otros problemas, inherentes al planeta pero que ocurren en su interior e impactan, generados por obra y gracia de los que la habitan; encabezado por el hombre. De igual manera existen otros problemas que vienen del propio cosmos. Circunstancias estas que aceleran la declinación de la Curva de la Vida Terrenal con el eminente peligro de que su biodiversidad vaya a desaparecer más rápido de lo esperado, que sería en un tiempo venidero con mayor aceleración del normal.

Algunas medidas paliativas para prevenir o minimizar el daño interno en el PT se están realizado lentamente, pero se observa que ninguna de ellas podrá remediar los estragos ya realizados y nada podrá desacelerar el ritmo del "Rumbo al Final" del Planeta Tierra. Aunque muchos digan que hay esperanzas de que algo se pueda hacer para desacelerar ese proceso, la verdad es que ellos no lo conseguirán y ese proceso continuará imparablemente hasta el fin.

"Yo creo en apenas una cosa: El poder de la voluntad humana."
Joseph Stalin.

Retrocediendo en el túnel del tiempo tendremos la oportunidad de evaluar los progresos alcanzados por la EH en este PT, masiva y egoístamente poblado por el hombre. Refiriéndose al progreso alcanzado en la EH a través del tiempo, el **Dr. Hugo Salinas** comenta esa situación explicando:

> (…) *"Posteriormente logran incrementar su productividad al crear herramientas de trabajo como el mazo, la lanza, el arco, la fecha,* la estaca. (…) *A esta nueva forma de trabajar la denomino proceso de trabajo con herramientas".* (…) *"los seres humanos logran un gran avance en las formas de trabajar cuando descubren la tierra cultivable y, a partir de ella, nace la agricultura y la ganadería. Son los dos procesos naturales de producción"* (…) *"porque solamente se reproduce lo que ya la naturaleza producía, tales como la papa, el maíz,* (…). *No obstante, es un gran salto que permite a las tribus salir de los bosques y poblar el mundo, en base a la creación de tierras de*

cultivo por doquier. Bastaba dominar los cursos de agua para ir cada vez más lejos en la conquista del Planeta Tierra. El cuadro de vida que genera es muy superior a los centros de alimentación de las tribus nómadas[36]*"* concluye el Dr. **Salinas**. **Ref.: 0100**.

También induce al raciocinio y alerta los males *"que viven, sobre todo en los países del Tercer y Cuarto Mundo, que tienen que ver con el atraso en las formas de trabajar. Un atraso de miles de años como la actividad económica basada en la recolección, caza y pesca que se practica todavía al interior de la selva. Atraso de cientos de años en actividades económicas basadas en la agricultura que utiliza aún la chakitaklla* (usada desde la época de los Incas en Perú y Bolivia) *y arados jalados por bueyes. (…) Atraso marcado por la preeminencia de industrias-enclave como la minera y la agricultura de exportación. Atraso que se refleja en los cuadros de vida característicos de los países del Tercer y Cuarto Mundo. Áreas de malestar que, en conjunto, generan una sociedad sórdida, sin principios morales, y que sumerge a pobres y ricos a vivir en países con conflictos sociales permanentes. Los ricos podrán tener abundantes riquezas (en flujo y en stock), pero están obligados a vivir en zonas acuarteladas, enrejados, con vigilancia permanente y sin poder escapar a los atentados, asaltos, rescates, drogadicción, prostitución y otros males de una sociedad desequilibrada, abusada, sin futuro; en donde todos sus miembros sufren, de una u otra forma*[37]*."*

Algunos modelos e ideas económicas ayudarían en gran parte a resolver los problemas que soporta el mundo actual. Al respecto el Dr. **Salinas** afirma con su conclusión:

---

[36] **Dr. Hugo SALINAS** - LAS EMPRESAS-PAÍS Y LA GRAN TRANSFORMACIÓN - La empresa, unidad celular de una economía de mercado, Pagina 19

[37] **Dr. Hugo SALINAS** - LAS EMPRESAS-PAÍS Y LA GRAN TRANSFORMACIÓN - La empresa, unidad celular de una economía de mercado, Pagina 17-19

"Lo que toma tiempo es erradicar los efectos negativos de una actividad económica, la Repartición Individualista que, durante diez mil años aproximadamente, ha sembrado en la economía y en el comportamiento de las personas. (Lo ideal sería que*) "el nuevo modelo económico debiera crear mecanismos para que todos los habitantes del país* (en todo el mundo*) gocen de todos los adelantos generados por la Humanidad, en igualdad de oportunidades y sin ninguna excepción.*[38]*"* Que claramente no es así. (…) *"Y en la evolución de los procesos de trabajo, una nueva forma de trabajar mucho más eficaz aparece. Se trata del proceso artificial de producción. Los bienes que se producen ya no son una réplica de lo que la naturaleza produce ni son destinados al autoconsumo. Ellos se producen para venderlos intermediando un precio expresado en unidades monetarias. Son nuevos bienes económicos que nunca antes existieron ni provienen directamente de la naturaleza, como la vivienda, la mesa, la silla, los útiles de cocina, el vestido, los zapatos.* (…) *El cuadro de vida cambia, e incluso la forma de relacionarse entre las personas. La vida en la ciudad es mucho más alegre y confortable que la vida en el campo. La tierra cultivable ya no es el centro de producción esencial de la nueva forma de trabajar y de vivir. Es una máquina, alrededor de la cual existen herramientas. Todas ellas inmersas dentro de un local que toma el nombre de fábrica. En ella se producen bienes no para el autoconsumo sino para el mercado. Los mercados de intercambio de diferentes tipos de bienes económicos aparecen como hongos. De esta forma, nace la economía de mercado*[39].

Muy oportunamente las Naciones Unidas (ONU)[40], en setiembre del año 2000, reunió a los representantes de sus 191 países, miembros

---

[38] **Idem.**

[39] **Dr. Hugo SALINAS** - LAS EMPRESAS-PAÍS Y LA GRAN TRANSFORMACIÓN - La empresa, unidad celular de una economía de mercado, Pagina 19 - I. LAS EMPRESAS-PAÍS, - INSTRUMENTO CLAVE DE LA GRAN TRANSFORMACIÓN. Dr. Hugo SALINAS. Email: salinas_hugo@yahoo.com

[40] ONU Organización de Naciones Unidas, creada el 24 de octubre de 1945 con la finalidad de crear y mantener la armonía mundial.

en aquella época, con el objetivo inicial de discutir asuntos de interés global, principalmente "Vida en el Planeta Tierra" (VenPT). La finalidad anhelaba "hacer del mundo un lugar más justo, solidario y mejor para vivir". Fueron circunstancia cuando se elaboró un documento conocido como **Las Metas del Milenio**[41]. (Casi dos décadas se pasaron).

La principal y primera meta, como sería de esperar fue acabar con el Hambre y la Miseria, un problema que se puede resolver; es decir, resolver el problema de la humanidad primero y después el del Planeta Tierra. Se consideró también La Reducción de la Mortalidad Infantil; Mejoras en la Salud de las Gestantes; Calidad de Vida y algo Respeto al Medio Ambiente, entre sus ocho metas. Estas metas, formuladas en el año 2000, tuvieron como año límite para cumplir sus objetivos el año 2015. Cumplido este plazo anticipamos una pregunta ¿Cuál es la conclusión de los ambiciosos Objetivos del Milenio?

Es muy evidente de que la preocupación por un mundo mejor existió y continúa existiendo, por lo menos en ideas, propuestas y hasta en documentos de autoría de la propia ONU. Pero aún no es un consenso general. Existe un gran segmento de la sociedad mundial opuesto a llevar adelante alternativas de solución. Por lo que la vida continuará teniendo dificultades para desarrollarse a plenitud como lo venía haciendo antes de la llegada del hombre (hoy, global, capitalista e industrial) de nuestros tiempos.

> *"Yo digo que si alguno de nosotros no hace, todo el tiempo, todo aquello que puede y hasta más de lo que debe hacer, es exactamente como si no hiciera absolutamente nada."* **Fidel Castro.**

La realidad apunta en dos sentidos: Uno, querer y dos, no poder hacer. No basta querer hacer y tener ideas buenas si no se tiene el respaldo de los que realmente pueden hacer y tienen el dinero para realizar sus ideas y proyectos al respecto.

---

[41] ***Organización de Naciones Unidas (ONU)***, Nueva York, 2000, Objetivos de Desarrollo del Milenio Informe de 2012. Ban Ki-Moon – Secretario General.

Coincidentemente viene al recuerdo el caso cuando, al finalizar la década pasada, el Presidente del Ecuador, **Rafael Correa** (1963)[42] presentó su proyecto ambiental **Yasuní-ITT**. El mismo proponía dejar unos 846 millones de barriles de petróleo ecuatoriano bajo tierra en uno de los lugares de mayor biodiversidad del planeta, que comprende los campos: Ishpingo, Tambococha y Tiputini (ITT), localizados en el Parque Nacional Yasuní, en plena Amazonía ecuatoriana, todo esto sería realizado a cambio de una significativa contribución económica internacional. El Presidente Correa pretendía recaudar 3,600 millones de dólares de la comunidad internacional, en el plazo de 13 años, como recompensa por la no explotación del petróleo. Entendiendo mejor: por mantener a la fauna y flora de los lugares mencionados intocables. Se creó un fideicomiso con las Naciones Unidas para la recepción de los aportes, pero después de tres años, la iniciativa alcanzó apenas 13.3 millones de dólares en depósitos concretos, mientras que otros 116 millones quedaron sólo en compromisos. Idea inicialmente fantástica y original llegó a su fin el día jueves 8 de agosto del 2013. "***El mundo nos ha fallado***", decía el presidente Correa en cadena nacional de televisión y radio anunciando el fin de su proyecto ambiental. Correa resaltó que "*el factor fundamental en el fracaso es que el mundo es una gran hipocresía y la lógica que prevalece no es la de la justicia, sino la del poder*". Concluyó comentando que el monto a recaudar que hubiera servido para que su país pueda vencer la miseria, especialmente en la Amazonía ecuatoriana. Refiriéndose al mismo asunto **David Romo** comentó: "*Estábamos apostando como ecuatorianos a una sociedad con una visión bastante innovadora y promotora de la conservación de la naturaleza*"

---

[42] **Rafael Correa, Nació el 6 de abril de 1963.** Fue candidato el 2006 y ganó las elecciones en segundo turno a Álvaro Noboa para asumir la presidencia del Ecuador el 15 de enero de 2007. El 2008 promulgó la Nueva Constitución Ecuatoriana. El 10 de agosto de 2009 asumió la Presidencia Pro témpora de UNASUR hasta 2010, sucediendo a Michelle Bachelet de Chile. El 2012 su popularidad estaba entre 75 a 82%. Ecuador es miembro de la Alianza Bolivariana desde g el 20de junio de 2009. El término de su primer mandato fue 15 de Enero de 2011. El 2013 ganó el referéndum. Afirma que el 2017 no será más candidato. El 2015 continúa como Presidente de su país

y lamentó que, *"los países más ricos del planeta no hayan asumido con corresponsabilidad esta iniciativa ambiental"*[43].

> *"Aprender historia quiere decir procurarse y encontrar a las fuerzas que conduzcan a las causas de las acciones que vemos como acontecimientos históricos. El arte de leer, como de la instrucción consiste en esto: conservar lo esencial y olvidarse de lo dispensable".* **Adolf Hitler.**

Ante el visible problema en el que emerge el PT es muy complicado urdir alternativas de solución unilateralmente. Todos tienen responsabilidades y todos deben actuar en conjunto por un bien común. Porque no es solo el planeta el que sufre; a ellos se sumaran los graves problemas que comienzan a soportar los propios Seres Humanos, la fauna en general y su propio Medio Ambiente cambiando, por lo que solo resta una conformista resignación; en espera del único día que soluciona todo tipo de problemas, el día de morir.

El poder económico y consumista, la falta de conciencia y la ostentación está llevando al PT a estar realmente en su raudo "Rumbo al Final" de su glorioso y sin igual ambiente de perfecta y abundante habitabilidad.

> *"Se puede lamentar que vivimos en un período en que es imposible tener una idea de cómo será el futuro del mundo. Mas hay una cosa que yo puedo prevenir para los carnívoros: el mundo del futuro va a ser vegetariano."* Dicho en 1947 por **Adolf Hitler.**

En la amplitud del campo de la definición de la "VenPT" es oportuno salirse de las tradicionales y comunes definiciones predefinidas e impuestas para poder utilizarlas adaptándolas a los nuevos tiempos, donde: "<u>Vida es la **original situación** por la que pasa un Planeta Activo, propiciando las condiciones básicas para que alguna especie pueda adquirir algún tipo de vida y se pueda desarrollar en su interior.</u>" Características similares, más no iguales que están presentes entre los integrantes de la **Biocosmos.**

---

[43] **DavidRomo** Codirector de la Estación de Biodiversidad Tiputini de la Universidad San Francisco de Quito.

Ahora queda entendible que esa "<u>original situación</u>" no fue constante desde su inicio, ya que la vida en el Planeta Tierra pasó y está pasando por un estado progresivo de su desarrollo universal; situación viviente que no podrá mantenerse eternamente así; porque ese es el ciclo universal de todo planeta que pueda albergar algún tipo de vida y durante algún tiempo en su interior. Lo que hace concluir que esa "*original* situación", un día dejará de ser lo que es hoy; consecuentemente las condiciones básicas para que una vida pueda desarrollarse, inicialmente se deteriorará y finalmente terminará; y luego, desaparecerá.

La situación viviente no terminará en un corto espacio de tiempo; será en proporciones como lo está siendo hasta hoy, gradual y progresivamente hasta el final de los tiempos. Que dicho en otras palabras: ese proceso será muy lento en su ambiente global y proceso natural, no obstante podrá ser rápido y muy violento en algunas de sus sub partes, sistemas, sub sistemas o componentes biológicos, ecológicos y geológicos aislados, realizándose en la medida que el tiempo va pasando. Así, el dinamismo de los acontecimientos relacionados con las características de habitabilidad terráquea será variado y estará ocurriendo sin detenerse un instante, solo se concluirá con el Rumbo al Final del Planeta Tierra completado.

Rumbo al Final - La Agonía del Planeta

> "*Estamos en el abismo. Hay que reaccionar*"
> **François Hollande**. Presidente de Francia, COP21, 2015

Como venimos tratando el tema, seguimos en la firma tarea de resaltar redundantemente que el Planeta Tierra (PT), de donde la Especie Humana (EH) es oriunda y donde peligrosamente se multiplica, se encuentra en su real y verdadero "Rumbo al Final" de su Ciclo de Vida - Terrenal (**CVT**).

Haciendo una simulación didáctica, comparando el **Ciclo de la Vida Actual** (**CVA**)[44] del **PT** con las Etapas de la Vida Humana (**EVH**)

---

[44] **CVA** Ciclo de la Vida Actual (CVA). período de la Vida del Planeta Tierra Actual medido en Millones de años Ciclo Luz Oscuridad (CLO).

concluimos que el PT demuestra que ya salió de la etapa viviente que pertenece a su adultez para ingresar a la siguiente, la vejez. Viviendo esa realidad claramente se puede observar que el PT ya realizó el paso definitivo para la siguiente etapa del CV-T y ese proceso es considerado demasiado prematuro si analizado y llevando en consideración **el proceso** de envejecimiento natural de los Planetas. Claro que en la perspectiva futurista de la ambición humana muy egoísta lo mejor sería que el PT tuviera Vida Eterna, pero sabemos que ese deseo no dejaría de ser una ambición imposible, que contrariaría a la propia Ley de la Biocosmos, que es infalible.

Aunque la EH deseara que el PT tuviera larga vida (por no decir infinita) para que su especie pudiera continuar habitándolo, paradójicamente la justificación para que el envejecimiento del PT acelere su curso es exactamente por la influencia de la obra destructora y contaminante realizada por el hombre, fiel representante de la EH; lo curioso es que esa situación no fue siempre de esa manera, ya que la participación del hombre en ese proceso ocurre recién desde los principios de la era de la Revolución Industrial, en el milenio pasado, continuando y manteniéndose así hasta llegar a los actuales días, en que se agudiza.

"Los países más pobres son los que menos contaminan, pero al mismo tiempo son los más afectados. Hay que buscar justicia climática", decía François Hollande, Presidente de Francia en la Cumbre del Clima de París - COP21, en diciembre de 2015.

Una clara evidencia de lo que está ocurriendo con el PT es que la acción destructora del hombre asociado a la superpoblación humana es un fenómeno constante y que no se ha detenido un instante. Se puede concluir diciendo que es el hombre quien está colaborando en demasía para que esa situación, del "Rumbo al Final", se haga realidad y lo que es peor, está ocurriendo en un ritmo cada vez más acelerado de lo considerado como natural.

> La Especie Humana, ¡increíblemente está contribuyendo para acortar el ciclo de vida del Planeta Tierra, ciertamente, con su obra!

Cuantificando en otro ejemplo de "simulación" comprensible, diríamos que para obtener una "estimativa numérica", de lo que resta de vida del PT lo haríamos de la siguiente manera: "el tiempo que normalmente llevaría al PT llegar a su final, es estimado en 1.3 **CVT,** en Ciclos Luz y Oscuridad (**CLO**). Pero con la contribución destructora de la mano del hombre, que incrementó y puso mayor velocidad a ese proceso, ese tiempo llegará en apenas 0.9 **CVT**, lo que representa un adelanto de 0.4 **CVT** (699 millones de años **CLO**). Pero los **CLO**, fueron estimados para los inicios, cuando el hombre habría su cuota de contribuyente de daños a la Madre Naturaleza; ese número se fue incrementando en la medida que el tiempo pasa. Hoy en día ese número es (0.4 **CVT** + un cociente de incremento progresivo, calculado anualmente). Como se observa con los números simulados la participación humana en ese proceso es exageradamente grande. Si la EH no hubiera aparecido en el PT la vida del planeta se mantendría en sus 1.3 **CVT** como expectativa".

Para apaciguar esta alarmante realidad, podemos tranquilizar a los cómplices anticipando que el RF del PT es un proceso que en tiempos cósmicos viene a ser medido en **CVT**, lo que hace creer que es un proceso poco perceptible en lo que va del Ciclo de Vida de un Ser Terrenal. Pero en la sumatoria de esos ciclos ese proceso es rápido y tiene que hacerse realidad sin opciones para su detención. Realidad que la "**Ley de la Biocosmos**" dictamina y como tal, perdura.

La didáctica visión que la obra presenta para explicar el RF del PT está simbolizado por el "**Teorema Vida'1**". El teorema intenta simbolizar el proceso de la Vida del Planeta Tierra (**VdelPT**) que se desarrolla en toda la extensión simbolizada entre los Puntos "**T1**" y "**Tn**". Existiendo el "Tiempo 1" (**T1**), el inicio, la partida y el origen. Del mismo modo hay que suponer, bajo el amparo de la "**Ley de la Biocosmos**" que existe también un final; que en este caso es marcado por el extremo "**Tn**", simbolizando un "Tiempo **n**" para vivir, existir o estar latente, un infinito de verdad. Es exactamente bajo esta base que se desarrolla el tema explicando el **RF** del PT y más adelante, con la complementación del tema presentado por el libro, "**La Curva de la Vida**", relatando la **A**parición de la **v**ida (**Av**) humana en la VenPT.

Una visión general de la "Curva de la Vida - Terrenal (CV-T)[45] demostrado por el teorema muestra la realidad de lo que está sucediendo y significando la Agonía del Planeta Tierra.

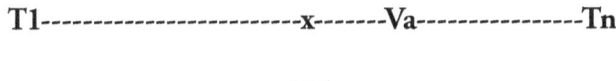

LT

El Punto "**Va**" de aquí en adelante viene a ser: este año, el día hoy, esta hora, este preciso instante y lo que es más importante, simboliza también el inicio de la condición de habitabilidad plena en el caso de las especies vivientes es el tiempo o "inicio de una Nueva VenPT; decodificándolo significa **Va** = "**V**ida **a**parición" (**a**parición de la **Ven**PT); nomenclatura que se consolida dentro de la Línea del Tiempo "**T1, x, Va y Tn**"; quedando así definida, de aquí en adelante, como la Línea del Tiempo de la Vida Terrenal, codificada sobre la **Línea "LT"**.

Continuando con el foco del Capítulo la interrogante viene a luz en primera instancia: ¿Es verdad que el vigoroso Planeta Tierra Agoniza?

> Es lamentable tener que decir, más también no se puede omitir, menos aún llegar a esconder y ni siquiera poder negar, lo que increíblemente es una contundente realidad: el vigoroso Planeta Tierra ¡Agoniza! y su "Rumbo al Final" es realidad.

El Planeta Tierra, el que en su interior permite el libre desarrollo de la Biodiversidad en su máxima expresión y en especial permite que la vida de la EH tenga la singular oportunidad de poderse desarrollar y que el hombre lo pueda habitar incondicionalmente, **ya comenzó su declinación vital-final** y realmente se encuentra en su verdadero "Rumbo al Final" irreversiblemente.

---

[45] **Teorema Vida'l**. A partir del esquema, graficado por este teorema estamos desarrollando toda la explicación del contenido de la obra por considerarlo un método simple y muy fácil de entender ya que está sustentado en principios matemáticos y geométricos muy conocidos y de un entendimiento universal.

"Si yo supiera que el mundo se acabaría mañana, plantaría un árbol hoy". **Martin Luther King**.

Si, lo dicho es verdad, el **Planeta Tierra** realmente está iniciando su largo y lento padecimiento para luego ingresar a su etapa final que es el inicio de la agonía. Esto quiere decir que hace mucho tiempo que el Planeta Tierra ya superó su máximo esplendor en su normal desarrollo viviente.

El estado actual y la correcta localización de la medición lineal del transcurso de la vida del PT está bien identificado como un punto señalado de vida, dentro de la **Línea "LT"** Terrenal, vivido por el PT demostrado por el **Teorema Vida'1**. Este estado posicional viene a ser el **Punto "Va"** (**Va** = **V**ida **a**parición). Lo que observado en el "Teorema Vida'1" se nota que desde hace algún tiempo el PT dio la vuelta en la Curva de la Vida Terrenal (CV-T) iniciando su declinación en su **"Rumbo al Final"**.

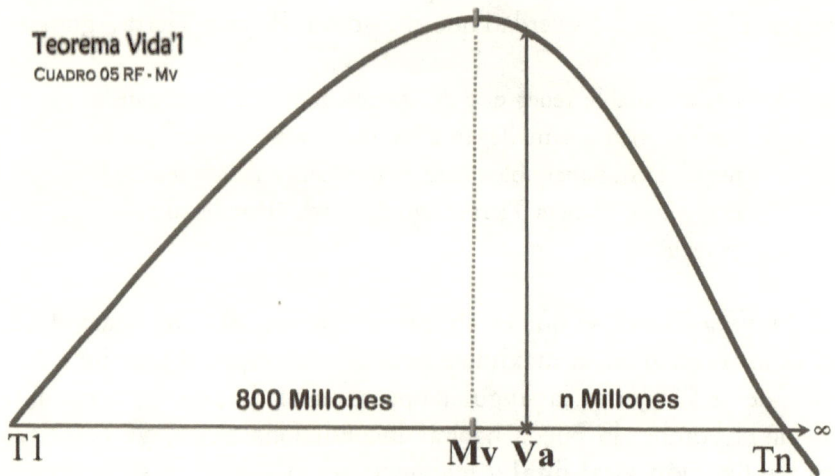

La línea vertical meridiana punteada fue identificada como la Línea **"Meridiana Viviente Virtual Progresiva"**, resumida en **"Me**ri**v**ital" y abreviada como **"Mv"** Virtual. Esta identificación marca el medio virtual de lo que sería el **CV-T** para tener un punto inicial y con él poder evaluar el descenso en ese largo y sofisticado proceso del RF del PT.

Del resultado grafico del "**Teorema Vida'l - Cuadro 05 TF - Mv**" donde se observa la Línea vertical "**Va**" se puede concluir lo siguiente: El PT vivió 800 millones de años de "T1" hasta el **Punto "Va"** y de ahí en adelante vivirá menos tiempo en su "Rumbo al Final". Todavía hay que considerar que el PT, en la etapa de su declino ya vivió naturalmente una primera etapa ("Mv" a "Va") y que en los últimos tiempos, que se iniciaron en el último siglo del milenio pasado, a ese proceso natural se sumaron otros factores externos, muchos de ellos realizado por los integrantes de la Raza Humana, que llegaron para sumar y para acelerar ese proceso.

En la inmensidad del tiempo felizmente los **CVT** registran desde el principio cuando el PT inició su trayectoria y cuentan también el tiempo desde el inicio de su período de declinación o, su proceso decreciente "Rumbo al Final" después de un largo ciclo viviente que podemos estimarlo en unos 800 extensos CVT de progresiva habitabilidad terrena que no deja de demostrar que el RF del PT es eminente. Lo lamentable es que esta situación es algo irremediable.

Observando el grafico del Teorema Vida'l se puede concluir que resta menos de la mitad del tiempo de lo que ya vivió el PT para seguir viviendo; consecuentemente continuar albergando vida en su grandioso sub mundo donde la biodiversidad terrena se desarrolla en su máximo esplendor; y de esa manera continuar formando parte de un giga-mundo como miembro viviente e integrante de la vasta y desconocida Biocosmos.

Mientras que desde el origen del Planeta Tierra se contabiliza el tiempo de existencia en billones de años que él tardó para consolidar vida en su interior, en los tiempos venideros y finales, o las estimativas de vida restantes del PT serán contadas en apenas decenas de CVT; millones de años de CLO esquematizado en el gráfico del "Teorema **Vida**'l – Cuadro 05".

El PT es un mundo viviente en el que aparecieron las especies para desarrollarse como criaturas con vida propia, gracias a las virtudes del sistema de habitabilidad, situación ésta que caracteriza al PT. Estas razones son las que conducen a la meditación de que la EH tiene que ser y estar consciente de que esa situación existe y es real. Que el ciclo de la vida, o el tiempo por vivir, no es nada más que un lapso pasajero que ya está predefinido y es obligatorio y que no existirían maneras de detenerlo ni de poderlo cambiar. Pero para el Ser Humano, considerado como el "<u>único racional y el más inteligente, el que ostenta el don de poder hablar para comunicarse con fluencia y de poder hacer bien las cosas</u>", a veces le es muy difícil entender y enfrentar esa realidad.

Para que la EH comprenda la situación que conduce al fin de su ciclo viviente, primero tendría que reconocer la existencia de esa situación, pero se observa que es muy difícil e imposible que lo llegue a aceptar. ¿Qué decir entonces reconocer el fin de su especie? o mejor dicho ¿Aceptar el fin de las especies vivientes en el PT? Todo esto se puede resumir como la muerte de la biodiversidad terrenal, en lo gigantesco que es la Biocosmos.

Es verdad, ¿Quién quiere saber que el final de su vida o existencia está llegando? O en un ámbito mayor ¿Quién quiere tener conocimiento de que el fin de la vida de todas las especies está cerca? La verdad es que nadie quiere oír, leer o comentar al respecto. El miedo, el temor, el deseo de no querer morir es mayor. Ahora, tener que hablar del final de las especies, sólo sería un asunto de demencia declarada. Más, si el Ser Humano pensara que "**ese fin**" es un momento impostergable y que normalmente es un ciclo definitivo y obligatorio al que no se le puede cambiar, porque esta situación obedece a la **"Ley de la Biocosmos"** (una Ley Universal) predefinida dentro de un ente mayor, que en este caso es el PT en armonía con el astro Sol, no le restará más alivio que enfrentarla con naturalidad, conciencia y resignación. Entonces: ¿Podría decirse que esa comprensión sería una resignación humana? Creemos que no sea necesariamente una resignación por algo que obligatoriamente tiene que ocurrir.

Conocemos que el PT es un mundo viviente en cuyo interior brotó la vida en sus más diversas manifestaciones de existencia y ahí se desarrolla. Por eso, el proceso del pasaje por la vida en este planeta prácticamente es una petición de vida de entes vivientes (resumido en un reciclado viviente). Aquí, todos los seres vivos aparecieron naciendo, entonces **marcan presencia en el tiempo que permite su aparición y existencia**

de especies vivientes, sólo para vivir, nunca para inmortalizarse. Lo que esclarece que las especies nacen como una señal imperecedera de su existencia; luego crecen, se desarrollan y reproducen, porque ese ciclo así lo exige y permite y, finalmente llega el tiempo en que obligatoriamente todos tienen que desaparecer como entes vivos, esto es, morir como señal de haber existido, después de haber vivido bien, un tiempo sin igual, para luego pasar a formar parte del añejo pasado.

Cuando una vida llega a su final el espacio habitable se recicla y se mantiene en espera del siguiente, del que va adquirir vida y, para el que aún está por venir lo pueda ocupar. Lo que hace concluir que en ese ciclo viviente nada ni nadie es indispensable, insustituible e irremplazable y que una ausencia ni siquiera hará falta dentro de este mundo altamente viviente del que también forma parte el ser humano.

De acuerdo a los vestigios encontrados en el último milenio se puede comprobar que el PT siempre fue un ambiente altamente viviente pero que lamentablemente viene perdiendo esa genial característica con el pasar de los CVT. A pesar de venir perdiendo su calidad de "**gran habitabilidad**" el PT es aún un ambiente grandemente viviente, muy especial y hasta extremadamente raro en el contexto Biocosmos. Al respecto, desde hace mucho tiempo venimos diciendo: "hay mucha vida en el universo y esa otra vida, hasta podría ser mejor que la vida en el PT, pero vida, exactamente igual a lo que existe en el PT, no existirá otra" (No queremos generalizar diciendo con esto que no habrá otra vida mejor por descubrir en los secretos de la inmensidad de la Biocosmos).

La verdad actual es que el maravilloso Planeta Tierra, lamentablemente tiene su final, claramente visible pero muy poco entendible. Esta situación ya está señalada en el cielo, donde todos lo pueden observar pero nadie es capaz de levantar la cabeza para mirar hacia arriba. Más, como el anuncio de que la muerte del PT se resume en apenas un tiempo menor al vivido y como ese tiempo está llegando raudamente, merece meditar al respecto, sobre todo para reorientar mejor la vida de la EH, mientras haya tiempo para hacerlo.

Pero el fin de la habitabilidad en el PT no quiere decir que ella irá a desaparecer en un cerrar de ojos: Primero, desaparecer no quiere decir que todo un razonable planeta (materia) en términos de tamaño, pueda desaparecer del mapa solar y universal. Segundo, lo que ciertamente desaparecerá será el Sistema Viviente y sus condiciones (La Biodiversidad y el Bioclima, como parte de la Biocosmos) de habitabilidad multi-diversificada pero esa condición se realizará gradualmente. Tercero, la materia tierra inerte, perdurará para transformarse o unirse a otros cuerpos celestes inertes, (excepcionalmente pudiera ser con vida); formando parte de los componentes inhabitables del Reciclado Universal o polvo celestial. Cuarto, pero el fin del PT no ocurrirá en este milenio y ni en otro, porque mientras desde el inicio de la habitabilidad terrenal se cuenta el tiempo vivido en billones de años, desde hoy en adelante (período del Rumbo al Final) se contaran en apenas CVT; tal y como el **"Teorema Vida'l – Cuadro RF 05 Mv"** lo grafica (páginas anteriores). Recordemos: el PT mantiene un ambiente de habitabilidad, claro, en constante transformación, desde hace más de 800 millones de años (graficados en el Teorema desde el Punto "T1 al **Va**") pero desde (hoy) será del Punto "**Va a Tn**" que se contaran en apenas CVT (n decenas de millones). Hasta porque el mismo gráfico muestra que el PT está viviendo su última fase dentro de su propio ciclo de existencia o dentro del grafico de la "Curva de la Vida" (CV) Terrenal (CV-T).

A partir de este punto surge una serie más de nuevos cuestionamientos: ¿Adquirimos vida al nacer o ya vivíamos desde antes? ¿Quién ostenta la condición "vida"? O, ¿Vida es simplemente el Planeta Tierra y las especies que lo habitan apenas son organismos vivientes como parte de algo de ese mundo mayor que es el propio Planeta Tierra?

En el año 2014, en Estados Unidos publiqué en mi obra Encorajándote y manifesté lo siguiente:

> *"Entonces, es muy razonable imaginar que sabes muy bien que al final del período de tu permanencia en este mundo terrenal, como todos los otros seres vivientes, morirás sin descubrir ni verificar lo que creías y sin tiempo para poder evaluar el resultado de tus hechos y sin saber en qué quedaron tus creencias. Es así como el ciclo biológico terráqueo sigue*

su curso y tú, nada podrás hacer para detenerlo ni para cambiarlo[46]".

También en el título "**Todo Morirá**", de la misma obra, dice:

"Sabes muy bien que todo morirá y que nadie se salvará. Vida es sinónimo de mortal. Todo ente viviente muere. Pero es importante que respondas: ¿Morirá el hombre? ¡Sí! ¿Morirá la humanidad? ¡Sí! ¿Morirán los animales? ¡Sí! ¿Morirán los vegetales? ¡Sí! ¿Morirá la Tierra? ¡Sí! ¿Morirá el universo? ¡Sí! ¡Todo, absolutamente todo morirá un día! Pero aún es más importante que respondas: ¿Por qué se muere? Porque el viviente es evolutivo pero no es eterno. Porque en algún instante nació adquiriendo la vida corpórea creada en un ambiente viviente donde pasó a existir. Y al morir, morirán las esperanzas, el amor, la comprensión, la bondad, el bien, las creencias juntamente con el ser que existía. Se muere por algunas razones muy ajenas a la voluntad del propio ser viviente. Todo ser viviente siempre se está aferrando a la vida. Pero es muy verdadero que: moriremos porque estamos vivos. Por lo que resumimos que se muere porque: La muerte es el ciclo final de la existencia de un ser viviente y terrenal. La muerte es obligatoria y sólo se realiza con los seres que poseen vida. La muerte es una etapa sin igual que trunca todo tipo de evolución biológica. La muerte es la única que detiene la continuación viviente de todas las especies. La muerte da un final a la vida marcando un período de existencia que puede ser corta o larga. Todos los seres viven una vida plena en el medio ambiente en el que aparecieron. Y todos ellos tienen que pasar obligatoriamente por etapas de la vida que son: 1) En su primera etapa aparecen y crecen. Aparecen en el vientre maternal, donde se desarrollan por nueve meses en el caso de los humanos. 2) En la segunda etapa, nacen, continúan creciendo, se regeneran y proliferan. Nacen, son dados a luz (una criatura), pasando a ser un niño, luego un joven, un adulto, contrae matrimonio, tiene hijos y

---

[46] **Encorajándote**, USA, 2014, Pág. 31

envejecen. 3) En la tercera, obligatoriamente mueren. Como un anciano, finalmente fallece; pasando a la eternidad[47].

Más allá de lo apocalípticamente dicho, es también inimaginable continuar comentando que lo que viene después del fin de la Era de "La Habitabilidad Terrena" es algo peor, es una situación muy natural en los términos de la **"Ley de la Biocosmos: "Las galaxias nacen y mueren, los astros mueren, las estrellas mueren, la mayoría de satélites naturales aparecieron muertos; en fin, nada es eterno en la Biocosmos"**. Una vez que el Planeta Tierra pierda su genuina característica, de actualmente permitir que la Biodiversidad se desarrolle en su vigoroso interior, esa condición jamás volverá a ocurrir y lo que es peor, jamás se recuperará. Será cuando la vida terráquea, simplemente desaparecerá del Planeta Tierra y será con todo, para todos y para siempre. Es entonces cuando el ayer vigoroso planeta azul habrá muerto y cambiado su color.

---

[47] **Encorajándote**, USA, 2014, Pág. 200

CAPÍTULO II

La Lucha por el Equilibrio Biológico

> "Aprendimos a volar como los pájaros y a nadar como los peces; mas no aprendimos el simple arte de vivir juntos como hermanos." Martin Luther King.

LA LUCHA POR el equilibrio biológico es también "la lucha por la sobrevivencia" y esa lucha se remonta a los orígenes de la vida. Las especies vivientes tuvieron que desarrollarse para crear condiciones para mantenerse vivas y para marcar presencia en un determinado territorio.

La **Ley del Cosmos** dice: "**No basta nacer, todavía hay que luchar para sobrevivir y también para mantenerse vivo**".

Si los animales nacen inofensivos, incapaces de luchar y hasta de defenderse del depredador y de las inclemencias, es porque existe alguna "manera" para que ellos sobrevivan. En este único caso, esa "manera" la asume la progenitora que tiene la obligatoria misión de luchar por los indefensos seres que parió. Pero esa "manera", lucha materna, tiene un final y es obligatoria tan sólo en una etapa. Los indefensos animales tienen que aprender a defenderse para sobrevivir y para mantenerse vivos en su hábitat.

En su lucha por la sobrevivencia la Especie Humana migró por diferentes lugares del Planeta Tierra, pasando las fronteras de los actuales continentes. Las primitivas migraciones tenían muchas otras razones; pero la búsqueda de lugares o tierras protegidas era la principal misión.

Citamos dos ejemplos: Primero, en América del Sur, habitantes en el Sur del actual país Chile, donde hoy es Monte Verde, hace más de 14 mil años, ya se valían de sus propias herramientas, con partes de piedras y maderas para defenderse y para realizar algunas de sus actividades. Segundo, en América del Norte, también lo demuestran los descubrimientos realizados en 1933, de herramientas (lanzas) de piedra que el humano los utilizaba con mucha precisión; las cuales tienen una antigüedad superior a los 13 mil años.

Los estudios sobre la evolución de las especies nos conducen también al estudio sobre la lucha por la sobrevivencia, asunto ampliamente estudiado por dos grandes científicos: **J. Bronowiski**, en su obra nos recuerda: *"... la teoría de la evolución fue concebida dos veces, por dos hombres al mismo tiempo y en la misma cultura*[48]*"* refiriéndose a **Alfred Russel Wallace** (1823–1913) y a **Charles Robert Darwin** (1909-1882).

Wallace es naturalista de Inglaterra, estudioso de la Antropología, Biología y Geografía. **E**s caracterizado como el gran autor y conocedor independiente que concibió la teoría de la evolución de las especies por el método de la selección natural. Su documento sobre el asunto fue publicado juntamente con los documentos de **Darwin** en 1858. Y, fue exactamente de esta macro idea que un año después Darwin publicó sus propias ideas en su obra: "El Origen de las Especies".

Es muy reconocido que la lucha por la sobrevivencia fue largamente explicada por Darwin en sus documentos publicados en el milenio pasado, allá por el año de 1859 y por Wallace en el mismo tiempo. Así, la lucha por el equilibrio biológico se acentúa en función del paso del tiempo. Por lo que el equilibrio biológico debe sustentarse entre el balance del mantenimiento de la biodiversidad, la ecología y las transformaciones geológicas que favorece o afecta al *modus vivendi* del Planeta Tierra, consecuentemente a todas las especies en ella albergadas.

El equilibrio biológico también es llamado de equilibrio biocenótico[49], que es la relación cuantitativa en que se encuentran las especies

---

[48] **J. Bronowiski**, The Ascent of Man, BACK BAY BOOKS. Little, Brown and Company, Boston/New York/London. Pagina 293.

[49] **Biocenótico**, Biocinética, Biocenosis asociación equilibrada de animales y vegetales en un mismo biotipo.

componentes de una sociedad biológica en una determinada área o en un momento dado o especifico. El equilibrio biológico depende de las variaciones mesológicas y también de las mutanticas. Algunos estudios al respecto tuvieron un gran impulso después de la publicación de los libros de **Matheus** (1793) y de **Darwin, Charles Robert** (1859) sobre los problemas de población y lucha por la vida.

El equilibrio biológico está estrechamente relacionado con los siguientes conceptos: **1)**- la **capacidad de reproducción** o potencial biótico de las especies en su causal; **2)**- el grado de **dependencia** en que se encuentran las especies, unas relacionadas con otras en lo que se refiere al origen de la alimentación y otros requisitos fundamentales de la sobrevivencia; **3)**- los factores **productivos** (edaticos) relativos al suelo: su abundancia o escases y estructura y composición química; **4)**- los factores **climáticos**, como temperatura, humedad, nebulosidad, precipitación de oxígeno, presión atmosférica, luminosidad, radiaciones (iones) ionizantes.

De esta manera queda bien claro que la lucha por el Equilibrio Biológico siempre existió y continuará acompañando al Planeta Tierra en su "Rumbo al Final". Todas las especies vivientes luchan por su preservación contra las otras especies e inclusive haciéndolo entre ellas mismas. La humana, más aun (ricos contra pobres, comida, hambre miseria, fuerza y debilidad, aumento territorial, etc.), contrariando a las leyes dictadas por la Madre Naturaleza.

> *"La razón humana descubrió diversas cosas maravillosas respecto de la naturaleza y todavía descubrirá más, aumentando así su poder sobre ella."* **Lenin.**

La interacción de las especies se ejerce por los siguientes conceptos: cooperación, concurrencia o competición o por lo que **F.E.Clements** y **V.E.Shelford** denominaron "disoperación".

La **cooperación** se realiza bajo las formas de domesticación, realizada por el hombre o por los otros animales; bajo las formas del proceso de la polinización de las plantas superiores por acción de los insectos y de los pájaros; por la floración, simple transporte de una especie por otra; por el mutualismo, en que dos especies se asocian, ambas obteniendo provecho de la asociación; por el comensalismo, en que el provecho es unilateral; por la simbiosis, en que la asociación se transforma en indispensable para la sobrevivencia; por el esclavismo, observadas entre hormigas de especies diferentes.

La **competición** o concurrencia se manifiesta sobre diferentes formas, pueden ser más acentuadas cuanto más semejantes fueran las necesidades de los seres vivos competidores. Es muy raro la competición entre animal y vegetal; poco frecuente entre aves y mamíferos o entre herbívoro y carnívoro, y es más evidente entre animales que entre vegetales. La competición frecuente también consiste en una búsqueda más o menos activa o exclusiva de un mismo elemento de sobrevivencia cuyo suplemento es limitado.

A la **capacidad** que tiene el ser vivo de enfrentar la concurrencia y de sobrevivir se llama vagilidad. Definido algunos conceptos básicos concluimos en un concepto superior que es "la Lucha por la Vida" donde la capacidad reproductora de las especies vivientes también juega un papel preponderante dentro de este contexto y es extremadamente variable de una especie a otra. La capacidad reproductora es limitadísima entre los animales superiores, a pesar de ser generadores de millones de espermatozoides. Muchos de los mamíferos no tienen más de una o dos decenas de crías en toda su existencia. En cambio es factible cuando se trata de grupos menos evolutivos, como es el caso de los nematelmintos y los gérmenes parásitos. Lo mismo ocurre con los vegetales; muchas plantas superiores sólo florecen con años de intervalos. Mientras que bacterias y muchos cógemelos pueden reproducir en algunas horas o algunos días millares o hasta millones de individuos. De no existir agentes de destrucción, ciertas especies, rápidamente habrían invadido todo el espacio libre del Planeta Tierra. Mas, como toda especie siempre encuentra concurrentes, por un lado enemigos naturales que tienden mantener o restablecer el equilibrio biológico (sustentable) y por el otro, aquellos que luchan por un espacio o por un territorio mayor, balanceando su hábitat. **Ref. 0103**[50]. Lo curioso es que la raza humana no tiene más conciencia; se ha apropiado de las áreas que pertenecían

---

[50] Referencia: Enciclopedia Británica Barsa, William Benton, Editor, 1971, Rio de Janeiro, Sao Paulo. Página 382.

a las demás especies. Esto fue auxiliado gracias o por desgracia de la invención de las armas e insecticidas.

En la destrucción del equilibrio biológico siempre estuvo presenta la mano del hombre y en algunos casos con consecuencias muy serias. En este sentido, algunos casos comunes y de fácil entendimiento los podemos encontrar en la quemada de áreas y la cría de rebaños de animales los que se multiplican y colaboran para la destrucción del ambiente natural y para crear un desequilibrio biológico prolongado, por no decir permanente. Se suma la polución de las aguas: playas, lagos, represas, ríos, por desagüe o por productos químicos trayendo consigo la mortalidad o desaparición de los peces con consecuencias serias de la destrucción de la fauna y la flora de esas áreas. La caza indiscriminada puede conducir a la extinción de las especies. Apenas por citar un ejemplo encontramos en aves de las Islas Mascareñas cuyos últimos representantes vivos desaparecieron de la faz de la tierra, allá por el año de 1681. Actitudes que crearon una alerta para evitar la extinción del visón, del búfalo americano, el pez buey del Amazonas, del león blanco, del boto color de rosa de los ríos en Brasil y las tortugas de agua dulce del Nuevo Mundo. **Ref. 160**[51].

Mas también el caso contrario puede ocurrir cuando la intervención del ser humano quiere eliminar a los concurrentes o a los enemigos naturales de un determinado ser vivo librando y permitiendo su libre proliferación. Ocurre con el uso extensivo de los antibióticos en el combate de enfermedades bacterianas del hombre propiciando la invasión de ciertos cógemelos parásitos como la Cándida Albicas que pasó a ser observado con bastante frecuencia en los casos de infección generalizada. En lo que se relaciona con el combate a las especies nocivas el hombre ha procurado utilizar con suceso a sus propios enemigos naturales; como lo practicado en el proceso de una lucha biológica empleando en el combate utilizando a insectos parásitos de plantas de valor comercial (económico). Y en lo referente a la transmisión de enfermedades del hombre y de los animales domésticos, los peces

---

[51] Enciclopedia Británica Barsa, William Benton, Editor, 1971, Rio de Janeiro, Sao Paulo. Página 382.

largófagos (Poecilia, Lebistes y otros) fueron usadas en la destrucción de larvas de los anofelinos transmisores de la malaria. **Ref. 161**[52].

De este modo el estudio del equilibrio biológico se ha constituido en una teoría matemática que engloba la lucha por la vida en general. De igual manera fórmulas matemáticas fueron inventadas, tratados y estudios fueron publicados para agruparlo en un único concepto, ciencia. Ya los trabajos clásicos de **Roland Ross** sobre la propagación de parásitos y los transmisores de la malaria humana utilizaban los modelos matemáticos disponibles en aquella época. **También W.R. Thomson, V. Volterra, A. J. Lotka y Umberto d'Ancona** fueron los que aplicaron los métodos matemáticos al estudio del equilibrio biológico. **Ref. 161**[53].

Registros históricos demuestran que 1970 podría ser el año del punto de partida de una nueva orientación para el estudio de las ciencias biológicas. En ese año fue creado el **Instituto Salk** de Estudios Biológicos de San Diego en California. Se creó un **Consejo Biológico** para los Asuntos Humanos, que fue dirigido por **Jacob Bronowski**. El éxito del Programa Biológico Internacional justificó la creación de dos nuevas organizaciones internacionales: **El Hombre y Biosfera (MAB)** y el **Comité Especial para los Problemas del Medio Ambiente (ACOPE).**

Con estas iniciativas se crearon nuevos cursos en las universidades y las ciencias biológicas fueron adquiriendo su nivel de importancia mundial en el contexto científico. Beneficiando al proceso por la Lucha por el Equilibrio Biológico con sus estudios y logros adquiridos, permitiendo la preservación de la vida en el Planeta Tierra por un tiempo mayor.

La Lucha por el Equilibrio Biológico se mantendrá eternamente porque esta es una característica de todo mundo altamente viviente. Y la verdad se

---

[52] Enciclopedia Británica Barsa, William Benton, Editor, 1971, Rio de Janeiro, Sao Paulo. Página 383.

[53] Enciclopedia Británica Barsa, William Benton, Editor, 1971, Rio de Janeiro, Sao Paulo. Página 383.

manifestará con la llegada sustentablemente de la vida en Dos Mundos[54]. Será la época cuando habremos dado un largo paso hacia adelante en términos de Expectativa de Vida Humana en el Planeta Tierra. Habría una esperanza más por aspirar, vida en el Segundo Mundo, el Mundo Científico (Mundo-C), como una clara manifestación de que la Lucha por el Equilibrio Biológico es útil y necesaria.

Comentamos al inicio de este tema que "la lucha por el equilibrio biológico es también la lucha por la sobrevivencia" y que esa lucha se remonta a los orígenes de la vida, donde las especies vivientes tuvieron que desarrollarse para tener y crear condiciones para mantenerse vivas y para marcar presencia en un determinado territorio. Ahora se observa que la Especie Humana masivamente está poblando al Planeta Tierra, el mismo que por causas del destino y por la acción irresponsable del hombre se apresura el "Rumbo al Final". Lo que hace concluir que las especies continuaran luchando por la sobrevivencia hasta cuando el Planeta Tierra no entregue más las excelentes condiciones de habitabilidad como lo viene haciendo hasta hoy. La **Ley del Cosmos** dice: "No basta nacer, todavía hay que luchar para sobrevivir y mantenerse vivo".

Aparición de la Vida Terrenal

> *"Somos apenas una raza avanzada de monos en un planeta menor que una estrella mediana. Más, podemos comprender el universo. Eso nos hace muy especiales".* **Stephen Hawking**, Físico inglés.

Para ingresar al tema "Aparición de la Vida Terrenal" primeramente es importante saber qué es el propio Universo para recién abordar algo sobre el Planeta Tierra. Bajo esa óptica los científicos afirman que el

---

[54] **Vida en Dos Mundos**. Vivir en Dos Mundos, Tópico altamente comentado en Capítulo aparte. El Mundo-N, el Mundo-C y ambiciosamente el Mundo-sC.

Universo nació hacen 13.8 billones de años[55] (**a.h.**)[56] Aseveran también que las primeras estrellas surgieron hace 13.6 billones años (**a.h.**). El surgimiento del **Sistema Solar** puede haber ocurrido hacen 4.6 billones de años (a.h.); donde el Planeta Tierra se encuentra.

Los fósiles encontrados en diferentes lugares y en diversas condiciones hacen imaginar que el origen de la vida en el Planeta Tierra comenzó en épocas que se remontan a los 3,500 millones de años.

Revisando los datos que ya conocíamos y que la historia científica nos venía presentando a través del tiempo, con mayor intensidad desde el inicio de este milenio, se puede llegar a sorprendentes conclusiones: En marzo del 2014 la comunidad científica anunciaba al mundo que investigadores del Centro de Astrofísica Harvard-Smithsonian habían obtenido la más fuerte evidencia de que el Universo en que vivimos comenzó por el *Big Bang*, paradójicamente éste no fue una explosión como se creía, sino una súbita expansión de materia y energía infinitas en un punto microscópico que los científicos lo llamaron "*Singularidad*". Así, el Universo continuó su expansión a un ritmo relativamente menor al inicial.

Curiosamente el descubrimiento de la súbita expansión de marzo del 2014 ya había sido previsto, hace 30 años, teóricamente por supuesto, por el físico americano **Alan Guth**, del MIT[57]. El descubrimiento de Guth fue llamado de "Universo Inflacionario". Él quería decir que la energía y la materia infinita se inflaron como un globo y no como se creía inicialmente que fueron esparcidas por causa de una explosión descontrolada.

Ingresando al Planeta Tierra, originalmente éste, en tiempos que los CVT mensuran, era infértil e inhabitable. Ellos fueron tiempos que los vamos a llamar de la "**Tierra Primordial**". El Planeta Tierra era un lugar muy diferente al de nuestros días, tenía grandes cantidades de

---

[55] MIT (Massachusetts Institute Technology) Instituto de Tecnología de Massachusetts (MIT) Boston, Massachusetts, USA. Marzo 2014.

[56] **a.h.** (a.h.) (A.H.) Abreviatura de "antes hoy" para decir que el tiempo mencionado corresponde a "n" tiempos transcurrido hasta hoy.

[57] Fuente: Harvard University - Stefen Richter, Harvard University, Boston, USA.

energía, fuertes tormentas, contrastes de calor y frio fluctuando, todo lo sólido convirtiéndose en líquido y viceversa, etc.

Bajo ese contexto, hace 2,700 millones de años, grandes transformaciones sucedieron hasta que la tierra comenzó a tener un incipiente sistema viviente. Una de las teorías más extendida, sugiere que la vida se formó en el medio marino, a partir de una "**Sopa Prebiótica**" de compuestos orgánicos que pudieron formarse en dichas condiciones, evolucionando y consiguiendo con el paso del tiempo un mayor grado de auto organización. Al respecto, también existen teorías creacionistas que parten de la hipótesis de la existencia de alguna potencia inteligente capaz de generar vida, y otras teorías más que involucran algún tipo de origen extraterrestre (proveniente de la **Biocosmos**).

Otra teoría parte del concepto de "**La Tierra Primitiva**". De manera general los biólogos aceptan la idea que la vida se origina a partir de materia inanimada en un proceso que se denomina evolución química, el cual se debe haber desarrollado en varias etapas. A pesar de que nunca se sabrá con certeza, las condiciones de La Tierra Primitiva, distaban mucho de las condiciones actuales.

Estudios prolongados de los astrofísicos y geólogos calculan la edad del Planeta Tierra en 4,600 millones de años y ellos estiman que los vestigios de vida más antiguos datan de 3,800 millones de años. La "vida" tardó unos 800 millones de años en formarse. Siendo así, con el estudio de los fósiles se estima que el origen de la vida en la Tierra comenzó en épocas más tempranas: hace 3,500 millones de años. Sin embargo, como demuestran los fósiles de rocas Australianas la vida pudo existir mucho antes. De las rocas obtenidas en Groenlandia se obtuvieron posiblemente las más antiguas células, con 3,800 millones de años. Al respecto, **J. William Schopf** de la Universidad de California, Los Ángeles (UCLA) descubrió recientemente (posible procariotas) foto sintetizadores en rocas de 3,500 millones; sugiriendo la existencia de formas más antiguas de vida. La roca más antigua conocida en la Tierra tiene una edad de 3,960 millones de años y proviene de la región canadiense del Ártico[58].

---

[58] **Pagina web:** Hipertexto del Área de la Biología- UNNE. Diseño y mantenimiento J.S.Raisman y Ana M. Gonzalez - Origen e Historia evolutiva de la vida http://www.biologia.edu.ar/introduccion/origen.htm.

Otra de las teorías del origen de la vida en el Planeta Tierra es la "**Teoría de la Fuente Hidrotermal**". La teoría de los respiradores o de ventilación de aguas profundas, comúnmente se conoce como la teoría de fuente hidrotermal y sugiere que la vida podría haber comenzado a partir de aberturas submarinas o respiradores hidrotermales debajo del mar, desprendiendo moléculas ricas en hidrógeno que fueron clave para el surgimiento de la vida en el Planeta Tierra. Los calientes rincones rocosos de este tipo de formaciones habrían de tener grandes concentraciones de este tipo de moléculas y proporcionar los catalizadores minerales necesarios para las reacciones críticas. De hecho, en la actualidad, este tipo de formaciones submarinas, ricas en energía química y térmica, mantienen con vida a ecosistemas completos bajo el agua[59].

También existe "**La Teoría Glacial**", que sugiere que hace unos 3,700 millones de años, la Tierra entera estaba cubierta de hielo, ya que la superficie de los océanos se había congelado a consecuencia de la luminosidad del Sol, prácticamente un tercio menor de lo que es ahora. Esa amplia capa de hielo, seguramente de varios cientos de metros de espesor, sirvió para proteger a los más frágiles compuestos orgánicos de la luz ultravioleta y de cualquier otra amenaza exterior. Ese resguardo, oscuro y frío, también habría ayudado a que las moléculas resistieran más y tuvieran más posibilidades de desarrollar reacciones eficaces importantes para la aparición de la vida.

Diferente sería la teoría de la "**Hipótesis del Mundo de ARN**". Sabemos que el ADN necesita de proteínas para formarse y del mismo modo, para que las proteínas se formen se necesita ADN, entonces: ¿Cómo se formó una parte por primera vez sin la otra? Por un lado se menciona que el ARN es capaz de almacenar información de la misma forma que lo hace el ADN, además de funcionar como enzima para las proteínas. Por ende, el ARN sería capaz de ayudar en la creación tanto de ADN como de proteínas y entonces, tal y como indica la hipótesis del Mundo de ARN, este sería el responsable del surgimiento de la vida en el Planeta Tierra. Con el tiempo, el ADN y las proteínas dejaron de necesitar del ARN, volviéndose más eficientes. Sin embargo, aún hoy, el ARN continúa

---

[59] **Pagina web: Batanga** - http://curiosidades.batanga.com/4358/5-teorias-del-origen-de-la-vida

siendo de grandísima importancia para muchos organismos. Ahora bien, seguimos con un dilema por lo que hacemos una gran pregunta: ¿De dónde salió el ARN?

Otra de las teorías interesantes es la "**Teoría de los Principios Simples**". En contraposición a la hipótesis del Mundo de ARN que acabamos de ver, la teoría de los principios simples señala que la vida en la Tierra comenzó a desarrollarse de formas simples y no tan complejas como las del ARN. Así, la vida habría surgido a partir de moléculas mucho más pequeñas que interactuaban entre ellas mediante ciclos de reacción. Según esta teoría, las moléculas habrían de encontrarse en pequeñas y simples cápsulas semejantes a membranas celulares que con el paso del tiempo se volvieron cada vez más complejas.

Es una teoría que propone que la vida puede tener su origen en cualquier parte del universo, y no proceder directa o exclusivamente del Planeta Tierra; y que probablemente **la vida en la Tierra proviene del exterior** y que se habría formado por la llegada de meteoritos a este planeta.

Y, finalmente encontramos la "**Teoría de la Panspermia**". Esta teoría es una de las más interesantes acerca del origen de la vida en el Planeta Tierra. Enfáticamente esta teoría propone que la vida no se originó en la Tierra, sino en cualquier otra parte de la **Biocosmos**.

La **Teoría de la Panspermia** se basa en que ya está probado que las bacterias son capaces de sobrevivir en el espacio exterior, en condiciones sorprendentes y durante largos períodos de tiempo. Por tal razón esta teoría supone que las rocas, cometas, asteroides o cualquier otro tipo de residuo haya llegado al Planeta Tierra hace millones de millones de años, trayendo vida. Se sabe que desde Marte enormes fragmentos de roca llegaron a la Tierra en varias oportunidades y los científicos han sugerido que desde allí podrían haber llegado varias formas de vida. De todas maneras, nuevamente se llega a la misma cuestión, sólo que desde otra óptica, en cierto modo se está transfiriendo la interrogante a otro lugar, a la Biocosmos. No queremos decir con esto que no puedan haber otras teorías, más aún si la ciencia no detiene su trabajo en este sentido. Pero de una u otra manera la vida es un enigma difícil para definirla con exactitud científica y matemática hoy. Abrigamos muchas esperanzas de que todo se pueda esclarecer muy pronto y será cuando nada nos sorprenderá con las explicaciones finales. Cualquier teoría del origen de la vida en el Planeta Tierra siempre tendrá que demostrar los siguientes conceptos sobre la Especie Humana: de donde, cuando, como y hasta cuándo y finalmente responder ¿Por qué?

La Especie Humana es oriunda del Planeta Tierra.

Volviendo a la secuencia del foco de la obra y describiendo al viviente Planeta Tierra realmente se observa que existieron grandes transformaciones hasta llegar al sistema de vida existente en la actualidad, el Gran Sistema de Habitabilidad Terrena.

Desde el siglo XVII, varios experimentos han demostrado que los seres vivos se forman solamente a partir de seres vivos. A propósito, uno de los trabajos más recordados, utilizando microbios, es el del químico **Louis Pasteur** realizados en los años 60 del siglo pasado. Los resultados obtenidos de los estudios de Pasteur se abrieron paso con bastante dificultad en medio de creencias heredadas o milenarias. A los resultados obtenidos por Pasteur los acompañaba una idea igualmente reciente y muy provocativa; la del biólogo inglés **Charles Darwin**, quien aseguraba que "**la vida, como la conocemos, es consecuencia de un lento proceso evolutivo regido por la selección natural**".

Hasta mediados del Siglo XVIII se pensaba que los compuestos orgánicos sólo podían formarse por la acción de los seres vivos, pero al lograse la síntesis de la urea en el laboratorio (un compuesto orgánico), arrojó por tierra esta creencia. En 1922, el científico ruso, **Aleksandr Ivanovich Oparin**, bioquímico también, publicó su hipótesis que la vida celular había sido precedida por un período de evolución química. Lo que respondería a la pregunta: ¿Son moléculas primitivas o **Evolución Prebiótica**?[60]

En el año 1924, **A.I.Oparin** propuso la teoría sobre el origen de la vida más aceptada hasta al momento. Oparin hipotetizó sobre el origen de la vida en el Planeta Tierra a partir de la evolución química y gradual de

---

[60] Pagina web: http://www.whfreeman.com/life/update/

moléculas basadas en carbono, hipótesis que llamó el **caldo primordial** y que aún hoy es considerada la hipótesis más correcta y válida capaz de explicar el origen de la vida en el Planeta Tierra.

El 1950, **Stanley Miller**, un estudiante investigador, diagramó un experimento destinado a corroborar la hipótesis de Oparin, que presumía como condiciones de partida: **la ausencia o escases de oxígeno libre** (es decir no combinado químicamente a otro compuesto) y la abundancia de los siguientes componentes químicos: **C (carbono), H (hidrógeno), O (oxígeno), y N (nitrógeno)**[61]. Las simples moléculas inorgánicas que Miller colocó en su laboratorio, dieron lugar a la formación de una variedad de moléculas complejas.

Los experimentos de **Miller** y de otros investigadores no probaron que la vida se originó de esta manera, sólo que las condiciones existentes en el Planeta Tierra hace 3,000 millones de años fueron tales que pudo haber tenido lugar la formación espontánea de macromoléculas orgánicas.

Gracias a la teoría propuesta por **A.I.Oparin** podemos decir que la vida en el Planeta Tierra comenzó hace más de 3,000 millones de años, claro, evolucionando desde el más pequeño microbio hasta las complejas y variadas especies que hoy habitan el Planeta Tierra. Lo que aún no sabemos es cómo surgió la vida, cómo aparecieron esos primeros microbios, cuándo y dónde[62].

Felizmente que el proceso de la aparición de la vida en el Planeta Tierra va dejando indicios, con los que se pueden realizar estudios y análisis de cómo surgió la vida en el Planeta Tierra y cómo pudo llegar al grado de evolución de nuestros días. Es por eso que recalcamos: "vivir hoy no necesariamente quiere decir vivir mañana", Ley de la Biocosmos. Recordemos a los dinosaurios; ellos vivieron su época de gloria y de ellos hoy, sólo quedan algunos fósiles dispersos o escondidos por ahí, para que

---

[61] Stanley Miller. La primera presentación de los trabajos de Miller fue realizada en el siguiente documento: "paper": "Miller S L, A Production of Amino Acids under possible primitive Earth conditions, Science 1953"; 117: 528-529.

[62] A.I. Oparin - Aleksandr Ivanovich Oparin. Consulte también la pagina web: http://curiosidades.batanga.com/4358/5-teorias-del-origen-de-la-vida.

podamos ser nosotros los descubridores, estudiosos y hacernos una idea de cómo fueron ellos cuando vivos. A pesar de las evidencias grandes dudas nos quedan. Esto nos hace recordar que, "lo que ayer vivió, mañana no vivirá más" (en CVT). La propia "**Ley de la Biocosmos**" así lo dice, cuando se refiere a las especies vivientes en el Planeta Tierra. El mismo principio se aplica también a todo lo que englobe vida en la Biocosmos.

Ahora veamos algunos datos que ayuden a comprender mejor los indicios mensurables de la existencia de la vida en el Planeta Tierra. El **Trilobite** fue descubierto el 9 de octubre de 2000, en Canadá; su edad aproximada es de 445 millones de años. El **Argentinosaurus** que vivió alrededor de 179 millones de años en territorio argentino; es considerado el más pesado, con aproximadamente 100 toneladas, de acuerdo a los estudios realizados en Inglaterra y con datos obtenidos el 1994. El **Compsognathus** vivió cerca del período Jurassi alrededor de 145 millones de años; de los cuales sólo dos restos fueron encontrados en 1859; el primero, un adulto en Alemania y el segundo, joven, en Francia. El **Sauroposeidon** habitó el planeta hace 110 millones de años; fue encontrado en Oklahoma, EEUU, el 1994. El **Giganotosaurus** vivió en la misma época del **Sauroposeidon,** este fue descubierto en Neuquén, Argentina, el 1995. El **Pachysephalosaurus** que vivió alrededor de 65 a 76 años durante el Período Cretáceos juntamente con El **Ankylosaurus**, que vivió hace aproximadamente 70 millones de años. El **Gigantophis** Garstini, que habitó donde hoy es Egipto hace aproximadamente 38 millones de años.

Pero no solamente de los dinosaurios es que tenemos sus fósiles o restos que nos permiten estudiarlos, también existen fósiles de algunos insectos que vivieron aproximadamente 280 millones de años, en la región que hoy es Francia, como el dragón volador, **Meganeura monyi** de unos 70 cm. de tamaño. También una bacteria descontaminada fue encontrada dentro de un cristal donde permaneció por cerca de 250 millones de años (más antiguo que los propios dinosaurios) fue resucitado y cultivado por los científicos Estadounidenses. La bacteria recibió el nombre de "Bacillus 2-9-3". Esta bacteria es diez veces más antigua que la analizada anteriormente[63]. Del mismo modo existieron grandes animales voladores con alas de hasta 6 metros de longitud, de los cuales

---

[63] Fuente: British Library - Guiness World Records, 2002, ISBN 1-89251-06-0 Pag 86.

también se han encontrado fósiles como el **Argentavis magnificens** que habitó el Planeta Tierra hacen aproximadamente 6 a 8 millones de años en la región que hoy es Argentina[64].

Como se observa claramente, muchas especies de animales: gigantes, pequeñas y hasta microscópicas que habitaron el Planeta Tierra no existen más y de ellas solamente hemos heredado sus fósiles como señales de su existencia. Esas especies habitaron el Planeta Tierra hace aproximadamente 450 millones de años y muchas de esas especies perduraron hasta hacen unos 8 a 10 millones de años. Dentro de ese parecer ya podemos proyectar que en similares proporciones, proyectándonos al futuro, muchísimas de las especies vivientes de hoy, ciertamente no existirán mañana; ya que de ellas ni siquiera fósiles se podrán formar para señalar su existencia y definir su época.

Se concluye que la vida en el Planeta Tierra se remonta a tiempos inimaginables, pero de ahí en adelante es la evolución de las especies la que está dando la vitalidad para que la biodiversidad siga en el Planeta Tierra que penosamente se encuentra en su pleno "Rumbo al Final".

En evidencias recientes, en enero del primer año de este milenio se consiguió extraer el **DNA**[65] del hueso, **resto humano** con 60,000 años de antigüedad. Fue del esqueleto de **"Mungo Man"** encontrado en el "Lago Mungo", Australia, en 1974. Lo que generó una controversial discusión de que pertenecemos a un ancestral común de África. Los restos de **"Clovis"** encontrados cerca de Clovis N.M. Estados Unidos, datan de 11,000 años y apuntan que los pobladores de Clovis podrían ser los primeros habitantes de América del Norte[66]. Del mismo modo, del diente de un resto encontrado en la cueva **Cheddar Gorge**, Somerset, actual Inglaterra, llamado **"Cheddar Man"** se ha obtenido su DNA

---

[64] Fuente: Guinness World Records, 2000.

[65] Fuente: Frutos do Passado Sementes do Futuro, Erica, 1993, Brasil, Pág. 20 "O DNA". DNA (Acido Desoxirribonucleico) molécula que carga el material genético o material básico para el proceso de la herencia que al juntarse con los lípidos forman una membrana.

[66] Fuente: TIME March 13, 2006. Page 50. Michael D. Lemonick and Andrea Dorfman.

y se ha calculado que pertenece a unos 9,000 años de antigüedad. Inclusive ya hasta se ha construido el árbol genealógico para llegar a la descendencia de este resto; como es el caso de **Adrián Targett**, que vive en esa región y que sería pariente, por parte de madre de Cheddar Man.

Otra de las evidencias lo obtenemos con el hallazgo del esqueleto de "**Kennewick Man**" en Norte América, el 1996, al que se calcula más de 9,000 años de antigüedad. De acuerdo a la Universidad de California, que realizó estudios con radiocarbono del esqueleto encontrado. Este hallazgo sería dos veces más antiguo que el Hombre de la Nieve descubierto en 1991 en los glaciales de los Alpes[67]. Al parecer **Kennewick** tendría rasgos polinésicos (Polinesia). Este hallazgo se convirtió en el esqueleto antiguo más completo encontrado en América.

Al mismo tiempo, estudios e investigaciones hacen estimaciones y hasta confirman, más no reconfirman cómo el Ser Humano llegó al Continente Americano. Los resultados apuntan de un viaje de generaciones de migrantes a través del tiempo, iniciándose en el Continente Africano siguiendo hacia el Continente Americano y al resto del mundo. Bajo esta lógica es que los científicos llegaron a la conclusión, más no a la confirmación final, de que el Hombre en América debe haber venido del Sur de África.

Para estar dentro de lo que representa el DNA y para entenderlo mejor en el contexto de la obra es muy oportuno recordar algo de mis estudios realizados a inicios de la última década del siglo pasado (publicados el 1993[68]), con el contenido del siguiente texto:

> El **DNA** (Acido Desoxirribonucleico) fue descubierto en 1869 **por Fredrich Miescher** (en la época muchos creían que se había descubierto el origen de la vida). Permaneció siendo estudiado lenta y esporádicamente en el mundo; hoy, exhaustivamente.

---

[67] Fuente: TIME March 13, 2006. Page 45 to 49. Michael D. Lemonick and Andrea Dorfman.

[68] Fuente: Frutos do Passado Sementes do Futuro, Érica, 1993, Brasil, "O DNA" Pág. 19-22. Las Células, DNA (Acido Desoxirribonucleico) y el Código Genético.

DNA es una molécula que carga el material genético o material básico para el proceso de la transferencia de la herencia que al juntarse con los lípidos forman una membrana.

El 1955 **Ochoa y Grumber Massago** consiguieron hacer la biosíntesis del ácido nucleico. Situación ésta que incentivó para que muchos otros científicos se dedicaran a su estudio.

Watson y Crik descubrieron el probable código que la naturaleza utiliza para transportar sus mensajes a su llave de interpretación.

El DNA es el constituyente de los cromosomas que se localizan en el núcleo celular. Es también el portador de la información genética que se pasa después de la reproducción de células madre para células hija. La transmisión de una copia del DNA a una célula hija es realizada en una cierta etapa de la vida de la célula madre. La molécula del DNA está formada por dos células shelicoidales de desoxirribose conectadas entre sí por grupos fosfóricos. Cada molécula de desoxirribose también está conectada transversalmente a una molécula igual existente en la otra cadena, por medio de bases nitrogenadas, unidas a su vez por leves conexiones de hidrogeno. Los pares de base nitrogenadas sólo son dos: ademina-timina y citosina-guanina.

Un DNA puede ser diferente de otro conforme la distribución de sus partes a lo largo de la molécula, por lo que se puede concluir que la materia viva del DNA contenga: 1)- secuencia de partes nitrogenadas a lo largo de la molécula DNA y transmitida por el proceso de la herencia. 2)- Esta secuencia es la que da a la célula (materia viva) las características impuestas por la hereditabilidad[69].

---

[69] Fuente: Frutos do Passado Sementes do Futuro, Erica, 1993, Brasil, "O DNA" Pág. 20-21. DNA (Acido Desoxirribonucleico).

Como producto del estudio del "**DNA Mitochondrial**", se estima en 30,000 años (B.P Antes del Presente, 1950) los primeros vestigios encontrados de la primera migración humana para este Continente. Se calcula que hacen 25,000 (B.P.) años se habrá establecido el puente migratorio entre Asia y América del Norte. Estudios del Y-Cromosoma apuntan para 20,000 años las primeras evidencias migratorias. El descubrimiento de Clovis, N.M. es una evidencia de que un grupo de migrantes habitó Rocky Montains América del Norte, hacen 12,000 años. Hace 10,000 se estima que fue el final de la era glacial en América del Norte; Aproximadamente 9,000 años se estima que el "Kennewick Man" habitó las costas del Norte del Océano Pacifico. Luego encontramos a las evidencias de las culturas **Olmec y Maya** en América Central, en media con 5,000 años de antigüedad[70]. Luego la cultura **Inca** en América del Sur. También lo curioso es que después de este análisis cronológico, paradójicamente se encuentran restos en Monte Verde, Chile que datan de 12,500 años, antes de 1950. Lo que hace concluir que las primeras evidencias en América del Sur datan de 15,000 años.

> ¿Por qué creer que son realidad las definiciones y las conclusiones que esta obra describe, referente a los Pioneros de las Generaciones de Seres Humanos Multi Migrantes?

Una primera evidencia se obtiene al estudiar los restos encontrados, en diversos lugares del planeta. Los mismos son sometidos a análisis para obtener un resultado genético. También los resultados se obtienen de datos obtenidos de células y del propio DNA. Este proceso se realiza porque es posible obtener el "**DNA mitocondrial**" (mitocondrial) que reside fuera del núcleo de la célula, cuya característica primordial es que solamente la Madre lo puede pasar a su hijo como un dato genético. O sea, el hijo posee el "**DNA mitocondrial**" heredado solamente de su **madre**. Contrariamente el "**Cromosoma Y**" es transferido al hijo solamente por el **Padre**. Razones por las que tenemos dos datos importantes en manos y con ellos podemos saber si el parentesco es por parte de madre o por parte de padre. Lo curioso es que, hasta el presente

---

[70] Fuente: TIME March 13, 2006. Page 48 to 50. Michael D. Lemonick y Andrea Dorfman.

momento, el "Cromosoma **Y**" sólo se está obteniendo a partir de 20,000 años atrás. Lo que también abre una interrogante científica de sus razones, comentaba el científico **Michael Hammer** de la Universidad de Arizona[71].

Retornando al origen celular de vida ya sabemos que células inteligentes y energizadas son catalogadas como "células vivientes" y es exactamente de esas células que está formado cada cuerpo viviente en el universo (Biocosmos). Esto nos hace pensar profundamente en lo complejo que es la vida en el Planeta Tierra y porque no decir, fuera de ella también, en la Biocosmos. Esto es considerado como un enigma que envuelve a todo ser viviente y la Especie Humana no huye de él. Y, pensar que poco o nada meditamos al respecto.

En la especie animal la unión de una célula sexual masculina y una femenina da origen a un nuevo ser. Ese proceso es conocido como **Fecundación**. En el caso de las plantas el proceso de reproducción depende de una serie de factores no inherente a ellas; puede ser fuertemente ayudado por la labor desinteresada de los insectos, del viento o por alguna otra circunstancia.

A propósito: Los seres humanos comparten 99.9% del código existente en el gen; la pequeña porción restante, que viene a ser el 0.1%, es lo que varía entre las personas y es eso lo que representa la gran diferencia. Toda esta conclusión de acuerdo al estudio completo sobre el Gen que concluyó en febrero de 2001 con un acumulado de tres billones de páginas conteniendo el código del Ser Humano[72]; el Genoma Humano, que contiene y mantiene también a la prosapia.

---

[71] Fuente: TIME March 13, 2006. Page 52. Michael Hammer of the University of Arizona.

[72] Fuente: British Library - Guiness World Records, 2002, ISBN 1-89251-06-0 Pag 86.

Con el avance de la ciencia médica se inventó la fecundación "in vitro[73]" o artificial. Procedimiento que consiste en hacer llegar el semen al óvulo de forma no natural (artificialmente). Fecundación que se realiza fuera del organismo de la hembra (en probeta, que antiguamente sólo era de vidrio). La fecundación in vitro obligatoriamente se practica en un laboratorio. Una vez que el óvulo es fecundado se obtiene un cigoto, que es cultivado para promover la división celular y su crecimiento dará lugar a un embrión; el cultivo dura entre 2 y 5 días[74]".

Las estimativas referentes al éxito de estas experiencias depende de caso para caso, por citar un ejemplo, en Estados Unidos la tasa de nacidos vivos es del 27% por ciclo; la tasa de embarazo es de 33%, pero las posibilidades de éxito varían mucho dependiendo de la edad de la mujer, o sea, la calidad de los huevitos y los espermatozoides, la salud del útero y la experiencia de los médicos. Normalmente se transfieren varios embriones simultáneamente, lo que tiene como contrapartida el riesgo de tener un embarazo de múltiples fecundaciones, dando origen a los gemelos, trillizas, etc.

También son muy importantes los avances científicos en la línea que contempla la clonación de animales. Recordamos muy bien la clonación que dio origen a la **oveja Dolly**. Los mismos clonadores de esta borrega, continuaron con sus investigaciones y como resultado, producto del clone, el 5 de marzo de 2000, nacieron cinco puerquitos llamados: Millie, Christa, Alexis, Carrel e Dotcom. Esto ocurrió en Blacksburg, Virginia, EEUU. La empresa americana que desarrolló este experimento es **PPL Therepeutics Plc**. Este proceso consistió en transferir el núcleo del cuerpo de una célula dentro del huevo del que había sido retirado el DNA. Apenas como curiosidad el puerco es el animal fisiológicamente

---

[73] La Fecundación **in vitro** es conocida también por sus siglas (**FIV o IVF** en inglés). El término in vitro del latín que significa en cristal. Actualmente el término "in vitro" se refiere a cualquier procedimiento biológico que se realiza fuera del organismo en el que tendría lugar normalmente la ocurrencia, fecundación. Los bebés concebidos a través de FIV se les denomina bebés probeta, refiriéndose a contenedores de cristal o plástico denominados probetas, que se utilizan frecuentemente en los laboratorios de química y biología.

[74] Estudio sueco del año 2005 publicado en la revista de Oxford "Human Reproduction.

más cercano al ser humano; lo que hizo de esta investigación el inicio de una seria de mayores investigaciones, pensando en los trasplantes de órganos, en un futuro no muy lejano[75].

Del mismo modo no podemos ignorar los descubrimientos de **Julio C. Tello** en Paracas, Sur de Perú.

Paracas es una península desértica situada dentro de la provincia de Pisco, en la Región Ica, localizada en la costa sur de Perú. Es aquí donde el arqueólogo peruano, **Julio C. Tello**, hizo un descubrimiento increíble en 1928 - un cementerio que contiene masivas tumbas llenas de restos de individuos con los mayores cráneos alargados que se encuentran en cualquier parte del mundo. Estos han llegado a ser conocido como "**Los Cráneos de Paracas**". En total, Tello encontró más de 300 de estos cráneos alargados, que se cree que datan de unos 3,000 años PCA.

Es bien conocido que la mayoría de los casos de alargamiento del cráneo son el resultado de la deformación craneal, aplanamiento de cabeza, o atadura de la cabeza, en la que el cráneo se deforma intencionalmente mediante la aplicación de fuerza durante un largo período de tiempo. Esto se logra generalmente mediante la colocación de la cabeza entre dos piezas de madera unidas, o el envolvimiento con telas. Por lo que se observa que mientras la deformación craneana cambia la forma del cráneo, no altera su volumen, peso u otras características físicas que son típicas de un cráneo humano normal. Sin embargo **Los Cráneos Paracas** son diferentes. El volumen craneal es de hasta un 25% más grande y un 60% más pesados que los cráneos humanos convencionales, lo que significa que no podían haber sido deformado intencionalmente a través del envolvimiento/aplanamiento de la cabeza. Otra de las características es que también contienen sólo una placa parietal, en lugar de dos. El hecho de que las características de los cráneos no son el resultado de la deformación craneana, significa que la causa de alongarse es un misterio, y ha sido así durante décadas.

---

[75] Fuente: British Library - Guiness World Records, 2002, ISBN 1-89251-06-0 Pág. 86.

El análisis de ADN se ha llevado a cabo en uno de los cráneos y el experto **Brien Foerster** ha publicado mucha información preliminar sobre estos enigmáticos cráneos.

El Museo de **Historia de Paracas** del **Sr. Juan Navarro**, propietario y director del lugar, alberga una colección de 35 de los Cráneos de Paracas. Se ha permitido obtener muestras de 5 de los cráneos. Las muestras obtenidas se refieren: cabello, incluyendo su raíz, un diente, hueso del cráneo y partes de la piel, y este proceso fue cuidadosamente documentado a través de fotos y video. Las muestras fueron enviadas al hoy fallecido **Lloyd Pye**, fundador del **Proyecto Starchild**, que entregó las muestras a un genetista no nombrado, en Texas, para las pruebas de ADN. Los resultados de la muestra que fueron entregadas al estudio **Lloyd Pye** regresaron a Perú.

Brien Foerster, genetista y autor de más de diez libros y una autoridad en el antiguo pueblo de cabezas alargadas de América del Sur, acaba de revelar los resultados preliminares del análisis. Foerster informa sobre los resultados de las muestras obtenidas de los hallazgos del genetista de la siguiente manera:

- ✓ *Tenía ADNmt (ADN mitocondrial) con mutaciones desconocidas en cualquier ser humano, primate, o animal conocido hasta ahora. Pero de los pocos fragmentos que pude secuenciar de esta muestra indican que si estas mutaciones se mantienen estaríamos tratando con una nueva criatura semejante al humano, muy distante de Homo sapiens, los neandertales y los homínidos de Denisova.*

- ✓ *Las implicaciones son de causa enorme. "No estoy seguro que eso se pueda encajar en el árbol evolutivo conocido", escribió el genetista. Agregó que si los individuos de Paracas fueron tan biológicamente diferentes, no habrían sido capaces de cruzarse con los humanos.*

- ✓ *El resultado de este análisis es sólo la primera etapa de las muchas fases de análisis que tendrán lugar. Las próximas pruebas implicarán tener la prueba inicial replicada, y llevado a cabo en otros cráneos, por lo que los resultados podrán ser comparados para ver si hay algunas características específicas*[76].

Se espera que los estudios preliminares de ADN se puedan confirmar en la brevedad para dar continuidad al estudio completo y poder esclarecer las interrogaciones como: ¿Eran extraterrestres? O, ¿Son seres humanos que practicaron el alargamiento del cráneo masivamente? O ¿Sufrieron alteraciones como producto de algún microbio que provoca esas características? Ante estos cuestionamientos surgen otros como: ¿Qué hacían ellos para aumentar también la masa cerebral en la misma proporción que el crecimiento de los huesosos craneanos? Son incógnitas que se podrán dilucidar con el tiempo. Mientras tanto es oportuno incluir algo que puede ser todo lo contrario a lo que ocurrió con los Cráneos de Paracas, descubiertos por Tello.

Los microcráneos. ¿Podríamos llamarlos "los Antónimos de los Cráneos de Paracas"? Físicamente, sí.

En noviembre de 2015 **Brasil** presentaba al mundo un caso muy particular con el excesivo aumento de "los microcráneos", o sea: humanos que nacían con masa encefálica pequeña. En Brasil, esta ocurrencia ya era identificada por la ciencia médica como **microcefalia**; proceso que hace con que el feto crezca y luego nazca con el cráneo menor de lo que normalmente sería. Al mismo tiempo se declaraba la situación como un caso epidémico, debido a que los números de ocurrencias iban aumentando en forma alarmante. La principal hipótesis por la aparición de esta epidemia continua siendo atribuida al contagio del **virus zika** que fue identificado por la primera vez en Brasil en abril de 2015.

---

[76] **Fuente:** IRMADO! LOS "PARACAS" UNA CIVILIZACIÓN EXTRATERRESTRE, EN LA TIERRA - POSTED BY: MPARALELOS MARZO 18, 2014
http://conspiraciones1040.blogspot.com/
Impresión artística sobre la base de un cráneo de Paracas. Imagen: Marcia Moore / CIAMAR Estudio.

El martes 24 de noviembre de 2015, el Ministro de Salud de Brasil, **Marcelo Castro**, hacía su informe anunciando que ya fueron notificados 739 casos sospechosos de **microcefalia** en 160 ciudades de 9 estados del Brasil. *"Estamos con un problema potencializado. Aparte del **dengue**, que mata; de "**chikungunya**", que deja alejado temporariamente, tenemos el "**zika virus**", que aparentemente causa la microcefalia. Es un problema de dimensiones muy grandes que tenemos que enfrentar"* decía el Ministro. El científico y pesquisidor brasileño de la "Fiocruz" **Rivaldo Cunha** estimaba que Brasil, en dos meses más, serraría el año (2015) con cerca de 2 mil casos de microcefalia. Al mismo tiempo comunicaba que *"Estamos delante de una triple epidemia"*. Se refería: al "chikungunya" y el "dengue", enfermedades que tienen en común al virus zika y como vehículo transmisor el zancudo "**Aedes aegypti**", cuya proliferación avanza en todo el Brasil. Al respecto, el Ministro **Castro** dijo: *"Todos los científicos que tuvieron contacto, hasta ahora, atribuyen el surto de microcefalia, por ahora concentrado en el Noreste brasileño, principalmente en el Estado de Pernambuco, al zika virus"*.

El virus Zika se encontró por primera vez en 1947 en África, en el bosque de Zika en Uganda, en una población de monos y se asiló por primera vez en humanos en 1952 en Uganda y Tanzania. Se han descrito brotes de Zika sobre todo en zonas tropicales de África. El 2007 aparecieron los primeros casos fuera de África, en Micronesia. Posteriormente, se produjeron más brotes entre 2013 y 2014 en algunas islas del Pacífico y recién en mayo de 2015 comenzaron a aparecen casos en zonas tropicales de Brasil, tras lo cual se ha extendido a múltiples países de América Latina y Central. La previsión de la OMS es que se extienda por todo el continente americano. Adicionalmente, ya hay casos en países europeos de viajeros con infección por el virus Zika. En marzo de 2016 ya eran más de 135 mil casos relacionados con el Virus Zika en el mundo, de acuerdo con el informe de OMS.

Los casos de microcefalia no eran tan frecuentes en Brasil hasta el brote del Virus Zika que se inició el 2015. Lo curioso es que esta situación ocurrí en Brasil a pesar de que en el año 2012, la empresa inglesa Oxitec, soltó allí, en carácter experimental, zancudos machos, genéticamente modificados. El objetivo principal de la prueba fue para intentar combatir al zancudo que transmite Dengue y Chikungunya, evitando así la proliferación de esta especie. Los resultados demostraron que la experimentación fue mal sucedida.

Conocedores y estudiosos se manifestaron comentando que la prueba realizada en Brasil fue más maléfica que benéfica. La doctora **Helen Wallce**, del instituto GeneWatch, alertó al respecto.

Coincidentemente o no, los primeros casos de Zika en humanos fueron documentados en la misma zona donde fueron liberados los zancudos modificados genéticamente en Brasil. *Ahora se especula que el estallido y la propagación del virus Zika, que alarma al mundo, especialmente por los riesgos que representa para los fetos durante el embarazo, puede estar relacionada con la presencia de unos mosquitos modificados genéticamente (MMG)*[77].

En Brasil, la microcefalia, enfermedad que conduce a la mala formación encefálica alcanzó niveles epidémicos entre setiembre y diciembre de 2015. El mayor número de casos ocurrió en el Estado de Pernambuco, 478. Siguen los siguientes estados: Paraíba (96), Sergipe (54), Rio Grande do Norte (47), Piauí (27), Alagoas (10), Ceará (9), Bahía (8) y Goiás (1).

Ante el aumento de los casos de microcefalia y la hipótesis de existir una relación con el virus zika, inicialmente Brasil comunicó verbalmente la situación a la Directora de la Organización Pan-Americana de Salud (**OPAS/ONU**), **Carissa Etienne**, a los diez días del descubrimiento. Al mismo tiempo Brasil decretaba el *"estado de emergencia sanitaria nacional"* desde el 23 de noviembre de 2015.

También estudios recientes confirmaron que además de la transmisión por la picadura de los mosquitos en zonas tropicales con presencia del virus, podría producirse la transmisión perinatal transplacentária o

---

[77] **Fuente:** Parte de este contenido ha sido publicado originalmente por teleSUR bajo la siguiente dirección: http://www.telesurtv.net/news/Zika-puede-relacionarse-con-mosquitos-modificados-geneticamente-20160131-0015.html. (Por favor, cite la fuente y coloque un enlace hacia la nota original de donde usted ha tomado este contenido. www.teleSURtv.net.) dice el artículo.

durante el parto, si la madre está infectada y tiene presencia del virus en la sangre en ese momento.

En Brasil se identificó que los fetos crecieron y nascieron con el cráneo menor en tamaño de lo normal, exactamente de bebés de aquellas madres picadas por el zancudo transmisor. En promedio los niños con microcefalia en Brasil habitualmente era de apenas 100 a 120 casos anuales; ya el 2016 el número se había multiplicado por 50. En iguales proporcionas ocurría en Colombia. También en Polinesia Francesa se informaba que ellos estaban teniendo casos de microcefalia en fetos y recién nacidos luego de una epidemia de zika que afectó ese territorio, en el Pacífico, el 2013 y 2014.

La transmisión de la infección por transfusiones de sangre podría ser teóricamente posible. En el brote de Zika que se produjo en la Polinesia Francesa, entre noviembre de 2013 y febrero de 2014, se encontró virus Zika en la sangre del 3% de los donantes analizados, aun en estando asintomáticos. También en el 2011 se describió un posible caso de transmisión sexual del virus Zika. En otro paciente se llegó a aislar el virus en el semen hasta dos semanas después de haberse recuperado de los síntomas de la infección. En el brote actual de América del Sur también hay algún caso más de probable transmisión sexual.

Técnicamente ¿**Qué es Microcefalia**? Microcefalia es una condición neurológica rara en que la cabeza de la persona infectada es significativamente menor que otras de la misma edad y sexo que no tienen la enfermedad. La Microcefalia normalmente es diagnosticada en el inicio de la vida (en el útero), porque el cerebro no crece suficientemente durante la gestación y después del nacimiento tampoco.

En el mundo se intensifica la enfermedad pero al mismo tiempo se alerta que no hay tratamientos para la microcefalia, sin embargo procedimientos realizados desde los primeros años mejoran el desarrollo y la calidad de vida del infectado. Afirman también que la microcefalia puede ser causada por una serie de problemas genéticos o ambientáis.

Para obtener una mejor conclusión de lo que es este mal, científicos del Centro de Prevención y Control de Enfermedades de Estados

Unidos (CDC, por su sigla en inglés) se encuentran investigando la relación entre el virus y la microcefalia[78]. Al respecto, en el caso de Brasil ya se llegaron a algunas conclusiones: El mayor riesgo de contagio en las mujeres embarazadas se produce en los tres primeros meses de gestación. Las consecuencias dependen de la causa y de la gravedad de la microcefalia; las complicaciones pueden ir desde retrasos en el desarrollo cognitivo, dificultad en la coordinación y equilibrio, distorsiones faciales, entre otras. Al mismo tiempo, dicen los estudios que criaturas con microcefalia tienen problemas de desarrollo.

Hasta antes de la epidemia del 2015 en Brasil se decía que las causas de la Microcefalia era el resultado de un crecimiento anormal del cerebro que ocurre en la etapa de la vida intrauterina y luego en la infancia. Científicos responsabilizaron a la Microcefalia como producto de un mal genético también. Claro, ellos citan también algunas otras causas como: Mala formación del sistema nervioso central; disminución del oxígeno para el cerebro fetal; algunas complicaciones en la gravidez o en el parto que pueden disminuir la oxigenación para el cerebro del bebé; exposición a las drogas, alcohol y ciertos productos químicos en la gravidez; desnutrición grave en la gestación; fenilcetonuria materna; rubeola congénita en la gravidez; toxoplasmosis congénita en la gravidez; Infección congénita por citomegalovírus. Los científicos afirman también que las enfermedades genéticas que causan la microcefalia pueden ser: Síndrome de Down; Síndrome de Cornelia de Lange; Síndrome Cri du chat; Síndrome de Rubinstein – Taybi; Síndrome de Seckel; Síndrome de Smith-Lemli–Opitz y la Síndrome de Edwards.

Referente al tratamiento de la Microcefalia, el Ministro de Salud de Brasil, **Marcelo Castro** decía: *"Hasta el momento no hay ningún tipo de tratamiento disponible para la fase aguda de la infección por el zika virus, que dura cerca de tres días"*. Al mismo tiempo también orientaba que las mujeres encinta o mujeres que planean quedar embarazadas tengan

---

[78] **Fuente**: Parte de este contenido ha sido publicado originalmente por teleSUR bajo la siguiente dirección: http://www.telesurtv.net/news/Conoce-que-es-la-microcefalia-el-mal-que-llega-con-el-Zika-20160129-0062.html. Si piensa hacer uso del mismo, por favor, cite la fuente y coloque un enlace hacia la nota original de donde usted ha tomado este contenido. www.teleSURtv.net

el cuidado redoblado para evitar infecciones virales. Los principales síntomas son: fiebre baja y manchas en el cuerpo (exantema).

Como se puede observar ningún estudio científico mencionó a la Microcefalia como un mal que podría ser provocada única y exclusivamente por causa de la picada de un zancudo (el **Aedes aegypti**) que transporta al **virus zika**. Razones por las que creemos que lo ocurrido en Brasil al finalizar el año 2015 y continuó durante el 2016 viene a ser un nuevo punto de partida para realizar investigaciones que tendrán que retroceder muy lejos para incluir en los parámetros estudiados de la evolución humana también a los agentes externos, microscópicos y bacteriológicos que tienen la capacidad de realizar transformaciones físicas mensurables que se confunden con los males, aparentemente, genéticos. Razón por la que titulamos a esta parte de la obra como "Los antónimos de los Cráneos de Paracas", exactamente para incluir en los estudios y en las investigaciones la posibilidad de la participación microbiótica en los restos encontrados en Paracas. ¿Fueron los habitantes de Paracas (cráneos alargados con masa encefálica también) contaminados por algún virus que hacía el efecto contrario a la acción del virus zika? O continuaremos preguntando: ¿Fueron ellos extraterrestres? Con lo ocurrido en Brasil el 2015 y 2016 y en seguida en todo el mundo, la posibilidad de que los cráneos de Paracas sean de extraterrestres disminuye, pero no lo excluye. Haciendo analogía del acontecimiento concluimos que si existe un virus que disminuye el tamaño del cráneo (microcefalia) puede también existir otro que hace lo contrario (macrocefalia).

Estudios resiente publicados en marzo de 2016 anunciaban que el virus Zika ataca y destruye las células cerebrales humanas en desarrollo, de acuerdo a los científicos del Instituto de Ingeniería Celular de la Universidad John Hopkins en Estados Unidos, publicado en artículo de la revista norteamericana "Cell Stem Cell"[79].

La prueba científica que se esperaba fue encontrada en estudios realizados en laboratorio, en los cuales fueron utilizados células-troncos

---

[79] **Fuente:** Instituto de Ingeniería Celular de la Universidad John Hopkins en Estados Unidos. Virus Zika y microcefalia: científicos afirman haber encontrado el helo. © Fournis par RFI

humanas cultivadas in-vitro, según el artículo de la revista científica. Los científicos observaron que el Virus Zika infecta de manera selectiva las células-troncos que forman el córtex cerebral, impidiendo que ellas se multipliquen normalmente para formar nuevas células, lo que genera su destrucción. En el experimento los científicos expusieron tres tipos de células humanas la Virus Zika. Las primeras, llamadas células neuroniais progenitoras, son esenciales para el desenvolvimiento del córtex cerebral del feto. El daño provocado por el Virus Zika en esas células, que al diferenciarse se transformó en neuronas, corresponde a los defectos encontrados en el cerebro, víctima de la microcefalia.

"Nuestros resultados demuestran claramente que el Virus Zika puede infectar directamente a las células neuroniais progenitoras humanas in-vitro con una grande eficacia. (...) Ahora que nosotros sabemos cómo las células neuroniais que forma el córtex cerebral son vulnerables al Virus Zika, ellas pueden también ser utilizadas para una detección rápida de la infección, desenvolviendo-se nuevas terapias en potencial", decía el reporte de Universidad John Hopkins[80].

La otra enfermedad que se confunde con el virus Zika es la **chikungunya**, que llegó al Brasil el 2014, permaneció los primeros meses concentrado en pocas ciudades pero un año después avanzó por todo el territorio de Brasil. En el primer año fueron identificadas 3,657 personas infectadas, residentes en ocho ciudades. El 2015, el número de casos sospechosos pasó de 8,000, dispersados en por lo menos 44 municipios de los Estados de Amazonas, Amapá, Pernambuco, Sergipe, Bahía, Mato Grosso do Sul, Piauí, Rio Grande do Norte y Distrito Federal. Solamente en el Estado de Pernambuco fueron notificados 785 casos sospechas de chikungunya. Ya en el Estado de Bahía fueron notificados 19,231 casos sospechas de Chikungunya; 62,635 casos sospechosos de virus zika y 49,592 casos probables de dengue.

El **Dengue** es una de las enfermedades que en estos momentos, junto con la influenza, azotan varias regiones en el mundo. Por lo que el Dengue ya es una enfermedad muy conocida, pues está presente, en

---

[80] **Fuente:** I Universidad John Hopkins en Estados Unidos. Virus Zika y microcefalia: científicos afirman haber encontrado el helo. © Fournis par RFI

diferente magnitud, también en todos los países de América del Sur. Un estudio rápido en Brasil reveló que el **Aedes Aegypti** está presente en casi 200 ciudades de su territorio. De acuerdo con el Ministerio de Salud, fueron registrados 1.5 millón de casos de dengue hasta el día 14 de noviembre de 2014. Un aumento de 176% con relación al mismo período del año anterior, cuando hubo 555,400 ocurrencias. El número de muertos creció 79% en el período, pasando de 453 para 811. El estado de Goiás fue el que registró, proporcionalmente, la mayor incidencia de la enfermedad, con 2,314 casos por 100 mil habitantes. Después, vieron São Paulo – 1,615 casos por 100 mil habitantes – y Pernambuco – 901 casos por 100 mil habitantes. En el mismo período, fueron contabilizados 17,146 casos sospechosos de fiebre chikungunya (6,726 confirmados). En el año 2014, fueron notificadas 3,657 ocurrencias con sospechas de la enfermedad. Al finalizar 2015 el Dengue ya azotaba en muchos países de América del Sur. Consecuentemente la Organización Mundial para la Salud (OMS), en Bruselas, decretaba estado de emergencia mundial a partir del primero de febrero de 2016.

En **México**, hasta el día 22 de octubre de 2015, el estado de Jalisco reportaba 2,879 casos de dengue en sus diversas variedades, y en la última semana de ese año se agregaron 519 casos más, de los cuales se hospitalizaron 200 de ellos por dengue hemorrágico, de acuerdo al informe del doctor **Marcelo Castillero**, Director del Centro Médico Occidente en ese estado de la república. Esta situación ha hecho que Jalisco reorganice sus servicios de emergencia a fin de poder atender a los pacientes en módulos especiales. Otra medida adoptada en ese estado fue cambiar el insecticida utilizado, el *"Aqua Reslin Super"*, porque hubo sospechas de que el vector presentó resistencia a ese producto. Al parecer no mataba al mosquito, ya que a pesar de haber hecho fumigaciones intensas en todas las colonias en donde había casos, volvieron a presentarse. En consecuencia, ahora en México están fumigando con *fenotrina*[81]. Situaciones similares ocurrían en gran escala en Colombia y Venezuela también.

---

[81] **Fuente:** Pagina web www.medigraphic.com.mx, Salud, Alejandro Delfin de León, UNAM, AAPA.

Los dos tipos de fiebres que caracterizan al dengue son: la fiebre de dengue (común) y la fiebre hemorrágica. Las principales características de la **"fiebre de dengue"** son: Fiebre alta; Dolor de cabeza en la zona frontal; Dolor detrás de los ojos que se exacerba con los movimientos oculares; Dolores musculares y articulares (fiebre quebrantahuesos); Falta de apetito; Erupción en el tórax y miembros inferiores; Aparición de náuseas y vómitos. Ya las Características de la **"fiebre hemorrágica"** de dengue: Puede comenzar con síntomas parecidos a los de la fiebre de dengue: Dolor de estómago; Hemorragias nasales, bucales o gingivales y moretones; Choque hemorrágico; Vómitos con o sin sangre; Sed intensa; Insomnio e inquietud; Pulso acelerado y Respiración acelerada[82]. Las características del choque hemorrágico por dengue son: Piel fría con palidez; A veces color azulado alrededor de la boca; Taquicardia (pulso débil y acelerado) y Dolor abdominal agudo.

Volviendo al caso del virus Zika, Brasil registró 907 casos de microcefalia hasta el primer trimestre da 2016. Superaba los 4,000 casos sospechosos de ese mal. Cifras históricas en la historia en todo el continente americano.

Venimos afirmando que todo ser viviente nace, crece, se reproduce, envejece y muere. Parece que el sublime acto de nacer trae consigo un rutero, un plan, una secuencia, un camino bien señalado conduciendo a lo que será el curso de la vida hasta su fin, la muerte. Pero la aparición de la vida terrenal continúa siendo un misterio.

El Ser Viviente

> Un hombre, oriundo del Planeta Tierra, nada más es que un acumulado de 60 trillones de células vivientes, en evolución.

Un ser vivo es materia energizada que obedece a una estructura compleja y muy bien organizada que se interrelaciona dentro de un sistema que propicia la sistemática comunicación energética que efectúa la relación

---

[82] **Fuente**: Pagina web www.medigraphic.com.mx, Salud, Alejandro Delfin de León, UNAM, AAPA.

molecular; llegando a realizar una interacción con el medio ambiente, que favorece un intercambio energético y material, que se realiza en forma cadenciosa y ordenada para adquirir capacidad y funciones básicas de poder nutrirse, desarrollarse, relacionarse y de reproducir, al unirse parte de él con parte del otro, integrando de ese modo a los elementos que caracterizan vida; por lo que los seres vivos actúan y funcionan por sí mismos, sin perder su nivel estructural y energético hasta su muerte; razones por lo que un ser vivo es llamado también organismo.

Al respecto, se han encontrado muchos biomarcadores en rocas que tienen una antigüedad de hasta 3,500 millones de años, por lo que se deduce que la vida podría haber surgido sobre la Tierra entre 3,800-4,000 millones de años"[83].

> *"Nuestra vida puede haber nacido en la Tierra; pero: ¿De dónde vino la materia prima para vivificarla? Una de las respuestas la encontramos estudiando los restos de meteoritos, los que en forma de lluvia cósmica penetraron en la Tierra. Ellos contienen la prebiótica, única materia orgánica conocida en el universo. Ésta contiene aminoácidos que son las bases indispensables de la molécula de proteínas; la que contiene las cinco bases genéticas que constituyen los ácidos nucleicos y partes de las moléculas que conforman los lípidos, que a su vez son la esencia de la vida, formando las membranas de las células. Analizando el núcleo individualizado de una célula de los seres vivos, encontramos que él está formado de un setenta por ciento de proteínas, diez de lípidos, diez de A.R.N. y diez de A.D.N."[84].*
>
> *Todos los seres vivos están constituidos por células, muy bien demostrada por la Teoría Celular"[85]. En el interior de estas*

---

[83] **Fuente**: Wikepidia.

[84] **Fuente**: Frutos do Passado - Sementes do Futuro", 1993, Editora Érica, Brasil. Alcides Vidal. Páginas 16.

[85] **Libros**: "Una Profunda Evolución de la Vida" - Frutos do Passado Sementes do Futuro, Érica, Sao Paulo, Brasil, Pág. 16-17 y Estudio que lo escribí por primera vez en la última década del milenio pasado en el libro en Portugués: "Frutos do Passado - Sementes do Futuro", Editora Érica, Brasil. Alcides Vidal. Páginas 16 y 738.

célulasse realizan las secuencias obligatorias de reacciones químicas, que son catalizadas por la presencia de las enzimas, las que son necesarias e indispensables para que se desarrolle la vida[86].

La **Teoría Celular** es una parte fundamental y relevante de la **Biología** que explica la constitución de los seres vivos sobre la base de células, y el papel que éstas tienen en la constitución de la vida y en la descripción exacta de las principales características que poseen todos los seres vivos en el PT y de manera singular en la Biocosmos.

Con lo que se puede resumir que **La Teoría Celular** *se apoya en los siguientes principios:*

1)- Todos los seres vivos están formados por células o por sus productos de secreción. La célula es la unidad estructural de la materia viva, y dentro de los diferentes niveles de complejidad biológica, una célula puede ser suficiente para constituir un organismo.

Los seres vivos están compuestos por cuatro bioelementos (o componentes): 1) carbono, 2) hidrógeno, 3) oxígeno y 4) nitrógeno. Del mismo modo, con la constitución de los bioelementos se forman las Biomoléculas Orgánicaso principios inmediatos, como: a) glúcidos, b) lípidos, c) proteínas, d) ácido nucleico, y e) Biomoléculas inorgánicasque son: e1) agua, e2) sales mineralesy e3) gases. Estas moléculas se repiten constantemente en todos los seres vivos, por lo que el origen de la vida procede de un antecesor común, pues sería muy improbable que ellas hubieran aparecido independientemente de los seres vivos con las mismas moléculas orgánicas.

2)- Las funciones vitalesde los organismos ocurren dentro de las células, o en su entorno inmediato, controladas por sustancias que ellas secretan. Cada célula es un sistema abierto, que intercambia materia y energía con su medio. En una célula caben todas las funciones vitales, de manera que

---

[86] **La teoría celular** es una parte fundamental y relevante de la Biología. La misma que explica la constitución de los seres vivos sobre la base de la presencia y existencia de las células, y el importante papel que éstas tienen en la constitución de la vida y en la composición de las principales características de los seres vivos.

basta una célula para tener un ser vivo (que será un ser vivo unicelular). Así pues, la célula es la unidad fisiológica de la vida.

3)- Todas las células proceden de células preexistentes, por división de éstas (Omnis célula ex célula). Es la unidad de origen de todos los seres vivos.

4)- Cada célula contiene toda la información hereditaria necesaria para el control de su propio ciclo del desarrollo y funcionamiento de un organismo de su especie, así como para la transmisión de esa información a la siguiente generación celular. Así que la célula también es la unidad genética.

5)- *Principios de materia viva y célula"*.

La teoría celular fue debatida a lo largo del siglo XIX, pero fue **Pasteur** el que, con sus experimentos sobre la multiplicación de los microorganismos unicelulares, dio lugar a su aceptación rotunda y definitiva.

Los conceptos de la materia viva y célula (biomolécula) están estrechamente ligados unas a otras. La materia viva se distingue de la no viva por su capacidad para metabolizar y por la capacidad de auto perpetuarse. Además ellas cuentan con las estructuras que hacen posible la ocurrencia de estas dos funciones; si la materia metaboliza y se auto perpetua por sí misma, se dice que está viva. Varios científicos postularon numerosos principios para darle una estructura adecuada, de la siguiente manera:

Ingresando un poco en la historia: La Célula fue descubierto por **Robert Hooke**, en el año de 1665. Hooke, observó una muestra de corcho bajo el microscopio y no vio a la célula tal y como las conocemos actualmente, él observó que el corcho estaba formado por una serie de celdillas de color transparente, ordenadas de manera semejante a las celdas de una colmena; para referirse a cada una de esas celdas él utilizó la palabra "**célula**". Hooke anunció su descubrimiento a la **Royal Society of London**. Lo que provocó el interés de muchos seguidores como **Grew y Malpighi** que hicieron observaciones en otras plantas[87].

---

[87] **Fuente**: Frutos do Passado Sementes do Futuro, Érica, Sao Paulo, Brasil, 1993, Pág. 19 "Las Células".

Pero estos descubrimientos fueron apenas hallazgos eufóricos ya que se detuvieron en el tiempo, por casi dos siglos. Después de 173 años, que se podría decir de olvido, en 1838 la célula regresa a ser vista con importancia y se inicia la discusión científica que no se detendrá jamás. Época cuando el botánico **Scheleiden** *y el zoólogo* **Schwann** *verificaron que tanto* <u>la estructura de las plantas como de los animales presentan células</u>.

Antón Van Leeuwenhoek, usando unos microscopios muy simples, realizó observaciones sentando las bases de la morfología microscópica. Fue el primero en realizar importantes descubrimientos con microscopios fabricados por él mismo. Desde 1674 hasta su muerte realizó numerosos descubrimientos. Introdujo mejoras en la fabricación de microscopios y fue el precursor de la biología experimental, la biología celular y la microbiología.

Javier Bichat, al finalizar el siglo XVIII, da la primera definición de tejido (un conjunto de células con forma y función semejantes). Más adelante, en 1,819, **Meyer** le dará el nombre de Histología a un libro de Bichat titulado Anatomía General Aplicada a la Fisiología y a la Medicina.

Theodor Schwann, histólogo y fisiólogo, y **Jakob Schleiden**, botánico, ambos científicos alemanes, se percataron de cierta comunidad fundamental en la estructura microscópica de animales y plantas, en particular la presencia de centros o núcleos, que el botánico británico Robert Brown había descrito en 1,831. Ellos verificaron que tanto la estructura de las plantas como la de los animales eran células. Luego, juntos publicaron la obra: *Investigaciones microscópicas sobre la concordancia de la estructura y el crecimiento de las plantas y los animales* (1,839). Sentaron el primer y segundo principio de la teoría celular histórica: "Todo en los seres vivos está formado por células o productos secretados por las células" y "La célula es la unidad básica de organización de la vida".

Rudolf Virchow, médico alemán, interesado en la especificidad celular de la patología (sólo algunas clases de células parecen implicadas en cada enfermedad) explicó lo que debemos considerar el tercer principio: "*Toda célula se ha originado a partir de otra célula, por división de ésta*". Ahora estamos en condiciones de añadir que la división es por bipartición, porque a pesar de ciertas apariencias, la división es siempre, en el fondo, binaria. El principio lo popularizó Virchow en la forma de un aforismo creado por **François Vincent Raspail**, «omnis célula es célula». Virchow terminó con las especulaciones que hacían descender la célula de un hipotético blastema. Su postulado, que implica la continuidad de las estirpes celulares, está en el origen de la observación por **August Weismann** de la existencia de una línea germinal, a través de la cual se establece en animales (incluido el hombre) la continuidad entre padres e hijos y, por lo tanto, del concepto moderno de herencia biológica.

Santiago Ramón y Cajal lograron unificar todos los tejidos del cuerpo en la teoría celular, al demostrar que el tejido nervioso está formado por células. Su teoría, denominada "neuronismo" o "doctrina de la neurona", explicaba el sistema nervioso como un conglomerado de unidades independientes. Pudo demostrarlo gracias a las técnicas de investigación de su contemporáneo **Camillo Golgi**, quien perfeccionó la observación de células mediante el empleo de nitrato de plata, logrando identificar una de las células nerviosas. **Cajal y Golgi** recibieron por ello el premio Nobel en 1,906.

Por lo que se concluye que: "Todos los seres vivos y las plantas están constituidos por células". El Ser Humano está constituido por 60 trillones de células componiendo su cuerpo. Los científicos llegaron a una conclusión que tanto las células de los animales como de los vegetales tienen mucho en común, pero en esencia son diferentes. La célula vegetal construye dos barreras, llamadas pared celular, constituida de celulosa que viene a ser una estructura bastante resistente y la membrana celular que es una estructura extraordinariamente delgada. La célula animal construye solamente la membrana celular. De este modo podemos concluir que la membrana celular es común en todos los entes vivos (plantas y animales), naciendo así la Teoría Celular.

CAPÍTULO III

La Vida

¿Qué es la vida? Vida es todo ser que nace para completar un proceso evolutivo genéticamente pre establecido. Como todo lo que nace muere; entonces vida es morir también. Vida es sinónimo de mortal, y tú, estas integrando un mundo inminentemente viviente; un mundo donde los unos se comen a los otros. No obstante se hace imperativo que sepas definir muy bien lo que es tu vida. Ya que la verdadera importancia que a la vida das es la misma importancia que a tu vida la estás dando. Ojo con tu vida y observa las siguientes afirmaciones útiles para entender lo que es la vida:

El universo por si sólo es vida; la Tierra es vida; el hombre es vida; el animal es vida; el vegetal es vida; el agua es vida; el fuego es vida; todos, componentes encontrados en la Biocosmos. Aunque hay mucha gente que define a la vida como: "Vida es nada". Tú, no podrás decir lo mismo porque tu "Vida es mucho" y es fabulosa. A pesar de saberlo aún preguntas: ¿Qué es la vida, sino un sueño? y ¿Cómo puedes saber ahora lo que quieres hacer toda tu vida? Lo rescatable es que sabes que estar viviendo es estar con vida.

Vida es una etapa dentro del ciclo de la existencia de un ente en la Biocosmos, en su planeta y en su hábitat natural. "Ente" es una materia evolutiva viviente, feto en desarrollo o evolución, como también lo es en degradación y en camino a su extinción.

Vida es Nacer. Nacer proyecta una realidad que quiere decir morir un día. Tienes que nacer primero para ser un ente viviente, una materia evolutiva que aparece (nace) se desarrolla (crece), se multiplica (aumenta) y luego pierde lo más importante de su estructura, a la Energía Vital y lo hace en circunstancias cuando, la energía que acciona al organismo viviente, sale gradualmente, abandonando al cuerpo donde permaneció en su esplendor para perder intensidad en su viaje al infinito en busca de una nueva reabsorción energética o realizar una integración en otros ambientes donde pueda encontrar cuerpos para poderse reintegrar como tal.

La ilusión de tu vida ha sido vivir feliz de la vida y tu vida no está pasando en vano. Por ahora ella va sobre ruedas. Sin embargo el refrán te dice: "soñar con tu vida es vivir tus sueños". Quizás estés aferrándote mucho en la vida. Por eso: Tú, cuidas de tu vida aunque la vida te cueste. Tú, quieres vivir más y más porque no esperarás debatirte entre la vida y la muerte. Tú, piensas que hay más tiempo que vida pero felizmente concluyes que la vida es demasiada corta.

Si Vida es Nacer: ¿Cómo nació el universo? ¿Cómo nació la Tierra? ¿Cómo nació el hombre? ¿Cómo nacieron los animales? ¿Cómo nacieron las plantas? ¿Cómo nacieron las aguas? ¿Cómo nació el aire? ¿Cómo nació el fuego? Todo, pero absolutamente todo lo que ayer nació morirá en un tiempo venidero. Por eso, el presente es tu vida. Vida es la manifestación de tu real existencia. Todo lo que viviste hasta ahora es el tiempo que acumulaste, el que te muestra a las características de tu evolución biológica. Vida es la singular suerte y la única oportunidad poseída para que puedas realizar tus actos. Vida eres tú, que como un ente especial fuiste seleccionado para poder existir y a esa particular selección y característica singular la tienes que aprovechar viviendo al máximo. Si sabes y entiendes que sólo vives el presente la vida te será mucho más interesante. Vive bien hoy, el tiempo que puedes vivir será tu lucro.

Pero en la vida hay que detenerse un instante y recapacitar sobre ella; es entonces cuando llega el momento de tu determinación. Es el tiempo para que evalúes todo lo bueno y todo lo malo que has llegado a realizar. Este es el tiempo para enrumbar, para obtener todas tus nuevas ambiciones, ya que tus realizaciones vendrán.

Hoy es el día cuando verás que tus arrepentimientos te dan fuerzas para realizar todo lo que has planeado realizar y está pendiente. Hoy estás viviendo para continuar haciendo lo que falta hacer. Hoy es el tiempo que te hará meditar para que puedas evaluar mejor tu existencia. Ahora, en este preciso momento te estás dando cuenta de lo grande que fuiste, que eres y que lo seguirás siendo. Hoy es día en que puedes ver todo lo mucho que hiciste y te puedes dar créditos por tu obra, porque todo lo realizado lo hiciste tú y lo mejor, sólo. ¡Nadie te ha ayudado ni siquiera para empujar una piedra; todos los méritos te pertenecen![88] Texto publicado en el Libro Encorajándote[89].

ANTES DE INGRESAR al contexto del capítulo preguntando ¿**Qué es la vida?** En primer lugar se hace necesario definir un tema mayor que consiste en saber primero: ¿Quiénes componen la Biocosmos? ¿Será el Planeta Tierra; el Ser Humano y las demás especies? La respuesta es sí. Todos los citados tienen vida y vida propia. A un nivel superior o en un Primer Plano el Planeta Tierra es el que tiene vida. Es exactamente esa condición de vida la que permite el desarrollo de la Biodiversidad Terrena, de las especies que aparecieron en él, formando parte de un Mundo Menor (Interno, sub mundo) donde las sub vidas en su interior evolucionan. Razones por la que la Especie Humana la habita desarrollando su evolución biológica con espontaneidad, sin ninguna dificultad pronunciada y haciéndolo incondicionalmente.

Vida es el corto tiempo que tiene un ente que adquirió ese don para desarrollarse, ramificarse, generarse, degenerar y para luego perderla. Todo ente viviente, sea en el Planeta Tierra o en cualquier otra parte de la Biocosmos tiene su fin obligatorio con el advenimiento de la infalible muerte. Morir es el proceso que no sólo ocurre con la Especie Humana,

---

[88] **Fuente**: Encorajandote, 2014, USA, Alcides Vidal, ¿Qué es Vida? Pag. 87-88. You are God, 2008, USA.

[89] **Fuente**: Encorajandote, 2014, USA, ¿Qué es Vida? Pag. 87-88.

sino que sucede también con todos los integrantes de las demás especies que existen y habitan el Planeta Tierra y en un ambiente mayor como en la Biocosmos.

Vida es también el espacio, la circunstancia, la condición que contiene los elementos básicos para que un ser celular inicie su ciclo viviente y se pueda mantener en constante evolución (en sus características, forma, actitudes, movimientos, densidad, cantidad, calidad) por lo que se concluye que el universo por sí sólo es vida. Es entonces cuando podemos afirmar: el Planeta Tierra es vida; el hombre es vida; el animal es vida; el vegetal es vida; el agua es vida, el aire es vida y el fuego es vida. Lo que también nos hace concluir que ninguna manifestación viviente será eterna, donde quiera que ella se encuentre (en esta o en las otras galaxias de la familia Biocosmos).

Se observó a través del tiempo que la vida en el Planeta Tierra se desarrolla en pequeños sub mundos; donde unos se comen a los otros; donde los unos pisotean a los demás; donde los unos repliegan a un segundo plano a los otros; donde los unos comen y los otros mueren de hambre; donde los unos viven bien y los otros muy mal; en fin, los unos adelante y los otros atrás; es el caso del hombre actual, los unos ricos, integrantes de una minoría donde viven bien y que los otros, mayoría que mueren en la miseria y en la inanición. Lo que hace concluir que el Planeta Tierra es un mundo inminentemente invadido por los "unos" y los "otros" como si no existieran. (Claro, nos estamos refiriendo al hombre (el Rey de la increíble Especie Humana), inventor del dinero y acumulador de riqueza; que solo sirve para ir al cementerio con honras fúnebres.)

Para el caso de este estudio la vida es el desarrollo de una etapa dentro del ciclo de la existencia de un ser integrando la Biocosmos, en su propio planeta y en su hábitat natural.

Es verdad que Vida es Nacer, pero es también afirmativo concluir diciendo que "Nacer también quiere decir morir un día". Es por eso que el ser viviente ya nace con su única misión clara y bien definida, que es la de vivir para tener que morir un día. Morirá por ser el producto de una materia evolutiva viviente, feto en desarrollo, cuerpo en evolución, después en degradación y luego en camino a su extinción.

Las condiciones para ser considerado un ente viviente son: tiene que nacer primero; tiene que ser una materia evolutiva que aparece (naciendo) se desarrolla (crece), se multiplica (aumenta) y luego pierde lo más importante de su estructura, la Energía Vital, muriendo en circunstancias que la energía que acciona al organismo viviente, pierde su frecuencia energética y sincronismo y sale gradualmente de él, abandonando al cuerpo donde permaneció en su esplendor para perder intensidad en su viaje al infinito en busca de una nueva reabsorción energética o para reintegrarse en otros ambientes donde pueda encontrar condiciones y motivos para poderse integrar como tal.

> A pesar de encontrar muchas definiciones y conclusiones sobre lo que es la vida, siempre las interrogantes aparecerán, como también respuestas diferentes se conseguirán, pero el esclarecimiento *esperado y final,* no la obtendrás, esperando por ella, a la tumba te irás.

Meditemos con el cuestionario *"One to Ten"* del origen viviente a seguir:[90] 1) *¿Cómo nació el universo? 2) ¿Cómo nació el Sistema Solar? 3) ¿Cómo nació la Tierra? 4) ¿Cómo nació el origen de la vida terráquea? 5) ¿Cómo nacieron los animales? 6) ¿Cómo nació el hombre? 7) ¿Cómo nacieron las plantas? 8) ¿Cómo nació el agua? 9) ¿Cómo nació el aire? y 10) ¿Cómo nació el fuego?* Todo, pero absolutamente todo lo que ayer nació, morirá en un tiempo venidero.

El presente es vida. Vida es la manifestación de una real existencia. Todo lo que se ha vivido hasta hoy es el tiempo que se ha acumulado, tiempo que muestra las características de la evolución biológica, dentro de un cuerpo viviente que se arruga y camina hacia su fin y su especie, hacia su extinción.

Siempre existe la curiosidad para preguntarse: *"¿Qué es la vida? Y ahora que sabes muy bien lo que es tu vida y ya hasta anhelas que quieres vivir más y más días y que hasta a la muerte la quieres ignorar, y si te consideras*

---

[90] **Fuente de consulta**: Preguntas publicadas en el libro: "Encorajándote", el 2014, Estados Unidos (USA) y en You are God, USA, 2008.

haber nacido para cumplir un rol en el planeta y hoy vez que todo lo que ambicionaste está siendo realizado con suceso y, si has podido estar presente hoy aquí y vez que has podido vivir logrando superar dificultades y consiguiendo realizar tus ambiciones, es porque: ¡Tú, si puedes! Tú, podrás". Encorajándote[91].

Vida Terrenal en Perspectiva

El Planeta Tierra, a pesar de encontrarse en un lento pero constante proceso de transformación, ya en la etapa de su imparable **"Rumbo al Final"**, aún continúa ofreciendo para todas las especies que lo habitan, un ambiente propicio donde la biodiversidad plena se puede desarrollar en todo su esplendor. Razones por las que la vida de la EH se desarrolla en el PT a plenitud; del mismo modo como la vida continuará realizándose en todos los otros planetas que poseen similares o mejores características ambientales vivientes que la del PT dentro de la Biocosmos.

La existencia del ambiente viviente terrenal ocupa un espacio integrado por los seres vivos y los elementos de la naturaleza agrupados en: reino animal; reino vegetal y reino mineral. Los integrantes del Reino Animal a su vez están agrupados en especies; donde la humana se destaca, según dicen: "por su inteligencia", "por el don de la razón" y porque "las otras especies son irracionales".

De acuerdo al consenso de los científicos y de las mayorías influyentes, la Especie Humana se diferencia de otras especies por poseer el uso de la razón. Consecuentemente las demás especies, dentro del reino animal, son irracionales, que no tienen el don de la razón. ¿Será verdadera esta afirmación?

Cuando una criatura llega a este mundo, el llamado "Planeta Tierra", esto es con la realización de su nacimiento, lo hace bajo exclusivas condiciones de huésped. Como tal, estará predestinado a permanecer obligatoriamente en éste lugar sólo por un tiempo determinado. Esto es,

---

[91] Fuente de consulta: "Encorajándote", 2014, Estados Unidos (USA)

podrá vivir por un período que puede ser corto o relativamente largo; pero nunca será infinitamente. Consecuentemente unos seres consiguen vivir solamente horas, otros, algunos días, semanas o solo meses y muchos otros vivirán años y décadas.

En el caso de la EH su existencia se contabiliza en años (CLO). Habiendo grupos sociales, razas o castas que suelen vivir más tiempo que las otras. Hay integrantes de una gran minoría privilegiada o de una clase social pudiente, que generalmente puede vivir, en promedio, más tiempo. Mientras que las clases sociales pobres y viviendo en regiones menos desarrolladas y abandonadas por sus gobernantes, o por el propio mundo viven menos. No obstante ya se contabilizan personas que están viviendo por más de un siglo. Situación que de una manera general refleja que la Especie Humana está viviendo, cada día que pasa, más y más tiempo, pero aún no es una regla general.

Bajo otra óptica de analizar la vida, es lamentable tener que mencionar que muchas otras criaturas ya nacen predestinadas para vivir poco, salvándose de los grupos que ya nacieron muertos. Increíblemente, también algunas criaturas no son deseadas y hasta son abortadas, ya sea bajo la protección y el amparo de las leyes que rigen su especie en el lugar donde nació o simplemente sólo por no ser querida ni deseada. Lo que nos hace concluir que, hasta el sublime acto de nacer depende de algunas circunstancias que no siempre obedecen a actitudes humanas ni gozan del amparo de la legislación. La Ley de la Biocosmos no instituyó el aborto.

Permanecer vivo en el Planeta Tierra depende de variadas circunstancias y factores, que muchas veces son razones ajenas a la voluntad del ser viviente en desarrollo. Son esas circunstancias las que pasan a determinar el período de vida de cada ser.

Una de las circunstancias que rige al Sistema Viviente Terrenal es la protección que viene de la propia y esperada **Ley de la Madre Naturaleza**. Esta Ley actúa bajo las características que agrupa la Ley de la Biocosmos; por las que son espontáneas y realmente naturales. Pero las circunstancias excepcionales, que a veces son en mayor número, marcan la diferencia.

Vivir más o vivir menos tiempo realmente dependerá de muchos factores, algunos de ellos ya mencionados, como la Ley de la **Madre Naturaleza**, que por un lado beneficia y aumenta el tiempo de vida y por el otro, perjudica, acortando el tiempo por vivir. Pero el tiempo por vivir dependerá mucho también de la raza de la que proviene la especie, del linaje de sus progenitores, del pueblo donde nació, del país donde reside, de las inclemencias naturales, de la infraestructura social que ofrecen los gobernantes de su nación, de la propia suerte o destino y de muchos otros factores no mencionados, ajenos a la voluntad.

La verdad es que durante la realización de la vida plena el ser viviente tiene que pasar obligatoriamente por períodos o etapas que dependen mucho de individuo a individuo, de persona a persona y de familia a familia. Razones que fueron muy observadas desde nuestros antepasados; de quienes heredamos el decir popular que nos confirma diciendo: *"unos nacen con estrella y otros nacen estrellados"*. Otros también acostumbran decir que *"unos nacen en cuna de oro"*, como queriéndonos decir que hay muchos otros que nacen en el suelo, desprotegidos y hasta abandonados.

En perspectiva, vivir la Vida Terrenal no es más vivir la vida que fue diseñada para realizarse dentro del Planeta Tierra obligatoria y originalmente. Las propias Leyes del Hombre han cambiado esa regla y ese rumbo. La Especie Humana que masivamente puebla el Planeta Tierra encuentra dificultades para encajarse en el Sistema Humano imperante como lo es el actual.

Aunque el Planeta Tierra, que verdaderamente se encuentra en lento pero constante proceso de transformación y en su imparable "Rumbo al Final", sigue ofreciendo para todas las especies que lo habitan un ambiente propicio donde la biodiversidad plena aún se puede desarrollar en todo su esplendor, por tener mucho por ofrecer en el término biocósmico. Pero saber que ese ente mayor, el propio Planeta Tierra, se está limitando, conduce a recapacitar consensualmente sobre los grandes errores cometidos por los pobladores masivos del planeta, no para solucionar los daños causados porque no hay solución, sino, para no ser redundante.

La Biocosmos

La **Biocosmos** es la ciencia que estudia el fenómeno biológico en el Cosmos. **Biocosmos** es la vida de las especies en diferentes niveles de desarrollo evolutivo y viviente que se manifiesta dentro y fuera del Planeta Tierra. **Biocosmos** es algo idéntico a lo que la Biología viene a ser para el Planeta Tierra. **Biocosmos** es Vida cósmicamente entendida. La **Biocosmos** es la Biología que se desarrolla en sus más diversos estados de manifestación en el Cosmos. Biocosmos es la vida en el cosmos. Es el desarrollo de la Biodiversidad Cósmica. Es la Teoría que define a los organismos vivientes que aparecen al reproducirse desde células de otros organismos vivientes y, no desde una materia no viviente. Lo que hace entender mejor que vida no es una exclusividad del PT. Este planeta es poseedor de uno de los mejores ambientes que albergan al fenómeno habitabilidad dentro de la Biocosmos; redundando: no es el único habitable. La existencia de vida en el cosmos es un fenómeno mayor, exactamente absorbido en el gigantesco sistema viviente que es la Biocosmos.

Es muy importante esclarecer que ningún sistema viviente de la Biocosmos es eterno. Los "Mundos Habitables" se encuentran en constante proceso de evolución y esa evolución solo puede ser realizada de dos maneras: progresivamente hacia adelante (arriba), o degenerativamente hacia atrás (abajo). En otras palabras: Los "Mundos Habitables" progresan creciendo y mejorando su sistema de habitabilidad o, degeneran, empeorando sus características de habitabilidad.

Entre la vida de los "Mundos Habitables" existe la situación intermedia donde las especies se acomodan, se adaptan, se modifican, etc. todo con la única finalidad de convivir mejor en las situaciones que les presenta su mundo. Independiente de su situación y características, todos los mundos tendrán su "Rumbo al Final", a ejemplo de lo que ocurre con el Planeta Tierra. Lo que conduce al raciocinio que no siempre las especies vivientes desaparecen primero que su "Mundo Mayor", hay circunstancias en que primero desaparece el "Mundo de la Habitabilidad", su sistema viviente, su "Mundo", justamente en el proceso natural del "Rumbo al Final". Cuando el "Mundo Habitable" muere lleva consigo a todos sus sub mundos y habitantes, independientemente de la existencia del fenómeno de habitabilidad.

Del mismo modo "Los Mundos del Futuro" están diseñados para desarrollarse especialmente para albergar especies de Sistemas Microbiológicos, pequeñas, donde poderosas especies microscópicas vivientes existirán y las que tendrán su espacio para desarrollarse mejor. El fenómeno de la evolución biocósmica conduce hacia un sistema de miniaturización. Dentro de la Biocosmos ya existen los llamados "Mundos del Futuro" como también existen los "Mundos Naturales" en proceso de evolución para ingresar a un Mudo Mayor, superior, que en el caso del Planeta Tierra, es el "Mundo Científico" y el aun soñando, el "Mundo súper Científico", muy desarrollado en el libro la Curva de la Vida.

Con esta breve introducción explicativa preguntamos: ¿Cómo será la vida en los otros Planetas o Mundos integrantes de la Biocosmos? Inicialmente esta es una pregunta prácticamente imposible de responder ahora; porque hasta la clase científica, la llamada a entregarnos de primera mano estas definiciones, se siente recelosa en pronunciarse al respecto. Los científicos mantienen un temor intencional y comprensible para manifestarse abiertamente sobre la respuesta de la pregunta. Hasta para opinar de si hay vida extraterrestre son reservados para expresarse. Aunque existen libros y grupos de personas, no científicos, afirmando la existencia de una vida mejor que la vida terrenal, pero que esa vida sólo lo vivirán *postmortus*, o sea, esa creencia o teoría no vendría al caso.

En lo que va del tiempo, ni los científicos de las naciones dedicadas a la realización de la conquista del espacio, que llevan el liderazgo invirtiendo grandes cantidades de dinero para construir equipos, maquinas, plataformas espaciales, satélites, *Gigatelescopios*, naves para investigar mejor y ver si pueden obtener alguna señal de la existencia de seres vivientes fuera del ámbito del Planeta Tierra, han sabido responder con exactitud a este cuestionamiento o no lo quieren hacer. Entonces: ¿Quiénes somos nosotros (escritores-investigadores-filósofos-personas-comunes) para escribir, hablar, responder, afirmar y comentar claramente sobre esta pregunta y asunto?

Sin embargo creemos que sería egoísmo y mucha ingenuidad decir que vida sólo existe en el Planeta Tierra; cuando en verdad, nada más somos: "frutos de semillas de otras vidas que aparecieron en un Planeta Mayor, el Planeta Madre". Pero también "somos semillas del futuro para intentar la perpetuidad de la Especie Humana terrestre, aunque será muy difícil de realizarlo en el Planeta Tierra, ya que él gira en su inminente Rumbo al Final".

También sería mucha ingenuidad afirmar que los integrantes de la Especie Humana no fueron diferentes en los principios de la propia Primera Edad Terráquea, sobre todo en el aspecto físico y en el modo de vivir. Hay que creer que cada día que pasa la Especie Humana está experimentando microscópicas evoluciones (transformaciones) cada vez más con ritmo, velocidad y constancia como la manifestación de que ese proceso ya lo tiene incorporado como componente obligatorio del Genoma Humano. De este modo, poco a poco vamos hilvanando una idea, un concepto y una definición que se junta en el siguiente postulado: "los terrícolas no son los únicos seres vivientes en la inmensidad del universo; es por eso que existe la **Biocosmos.** El Planeta Tierra no es el único ambiente que puede albergar presencia biológica; existen muchos más."

Entonces, ante la pregunta: ¿Cómo será la vida en los otros Planetas? La explicamos así: "Primero: Con seguridad la vida en los otros planetas, será muy pero muy diferente a la vida existente en el Planeta Tierra; Segundo: La vida en otros planetas será muy similar, por no decir igual, biológica y genéticamente a la que existe en el Planeta Tierra. Tercero: Las especies integrantes de la Biocosmos son y actúan de modo diferente unas de las otras. Y finalmente todo estado y tipo de vida tendrá mayores o menores características dependiendo de la distancia donde ellos se encuentran en los ambientes que comprende la magnitud de la Biocosmos". Por lo que, todo ambiente habitable, en cualquiera de los sistemas de la Biocosmos, obligatoriamente tiene que poseer los elementos básicos que sustentan vida y que tendrá que ser suficiente, continua y mantenido por largos períodos, contabilizados por los Ciclos Luz Oscuridad (CLO) siempre dentro de un ambiente que englobe la Biocosmos.

En un lugar apto para albergar vida, la biodiversidad nace primitivamente y luego inicia sus diferentes etapas de evolución obligatoria. Allí las especies aparecerán siempre por la unión de dos células, viven y proliferaran para luego morir y más tarde desaparecer como especie.

Los seres vivos que integran todas las especies son una copia de una célula de la otra. Son células unidas con una única finalidad, la de engendrar un ser vivo en desarrollo; el mismo que podrá pasar por adaptaciones naturales y de generacionales obligatorias. Todo, porque el medio ambiente así lo exige o porque el organismo mismo así lo requiera. Toda especie viviente dentro de la Biocosmos pasa por estas condiciones obligatoriamente independientemente del lugar o del planeta donde se encuentre habitando.

Toda especie viviente tiene un objetivo principal: "mantenerse vivo" y dentro de lo posible busca vivir agrupado en sociedad mientras su medioambiente así lo permita. Para ello tiene que obedecer a ciertos principios innatos, heredados de las propias sociedades vivientes de donde proviene, es por eso que la Biocosmos y la Biodiversidad Cósmica dependen mucho del lugar de origen, de las inclemencias de su hábitat y de otros factores, tal vez aún desconocidos hasta hoy.

En el Planeta Tierra existen muchos ejemplos utilizables que podrían orientarnos para imaginar de cómo vivirán las culturas extraterrestres; en las vidas de la Biocosmos; ya que la Biocosmos es un sistema viviente que alberga culturas vivientes, una diferente de la otra, exactamente por la variación y diferencia del ecosistema de su Ecocosmos[92].

Vamos a utilizar algunos ejemplos terrestres que proyectan una vida extraterrenal: <u>Las hormigas</u> son partes de una especie que vive en total armonía y con un objetivo viviente en común dentro de su sociedad. Todas ellas tienen la misión de mantener una actividad colectiva para continuar viviendo dentro de su ecosistema terrestre, como siempre lo hicieron a través del tiempo, por no decir desde que aparecieron. Claro,

---

[92] **Ecocosmos** equivalente al ecosistema terrenal sólo que el Ecocosmos es encontrado en un universo mayor abarcando la Biocosmos.

ellas también fueron optimizando su sistema de vida para perdurar por más tiempo y para ir enfrentando a las adversidades a las que están propensas y a sus progresivas evoluciones genéticas también. Del mismo modo ocurre también con las abejas que, al igual como las hormigas, tienen su propio y exclusivo sistema de vida, donde reina una disciplina viviente que permite mantenerlas vivas en su respectivo ecosistema terrestre. Así como estos dos ejemplos, podríamos utilizar otras especies para colocarlas como ejemplo de algo que proyecte imaginar cómo sería la vida extraterrenal.

La excepción entre todas las especies vivientes es la aparición de la "Especie Humana". Para las otras especies, la presencia de la Raza Humana fue lo peor que podría ocurrir en el Mundo Terrenal. La Raza Humana apareció con características genéticas y evolutivas especiales, con gran poder evolutivo que se desvió de los dogmas naturales y de los objetivos de sobrevivencia inicial y natural para enrumbarse en un nuevo estilo de vida cambiante a través de generaciones.

Observemos cuanto cambió el modus vivendi del hombre; mudó en estilo de vida; llegó a la era de la conquista del espacio; a la implantación de la red de comunicación inalámbrica y de la Internet como medio de almacén y de comunicación de la información. Pero el hombre no consigue comunicarse con sus parientes terrenales, las hormigas y las abejas, a pesar que ellas también tienen su propio sistema de comunicación, que es natural y lo mejor, ellas están aquí, cerquita de él. Es entonces cuando se formula la pregunta oportuna, ¿Cómo el hombre podría comunicarse con otros seres vivos dentro del ámbito de la inmensidad de la Biocosmos?

En los ejemplos anteriores encontramos a las hormigas y a las abejas que también tienen su propio sistema de comunicación y hasta de su "Horminet" sin instrumentos y sin ningún aparato externo. Entonces, poco a poco podemos observar que el humano ni siquiera puede comunicarse con las hormigas ni con las abejas, entonces: ¿Cómo el humano podría comunicarse con las otras culturas vivientes de la Biocosmos, que se encuentran fuera del Planeta Tierra? No es un chiste pero puede ser verdad que resulte más fácil para una hormiga comunicarse con algún extraterrestre que lo pueda hacer el hombre.

En el Planeta Tierra predomina la tecnología construida por los humanos y es por esa razón que encontramos a las Estaciones Terrenas con gigantescas antenas parabólicas fabricadas para captar señales que podrían venir del espacio sideral (extra terrenas); del mismo modo, encontramos también a los Giga telescopios para ver cada vez más lejos, razones por las que preguntamos: ¿Para qué están siendo fabricados e instalados estos instrumentos? <u>Una señal de comunicación electrónica o electro magnética generada por instrumentos, de un planeta a otro, nunca llegará, pero una señal de vida, muestra de la existencia de ellos si se podría obtener primero.</u>

Es de suponer que cualquier sistema viviente, en lo sofisticado que es la Biocosmos, tenga como una única finalidad, la de siempre mantener viva sus especies y de permitir que ellas puedan vivir al máximo mientras su Ecocosmos así se lo permita. Razones que nos lleva a pensar que bajo un ambiente mayor, dentro de la **Biocosmos**, no habrán culturas vivientes de seres inteligentes tiernos, preocupados en ir a la escuela para aprender a leer ni culturas preocupadas en fabricar instrumentos, máquinas, armas, y naves inter espaciales. Todas ellas tendrán un foco, la de cumplir su meta que simplemente es la de completar su ciclo viviente satisfactoriamente dejando un espacio similar al que lo encontraron para que sus generaciones venideras la disfruten igual que él. Razones por las que venimos repitiendo que la vida terrenal es diferente, porque en ella, el hombre, muy inteligente, cambió el sistema de vida que debería tener, implantando un sofisticado sistema tan exigente de Orden Mundial, por no decir absoluto terrenal.

Es verdad que el hombre está consiguiendo muchos "progresos" pero todo ese logro terminará en una simple pregunta difícil de responder ahora: ¿Para qué? Para qué sirvieron tantos logros adquiridos por la raza humana si ni su ciclo viviente lo ha podido cambiar (nace y tiene que morir). Las otras especies animales no hacen lo que el ser humano hace: las hormigas, las ovejas y los demás animales también están viviendo, y viviendo muy bien y como debería ser; claro, sólo muy incomodas por la presencia del hombre. Esas otras especies no están preocupadas en fabricar, hacer e inventar, ellas cumplen al pie de la letra las Leyes de la Madre Naturaleza y les va muy bien. Si el hombre no hubiera poblado el Planeta Tierra todo habría sido mejor para las otras especies. Lo que obligatoriamente conduce a hacernos la siguiente pregunta: ¿Cómo sería la vida del hombre sin la presencia de las otras especies, los animales y la floresta en su entorno, es decir si viviera solo? Como también podríamos invertir la pregunta de este modo:" ¿Cómo sería la vida en el Planeta Tierra sin la presencia de la Especie Humana? Dos preguntas que conducen a dos líneas divergentes de raciocinio y de respuestas.

> A pesar de que: *"En el Simposio del Mundo Animal (SMA), por consenso se llegó a la conclusión final de que el peor animal en el Planeta Tierra, es el Hombre (El fiel representante de la Especie Humana)*[93]*"*. **Mr. Burro.**

Fríamente observando lo que es la vida terrenal actual, claro, con énfasis en la presencia de la Especie Humana, claramente se puede notar algo así como si otra especie de humanos hubiera venido para habitar el Planeta Tierra, y esto, solamente analizando estos últimos 1000 años calendario actual; pero es muy claro saber que no es así. Es la misma Especie Humana, aquella que viene desde el principio, de aquel hombre ancestral y luego del mismo hombre que habitaba en las cavernas. Lo que pasa es que el hombre, en su afán de demostrar que él es inteligente, primero comenzó a utilizar mejor todos los descubrimientos realizados en las eras pasadas, como el control del fuego; luego el cultivo de vegetales y la domesticación de algunas especies de animales para su controlado alimento cotidiano. En seguida pasó a inventar y actualmente vive el auge del mundo de las Patentes, esto es, el uso egoísta de la propiedad intelectual y con ello viene el dominio y el poder de los más fuertes y la sumisión de los pobres o más débiles y vulnerables. Hasta parece que la Vida en la actual sociedad humana no podría existir sin la utilización de los inventos del hombre. **Idea y concepto totalmente erróneo.** Lo que pasa es que el hombre de los actuales tiempos ya nació en una sociedad diferente a las sociedades en donde el objetivo y foco era la vida en armonía con su hábitat y la continuación natural del ciclo de la vida. Pero con la inteligencia y el uso del legado del conocimiento adquirido y el conocimiento heredado, el hombre de hoy tiene la oportunidad de analizar el rumbo de la vida terráquea, pero por su propia reacción que refuta su propia inteligencia, no lo quiere hacer.

---

[93] **Encorajándote**, Alcides Vidal. USA, 2014 Pagina 15.

La ambición de continuar haciendo, inventando y ganando más y más dinero es mayor. Lo que rápidamente se puede resumir en: "<u>superpuebla el PT descontroladamente; viviendo en una sociedad de un extremado clima impostor, consumista y perteneciendo a una cultura totalmente capitalista</u>" realidad que no conduce a un futuro mejor, sino a algo peor.

Claro, estas afirmaciones sólo podrán ser absolutamente aceptadas o totalmente refutadas en los tiempos venideros, cuando comiencen a intensificarse los problemas que vienen como consecuencias de lo presentado aquí. Lo que nos hace concluir que: El hombre inventó y mucho, realizó y construyó demasiado. Pero una pregunta, que podría ser calificada de ingenua, hay todavía por hacer: ¿Para que servirán los inventos concebidos por el hombre si la vida sólo exige armonía con las especies y con el medio ambiente para poderse desarrollar?

La Especie Humana logra el "Grado D"

En toda la Biocosmos la EH es la única que posee características propias en destaque, muy especiales y bien diferenciables a las demás especies que integran los Mundos Habitables. Inclusive llega a diferenciarse entre grupos de su misma especie que viven eras diferentes. Diferencias éstas que sólo se pueden notar significativamente a lo largo de la vida de generaciones.

Las características humanas actuales son el resultado de las transformaciones ocurridas en el tiempo de su evolución, dando así la singular denotación de que la **EH** es realmente una especie oriunda del Planeta Tierra (**PT**). Esto quiere decir que, no habrá ninguna otra especie viviente, en ningún otro lugar de la Biocosmos, con igual o similar evolución y desarrollo al ocurrido con la EH en el PT. Una aclaración redundante se hace necesaria ahora. No queremos decir con esto que no podrán existir seres o especies muy superiores a la EH del PT. Recalcamos para entender mejor nuestra posición: igual que la EH que hoy vive en el PT, no habrá otra.

Al respecto, vivimos una época en la que sentimos el inicio de otros transcendentales descubrimientos científicos y experimentamos muchos cambios más; sobre todo en lo relacionado con las tendencias preparatorias para la transición en el camino de la penetración al futurista mundo de la Real Inteligencia Artificial (RIA). Cuando la RIA esté disponible para usarla plenamente se crearán oportunidades para que los biocomponentes invadan increíblemente nuestro ambiente sensorial y extrasensorial, haciéndolo con una transparencia extrema. Ellos fácilmente llegarán a formar parte hasta de nuestro organismo. Esta etapa demarcará una era, cuando la tecnología de punta, inventando microscópicos chips biológicos, algo así como los micro: bioprocesadores, biotransmisores, biovisores y biocensores; sumados al biotelechip, biocéfalochip, biostoragechip y otros, y construyendo generaciones avanzadas de los componentes existentes, jugará un papel preponderante en nuestro universo sensorial. Todos estos avances serán asociados a la fuerza mental y será integrada al poder de nuestros órganos sensoriales con bastante naturalidad. Llegará el día cuando nuestra capacidad telepática y extereoceptiva se ampliará increíblemente, en momentos cuando estos inventos se conecten hasta con el telecéfalo y el mentecéfalo respectivamente, explorando la integración mente-biochip o hombre-biomáquina y viceversa. Toda esa manifestación de inteligencia y de poder microbiosensorial, nada más será el inicio de la verdadera combinación entre la energía orgánica vital y la microbiomáquina, que crearán así un innovador poder auxiliador para ampliar la capacidad de las percepciones y de la mente que esta obra muy bien viene a resaltar[94].

Las otras especies, vidas que se desarrollan en la Biocosmos obedecen a sus propias características, típicas del lugar o planeta donde ellas se desarrollan. Pero los otros tipos de vidas y de seres, jamás serán como el sistema de vida que se desarrolla en el PT. En toda la inmensidad de la Biocosmos nunca se encontrará una especie igual a la EH que continua su imparable proceso solamente en el PT. Lo que hace concluir que como la evolución de los seres vivientes suscitado en el PT no habrá otra

---

[94] Fuente: Publicado originalmente en "Original Perceptions", 2014. Pagina 21. Alcides Vidal, Boston, MA. Estados Unidos. Y en "Percepciones Originales" 2008, Pagina 18.

evolución ni especie igual en ningún otro lugar que engloba la Biocosmos. Las vidas comprendidas en la Biocosmos serán muy inferiores o peores, como también serán mejores o muy superiores, pero nunca iguales a las existentes en el PT, más aun tratándose específicamente de la EH.

> Para saber dónde el hombre debe estar, basta recordar la pregunta: "*¿Cuál es el lugar del hombre? Donde sus hermanos necesiten de él*". **Madre Teresa de Calcuta**.

Para bien o para mal el ser humano desarrolló sus aptitudes, acentuando sus dotes intelectuales y en menos proporción su estructura corporal. Es por eso que sus hechos han resultado ser grandiosos e increíbles, dando una característica especial a la EH que apareció en el PT para superpoblarlo.

El milenio en el que estamos viviendo (2000-2999), en tan poco tiempo ya ha traído a relucir una serie de increíbles y nuevas condiciones y conceptos para enunciar. El principal y contundente viene asociado con el crecimiento de los integrantes de la Especie Humana, oriunda del PT, que han llegado al máximo grado de evolución que una especie viviente pueda alcanzar en la Biocosmos. La Especie Humana se ha desarrollado tanto que ha logrado alcanzar el "Grado D". Si, los representantes de la EH han logrado alcanzar con éxito, el antes imposible, "Grado Dios" (**GD**).

La obtención del GD refleja que la EH ha llegado a un extremo, al máximo de desarrollo en términos Biocósmicos. Grado tal, que es imposible de poderlo explicar con palabras comunes ahora. Lo que explica que el Ser Humano domina a perfección elementos y componentes existentes en el PT y ha inventado a la Ciencia para ser su instrumento y aliado. Los representantes de la EH son capaces: pueden hacer, construir, controlar, utilizar, dar vida, detenerla, reanudarla, crear especies, modificarlas, clonarlas, pudiendo trasplantar partes de él y hasta poner la cabeza de uno en el cuerpo del otro y viceversa.

Partiendo de cero (0) o sea de nada, el hombre llega a construir máquinas y a darles vida, esto es, hacerlos funcionar autónomamente, muchas de ellas, en este preciso instante, cruzan las fronteras cósmicas, o sea, ya salieron del ámbito terrestre y hasta con seres humanos dentro; muchas otras más ocupan gran parte del espacio terrestre; y otras, forman parte de su propio cuerpo, donde todos "*los biocomponentes asociados a la RIA estarán convirtiéndose en comunes próximamente*"[95]. El hombre sube a los cielos, ahí permanece y regresa; como una introducción a las Migraciones Planetarias"; tópicos comentados en el libro la "Curva de la Vida"[96].

¿Cómo podríamos ejemplificar la obtención del "GD" por la EH en el PT?

La obra del hombre, fiel representante de la EH en el PT se encuentra en todo lugar y hasta parecen comunes que ni siquiera despiertan nuestro interés. No nos detenemos para pensar en todo y cuanto ellas representan si observadas como obra humana, claro, recordando y pensando en la EH que viene de la vida en las cavernas, una especie nómada, que a lo largo del tiempo ha sabido avanzar y ahora es tan grande su logro que no hay más calificativos para poderlas definir a no ser, por ahora, soñar en el "Super GD".

La real grandeza del hombre actual se puede mensurar relatando algo importante de sus obras y su integración entre cada una de ellas: Ha descubierto y ahora obtiene control absoluto de algo que es muy importante y que forma parte de "uno de los componentes en la Biocosmos", la "Energía", "Energía Eléctrica"; fuerza invisible que simboliza vida, acción, luz, fuerza, peligro y mucho más. Ha ingresado al mundo de la electrónica y paralelamente al dominio de los componentes electrónicos y químicos. Para su limitada visión ha inventado lentes: poderosos microscopios, macroscópios y gigatelescopios. Detecta la presencia de asteroides que lo amenazan; Ha controlado y hace uso eficiente de las frecuencias, ondas magnéticas y electromagnéticas. Usa un rayo de luz como medio de transportar impulsos, los mismos que son codificados y decodificados para tener utilización. Habla en un

---

[95] Fuente: Publicado originalmente en la obra: "Original Perceptions", 2014. Página 21. Alcides Vidal, Boston, MA. Estados Unidos. Y en "Percepciones Originales" 2008, Página 18.

[96] Fuente: Curva de la Vida, tratando el Teorema Vida'l y la VenPT, 2016.

continente y es escuchado en el otro, con extrema facilidad y nitidez. Por no anticipar diciendo que habla en el PT y es respondido por otro, de su misma especie (2018), desde el Planeta Marte (PM).

Programa tareas, actividades, acciones y hasta procesos de todo lo que quiere que sea realizado por su voluntad para que una máquina, fabricado por él, lo pueda ejecutar a perfección, sin el mínimo de posibilidad de error y sin contar que ha definido sofisticados algoritmos matemáticos que componen inexplicables fórmulas que el mismo encuentra dificultad para desarrollarlas, pero tiene la capacidad de solicitar para que sea la máquina la que la resuelva por él, en fracciones de segundos; aunándose a todo esto el don de poderse comunicar, fluentemente con la máquina que puede escuchar, ver, leer e identificar; sumándose a la fuerza de poderosos motores generando energía accionaria y hasta para superar a la propia gravedad que el PT ejerce.

Inmensa sería la lista si incluyéramos obras en el campo biológico, genético, laboratorial y en el campo del absoluto control de las especies. Realmente es extensa la lista de obras realizadas por el hombre para llegar a la obtención del Estado de "GD" que ahora se encuentra próximo para obtener el control absoluto de la "Energía de La Vida"; una energía particular que caracteriza a los Mundos Habitables que componen la Biocosmos. Esa energía, que integra la fuerza característica de la Biocósmica viene a ser la fuerza que acciona al organismo para desarrollar vida. Energía de la vida, fuerza individualmente manifestada como característica destacada en el fenómeno Biocosmos.

Dando un crédito especial a la labor realizada por el hombre e intentando inducirlo a recapacitar a tiempo para atribuir la autoría de sus realizaciones solamente a él, en el año 2009 publiqué el libro "You are God", que en el título **"Tu reconocimiento"** dice:

> *Reconozco que tardé mucho tiempo en darme la razón que yo soy el único responsable y el autor de mis actos, resultados y obra. Reconozco que utilicé mucho tiempo agradeciendo a un Dios de todos mis logros cuando en la realidad yo mismo lo estaba haciendo y sin necesitar ayuda de nadie. Reconozco que pedí mucho a un Dios, cuando yo mismo lo podía hacer*

solo, y la prueba plausible es que lo hice y lo seguiré haciendo, pero sin esperar por ayuda. Reconozco que gasté mucho tiempo de mi valiosa vida esperando que un milagro se realizara en cualquier momento y que viniera para resolver mis problemas, pero éste nunca llegó; por lo menos, hasta hoy día. Reconozco que solamente ahora descubro con espanto que fui yo, solo yo, quien hizo todo lo que logré en mi vida. Reconozco que aún estoy haciendo mucho más y que todo lo completaré con suceso y calidad. Reconozco las razones de que es por eso que me vienes diciendo: ¡Tú, eres Dios![97] *Y también* **Honestamente** *Llegaste a la conclusión que eres un ser capaz, y lo mejor, pudiente. Entiendes muy bien que todo lo que te propones hacer lo haces y lo bueno, en el menor tiempo. Lo mejor, consigues tus realizaciones con calidad y seguridad. Mantienes una tozuda dedicación por alcanzar tus anhelos y día a día haces más. Sabes claramente que nada podrá paralizar tus emprendimientos y que siempre estás superando nuevas barreras. Estás viviendo atento por todo lo que está ocurriendo en tu vida y hasta te das tiempo para ver qué es lo que ocurre con los demás. Sabes muy bien que todo lo que hay por hacer solo depende de ti y de nadie más. Comprendes muy bien que vives ambiciosamente y que siempre estás anhelando más y más. Demuestras que la conformidad no forma parte de tu estilo y siempre estás anhelando más y más. Sabes muy bien que tienes méritos abundantes para considerarte tu hacedor y que ya no piensas ni esperas que otros hagan algo por ti. Finalmente concluyes sabiendo que llegaste a la conclusión de: que tú eres el hacedor, que tú eres el capaz y que tú eres el pudiente. Por todo lo explicado, comprobada y merecidamente: ¡Tú, eres Dios!*[98]

---

[97] Fuente: Libro You are God y Tú eres Dios. Boston, Estados Unidos, Tu Reconocimiento, Paginas 123 y 124

[98] Fuente: Libro You are God y Tú eres Dios. Boston, Estados Unidos, Honestamente 173 y 17.

Dejando Huellas

La Especie Humana es dueña de una gigantesca obra que se espeja en el PT como producto de su verdadera acción, exactamente porque el ser humano los inventó y se preocupa para mantenerlo. En este preciso instante la obra humana se ostenta en el espacio sideral, enorgulleciéndolo, pero con bandera y marca registrada.

Como más un ejemplo de la manifestación de que el hombre ostenta el "GD", el 9 de marzo, 2016, la NASA anunció al mundo que ha programado para mayo de 2018 enviar la misión tripulada bautizada de "**InSight**" para el Planeta Marte (PM)[99].

En la tentativa de vivir dejando huellas el hombre de la segunda mitad del siglo pasado, que ya se perfilaba alcanzar un día el "GD" construyó una placa, estampando en ella el siguiente texto: *"Aquí, los hombres del Planeta Tierra pusieron por primera vez los pies en la Luna. Julio de 1969 A.D. Venimos en paz en nombre de la humanidad"*[100]. Esta placa fue dejada en la superficie del satélite natural del PT, la Luna, para que "un no humano" lo pueda leer. Realidad que incita preguntar: ¿Otras especies en la Biocosmos saben leer en inglés? (Claro, el texto fue acompañado por una figura mostrando al hombre y posiblemente a la mujer) ¿Serán obras de este tipo que marcarán la era de Seres Humanos de los años 2000s vistos allá por los años 22017?

No obstante, el fato de haber utilizado la palabra "***Venimos en paz***" dice mucho y de lo mejor; pero al mismo tiempo también muestra, en un ambiente mayor, ya invadiendo fronteras extra terrestres, la mayor hipocresía humana, ya que en el PT no existe paz, el hombre, fiel representante de la EH, mata al otro hombre y si no puede hacerlo con sus propias fuerzas, manda, ordena y hasta dicta resoluciones para llegarlo a realizar (matar y lo que es peor, colectivamente).

---

[99] Fuente: NASA http://www.nasa.gov/press-release/nasa-targets-may-2018-launch-of-mars-insight-mission

[100] Fuente: Libro **Cartas na Mesa,** Empresa, Empresario Informática, Érica, Brasil, 1992. Los norteamericanos, Pág. 20.

Sin embargo, observado desde la Biocosmos, fuera del ambiente terrenal, se concluye que: "ninguna obra construida por el humano, que ahora ha alcanzado el "GD", por más grandiosa, genial y más importante que ella pudiera ser, servirá para perdurar, demostrar, ser un ejemplo o para reflejar o por lo menos dejar una señal de que un día la EH habitó el PT".

Esta curiosa y polémica opinión podría parecer un tanto extraña, y por otro lado puede ser algo incrédulo por tratarse de una obra humana del GD, obras que donde quiera se respire está presente y visible; más todavía si pensamos con base en el conocimiento avanzado y heredado que la EH del "GD" posee.

Es de suponer que hasta un niño podría refutar estos pronunciamientos; ya que él, con su inocencia, se basaría en los adelantos y en las obras realizadas por el hombre que tiene en su entorno y en voz alta pueda decir:

> Señor expositor: *¿y la computadora? ¿Acaso no es una obra genial y una máxima invención construida por el hombre?* Pero no se detendría ahí, ya que ejemplos y de los buenos no faltan, por lo que continuaría: Y, *¿Qué decir del avión? ¿Acaso no es una increíble obra humana? ¡Con él puedo viajar y dar vueltas al planeta en un viaje de demostración y convencimiento del talento humano!* Y la televisión, el teléfono, el barco, los satélites, el telescopio, las armas, la Bomba Atómica, los mísiles, la Internet, las redes sociales, los juegos electrónicos, etc. etc. etc.

Si, muchos cuestionamientos vendrán al respecto, no solamente de parte de los niños, sino de los adultos también; pero a pesar de la larga lista relatando obras de la Raza Humana, la afirmación de que no habrá ninguna obra humana para refutar a la afirmación enunciada antes, aún perdura.

Es muy entendible la participación del niño (un *humanito*), porque él habla con la inocencia humana, muy diferente a la participación de un adulto (*humanote*) que habla con la perversión, malicia e interés buscando su conveniencia. Lamentable el contraste de la inocencia del niño con la realidad del humano adulto de este milenio es gigante. Esto viene a ser una prueba más de que el hombre es un animal muy especial.

Siguiendo la iniciativa y el raciocinio del niño podemos adicionar algo más: si a la obra construida por el humano mencionada por el niño incluyéramos a los grandiosos inventos del ser humano, por ejemplo los llamados "valiosos inventos" en el campo de las armas, que es donde se cree que la EH ha avanzado mucho tecnológicamente, gracias al poder económico para sustentar tamaña inversión en ese campo, realizaríamos una gigantesca lista. Haciendo un paréntesis: ¿Ud. sabe para qué y por qué la EH fabrica armas? A seguir una Respuesta Simple más que no responde en su totalidad: Solamente para matar humanos. Entonces: ¿Está la Especie Humana en el camino correcto? ¿Será la Especie Humana destruida por las armas del Hombre?)

Para hacer realidad la idea de cómo saber mejor cuáles son esos fabulosos inventos, vamos regresar al último siglo del milenio pasado, específicamente a las épocas en que terminaron las dos guerras mundiales (entre 1914-1918 y 1938-1945 respectivamente), cuando las potencias bélicas, en el occidente los EEUU y en el oriente la URRS, se preparaban para iniciar la Tercera Guerra Mundial.

> "¡No hay nada en la historia que haya sido conquistado sin derramamiento de sangre!" **Adolf Hitler**.

Felizmente los síntomas de la "III Guerra Mundial" (III GM) desaparecieron, más no se eliminaron. No obstante, el mundo vivía tiempos de tremenda inseguridad y desconfianza. En el siglo pasado existieron épocas donde las potencias bélicas no se detuvieron y se armaron más, con la excusa de un posible ataque sorpresivo de parte de alguna de las potencias adversarias. Luego vino **La Guerra Fría** que felizmente hoy, se enfrió y esperamos que sea para siempre. Asunto sumamente importante que lo estamos tratando en tópico aparte.

> A propósito, la guerra nada más es una acción armada donde un ejército mata al otro y destruye todo lo que quiere y está a

su alcense. En la Guerra del GD "*la mayor fuerza y arma del hombre está acumulado en su estrategia y poder intelectual*"[101].

Visto el panorama que reinaba en esa época, volvamos a la afirmación antes realizada: ¿Serán estas armas las fieles obras para hablar en el futuro (entre los años 22,017 al 32,017, esto es, en apenas unos 20 a 30 mil años adelante) de la existencia de la Raza Humana que pobló el PT llegando al increíble "GD"?

Nuestro parecer no está impresionado ni por la cantidad ni por la calidad de las armas, está en la inobservancia; por lo que sólo continuamos afirmando:

> "No habrá obra humana para mostrar en el futuro la verdadera obra del hombre, como señal de que en el PT existió una civilización de la EH en proceso de una absurda evolución, que le permitió llegar al "GD" donde prevaleció la tecnología de generaciones con el increíble avance científico, tecnológico y un despliegue de abundancia de inteligencia sin igual".

Como el derecho de opinión tiene que ser libre, (las constituciones así lo dicen), la preocupación para hacerla respetar fue sentida y hoy en día existe la Declaración Universal de Derechos Humanos de la ONU[102] que lo vino a contemplar[103]. Todos tendrán su oportunidad de afirmar o refutar lo que aquí se dice; pero una cosa es muy cierta: No habrá nadie para verificar quién estaba en lo correcto. Consecuentemente continuamos apoyando esta idea, ya que, lamentablemente "ninguna de las tantas obras realizadas por el hombre hasta hoy, servirá para ser

---

[101] Fuente: Libro **Cartas na Mesa,** Empresa, Empresario Informática, Érica, Brasil, 1992. Pág. 37.

[102] ONU - DECLARACIÓN UNIVERSAL DE DERECHOS HUMANOS - Artículo 19.

[103] "Todo individuo tiene derecho a la libertad de opinión y de expresión; este derecho incluye el de no ser molestado a causa de sus opiniones, el de investigar y recibir informaciones y opiniones, y el de difundirlas, sin limitación de fronteras, por cualquier medio de expresión." contemplada en La Declaración Universal de Derechos Humanos, de la ONU, Artículo 19.

(dejar) un legado <u>demostrador</u>, o algo que pudiera hablar por sí sola, sirviendo como resto de una obra, de lo que fue la Civilización Humana en su esplendor, la cultura típica y dominante que habitó el Planeta Tierra, cuando albergaba vida humana en su interior".

Apenas haciendo un paréntesis recordatorio en este punto, o intentando traer alguna información adicional al respecto, analicemos algunas circunstancias históricas que nos podrían ayudar a pensar y definir mejor las obras realizadas por la Especie Humana a través de algunas épocas con los simples cuestionamientos siguientes:

¿Qué conocemos de las culturas de los humanos que vivieron en la antigüedad? Por ejemplo: Encontramos restos arqueológicos con apenas 22,017 a 32,017 años de antigüedad. Los mismos fueron sometidos a estudios y de acuerdo a los resultados obtenidos con base en las técnicas del Carbono-14 es que se llega a definir esa edad. Los restos en mención fueron localizados al Norte de Australia y de Nueva Guinea. Pero de ellos no sabemos nada, ni siquiera cómo eran, cómo vivían, de donde vinieron, como se comunicaban, que hacían, ni siquiera cuantos eran. Igualmente no sabemos nada con certeza de los habitantes del Sur de Chile, Monte Verde, que según los estudios de los restos encontrados tienen más de 14 mil años de antigüedad. Claro, la justificación por no saber nada al respecto podría ser que todos esos restos son "muy antiguos", pero en la práctica no lo son, ya que si comparamos con la edad del Planeta Tierra ese tiempo es ínfimo.

Entonces: ¿Qué decir de la época de los faraones, en el gran Egipto, en el Viejo Mundo; o de los Mayas y Aztecas en América del Norte y en América Central y de los Incas, en el Sur de las Américas, éstas en el Nuevo Mundo? Nada de real y verídico sabemos al respecto. Con los restos encontrados en el Nuevo Mundo, los mismos que milagrosamente se salvaron de ser destruidos por los conquistadores españoles y los otros colonizadores, apenas se puede interpretar e imaginar, más no se tiene la seguridad de lo que ellos fueron, hicieron, ni de donde vinieron y cómo llegaron. <u>Por ese mismo camino avanza la cultura de la Especie Humana actual</u>, a pesar del historial de ignorancia incluido aquí, con respecto al conocimiento de nuestros ancestros, no se ha construido nada para hablar mañana de la EH que habitó el PT en este siglo, que será observada en apenas los años venideros del 22,017 al 32,017.

> Haciendo otro pequeño paréntesis, apenas para esclarecer lo que significa la "edad" interpretada en esta obra: **Edad** es el transcurso del tiempo del ciclo de vida de un ser o de un sistema viviente en la Biocosmos, acumulado desde su aparición o nacimiento hasta nuestros días y luego hasta su muerte o desaparición. La edad es: Biológica, cronológica, hereditaria, celular, científica, real y lo que es muy importante, la edad que aparenta.

De acuerdo a lo que venimos describiendo en esta obra, **no sabemos nada** de lo que ocurrió con la EH que habitó el Planeta Tierra hace 22,017 a 32,017 años (una antigüedad); ni siquiera de las más recientes, que vivieron en hace 3 a 5 mil años atrás.

También libros reunidos (66 libros) en uno mayor llamado Biblia (***La Biblia Sagrada***) hace mención que **Jesús** iría nacer en Belén (***Mateos 2:4-5***) y que realmente **Jesús** nació en Belén (***Mateos 2:1***), creció (***Lucas 2:40***) y llegó a ser adulto (***Lucas 3:23***), luego lo mataron crucificándolo (***Mateos 27:35***) (se entregó para ser muerto, afirma Daniel Farfán[104]) la misma historia habla de que él resucitó (***Mateos 28:6***) y luego subió a los cielos (***Actos 1:9-10***). Todo esto ocurrió hace apenas 2017 años[105].

> *"Se hace necesario reflexionar, apenas como una retrospectiva hacia los últimos quinientos años que se pasaron del milenio anterior, para poder, en una perspectiva milenaria preguntar:*

---

[104] **Colaboración Daniel Vidal Farfán:** Creyente, practicante (entrega el diezmo sagradamente, 10% de su salário) conocedor de la Biblia y sigue fielmente lo que ahí está escrito.

[105] **Información, Colaboración:** *"Jesús es el asunto principal de toda la Biblia y detalles de su vida fueron previstos por el Profeta Isaías 700 años antes de Jesús nacer"* decía Daniel Vidal Farfán en su correo electrónico de clarificación en febrero 2015.

> *¿Qué el hombre pensará, conocerá y heredará de nosotros, en el año 2992?*[106]

> *"¡Qué bueno! algunos hombres están despertando en la hora cierta: ¿Cuándo todos despertaran?"*

Del mismo modo, hace apenas un poco más de medio milenio (exactos 525 años) que el Nuevo Mundo (actualmente territorio de las Américas) fue descubierto el 12 de octubre de 1492 por Cristóbal Colón, cuando llegó a la isla Guanahani, actualmente en las Bahamas. Colón falleció el 20 de mayo de 1506 en Valladolid. En los viajes de exploración y conquista al Nuevo Mundo participaron también, en diferentes expediciones, carabelas y épocas: **Américo Vespucio** (italiano nacionalizado español en 1505, fallece a los 57 años), Fernando de Magallanes, Francisco Pizarro, Diego de Almagro, etc. El descubrimiento de América ocurrió apenas ayer, realizado por hombres dispuestos a morir por su causa.

> *"El hombre que no está dispuesto a morir por una causa no es digno de vivir"*. **Martin Luther King**

En lo que actualmente es América del Sur, antiguamente un Imperio Incaico florecía, llamado en lengua Inca (Quechua) el Tahuantinsuyo. Allí, un Inca era el Monarca. Cuenta la historia que los Incas ya venían viviendo 14 generaciones. El último de la dinastía Inca fue Atahualpa. Narran los historiadores que a pesar de que el Inca prometió un montón de oro, un cuarto hasta la altura de su brazo levantado y dos cuartos más de plata a cambio de su liberación, el 29 de agosto de 1533 este Inca fue **decapitado** por la gente de Francisco Pizarro, en la actual Plaza de Cajamarca. Esto ocurrió en menos de 600 años y pensar que no sabemos nada de lo que fue este Inca y, ¿Qué pensar entonces de los 13 o más incas que lo precedieron? Bajo esta razón imagínese entonces querer saber algo de lo que existe hoy, en apenas 5 a 10 milenios más adelante. *"La historia se repite"*, dice el dicho popular.

---

[106] **Información:** Libro Cartas na Mesa Empresa, Empresario e Informática. Érica, 1992. Panorama Mundial, Pág. 1 y 2.

Cuentan las crónicas en Perú que Francisco Pizarro y Atahualpa se reunieron en una pampa (hoy, plaza). Pizarro contaba con el apoyo de un indio, quién actuaba como su traductor. Por lo que concluimos que Felipillo fue el primer traductor de la historia en las Américas. Pizarro no quiso alargar su brazo, por lo que mandó a Felipillo que entregara la biblia al Inca. La historia dice que Atahualpa recibió el libro de muy buena fe, lo olió, lo miró por todos los lados y no encontrando nada importante, la arrojó al suelo. Cumplido el rescate fue decapitado en el mismo lugar.

La Especie Humana, como todas las demás especies vivientes en el Planeta Tierra, dentro de un ámbito global, pertenece a la Biocosmos, donde cada especie existe solamente una Temporada en la Era Vida. Ninguna de las especies tiene vida eterna; porque para vivir, todas las especies dependen también del Medio Ambiente como un factor para su existencia, el que también no es eterno.

Ya que las condiciones de vida, donde quiera que ellas se encuentran, no son definitivas ni perennes, entonces claramente podemos concluir que: "vida es un corto espacio para que una especie viviente se desarrolle transitoriamente"; más la muerte si es una situación segura y garantizada, que siempre se realizará sin fallar, e intentando ocurrir lo más rápido posible, donde quiera que ella se encuentre (dentro de la Biocosmos) y porque la Especie Humana no puede confiarse de su temporaria situación de un ser viviente, porque ese largo y singular período que una especie viviente experimenta, mensurados por CVT de existencia, terminará. Lo que hace concluir que la especie humana, por su grandiosa labor en este medio, se transforma en beneficiaria, autora y responsable del resultado de sus hechos.

"(…) para incluir parte de la larga entrevista del reportero de IntiTV (International Televisión), realizada en el simposio sobre La Preservación de la Vida y su Final (PVF), con el representante absoluto del Reino Animal, el grande "Burro", evaluando al hombre:"

*"**Repórter**: Representante, responda: "observándolo desde su Reino ¿**Cómo los animales ven al hombre?** Burro: ¿Al*

Hombre? Siiiii. En el consenso del Reino Animal ¡Como el peor entre todos los animales del mundo! **Repórter**: *¿Por qué, Representante?* **Burro**: *Apenas como un ejemplo: Algunos de los animales se comen los unos a los otros, pero lo hacen solamente para satisfacer su hambre. Ya el hombre, aparte de imitarnos, mata indiscriminadamente y lo que es peor, destruye nuestro único hábitat, sin compasión.* **Repórter**: *¿Algún ejemplo más, Representante?* **Burro**: *El hombre mata y manda matar a los animales y al propio hombre también. Ordena fusilar, ametrallar y a bombardear seres humanos y lo llega hacer sin clemencia. Parece que lo hace sólo para demostrar lo fácil que es y por un simple placer de demostrar un falso y temporario poder.* **Repórter**: *Gracias, Representante.* **Burro**: *¿Qué? ¿No quieres continuar preguntándome más sobre el 'Hombre'"?... … ….*"[107]

Como es de conocimiento popular la lucha del hombre es la lucha férrea contra el propio hombre, pero el hombre no sólo lucha con el hombre, lucha, o más claramente dicho, ataca también a la indefensa naturaleza y a las otras especies, por no generalizar diciendo que lucha contra la biodiversidad. Apenas como un simple ejemplo: En la lucha del hombre contra el proprio hombre desplaza campesinos y especialmente a las minorías étnicas: pueblos nativos de la gran Amazonía, de las altura de los andes, en América del Sur y de la selva y arenales en África.

Lo que se podría confirmar diciendo: "***Homo Homini Lupus***" para decir que "***el hombre es un lobo del hombre***" al expresar la naturaleza del ser humano, escrito por el filósofo inglés **Thomas Hobbes** (1588-1679).

En los principios la Madre Tierra presenciaba silenciosa la lucha declarada del hombre contra el hombre; hoy, registra que esa lucha también es contra ella y siente en su propia piel los estragos de esa riña que se convirtió en la lucha del hombre destruyendo todo y cuando la Madre Tierra ofrece gratuitamente, especialmente para la Especie Humana.

---

[107] **Entrevista.** Encorajándote, USA, 2014, Xlibris, Pag 15 y 16.

Pero con el pasar de los siglos el reconocimiento de las bondades de la Madre Tierra, dejó de ser una constante para transformarse en una triste excepción.

> *"La actual entropía existencial que como humanidad nos embarga, es el fruto de la errada autoconciencia de superioridad/centralidad humana en relación al resto de la comunidad cósmica. Porque, embriagados por nuestro antropocentrismo, y obnubilados por el espejismo de la modernidad ilusoria, naufragamos en el mar del sin sentido, destruyendo las cadenas de todos los ciclos de la vida, hasta llegar casi al punto de no retorno. El argumento para esta locura siempre fue: el bienestar humano (de algunos humanos) a costa de los derechos del resto de la comunidad cósmica." Por lo que: "El monoteísmo y el antropocentrismo hicieron que fracasaran los derechos humanos. El humano monoteísta (cristiano, judío y musulmán), durante el primer milenio, por su falsa conciencia (casi supersticiosa) de sentirse "la única imagen y semejanza" de su único Dios del lejano cielo (imago Dei), afianzó su desligamiento de la trama vital de la Madre Tierra." Como por voluntad divina "revelada" se auto proclamó como si fuera el centro y culmen de la Creación. El antropocentrismo e individualismo modernos hunden sus raíces en esa falsa conciencia monoteísta del primer milenio. En el segundo milenio, el antropocentrismo monoteísta se trasvasó en el pensamiento ilustrado que reemplazó al supuesto único Dios verdadero con la supuesta razón única occidental (científica y verdadera), y continuó afianzando el antropocentrismo y la superioridad de los privilegiados individuos europeos sobre el resto de la comunidad humana.*
>
> *Si en el primer milenio se rompieron las ligaduras del humano monoteísta con el resto de la comunidad cósmica, en el segundo milenio (con la individuación) se quebraron las tramas sociales que religaban a los humanos con el resto de humanos. Y, es en este transcurrir histórico que debemos comprender la lógica y contenidos de la Declaración Universal de los Derechos Humanos, progresiva y retóricamente reconocidos.*

En el primer milenio, e incluso en el inicio del segundo, el bienestar y la dignidad humana era una cualidad que asistía única y exclusivamente a los predilectos creyentes en el único Dios verdadero (aunque en el monoteísmo judío esto es de más larga data). En el segundo milenio, la razón ilustrada amplió discursivamente la cualidad de la "dignidad y derechos" a toda la humanidad (aunque en los hechos esto jamás ocurrió). En ambos casos, el sujeto de derechos y de dignidad fue y es únicamente el humano. El humano individuo (varón, blanco, ilustrado, propietario, libre). No el humano comunal poli cromático. Tampoco la humana (mujer).

En los siglos finales del milenio pasado *"el obsesivo antropocentrismo eurocristiano fustigó y castigó con la muerte toda manifestación de reconocimiento o reverencia de derechos o dignidad de la Madre Tierra. Todo aquel (individuo) que no creyera en el único Dios verdadero era quemado vivo. Y quien dudase del antropocentrismo, y que no confesase que el ser humano es el único sujeto de derechos, era vigilado y castigado como desequilibrado"*. Hoy, en el primer siglo de este milenio, *"la humanidad entera está pagando el costo del antropocentrismo individualista/monoteísta y la negación de la dignidad y derechos de nuestra Madre Tierra"*. *"El resto de la comunidad cósmica se ha de reír de nosotros (autoproclamados como únicos seres auto conscientes e inteligentes en el pluriverso) al ver de cómo luchamos por nuestros derechos (desarrollo, bienestar, etc.) destruyendo los derechos de la Madre Tierra y de los demás seres de cuyo bienestar depende nuestros derechos. Somos como fetos que se comen el cordón umbilical de la madre en búsqueda de su bienestar. Y este bienestar suicida se constituye en nuestro actual malestar terminal."*

Sin el reconocimiento de los derechos de nuestra Madre Tierra los derechos humanos son insostenibles. Los humanos jamás disfrutaremos de "derechos humanos" si simultáneamente no reconocemos y respetamos los derechos de nuestra Madre Tierra. Los árboles, el agua, el aire, las montañas, todos/as tienen derechos y dignidad. Los derechos humanos dependen de la satisfacción de los derechos de nuestra Madre Tierra. Jamás habrá bienestar humano sin el bienestar de la Madre Tierra.

Occidente, con sus dos mil años de monoteísmo y antropocentrismo individualista, llevó a la humanidad y al planeta a un punto de difícil retorno. En los hechos, ni todos los humanos gozamos de derechos, ni todos los derechos humanos reconocidos garantizan el bienestar de la humanidad porque las hebras del tejido de ciclos de vida están destrozadas por el antropocentrismo individualista de unos pocos.

Así como se han comprendido y reconocido los derechos humanos, hasta ahora, no llevan, ni llevarán a la humanidad a un final feliz. Necesitamos reconocer y asumir nuestra identidad y filiación de la Madre Tierra. Somos Tierra que sueña, que ama, que sufre, que piensa, que siente. Necesitamos de nuestra Madre Tierra, y ello implica re encantarnos con Ella, reconocer y respetar su dignidad y sus derechos. Esto, en sencillo y cotidiano, significa austeridad y consumo responsable/ sobriedad como estilo de vida. En vísperas de energívoras y consumopáticas fiestas navideñas y de fin de año, con medio planeta ensangrentado por guerras en nombre de "derechos humanos", es casi una hipocresía suicida "celebrar" aniversarios de la Declaración Universal de los Derechos Humanos [108].

Pero no sólo el hombre como hombre actúa así, el hombre como mundo también. Recordemos: *"el factor fundamental en el fracaso (del proyecto Yasuní-ITT) es que el mundo es una gran hipocresía y la lógica que prevalece no es la de la justicia, sino la del poder"*. Decía el presidente **Rafael Correa** al fracasar su iniciativa de no extracción de petróleo a cambio de una contribución económica internacional. *"Estábamos como ecuatorianos apostando a que somos una sociedad con*

---

[108] Fuente: Este contenido ha sido publicado originalmente por teleSUR (www.teleSURtv.net) em la siguiente dirección: http://www.telesurtv.net/bloggers/-De-los-derechos-humanos-a-la-dignidad-de-nuestra-Madre-Tierra-20151209-0001.html.
Resultó importante incluir el artículo de 9 de diciembre de 2015 publicado en el Portal TeleSur. Agradecemos la contribución.

una visión bastante innovadora y promotora de la conservación de la naturaleza", a su vez lamentó que "*los países más ricos del planeta no hayan asumido con esta iniciativa ambiental su <u>corresponsabilidad</u> en el problema ambiental*[109]". Complementaba **David Romo** refiriéndose al mismo asunto.

Así como estos ejemplos encontramos por miles otros pero, en todos los casos es el hombre, el político, el empresario, el estadista, el militar que siempre es el actor principal y el responsable. Lo que nos hace raciocinar que la sociedad de humanos en general también está en agonía, más aún con los fuertes aires que el Planeta Tierra sopla de sus flagelos durante el proceso que lo conduce "Rumbo al Final.

> *Entre todas las especies vivientes, la humana sobresale. ... Ningún ser en el universo evolucionó más que la especie humana en la Tierra. (Demuéstralo con tus acciones.) Nada modesto, el hombre se destaca, y privilegiado por su inteligencia y aliado al buen don de su raciocinio extremo, ya hasta piensa en ser superior y omnipotente. El hombre quiere hacer del Planeta Tierra, de los cielos y de algunos otros planetas, su propiedad. Más, si aún no lo hizo ya los debe haber patentado hace tiempo*[110].

Después de este paréntesis regresamos al hilo del problema principal resumidos en "Rumbo al Final"; por ejemplo, sabemos que hoy, la Luna no es un ambiente plenamente viviente; pudo haber sido antes, como lo es el Planeta Tierra hoy (eso lo sabremos pronto). Del mismo modo, el Planeta Tierra hoy es un ambiente altamente viviente pero en el principio de los tiempos no lo fue; hoy es, pero mañana, ciertamente no lo será.

¿Podrá el Planeta Tierra transformarse en una Luna del Sistema Solar? De este modo, en un futuro contabilizado por los CVT o por los años calendario solar humano, la Tierra y la Luna serán iguales, inertes y la

---

[109] **David Romo** Codirector de la Estación de Biodiversidad Tiputini de la Universidad San Francisco de Quito.

[110] **Encorajándote**, Alcides Vidal, USA, 2014, Xlibris, Pag 15.

poderosa Especie Humana actual habrá desaparecido del mapa terrestre. Esta afirmación forma parte de la "Ley de la Biocosmos".

"***La Luna era muerta, una reliquia de los primordios del Sistema Solar***" Buzz Aldrin (Segundo hombre que pisó el suelo lunar.)

CAPÍTULO IV

La Superpoblación del Planeta

CUENTA LA HISTORIA que en el año 1,650 la población de la Tierra era de apenas 500 millones de habitantes. Dos siglos después esa población ya se había duplicado. Desde entonces la población humana se fue duplicando progresivamente de siglo a siglo. Comparativamente y para un mejor entendimiento, la población total de la Tierra era apenas el equivalente a la población de la República China de los años 60 del milenio pasado[111].

El aumento de la densidad poblacional del Planeta Tierra no solamente debe ser visto como mero número estadístico, él también genera una diversidad de problemas y con ellos se perfilan muchos peligros. Coincidentemente los problemas potenciales con el medio ambiente dan indicios de ser realmente problemas actuales y que lo serán en el futuro, sin expectativas de solución. La luz solar intensifica su agresividad contra: la piel, las plantas y los animales, sumándose a otros factores ambientales que afectan a la biodiversidad y crean inclemencias que ya están siendo sentidas, reflejando problemas de una verdad latente. Las placas tectónicas parece que se mueven más rápidas. Los cerros nevados, de los cuales los profesores de Geografía se enorgullecían cuando enseñaban diciendo: *"(…) La nieve es perpetua"*, increíblemente, de perpetua no tenían nada, el hombre lo está destruyendo sin necesidad de ir a la montaña. Los cerros nevados que en su interior escondían el oro, la plata, los diamantes y otros minerales, entre preciosos y no, ahora quedan huecos, sus laderas áridas, su entorno destruido y sus pobladores ausentes (hombres y demás animales). Los ríos, a cada día que pasa reciben más productos contaminantes creados por el hombre y van secándose; algunos ya desaparecieron, dejando de ser rio. El

---

[111] The World Almanac and Book of Facts, 1968.

aire que respiramos también se halla contaminado. A pesar de tantas inclemencias, entre naturales y los propiciados por la mano del hombre, la Madre Tierra aún tiene que soportar una terrible superpoblación humana.

El exagerado crecimiento demográfico constatado en el Planeta Tierra, intensificándose desde la segunda mitad del milenio pasado, es muy peligroso sustentablemente. Peligro que será mejor observado por todos con el pasar del tiempo, cuando las consecuencias de los problemas suscitados por esa razón vengan a luz más acentuadamente.

Llegará el día en que habrá tanta gente poblando este planeta que la producción de alimentos será el valor más valioso de las naciones. Será cuando las Bolsas de Valores no tendrán ningún bien financiero para negociar y si existieran serán para comercializar acciones de alimentos y de cuotas de agua filtrada del mar; proyectando que aun por una era más el poder económico vencerá. Pero aguardemos dos eras más para ver la real dimensión de la obra humana y capitalista que hoy sólo se preocupa por el valor económico monetario y financiero con exclusividad.

Como actualmente es, en los años venideros la sociedad organizada continuará pidiendo a sus representantes (gobernantes) más y más programas sociales y más beneficios para el ciudadano común. Paralelamente a todas las reformas sociales implantadas por los gobiernos alrededor del mundo para cuidar mejor a su gente y como si todo esto fuera poco, la ciencia médica, aprovechando las facilidades que la tecnología pone a disposición, proveniente de la era de la modernidad, está contribuyendo mucho para el aumento poblacional. Se están creando métodos, sistemas, equipos y procedimientos médicos para mejorar la fertilidad y poder así facilitar la fecundación y como si no bastara se practica las técnicas de la inseminación artificial, en muchos casos para obtener el mismo resultado.

Realmente, es muy evidente que La Tierra se está superpoblando sólo con la Especie Humana (la raza "inteligente" y "racional"), creando serios problemas. Lamentablemente todo esto se agudizó con la progresiva destrucción del medio ambiente, con la depredación del entorno natural, con la invasión del hábitat de las otras especies, con la contaminación y con la implantación de la tecnología, que en parte, permite la invención de armas, fabricadas sólo para matar a otros hombres y también para destruir lo que el otro construyó. Armas que al ser usadas sirven también para deteriorar el medio ambiente en grande escala.

Cifras sobre el aumento de la densidad poblacional mundial apuntan números preocupantes. Al iniciarse la segunda década de este milenio (2013) el Continente Asiático estaba constituido por 4,305 millones de habitantes[112]; con una densidad poblacional de 89 habitantes por Km². El Continente Africano estaba constituido por 1,100 millones de habitantes[113]; con una densidad poblacional de 33 habitantes por Km². El Continente Americano poseía 958 millones de habitantes con densidad poblacional de 22 habitantes por Km². El Continente Europeo estaba constituido por 740 millones de habitantes[114]; con una densidad poblacional de 70 habitantes por Km². Y Oceanía tenía 38 millones de habitantes con una densidad poblacional de 3.5 habitantes por Km².

Si, innegablemente el Mundo está ingresando a un estado de Planeta Superpoblado, macizamente por la Especie Humana. Los índices que miden la población mundial siempre son más asombrosos y sorprendentes. El 2013, la Población Mundial superaba los 7,126,442,700 habitantes. Esto es verdad, los integrantes de la especie humana son más de 7 Billones, por ahora. Del total, 3,594,096,485 pertenecen al género masculino, representando el 50.4% y 3,532,346,280 son del género femenino, significando el 49.6%.

Curiosamente, como si toda preocupación fuera poco, ante el aumento poblacional mundial, diremos también que esto es propiciado por las mujeres que muy jovencitas tienen a sus hijos. Cerca de 16 millones de adolescentes, entre 15 y 19 años, dan a luz por año en el planeta. Igualmente, los bebés nacidos de madres adolescentes representan alrededor del 11% de los nacimientos del mundo; de todos estos nacimientos el 95% nacieron en países en desarrollo. Del mismo modo las adolescentes contribuyen al aumento poblacional del mundo

---

[112] Fuente: INED – Instituto Francés de Estudios Demográficos, 2012.

[113] Fuente: INED – Instituto Francés de Estudios Demográficos, 2012.

[114] Fuente: INED – Instituto Francés de Estudios Demográficos, 2013.

anticipando el tiempo de sus embarazos. En los países pobres y medianos, esto ocurre a pesar de que las complicaciones relacionadas con el embarazo y el parto son una de las principales causas de muerte entre las adolescentes de este grupo de edad. Se calcula que solamente en el año 2008 se realizaron tres millones de abortos peligrosos entre esas jóvenes. Si proyectamos estos números encontraremos que hasta el 2018 se habrán realizado 3 billones de abortos en jóvenes menores de 19 años.

Los efectos adversos de la maternidad en la adolescencia también se extienden a la salud de las lactantes. Las muertes perinatales son 50% más frecuentes entre los bebés nacidos de madres menores de 20 años que entre los nacidos de madres de entre 20 y 29 años. Además, los recién nacidos de madres adolescentes corren un mayor riesgo de nacer con insuficiencia pulmonar, lo que puede incrementar la tasa de riesgos para la salud a largo plazo.

Apenas haciendo un poco de historia, en estimados de final del milenio pasado, las Naciones Unidas alertaban al mundo diciendo que para el año 2025 la población mundial llegaría a 8.2 billones de habitantes y en el año 2110 se estabilizaría en un máximo de 14 billones. Una década y media después (2016) la realidad era otra.

Nada impedirá que el Planeta Tierra continúe superpoblándose. En el 2015 las estimativas fueron diferentes; para el 8 de marzo del año 2025 dicen las proyecciones que la Población Mundial llegará a 8,000,000,000 y que decir allá por los años 2050 cuando la Tierra sobrepase los 10 billones de habitantes. Si, 10 billones de humanos comiendo en el planeta Tierra.

Como si todas esas estimaciones fueran pocas también el índice que mide la Expectativa de Vida (**EV**) en el mundo está demostrado que la Especie Humana está viviendo más; consecuentemente indica que más gente habitará el Planeta Tierra por longevidad.

Las Naciones Superpobladas demuestran preocupación con sus pronósticos, en términos de su espacio demográfico, pero no encuentran maneras de cómo detener ese crecimiento.

Peligroso aumento poblacional Terrestre

"No podemos reproducirnos como conejos". **Papa Francisco**, 2015.

Como toda especie viviente el hombre también es un ser muy prolífico; consecuentemente se reproduce rápidamente intentando de esa manera garantizar la no extinción de su especie, la Humana; haciéndolo al igual que las demás especies vivientes, con quienes comparte el mismo hábitat. Pero el peligro que se observa en el crecimiento poblacional progresivo de la Especie Humana es que ese proceso es gigantesco y muy desordenado globalmente, transformándose en una situación preocupante por sus serias consecuencias futuras.

Paralelamente a la superpoblación humana de la tierra, encontramos una serie de otros problemas inherentes a ese fenómeno que viene para agudizar más esta situación. Reflejando de esta manera que la Especie Humana ha olvidado el principio primordial referente a su verdadera finalidad del por qué se encuentra habitando el Planeta Tierra. Paradójicamente parece que el ser humano hace todo lo contrario para empeorar cada vez más su situación viviente. Y lo que es peor, hasta parece no interesarse por lo que está ocurriendo en su alrededor. Razones naturales que hacen notar que en el Planeta Tierra hay más nacimientos de Seres Humanos que la de cualquier otra especie animal grande. A esto se suman los números estadísticos alarmantes que apuntan que son más los nacimientos de Seres Humanos que las muertes de los mismos. Lo que por un lado demuestra que <u>la Tierra se está superpoblando, prioritariamente sólo con la Especie Humana</u> en detrimento de las otras especies viviente y por otro lado, penosamente podemos afirmar que ya muchas especies fueron extinguidas de la faz terrenal y, lo que es peor, a veces por la propia intervención consumista, invasora, destructora y contaminadora del "humano, el ser inteligente y más racional".

Para tener una idea de la real magnitud del crecimiento poblacional terráqueo, veamos la siguiente situación: El 2013 los habitantes del planeta Tierra superaron los siete billones. A ese ritmo de crecimiento se proyecta que en el año 2025 la Población Mundial supere los ocho billones

(8,000,000,000). Esto demuestra que todos los países están creciendo poblacionalmente en forma desmesurada y desorganizadamente. Seguramente al observar estos números es que el Papa Francisco tuvo coraje para pronunciarse públicamente por la televisión mundial diciendo: *"No podemos reproducirnos como conejos"*. Y ya recomendaba que: *"de dos a tres hijos era suficiente"*[115].

Vamos a conocer a los países que más están colaborando para que el aumento poblacional del Planeta Tierra sea cada vez más creciente, de acuerdo a los censos de cada uno de los país contemplados, con datos de marzo del 2015 son los siguientes: **1)** China, 1,368,766,000; **2)** India, 1,210,854,977; **3)** EEUU, 320,524,000; **4)** Indonesia, 255,461,700; **5)** Brasil, 203,983,000; **6)** Pakistán, 189,598,000; **7)** Nigeria, 164,294,516; **8)** Bangladés 158,161,000; **9)** Rusia, 143,657,134; **10)** Japón, 126,970,000; **11)** México, 121,005,815; y **12)** Filipinas, 102,965,300[116]. Los cinco primeros países contemplados en esta lista serán estudiados con detalles más adelante.

En estos números podemos observar que solamente <u>China e India totalizan 2,579,620,977</u> habitantes. Con lo que queda demostrado que sólo dos son los países mayoritarios en población del Planeta Tierra; ya que la sumatoria de los ocho países restantes, en esta lista de los doce más poblados, no llega ni a la mitad, sólo totalizan 1,016,971,627. Lo que quiere decir que solamente India, en segundo lugar, supera grandemente a la población de los ocho que siguen en la lista. Por lo que concluimos que el problema de la superpoblación del Planeta Tierra lo están ocasionando únicamente dos grandes naciones: China, 1,368,766,000 e India, 1,210,854,977 habitantes.

La India y China están consideradas como las naciones responsables del acentuado crecimiento poblacional del Planeta Tierra. Estos dos países lideran la cantidad de habitantes entre todos los demás países existentes.

---

[115] Fuente: Prensa televisiva internacional, enero del 2015. Todos los noticiarios matinales. También la prensa escrita documentó ese pronunciamiento; ya que se consideraba oportuno.

[116] Fuente: Wikipedia Page: http://es.wikipedia.org/wiki/Anexo:Pa%C3%ADses_por_poblaci%C3%B3n#Tabla_principal

Solamente la población de China y de India representa algo más del 36% del total de la población mundial. Si estos países continúan con ese ritmo de crecimiento poblacional en algunas décadas más podrán llegar a la mitad de habitantes en el Planeta Tierra. India es el segundo país más poblado y representa casi cuatro veces más la cantidad de habitantes que tiene el tercer país colocado en la lista, que es Estados Unidos.

No obstante, la lista de los diez países con **mayor Tasa de Natalidad** (nacimientos/1000 habitantes) está constituida por otros países, como demuestra la siguiente secuencia: **1)** Níger, 50.06; **2)** Uganda, 47.38; **3)** Malí, 45.15; **4)** Zambia, 43.51; **5)** Burkina Faso, 43.2; **6)** Etiopía, 42.59; **7)** Somalia, 42.12; **8)** Burundi, 40.58; **9)** Malaui, 40.42; y **10)** Congo, 40.09. Como fácilmente se puede observar no son todos los países que más pueblan el planeta los que integran esta lista[117] (con mayor tasa de Natalidad).

La lista de los diez países que **más producen económicamente** en el mundo, de acuerdo con su Producto Interno Bruto (**PIB**), en miles de millones de Dólares Americanos, también es muy diferente. Veamos la siguiente lista: **1)** Estados Unidos, 15,290; **2)** China, 11,440; **3)** India, 4,515; **4)** Japón, 4,497; **5)** Alemania, 3,139; **6)** Rusia, 2,414; **7)** Brasil, 2,324; **8)** Reino Unido, 2,290; **9)** Francia, 2,246; y **10)** Italia, 1,871[118]. Lo que se puede observar es que India, un país con muy rápido crecimiento demográfico, no produce (reflejado en su PIB) en proporción a la cantidad de gente que posee, si comparamos con lo que producen China y EEUU. En esta lista Indonesia es el número **16**.

La lista de los países con **mayor Tasa de mortalidad infantil** (muertes/1000, entre los nacimientos normales) es la siguiente: **1)** Afganistán, 121.63; **2)** Nigeria, 109.98; **3)** Malí, 109.08; **4)** Somalia, 103.72; **5)** República Centroafricana, 97.17; **6)** Guinea-Bissau, 94.4; **7)** Chad, 93.61; **8)** Angola, 83.53; **9)** Burkina Faso, 79.84; y **10)** Malaui, 79.02[119]. También una lista muy diferente a la de cantidad de habitantes.

---

[117] Fuente: CIA World Factbook - Enero 1, 2012

[118] Fuente: CIA World Factbook - Enero 1, 2012

[119] Fuente: CIA World Factbook - Enero 1, 2012

Los diez países con **mayor Gasto en salud,** de acuerdo al (Porcentaje de su PIB), son los siguientes: **1)** Malta, 16.5%; **2)** Estados Unidos, 16.2%; **3)** México, 13.8%; **4)** Niue, 13.5%; **5)** Lesoto, 13.2%; **6)** Burundi, 13.1%; 7) Sierra Leona, 13.1%; **8)** Timor Oriental, 12.3%; **9)** Kenia, 12.2%; y **10)** Nauru, 12.1%[120]. Donde, de los diez países más poblados del mundo, solamente aparece Estados Unidos, y México que ocupa el onceavo lugar en ese grupo. Lo que hace concluir que entre los países más poblados del Planeta Tierra existe poca preocupación por la inversión económica en el rubro de la salud de su pueblo, consecuente la inversión en el sector social, de una manera general, no es la deseable ni esperada por la envergadura de su crecimiento demográfico. Situación que viene a ser una alerta oportuna para sus gobernantes. Números que hacen entender la situación que viven los habitantes en algunos países relacionados con la pobreza y principalmente con el aspecto de la inversión económica en salud.

Como es de conocimiento general el PIB per cápita es un buen indicador para reflejar la real calidad de vida de los habitantes de una nación.

En **América del Sur**, la lista de los países con **mejor PIB per Cápita**, en dólares americanos, es la siguiente: **1)** Chile 21,270.52; **2)** Uruguay 20,799.46; **3)** Argentina 12,731.13; **4)** Brasil 11,700; **5)** Venezuela 11,173.45; **6)** Colombia 9,754.50; **7)** Perú 8,704.71; **8)** Ecuador 5,903.15; **9)** Paraguay 5,698.03; **10)** Bolivia 3,098.06[121].

Mientras que en el **Norte**, EEUU tiene un PIB per cápita de 51,700 dólares[122] (al finalizar el milenio pasado fue de 31,910 dólares) y de México 15,400 dólares.

---

[120] Fuente: CIA World Factbook - Enero 1, 2012

[121] Fuente: PIB Nominal 2012-2017 - http://www.imf.org/external/pubs/ft/weo/… PIB Nominal Per Cápita 2012-2017 - http://www.imf.org/external/pubs/ft/weo/…

[122] PIB Per cápita, dólares producidos (PIB) por cada habitante del país. Fuente: Periódico del Brasil "Estadao y E&N", 2013, 2013.

En Europa el PIB Per cápita de Holanda es de 41,500 dólares. Al finalizar el milenio pasado Luxemburgo ostentaba un PIB per Cápita de 42,960.

En el mundo, en este rubro **Etiopía** ocupa el **último lugar** con los miserables 100 dólares y con un PIB de apenas 704,410 dólares. En este rubro Indonesia ocupa el 113 lugar de los más de 260 países que integran el mundo.

Países más poblados

Apenas como un ejemplo del exagerado crecimiento poblacional que ostenta el Planeta Tierra analicemos superficialmente algunos datos estadísticos de los principales países más poblados del mundo: China, India, Estados Unidos, Indonesia y Brasil.

<u>China</u>, localizada en Asia lidera la lista de los países más poblados del mundo. Al iniciarse este milenio (año 2000) su población era de 1,268,853,362 personas, pero 10 años más tarde salta para 1,330,141,295 habitantes en China. A nivel de Continente <u>Asiático</u> éste está estaba constituido por 4,305 millones de habitantes[123]; con una densidad poblacional de 89 habitantes por Km^2.

A pesar de que China se caracteriza por sus rigurosos controles de natalidad, donde cada chino sólo puede tener 1 hijo si vive en la zona urbana y hasta 2 en las áreas rurales. Desde 1979 China controlaba con un nuevo sistema y más riguroso, el control de la natalidad de su población. La ley decía y recalcaba que el chines podría tener un único hijo y el sistema de control tenía fuerza de hasta obligar a la madre embarazada para realizar el aborto, existiendo la posibilidad de perder su empleo (al ser despedida), y otras consecuencias más. No obstante, el 28 de octubre de 2015, China anunciaba al mundo cambios en su política de control de la natalidad por el Estado. Autorizaba que el chino podría tener hasta dos (2) hijos. Buena medida para los chinos pero esta decisión podría hacer con que el aumento poblacional chino

---

[123] Fuente: INED – Instituto Francés de Estudios Demográficos, 2012.

crezca asustadoramente, haciendo con que las expectativas que decían que India superaría a China poblacionalmente no se haga realidad en el tiempo calculado bajo las condiciones anteriores. De cualquier manera, este cambio hará con que la población china aumente en un ritmo mayor. Por ejemplo: en el año 2011 eran 1,226,718,015 chinos y haciendo una perspectiva para el año 2050, China podría superar una población de un millón y medio. Imagínese si no existiera el control de la natalidad. Con las nuevas medidas dictadas el 2015 esta estimativa cambiará ciertamente y se incrementará, echando por tierra toda estimativa hasta entonces propalada.

A mediados del siglo pasado, estimativamente China tenía 773,119,728[124] habitantes y ya representaba un cuarto de la población mundial. China de ese tiempo (1966) era muy distinta a la China de hoy. China de aquella época era predominantemente agrícola; cultivaba arroz, soya y otros cereales; también cultivaba frutas, caña de azúcar y producía mucho algodón. También, una de las industrias más antiguas en China es el cultivo y la industrialización del té. Practica que se remonta a unos cuatro milenios atrás. China se caracteriza por su producción industrial, desde aquella época ya producía mucho cemento y vidrio industrialmente.

Viviendo los actuales tiempos y retrocediendo un poco en el tiempo, ya en este milenio (año 2000), la población de China era de 1,268,853,362 personas, y diez años después se contabilizaron 1,330,141,295 chinos. O sea, solamente en la primera década de este milenio los chinos aumentaron en más de 61 millones (61,287,933). Posteriores estudios realizados en julio del año 2008 demostraban que la tasa de crecimiento de la población china fue de 0.629%. La tasa de nacimientos fue de 13,71/1000 habitantes; mientras que la tasa de mortalidad de 7.03/1000. Ya la tasa de mortalidad infantil fue de 21.16 muertos/1000 habitantes, de los cuales 19.43/1000 fueron hombres y 23.08/1000 muertes fueron mujeres.

---

[124] The World Almanac and Book of Facts 1968, Centennial Edition New York, Estados Unidos (USA). Pagina 479

China iniciaba el año de 2015 con 1,368,766,000 habitantes, demostrando con este número su exagerado crecimiento demográfico. Lo que quiere decir que China supera a India con 157,854,977 habitantes; un número equivalente a toda la población de Bangladesh.

Hoy en día (2016) China es la nación que ocupa el primer lugar entre los países con mayor crecimiento demográfico en la historia de la humanidad. Actualmente China supera 1,368,766,000 de habitantes. Y si continuáramos con nuestras proyecciones para dos siglos más (2232) China podrá demostrar que de un siglo a otro duplicó su población. Por lo que las estimativas globales calculan en 8,500 millones de habitantes en el Planeta Tierra en el año 2030.

Toda esta expectativa no es un parecer ambiguo, por lo contrario, demuestra una realidad alarmante y preocupante; ya que en los últimos 50 años China tuvo un aumento poblacional de 595,647,000 habitantes. Esto representa más del doble de la actual población del Brasil, incluyendo Ecuador, Uruguay y Bolivia. Pero lo admirable es que en apenas cinco décadas más tarde (2002), la población china ya se había duplicado, superando los 1,268,689,476 habitantes.

Para poder apreciar la cantidad de la contribución China en este rubro a inicios del año 2016 la población global se situaba en 7.295.889.256 personas, lo que supone un aumento en un 1,08% frente a enero del 2015, de acuerdo a la proyección de la Oficina del Censo de EEUU.

Recordando que en China la natalidad es controlada por el gobierno mediante leyes y una severa fiscalización. El gobierno chino debe haberse quedado perplejo al escuchar el mensaje del Papa Francisco, comentado en páginas anteriores; más también puede haberlo llevado muy enserio el pronunciamiento del Pontífice, ya que actualmente el chino puede optar por tener hasta dos hijos. El Papa Francisco sugiere que hasta tres está bien.

India, es otro país entre los más poblados. India, país localizado en el sur de Asia, es considerada el segundo país más poblado de la faz de la Tierra. Actualmente India sobrepasa 1.21 billones de personas en su territorio. Al iniciarse este Milenio su población era

1,004,124,224, el 2010 subió para 1,173,108,018. El 2012, la población fue de 1.236.686.732 personas. India cerró 2013 con una población de 1,243,337,000 personas, lo que estima un incremento de 6.650.268 habitantes con respecto al año anterior. Ya dentro de una perspectiva futurista se estima que en el año 2028 la población total de India llegará a 1,450 millones de personas y en el año 2050 India tendrá cerca de 1,656,553,632 habitantes. Pero lo que se observa como preocupante es que India se perfila superar a China en población en apenas unos 20 o 30 años más. Pero como ocurrieron cambios en la Ley China y el chino puede tener hasta dos hijos, esa perspectiva no podrá hacerse realidad y seguramente China continuará liderando el ranking poblacional del Planeta Tierra.

En India se valoriza mucho cuando un hijo nace hombre. La mayoría de los registros de nacimientos son de hombres. Existen 1.08 hombres para cada mujer. Entre los recién nacidos, de cada mil niños, existen 914 niñas; lo que puede explicar que los abortos aumentan cuando el no-nacido tiene el sexo femenino.

A pesar que India es un país que produce energía atómica y se halla a la altura de los países altamente desarrollados que conocen el tratamiento del uranio en el mundo, muestra que es un país que poco o nada hace por el bienestar de su pueblo. En India la mayoría de su población vive debajo de la línea de la pobreza. **Ref. 0109.**

India es el país que ocupa el segundo lugar entre los países con mayor crecimiento demográfico en la historia de la humanidad. Actualmente India supera el 1,210,854,977 de habitantes.

Pero retrocediendo un poco en el tiempo se observa que en 1960 la población de India fue de 449,595,489; de los cuales 232,520,073 eran hombres y 217,075,416 mujeres. Media década después la población de India ya era de 483,000,000 habitantes. En 1970 su población había subido para 555,199,768; en 1980 aumentó a 698,965,575 registrando un incremento poblacional de 143,765,807 habitantes en apenas una década, resultado equivalente a toda la actual población de Bangladesh. En la última década del milenio pasado ya eran 868,890,700 los habitantes y en inicio de este milenio (2000) ya superaban el billón (1,042,261,758) de habitantes. Una década después sumaban 1,205,624,648 habitantes, donde 623,743,762 eran hombres y 581,880,886 mujeres.

Actualmente en India la tasa de Crecimiento Poblacional promedio está en 1.3% al año, representando un aumento de 17% de la población durante los últimos 10 años. Esto representaría a un equivalente a casi toda la población del Brasil. A mediados del 2015 el Crecimiento poblacional en India reflejó que existían más de 1,288,122,436 de habitantes donde 665,091,623 (51.6%) son hombre y 623,030,813 (48.4%) mujeres. Se estima que la población total de India llegará a 1,450 millones de personas el 2028,

India iniciaba el año de 2015 con 1,210,854,977 habitantes, demostrando con este número su absurdo crecimiento demográfico. Lo que quiere decir que India supera al tercer país colocado en la lista de los diez más poblados del mundo, Estados Unidos, en 890,330,977 habitantes. Esta cifra es casi cinco veces la población actual de Brasil, el quinto colocado en la lista de los más poblados.

Para poder apreciar la cantidad de la contribución de India en este rubro a inicios del año 2016 la población global se situaba en 7.295.889.256 personas, lo que supone un aumento en un 1,08% frente a enero del 2015, de acuerdo a la proyección de la Oficina del Censo de EEUU. Para India se calculaba para finales de 2016 1,304,162,999 habitantes representando un aumento del orden del 1.34% con respecto al año anterior.

Estados Unidos de Norte América es el tercer país más poblado del mundo. Su población es de 313,232,044 habitantes y las perspectivas dicen que en el año 2050 alcance los 439,010,253. Al iniciarse la década del 2010, la población de Estados Unidos era de 282,338,631 personas. De una manera general el Continente Americano poseía 958 millones de habitantes con densidad poblacional de 22 habitantes por Km^2.

En términos de estimativas, ya desde la última década del milenio pasado se proyectaba que en las siguientes décadas los números relacionados con la población en los Estados Unidos serian de la siguiente manera: el 2010, 296,511,000, pero esta estimativa falló, ya que contados en el 2010 los habitantes pasaron los 300 millones. Las estimativas para las siguientes décadas son las siguientes: el 2020, 321,487,000 de habitantes, el 2030, 345,730,000, el 2040, 368,823,000, el 2050, 392,881,000 habitantes, podemos redondearlo a 400 millones.

El aumento poblacional en Estados Unidos tiene la siguiente causa: hay más nacimientos que muertes y las personas de la tercera edad están viviendo cada vez más.

Estados Unidos es el país que ocupa el tercer lugar entre los países con mayor crecimiento demográfico en la historia de la humanidad. Actualmente EEUU supera los 320,524,000 de habitantes.

Estados Unidos es un país que recuperó mucha información referente a su pasado demográfico. Encontramos datos desde 1610 en adelante. En 1790 se establece el "*The U.S. Census*"; que es el órgano controlador de las estadísticas que reflejan la población de ese país. Analicemos las cifras que nos ilustrarán mejor. Allá por el siglo que se inicia en 1600 encontramos los siguientes números, redondeándolos: En el año 1610 Estados Unidos tenía 350 habitantes; en 1620 2,300; en 1630 tenía 4,600; en 1640 eran 26,600; una década después 50,400, en 1680 superan los 131,500; en 1690 llegaron a los 210,400 habitantes; en 1710 superan los 331,700 habitantes. En 1720 superan los 466,200; ya en 1730 saltan para 629,400, en 1740 llegaron a 905,500 para que en 1750 se supere el millón (1,170,800), en 1770 pasaron de los dos millones (2,148,100) y en 1790 ha saltado para casi cuatro millones (3,929,214) de habitantes. Una historia demográfica, realmente creciente.

Ya en el siguiente siglo los números avanzaron más rápidamente. En 1800 tenía 5,308,483 habitantes, en 1810 eran 7,239,881 habitantes, en 1830 tenía 12,866,020 habitantes; para llegar al año 1850 con 23,191,876 habitantes y encerrar la última década de los 1800 con 62,947,714 habitantes.

Estados Unidos inicia el último siglo del milenio pasado con 75,994,575 habitantes para llegar a los 151,325,798 en 1950 de acuerdo al censo[125].

---

[125] Census of 1960. Bureau of the Census. US Population. Estados Unidos (USA)

Una década después ya eran 179,323,175; o sea, un incremento de 27,997,377 habitantes. Ya en 1990 superaba los 248,718,301 habitantes. Y en el último año del ciclo pasado (1999) tenía 279,294,713.

Estados Unidos llega a este milenio superando los 281,652,000 de habitantes, y dos años después (2002) tenía 288,600,204 habitantes. Es por eso que observando los mismos índices de otros países altamente poblados, al finalizar el año 2013, descubrimos que el crecimiento poblacional anual en Estados Unidos fue de 2,427,006 de personas con las que totalizaban 313,232,044 habitantes. Por las mismas razones las estimativas para el año 2050 son que Estados Unidos tenga aproximadamente 440 millones de habitantes[126].

Estados Unidos iniciaba el año de 2015 con 320,524,000 habitantes. Lo que quiere decir que EEUU está teniendo un crecimiento moderado comparado con China e India.

Indonesia es el país que ocupa el cuarto lugar entre los países con mayor crecimiento poblacional en la historia de la humanidad. Actualmente Indonesia supera los 255,461,700 de habitantes.

Indonesia, está situada en Asia sudoriental; su capital es Yakarta y su moneda son las Rupias indonesias. Tiene una superficie de 1,910,930 Km², por lo que también es considerado un país grande en extensión. Lo que genera una densidad de población de 131 habitantes por Km². Indonesia se encuentra en el puesto 129 en cuanto a densidad poblacional se refiere con relación al mundo. El 2013 Indonesia tenía una población de 249,865,631 personas, lo que resultó un incremento de 3,001,440 habitantes respecto a 2012, en el que la población fue de 246.864.191 personas. Su población masculina, que es mayoría, llega al 50.30% del total, frente a los 49.69% que representa a la población femenina.

Citamos algunos datos Socio-Demográficos importantes para este caso: En el Ranking de Paz Global Indonesia ocupó, el 2014, el 54º lugar. La Tasa de Natalidad, el 2012 fue de 19.20%; el Índice de Fecundidad de

---

[126] Census of 1960. En Estados Unidos, de acuerdo al U.S. Bureau of the Census, allá por los años del milenio pasado.

2.37; la Tasa de mortalidad de 6.26% y la Esperanza de Vida de 70.61 años.

Indonesia es la economía número 16 por volumen de su PIB. Su deuda pública el 2013 fue de 171,055 millones de Euros (€), un 26.11% del PIB y su deuda per cápita de 685 € por habitante. Su PIB per cápita el 2013 fue de 2,622€, por lo que se encuentra con esta cifra en la parte intermedia de la lista de los países del mundo ocupando el lugar 113. Sus habitantes tienen un bajísimo nivel de vida con relación a los países que lo anteceden en la lista.

Datos recientes, referentes a la tasa de variación anual del IPC (Índice de Precios al Consumidor, que sirve para medir la inflación) publicada en Indonesia, en enero de 2015 indicaba que fue de 6.8%.

En la tabla del IDH (Índice de Desarrollo Humano) de las Naciones Unidas para medir el progreso de un país el 2013 Indonesia obtuvo 0.684 puntos, ocupando el 102 lugar de la tabla.

Algunos datos que podrían ser interesantes para evaluar a Indonesia en el contexto de esta obra son los siguientes: PIB el 2013 fue 655,251 M.€; PIB Per Cápita 2,622€; Déficit (%PIB) 2013 2.09%; Gastos en Educación (M.€) el 2012 fue 24,359,7; Gasto público (%PIB) 2013 fue de 20.06% y sus Gastos en Salud (M.€) 8,192.1 y Gastos en Salud Per Cápita el 2012 fue de 33€[127].

En el campo del comercio las Exportaciones de Indonesia el 2013 fueron del orden de los 138,203.8 €; sus Exportaciones referentes con el porcentaje de PIB fue de 21.09%. Sus Importaciones del orden de los 141,080.6 € y referente al porcentaje de su PIB fue de 21.53% con lo que generó una Balanza Comercial el 2013 de -2,876.9 € y con relación al % PIB de 0.44%. Lo que significa que Importó más de lo que exportó; (simplificando, compró más de lo que vendió).

Brasil es el quinto país más poblado del mundo. Al iniciarse este milenio (2000) el Brasil tenía 176,319,621 personas habitando en su

---

[127] Referencia y consulta: http://www.datosmacro.com/paises/indonesia

territorio y una década después llegó a 201,103,330 habitantes. Ya en el año 2011 Brasil tenía una población de 203,429,733 habitantes. Las expectativas proyectan que el año 2050 pasará a tener una población de 260,692,493.

Brasil, situado en América del Sur es el país que ocupa el quinto lugar entre los países con mayor crecimiento demográfico en la historia de la humanidad. Actualmente Brasil supera 203,983,000 habitantes y tiene una superficie de 8,515,770 Km², encontrándose entre los países más grandes del mundo. Lo que representa una moderada Densidad Poblacional que para este caso es de 23.95 habitantes por Kilómetro cuadrado.

De acuerdo a las estimativas realizadas por la ONU, en 1966 Brasil tenía 84,679,000 habitantes. Eso demuestra que en menos de medio siglo Brasil superó los cien millones llegando a 119,304,000 habitantes.

Al iniciarse la primera década de este milenio en Brasil habían 176,319,621 habitantes y transcurrida una década más ya supera los 200 millones (203,429,733) de habitantes. Demostrando con esto que solamente en una década su población aumento algo más de 27 millones; un aumento poblacional equivalente a la población total de Venezuela en el mismo período.

Brasil es la 7ª economía del mundo por volumen de su PIB. Su deuda pública el 2013 representó el 66.24% de su PIB. En el mismo período su PIB per cápita, con relación a los demás países ocupa el 60º lugar. En febrero de 2015 la tasa de variación anual del IPC fue del 7.7%. El Índice de IDH (Desarrollo Humano) de Brasil, fue de 0.744 puntos el 2013, con lo que se situó en el puesto 77 de la tabla de 178 países[128].

Sus exportaciones en porcentajes referentes a su PIB el 2013 fue del 10.80% y sus Importaciones de 11.17%. Generando una Balanza Comercial de -0.37%. Lo que significa que exportó menos de lo que importó.

---

[128] Fuente: http://www.datosmacro.com/paises/brasil
IBGE.

De acuerdo a datos Socio Demográficos la Tasa de Natalidad en el Brasil el 2012 fue de 15.13%; su Índice de Fecundidad de 1.81; la Tasa de Mortalidad de 6.44% y la Esperanza de vida de 73.62 años (este número fue incrementándose el 2015 llegando a los 77 años, de acuerdo al IBGE y que la población de adultos con más de 90 años también estaba aumentando).

Brasil iniciaba el año de 2015 con 203,983,000 habitantes. Esto quiere decir que Brasil tiene un crecimiento moderado al igual que EEUU y no se puede comparar con los números exagerados ostentados por China e India si comparáramos con la proporción del crecimiento demográfico versus los indicadores de producción (PIB), Balanza Comercial, inversión en salud, tasa de natalidad y de mortalidad.

Conclusión

Como se puede observar, analizando superficialmente los números de los cinco países más poblados del mundo, notamos que el crecimiento poblacional de la tierra es imparable. ¿Es este un panorama alentador o apunta hacia un serio problema potencial?

Una de las mayores preocupaciones y con mucha razón en todo el mundo es el **agua**. La segunda preocupaciones es la producción de **alimentos**. Los cuestionamientos son los siguientes: ¿Cómo proveer agua potable para tanta gente? y ¿Cómo suministrar más alimentos sustentablemente para todos ellos?

Aunque es notoria la preocupación de los gobernantes por cuidar del suministro de agua, es más evidente que los políticos usen esta preocupación mundial como lema de campañas políticas. Un caso muy curioso y que tuvo resonancia mundial fue lo ocurrido en el Perú el año 2011. El candidato Ollanta Humala, en su discurso de campaña política, como una voz de esperanza para el pueblo, irónicamente preguntó a los pobladores de una ciudad histórica de la Región Cajamarca: ¿*Ustedes quieren el Agua o el Oro*? Y el pueblo respondió unánime: ¡*El Agua*! Era la respuesta que Ollanta quería escuchar. Pero cuando ganó las elecciones la balanza se inclinó por el lado del Oro.

Aunque posteriormente Ollanta quiso corregir su promesa, diciendo *"el Agua y el Oro"*. Todo se resumió en un lema que el propio pueblo de Cajamarca impuso como grito de guerra: ¡Conga no va! O sea, la extracción de la mina de oro tenía prioridad para Ollanta ante el clamor de los pobladores que lucharon por la preservación de los recursos naturales conectados con el mantenimiento de las cuencas hídricas, el suministro de agua y la preservación del medio ambiente. (¿Quién puede luchar contra el poder monetario?) En las elecciones presidenciales del Brasil, específicamente en el estado con mayor número de habitantes, Sao Paulo, que venía presentando serios problemas con el suministro de agua; las represas habían llegado a niveles alarmante y quedaban en condición de emergencia, los candidatos a la reelección en complicidad con los medios de comunicación que los apoyaban, ocultaron el problema, hasta que el pueblo reeligiera a su gobernador. En cualquier otro lugar del mundo, el candidato que no planificó el suministro de agua para su gente nunca sería reelecto. En Sao Paulo, en las elecciones del 2014 reeligieron a **Geraldo Alckimin** (médico de profesión) como su gobernador.

Las Naciones Superpobladas son el ejemplo real de lo que será el mundo en el futuro y proyectan los problemas que esa sociedad tendrá que vivir y enfrentar durante el transcurso del milenio.

El aumento de la población se hace notorio al conocer el número de nacimientos versus el número de muertos. Por ejemplo en Estados Unidos, en los años de 1965 y 1966 nacieron 3,769,359 y 3,629,000, respectivamente; en el mismo período murieron 1,828,136 y 1,869,000. Esto representa un aumento poblacional del 51% y del 48% respectivamente en esos dos años. Pasado poco más de 30 años, en 1997 nacieron 3,882,000 y murieron 2,294,000, representando un 41% de aumento poblacional.

> *"La muerte de una persona es una tragedia; la de millones, una estadística."* **JOSEPH STALIN**

En Estados Unidos la mortalidad infantil es muy baja y no afecta el índice de los nacidos que mayoritariamente se mantienen vivos y con una expectativa de vida creciente. Del mismo modo el aumento poblacional tiene otra causa. Hay más personas ancianas. O sea, la Especie Humana está viviendo más tiempo, entre ellas, las mujeres. Esto quiere decir que la tierra se está poblando de niños, ancianos y mujeres, en su mayoría. La Población Norteamericana de mayores de 65 años fue creciendo y que mayoritariamente son del sexo femenino, como muestran los números siguientes: en 1980 fueron 25,549,000, en 1990, 31,080,000, en 1995, 33,523,000 y en el 2000, 34,709,000 personas mayores de 65 años. Con lo que se concluye que la mayoría de ellos son mujeres que están viviendo mucho más que los hombres. Y se puede preguntar: ¿Por qué?

CAPÍTULO V

Consecuencias del Aumento Poblacional

EL AUMENTO EXAGERADO de la Especie Humana en el Planeta Tierra traerá serios e innúmeros problemas; ya que ellos serán de diferente índole y actuarán en detrimento de la propia vida del hombre en el Planeta Tierra. De una manera general esos problemas contribuirán también para que el curso de la declinación del Planeta Tierra, en su "Rumbo al Final" en la CV-T se apresure. De ese modo, el Planeta Tierra, donde brotó la vida para dar origen a la Especie Humana, sufrirá por encontrarse superpoblada solamente por integrantes de la Raza de Humanos.

Muchos de estos problemas los estamos sintiendo con cierta frecuencia en nuestros días. Otros problemas los podemos imaginar cómo serán mañana. De una o de otra manera ellos aún son en pequeña intensidad; no obstante mañana se transformarán en un problema mayor, por no decir gigante, cuya magnitud nadie lo podrá detener y menos solucionar si las medidas preventivas y correctivas no fueran tomadas a tiempo y desde ahora.

Algunos entre otros tantos problemas que podemos relacionar como consecuencia del aumento descontrolado de la Especie Humana en el Planeta Tierra, serán los siguientes:

- ✓ Escases de un <u>espacio para habitar</u>, ya que todos los terrenos hoy, tienen dueño y si están disponibles, los costos son altos e inaccesibles para la mayoría.

- ✓ <u>Falta de comida</u> para alimentar a todas las personas. Los 10 billones de humanos serán comelones y de ellos, la mayoría, hambrientos.

- ✓ <u>Suministro deficiente de agua potable</u> para dar de beber a todos ellos; ya los antiguos manantiales y ríos estarán secos y si no, contaminados.

- ✓ Aumento de <u>epidemias</u> y de <u>enfermedades contagiosas</u>; como consecuencia de una vida infecta y en grandes masas de concentración humana sin recursos sanitarios e insalubres.

- ✓ Aparición de <u>virus que provocan epidemias</u> frecuentes como el caso del virus **Ebola** en 1976; retornando así enfermedades aparentemente combatidas (por no decir "aparentemente" erradicadas).

Cuarenta años se pasaron desde su aparición y el **Ebola** sigue provocando alertas de emergencia en el mundo. Este virus mortal apareció simultáneamente en Nara, Sudan, y en Zambuque, República Democrática del Congo. Los países más afectados con este virus fueron: Guinea, Sierra Leona, Liberia, Nigeria y Senegal. Entre 2013 a marzo 2014 el foco de este problema fue la parte (West) de África, donde quedaron contaminados 25,065 (como sospecha), y 10,413 murieron; como en el 5 de agosto de 2014 el Presidente de Liberia decretaba a su país en estado de emergencia ante la impotencia de poder contener el Ebola. Medida sustentable ya que tres días después la Organización Mundial de Salud (OMS) declaró al Ebola como Emergencia Global. Ante un peligro mundial la ONU, OMS y el Centro de Control de Enfermedades de EEUU se movilizaron como nunca antes en la historia de la humanidad.

En Brasil, en el Estado de **Sao Paulo**, en las pequeñas ciudades del interior, como: Limeira, Piracicaba, Paulina, Americana, Campinas, y en muchas otras ciudades más, el mosquito *"Aedes Aegypti"*, que propaga el **Dengue** se proliferó. Este zancudo infectó mucha gente (1 en cada 40 personas) y mató varias personas. Esto ocurría con intensidad durante el transcurso del año 2015. Ya el 2016 se propagó la ***dengue***, que mata; el *"**chikungunya**"*, que deja alejado temporariamente, y apareció el *"**virus zika**"*, que aparentemente causa la microcefalia, afectando a las mujeres que se encuentran en los inicios de gravidez, pudiendo dar a luz a bebés con problemas encefálicos.

- ✓ Aparición de <u>nuevas enfermedades.</u> Antiguamente apareció la **lepra**, tuberculosis, sífilis y las enfermedades venéreas; que felizmente fueron grandemente combatidas con el descubrimiento de la milagrosa penicilina. En el milenio pasado apareció el AIDS o Sida, el herpes, estrés, depresión, tipos raros de cáncer, canceres no humano y otras.

- ✓ Convivir con una <u>juventud estresada</u>; la <u>depresión</u> invadiendo la sociedad y caracterizándose como el mal verdadero del siglo, ya que a mediados de la segunda década de este milenio representaba 20% de la población mundial.

- ✓ Tener una sociedad <u>carente de principios básicos</u> como el respeto a sí mismo, al prójimo y a las propias leyes.

- ✓ <u>Altos índices de criminalidad</u>; asociados con el lucrativo pero descontrolado <u>negocio del tráfico de armas</u> que viene sumado al acentuado e internacionalmente gigantesco <u>tráfico de drogas.</u>

- ✓ <u>Incremento de la drogadicción</u> coligado a la mantención de los <u>altos índices de alcoholismo</u>, que serán incontrolables.

- ✓ <u>Proliferación del terrorismo internacional</u> en un ambiente global.

- ✓ Falta de <u>infraestructura carcelaria</u> para mantener una cantidad exagerada y cada vez más creciente de jóvenes presos.

- ✓ Imposibilidad de <u>resolver la carencia de empleos</u> para dar trabajo digno a todos ellos.

- ✓ Incremento de las <u>manifestaciones cancerígenas</u> ya desde la adolescencia y tener que enfrentar la falta de profesionales

Oncólogos, Pediatras y de jóvenes para detectar el mal tempranamente.

Estos canceres pueden ser en los huesos (tumores óseos), linfomas de Hodgkin, cerebro, garganta. Aunque especialistas afirman que casi 70% de los casos de cáncer pueden ser curados si son diagnosticados a tiempo, tratados en hospitales especializados y con médicos multidisciplinarios, la preocupación persiste en función del excesivo crecimiento poblacional.

- ✓ Fracaso de las promesas de ayuda de los gobiernos que pierden el control de la administración pública de su población y <u>no pudiendo mantener una ayuda social</u> de acuerdo a la cantidad de su población; que vendrá asociado a la falta de recursos económicos para enfrentar <u>problemas y accidentes naturales, sociales y necesidades básicas.</u>

- ✓ Tener que <u>enfrentar constantes congestionamiento de tránsito</u>; que viene asociado con el insoportable <u>aumento de la contaminación</u> y la concentración de los <u>agentes contaminantes</u>.

- ✓ Tener que soportar las consecuencias del Calentamiento Global.

- ✓ <u>Falta de agua potable</u> y de recursos para tratarla y lo que puede ser peor, <u>deficiencia en la producción de alimentos, distribución y almacenaje,</u> entre muchísimos otros problemas más.

- ✓ Todo esto sin incluir a los grandes y graves <u>problemas internacionales generados por la lucha del poder</u> económico y político y la apropiación de los recursos naturales de algunas regiones y de sus fronteras.

Estos son algunos de los verdaderos problemas que la Especie Humana tendrá que enfrentar como consecuencia del descontrolado aumento población. Situación que induce meditar y probablemente exija orientar posturas para que se tomen algunas medidas, que desde ya, no serán nada fáciles como: "No superpoblar el Planeta Tierra"; "Tener suficiente alimento para alimentar, igualmente a todos"; "Mantener suficiente cantidad de agua para saciar la sed de todos y en todos los lugares". Pero estas iniciativas son imposible de hacerlo realidad hoy; aunque las Metas del Milenio formuladas por ONU estén ayudando en parte con el resultado de la acción de los gobernantes que se adhirieron a esos objetivos.

Analizaremos primero el ambiente de la reproducción que se puede concluir de la siguiente manera: Primero, la reproducción humana es libre y cada quien decide cuanto debe reproducir (se supone que el ser humano es racional, muy inteligente y que piensa en todo). No obstante el incremento poblacional global demuestra lo contrario. Por lo que todos los días se debería recordar de modo obligatorio el pronunciamiento del Papa Francisco, realizado por la TV Mundial, el 2015 cuando dijo: *"No podemos reproducirnos como conejos"*. Piensa y continuó diciendo: *"Dos o tres hijos es suficiente"*. Pronunciamiento que podría ser un buen mensaje para algunos países latinoamericanos, pero para otros países la sugerencia del Papa sería exagerada. Por ejemplo: ¿Qué habrán dicho los chinos ante este pronunciamiento? A nivel de naciones, con excepción de China, no hay leyes limitando este asunto. En China, el país más poblado del mundo, hasta mediados de la segunda década de este milenio ya habían más de 1,330,141,300 chinos. A pesar de que en China el gobierno interfiere y "recomienda" imponiendo legalmente que el chino sólo tenga un hijo, si vive en la zona urbana y hasta dos hijos, si vive en las áreas rurales. Entonces *"Dos o tres hijos es suficiente"*, como dijo el Papa, sería mucho e ilegal para el gobierno chino. Aunque parece que China llevó bien en serio el pronunciamiento papal, ya que realizó cambios en su política de control de la natalidad. Actualmente el chino puede optar por tener hasta dos hijos. No obstante estos, aparentemente simples e humildes pronunciamientos abren una brecha para el inicio de una discusión mundial y mayor. China propone que cada familia de su país tengan un hijo si están viviendo en la ciudad y hasta dos si viven en el campo; el Papa Francisco, después de admirar el crecimiento poblacional sugiere algo que es opuesto a China: *"de dos a tres hijos"* es bueno; y si a ello incluyéramos los países que sólo quieren tener hijos hombres, India por ejemplo; la discusión de opiniones quedaría abierta. Pero una interrogante queda por responder: ¿Hay necesidad de limitar la cantidad de hijos que un hombre y una mujer pueden y deben tener?

Con esta pregunta indirectamente ingresamos en una discusión de otro asunto que es de polémica mundial, relacionado al aborto (muy practicado en algunos estados en Estados Unidos, como Massachusetts) y hasta podría entrar en la lista de conceptos a discutir: el uso de los anticonceptivos y las píldoras, las ligaduras de trompas (como las que ordenó realizar el gobierno de Fujimori en una Región Central del Perú), la esterilización masiva y así podríamos citar otros criterios: la inseminación artificial y el nacimiento de los bebes de probeta y la clonación.

Lo que hace concluir rápidamente que el aumento poblacional si trae serios y graves problemas a la propia Especie Humana y en general para el Planeta Tierra como un sistema altamente viviente. No olvidemos también que el Planeta Tierra es "limitado" y que está rigurosamente condicionado a una serie de factores que muchos de ellos son sensibles, no son renovable y no son eternos.

Ya fueron comentados algunos problemas como consecuencia del aumento de la población en el Planeta Tierra. Pero visto de un ángulo diferente, las consecuencias de los problemas que él produce son más abundantes y de mayor repercusión.

La superpoblación viene para agudizar más "La Pobreza Global" que también se siente afectada porque la economía de los países se está desviando a cubrir los gigantescos "Gastos en Armamentos"; ya que presupuestos enteros en muchas naciones están comprometidos con la producción, compra y venta de armas. A su vez, las armas generan otro tipo de problemas, aparte de la inversión financiera innecesario en ese rubro, las armas, en su mayoría son también contaminantes, peligrosas y con poder de daños inmensurables e irreparables y con ello nacen otros grandes problemas típicos de la modernidad que es "la Contaminación" que obligó el nacimiento prematuro de la preocupación por "El Ambiente Ecológico y su Protección" que a su vez exige raciocinio y hasta la firma de acuerdos o convenios para minimizarlos, apareciendo con ello "Los Protocolos para Salvar al Mundo".

No obstante el mayor problema radica en la industria de las Plantas Nucleares que llegaron a fabricar la famosa **"Bomba Atómica"**, arma capaz de destruir al propio Planeta Tierra con sólo presionar el botón rojo en el panel de control; con lo que transforma a algunas naciones en reales Potencias Nucleares y al hombre con "El Poder de Fuego Humanoide de alta peligrosidad"; a ello se suma "el Peligro de la Basura Nuclear" y el nacimiento de la famosa "Guerra Fría y sus Armas Calientes". Todo este ambiente comentado y descrito superficialmente simplemente concluye con el "Primer Problema del Siglo", que es el "Hambre" y así aparecerá el "Segundo Problema del siglo, que es el "Agua" y los otros en secuencia. Con la relación de los interminables problemas recurrentes del aumento poblacional en todo el mundo, aparecieron los llamados "Humano también para liderar" y muchos de ellos iniciaron la lucha por "Los Derechos Humanos" como también aparecieron los líderes con "Poder de Alienación Humana" para encorajar o mentir.

Claro, ante un inminente problema terrenal, como consecuencias de la gran superpoblación del Planeta Tierra solamente con la Especie Humana; acompañado con los animales genéticamente mejorados y con las plantas generando granos transgénicos para matar su hambre, aun existiría una salida milagrosa; ya que la "Especie Humana, Oriunda del Planeta Tierra" tendría una opción como posible solución parcial para el caos generado por la Superpoblación del Planeta Tierra. Pero esa opción solucionadora también es otra misión imposible; es una alternativa en el medio de un sueño de esperanza que pide ayuda. Es la posibilidad de realizar el proceso de la "Migración Planetaria" y luego la Colonización de un Planeta; de donde la Especie Humana pueda observar en la distancia un "Planeta Negro Claro" como nicho de una especie, donde reinó el Ser Humano, "hombre muy racional" de la Especie Humana que allí apareció. Y serán los tiempos cuando, aquel resplandeciente "Planeta Azul", pierda su color. Claro, esto pertenece al campo de la Ciencia Ficción pero es la única alternativa real que restaría a la Especie Humana del mañana; heredera de la obra del Hombre del Siglo XXI y del Milenio 2000-2999", sin necesidad de tener que ir más lejos. Pero es muy interesante saber diferenciar entre llegar a algún planeta con astronaves y llegar con Seres Humanos para habitarlo. Aunque es una conclusión que pertenecería a un otro asunto, hace meditar en la complejidad que la hazaña de las migraciones planetarias exige. En resumen, podríamos decir que la Especie Humana, puede adaptarse a cualquier cambio de medio ambiente con extrema facilidad, fuera de su hábitat, pero esa exigencia requiere tiempo para iniciar ese proceso. De la misma forma diríamos que el ser humano está preparado para adaptarse a cualquier otro sistema viviente con características similares a las del Planeta Tierra, pero para que esa adaptación ocurra sustentablemente será muy difícil; ya que existen los problemas gravitacionales, las consecuencias de la micro gravedad, la radiación intensiva que el cuerpo humano no puede soportar, los problemas como la osteoporosis, distanciamiento de las vértebras, irrigación sanguínea varicosas y muchos detalles más, que actualmente científicos conocedores al detalle de este asunto, relacionados con la NASA, ya nos podrían ir anticipando.

Como es de conocimiento público y como algo que nadie puede negar, es que todos los países del mundo están creciendo demográficamente de una manera exagerada y que esa situación está trayendo consigo una serie de otros problemas que ya se están manifestando; también se observan problemas potenciales que generaciones venideras tendrán que enfrentarlos. Al mismo tiempo la superpoblación terrena conduce a una sociedad cada vez más pobre pero consumista; asociado al avance tecnológico que requiere una mayor explotación de la riqueza natural, como el carbón, el petróleo, minerales, recursos naturales, hídricos y vegetales. Tras esta explotación indiscriminada queda la destrucción del suelo, de las aguas y de su entorno; creando así la insoportable polución ambiental. Todo este proceso exige mano de obra barata; sobre todo para movilizar los procesos productivos de empresas multinacionales. Con ello aparecen los ricos y los más pobres y los trabajadores obreros, que son en mayoría. Con lo que podemos concluir que el aumento poblacional trae consigo innumerables problemas perjudiciales para la humanidad a corto, mediano y largo plazo, resumidas en: la pobreza acentuada, el hambre generalizado, la contaminación sin límites, el calentamiento global, el consumismo descontrolado, el exterminio de recursos naturales, la erradicación de especies y la ambición por el poder y la riqueza, acentuándose, entre los otros problemas más en recurrencia.

Apenas como una información para reflexionar sobre el consumo, exploración y la explotación comercial de un recurso natural más conocido, el petróleo en el mundo, el incremento en sus costos, en apenas una década, el 2004 el precio del barril de petróleo era de $38.26 dólares americanos, monto que fue incrementándose hasta el año 2008 cuando se cotizó en

$96.94. El 2009 experimentó una baja a $61.26 para luego iniciarse una nueva alza de precios que llegó a $111.26 el 2011 y se estabilizaba en un promedio de $108.05 hasta 2014. Concluyendo: el 2004 el barril de petróleo tipo Brent, costaba $38.26 y el 2015, $110.00, un aumento real de $71.74. Esto refleja el consumismo, la explotación de recursos, la mano de obra y el poder de compra de los países consumidores y de los productores de este mineral[129]. Claro, esta situación está abriendo camino para el desarrollo de la energía renovable, y en cada año se pasa a invertir más y más en este tipo de recurso. El 2004 se invirtieron $48.3 billones; llegando hasta $352.80 billones en el 2011 pero comenzó a desacelerar la inversión para estabilizarse el 2014 en $145.00 billones, como producto de la desaceleración económica mundial que se manifestó. La proyección es que vuelvan a aumentar los valores de la inversión en este rubro con el pasar de los años[130]. Ahora con los acuerdos en la Cumbre de Paris, diciembre del 2015, se creó el fondo internacional, unos 100 billones de dólares hasta el año 2020, podrá ayudar y ser un estímulo para migrar para una energía totalmente renovable y ecológica.

La situación del consumo de petróleo parece que no va cambiar a corto plazo, ya que actualmente los precios del crudo siguen a la baja. El tipo Brent, de referencia para Europa, está por debajo de los 40 dólares el barril por primera vez desde 2009, el Texas se sitúa a menos de 37 dólares y el de la OPEP no llega a 35 dólares, su nivel más bajo desde 2008. El precio medio del crudo el 2015 fue de 50,51 dólares, el más bajo en diez años. Como ejemplo, este dato es relevante por cuanto el 51,5% de las importaciones de petróleo de España proceden de los 12 países que componen la Organización de Países Exportadores de Petróleo.

Ironías del destino, mientras el hombre superpobló el Planeta Tierra, trayendo con ello los problemas descritos antes y a los que se les puede adicionar otros, muchas especies vivientes se extinguieron de la faz terrena y otras, también están en un acelerado proceso de extinción.

Es obvio que todo ser vivo tiene que extraer su sustento de lo que encuentra en la Madre Naturaleza. Sin embargo la Especie Humana sobrepasa los

---

[129] Fuente: Revista Veja diciembre 2014.

[130] Fuente: Revista Veja diciembre 2014.

límites de lo razonable en el proceso de extracción, llegando a alarmantes situaciones de devastación y destrucción. En el mundo animal, la Especie Humana ha conseguido erradicar del planeta especies completas. *"Por lo menos 200 especies son extinguidas todos los años a consecuencias de la acción humana. Hay en este momento 23,000 (especies) en riesgo de desaparecer del planeta"* de acuerdo con la Unión Internacional para la Conservación de la Naturaleza. En Brasil, alrededor de *"1,173 especies están al borde de desaparecer"* de acuerdo al informe divulgado por el Ministerio del Medio Ambiente. Lo lamentable en este caso es que entre ellos se encuentran animales que sólo pueden ser encontrados en el habita de América del Sur, como la "Arara Azul", el "León Dorado" y el "Boto Color de Rosa" o "*Golfito* brasileño", entre otras especies. Donde también podemos incluir el caso del oso polar. Es alta la probabilidad de que la población global de osos polares disminuya en más del 30% en tres a cuatro décadas más, alerta la Unión Internacional para la Conservación de la Naturaleza (**UICN**). La degradación del hábitat es también la principal amenaza para muchas especies de hongos (muy importantes en los ecosistemas), y la pesca excesiva.

Más absurdo aún es lo que ocurre en Brasil con el Boto (Golfito brasileño) de agua dulce que es cazado para ser utilizado sólo como carnada para pescar una especie de menor tamaño. En los ríos de Brasil (mayormente en el Amazonas y el Río Solimoes) el Boto es capturado en la madrugada, utilizando redes, el mismo que no muestra reacción, ya que por siglos ha vivido en una relación pacífica con el hombre. Lo lamentable en este caso es que el Boto es utilizado solamente como carnada. *"Un boto rinde 350 kilos (de carnada) para obtener una tonelada de peces. … consigo capturar más de un boto por día, entonces ya es posible calcular cuánto eso da de lucro"* decía Juvenal Dos Santos, pescador de la ciudad de Tieté (AM) al confesar un Crimen Ambiental bajo la Ley brasileña. Pero Dos Santos no es el único. El grupo de 8 pescadores de Badá Cunha, de Maracapura (AM) demuestra ser más penosamente eficiente en el crimen. Ellos capturan 3,000 ejemplares de boto por año, no importándoles si son tiernos, hembras o machos ni siquiera la época de reproducción. Lo que representa más de un millón de kilos, solamente para carnada[131].

---

[131] Fuente: Fuente: Revista VEJA, Brasil, 17 de enero 2015, Pag. 70 – 71.
Unión Internacional para la Conservación de la Naturaleza.
Informe del Ministerio del Medio Ambiente, 2014.

Brasil posee leyes drásticas que castigan al infractor para este caso; el problema que tiene es "hacer cumplir la Ley". *"Es imposible fiscalizar el Río Amazonas. ... Envés de invertir en tener 100 mil hombre buscando infractores, se puede cortar el sistema por la cabeza, iniciándose por los frigoríficos, que son los que más lucran con el comercio ilegal"* decía Rafael Rocha, Procurador de la República del Estado de Amazonas. Como medida inicial Rocha decretó una moratoria, que prohíbe por cinco años (hasta 2020) la pesca de la "**piracatinga**". Este pez es pescado con la carne y tripas del boto; también el boto emana un olor característico que atrae cardúmenes. (Única razón para la captura del inofensivo boto). Apenas para tener una idea de la magnitud de los daños, solamente en el mayor frigorífico de "Manacaptura" hay cerca de 50 toneladas del pez **piracatinga**. Los 64 frigoríficos de esa región exportan a Colombia, 1,550 tonelada de **piracatinga,** todos los años. Para que se haga realidad esa transacción internacional fue necesario sacrificar 4,000 botos.

Trabajos recientes fueron realizados en Brasil y muestras del pez **piracatinga**, obtenidas de los frigoríficos, fueron enviadas a la Universidad Federal de Rio de Janeiro (UFRJ) para que genetistas lo analicen. Donde estudios del DNA de la carne de la **piracatinga** pueden esclarecer si ese pez fue capturado con carnada de boto o no, afirmaba Haydé Cunha, Jefe del proyecto en la UFRJ. Quien también esclarece: *"La ciencia entrega el mejor camino para llegar a cualquier cazador de animales protegidos. Tengo la seguridad de que identificaremos donde están los resquicios del DNA de la especie amenazada (el Boto), que llegaremos a los culpables*[132]*."*

Lamentablemente la caza indiscriminada de animales es una acción del hombre contra la Madre Naturaleza, que llega a erradicar especies. Este crimen no sólo ocurre con la especie animal, ocurre con las especies vegetales. Muchas plantas ya fueron exterminadas y otras se encuentran en ese proceso. Por citar ejemplos: la coca, planta masivamente utilizada en la medicina tradicional de los pueblos ancestrales de Bolivia y de Perú, está en proceso de erradicación, claro, con "influencia e intereses extranjeros". A propósito, el canta-autor, Cholito de Cholón (JMR) en

---

[132] Fuente: Fuente: Revista VEJA, Brasil, 17 de enero 2015, Pág. 73. Instituto Mamirauá; Universidad Federal de Minas Gerais (UFMG)

su composición "Me apego a una realidad" manifiesta su protesta en su melodía: *"Hojita verde de la coca, los dos fuimos aborrecidos, a ti te botaron a machetazos y a mí me corrieron a balazos"*[133]. Al mismo tiempo, el 29 de junio de 2015 el Papa Francisco decía que *"no está mal que los habitantes de la sierra de Bolivia puedan masticar la hoja de coca pues eso es la propiedad medicinal de esa planta"*. Sin embargo al tabaco se le protege, se le estudia científicamente para que día tras día pueda mejorar genéticamente y de esa manera pueda tener una mejor productividad, consecuentemente un aumento en la rentabilidad comercial. También las plantaciones de marihuana son combatidas por autoridades y están siendo erradicadas donde se le encuentre creciendo. Lo que hace ver que para algunos países esa planta es erradicable y en cambio para otros no. Como es el caso de Chile, que desde el 29 de octubre de 2014 se convirtió en el primer país latinoamericano en permitir el sembrío de **marihuana** en su territorio, con fines medicinales, y es el país donde se venden las semillas. La Presidente Michelle Bachelet[134] se comprometía bajar el nivel de la **marihuana,** de droga pesada para leve. Pero esta reacción no se observa solamente en Chile; en algunos estados en Norteamérica ya autorizaron su cultivo. En las elecciones para elegir a los representantes en el Congreso y Senado de los Estados Unidos de Norte América, el 4 de noviembre 2014, en algunos estados fue incluida una especie de referendo a la hora de votar, que estaba relacionado con la marihuana. Los ciudadanos del Distrito de Columbia, donde queda la capital Washington DC, la aprobaron y a inicios del 2015 ya se vendía en ese lugar. No ocurriendo lo mismo en Florida, que no aprobó la iniciativa. De igual manera, en el año 2013, en Uruguay se promulgó una ley, durante el gobierno de José Mujica, (2010 al 1º de marzo de 2015); donde el Estado asumía el control, la producción y su venta. Situaciones que demuestran que lo que para algunos países es erradicable y droga ilegal pesada, para otros no lo es. Pero una lección queda de todo esto, tal vez sea la acción de Uruguay, si llega a tener

---

[133] Fuente: Entrevista realizada en San Pedro de Chonta, el 2013. El Video puede ser visto en siguiente link: https://www.youtube.com/watch?v=R9q9fbAdJd4. Video de cortesía de Coco y Alberto Tarazona.

[134] Presidente de Chile, en su primer mandato del 2006 al 2010 y en su segundo mandato del 11 de marzo 2014 al 2018.

suceso, la idea que pueda servir de ejemplo para los demás países. Por hoy, el tiempo lo dirá.

Cuanto más comentamos sobre la sobrepoblación mundial más asuntos encontramos relacionados con sus consecuencias. Razones justas que cada vez más nos conducen al raciocinio del ¿Por qué la Especie Humana apareció en el Planeta Tierra? Y ¿Cuáles son las razones de estar aquí?

Es sabido que el hombre tiene que enfrentar grandes retos para intentar solucionar los problemas del hambre y de la acción perversa y egoísta del propio hombre, más evidenciada en la contaminación. Por eso, entre otros retos, podemos listar los siguientes: reducir la pobreza, detener el cambio climático, alimentar a una población en constante aumento y satisfacer la demanda de energía. En la mayoría de ellos, la agricultura se ha mostrado fundamental para hacer frente a estos problemas. De acuerdo con la **ONU**: "*El desarrollo agrícola, la pobreza y la degradación ambiental están estrechamente relacionados. Se considera que el desarrollo de una agricultura sostenible es la principal fuerza impulsora de la reducción de la pobreza y de la seguridad alimentaria. Sin embargo, las dificultades a las que debe enfrentarse la agricultura para seguir siendo sostenible son enormes.*"

Dentro del sistema de la ONU, la Organización para la Alimentación y la Agricultura (**FAO**), es la que promueve estrategias a largo plazo para aumentar la producción de alimentos y la seguridad alimentaria. En esa tarea también participa el Fondo Internacional de Desarrollo Agrícola (**FIDA**), que financia programas de desarrollo y planea cómo ayudar a los campesinos a salir de la pobreza. La Asamblea General de la ONU declaró el año 2014 como el Año Internacional de la Agricultura Familiar[135].

Entonces surgen iniciativas como esperanzas y voces de alerta que prometen con sus expectativas visualizar un horizonte mejor como es el caso de **El Pacto Mundial**; que es una iniciativa voluntaria, en la cual las empresas se comprometen alinear sus estrategias y operaciones

---

[135] Fuente: (Asamblea General de la ONU Estado mundial de la agricultura y la alimentación 2013)

con diez principios universalmente aceptados en cuatro áreas temáticas: **1)** derechos humanos, **2)** estándares laborales, **3)** medio ambiente y **4)** anti-corrupción. El Pacto Mundial es la iniciativa de ciudadanía corporativa más grande del mundo ya que en él participan 12,000 representantes de más de 145 países integrantes.

> *"No se puede pensar en movimiento radical fuerte y vivo, donde no haya controversia. La unanimidad absoluta sólo existe en los cementerios"*. Joseph Stalin.

El Pacto Mundial es también un marco de acción dirigido a la construcción de la legitimación social de las corporaciones y los mercados. Lo que es más importante, aquellas empresas que se adhieren al Pacto Mundial comparten la convicción de que las prácticas empresariales basadas en principios universales contribuyen a la construcción de un mercado global más estable, equitativo e incluyente que fomentan sociedades más prósperas[136].

En la tentativa de apaciguar el hambre en el mundo se ha seleccionado al **trigo, maíz, soya y papa** como los alimentos más importantes que pueden ayudar a solucionar el problema de hambre en el mundo, por lo menos durante este siglo.

La papa es un tubérculo y ahora escogido como candidata para apaciguar el hambre en el mundo, gana relevancia mundial y la importancia de su cultivo más aún. Razones por las cuales investigadores de cerca de 30 países de Asia, África, Europa, Oceanía y América Latina, investigan e intercambian constantemente información sobre todas las variedades de papa actualmente existentes en el mundo.

La investigación sobre la papa forma parte de un proyecto mayor que se propone incrementar la producción de alimentos y fortalecer los sistemas agrícolas para mejorar la calidad de vida en los países en desarrollo, beneficiando a aquellos que no tienen ni capital, ni recursos y ni la semilla de calidad. Situaciones en las que sobresale el Centro Internacional de

---

[136] International Potato Center Agricultural research for Agricultural research for development. http://cipotato.org/

la Papa (**CIP**), en inglés, "*International Potato Center*" (**CIP**) que les ofrece capital, recursos y semillas de calidad. Para realizar esa misión el CIP tiene un banco genético con unos 5,000 tipos diferentes de papa silvestre y cultivada, 6,500 variedades de camote y más de 1,300 tipos de otras raíces y tubérculos andinos provenientes de Bolivia, Ecuador y Perú. Igualmente, el CIP produce semillas de papa mejoradas para resistir a enfermedades, heladas y sequías. Asimismo conserva una provisión de semilla sexual de cada papa, libre de contaminación y de fácil transporte, para ser usada en ocasión de catástrofes naturales y otras emergencias que se presenten en los países del mundo[137].

El **CIP** es uno de los mayores centros en el mundo dedicado a la investigación científica de la papa. Estudia también otras especies como: camote, yuca y otros tubérculos y raíces, con el objetivo de obtener el pleno alcance de sus capacidades alimenticias para beneficiar a los países en vías de desarrollo y pobres.

El **CIP** Funciona desde 1971 con sede en Lima, Perú. El CIP tiene otra área experimental en los Andes, en Quito, Ecuador así como una red de oficinas regionales y colaboradores alrededor del mundo, incluyendo Asia y África. El CIP tiene como objetivo disminuir la pobreza y alcanzar la seguridad alimentaria sobre bases sostenibles en los países en desarrollo, mediante la investigación científica y actividades relacionadas con la papa, el camote y otras raíces y tubérculos, y el manejo de los recursos naturales.

El CIP es una organización internacional financiada por el CGIAR, alianza mundial de investigación agrícola que agrupa 15 centros de

---

[137] El Pacto Mundial condiciona que, si una empresa se ha adherido al Pacto Mundial deberá cumplir los tres siguientes procesos: **1)**- Integrar los cambios necesarios en las operaciones, de tal manera que el Pacto Mundial y sus principios sean parte de la gestión, la estrategia, la cultura y el día a día de la actividad empresarial. **2)**- Publicar en el informe anual o reporte corporativo (por ejemplo el reporte de sustentabilidad), una descripción de las acciones que se realizan para implementar y apoyar el Pacto Mundial y sus principios (Comunicación sobre el Progreso- CoP). **3)**- Apoyar públicamente el Pacto Mundial y sus principios, por ejemplo a través de comunicados de prensa, discursos, entre otros.

investigación. Recibe sus fondos principales de 58 gobiernos y de fundaciones privadas y organizaciones internacionales y regionales.

También un caso ejemplar ocurrió en Perú a inicios de este milenio que despertó nuestro interés. Como ya es de conocimiento general pocas plantas sobreviven en las alturas que superen los 4,000 metros. Allí la tierra demuestra ser pobre, el agua es escasa y los inviernos son más crudos. Recientemente, los campesinos de las partes más altas de los Andes de Perú, con el apoyo del Organismo Internacional de Energía Atómica (**OIEA**) y la Organización de la ONU para la Agricultura y la Alimentación, FAO han producido con éxito una nueva variedad de cebada utilizando modernas técnicas nucleares. Esta nueva cebada recibió el nombre de "Centenario", que en poco tiempo se ha convertido en uno de los granos más populares en Perú[138]. Es de conocimiento que la cebada fue traída al Nuevo Mundo por los españoles y es largamente cultivada en los andes peruanos, pero paralelamente a ese cultivo, en las mayores alturas de Perú los campesinos cultivaban otro tipo de cebada, la nativa del lugar, que se podría decir que es una cebada raquítica comparada con la de los españoles, y que sería usado para pienso. Razones por las que los científicos de la Universidad Agraria Nacional La Molina, en Lima, deciden mejorarla para obtener una cebada que la gente la pudiera comer y no destinarse solamente como comida para los animales.

A propósito, ¿Cómo nace la cebada Centenario en Perú? Se aplicó una técnica que irradia energía nuclear controlada a las semillas con la finalidad de inducirla a realizar cambios naturales. Los rayos gama aceleran el proceso evolutivo de los cambios espontáneos que ocurren en la naturaleza. La capacidad natural de las plantas para evolucionar demora normalmente millones de años por la vía natural. Inicialmente y de tipo experimental estas semillas de cebada irradiadas fueron sembradas en la Universidad La Molina en Lima. Luego, los productores que fueron liderados por la Científica, profesora Gómez-Pando,

---

[138] Los científicos de la Universidad Agraria Nacional La Molina, en Lima en colaboración con: Organismo Internacional de Energía Atómica (OIEA) y la Organización de la ONU para la Agricultura y la Alimentación. Científica, profesora Gómez-Pando. Campesinos pioneros en el cultivo: Edwin Ortega Carvajal y Juan Paytán.

seleccionaron las mejores plantas para obtener sus semillas; las mismas que fueron plantadas. Este proceso de selección y plantío continúo por largos siete años de experimentos hasta que finalmente, el 2006 se llegó a una semilla ideal o sea: nació el Centenario, una nueva cepa de cebada, la mejor que ha tenido Perú hasta el día de hoy. El Centenario produce más y mejores granos que cualquier otra variedad; sabe bien y es rico en proteínas. Los campesinos **Erwin Ortega Carvajal** y **Juan Paytán** son dos de los numerosos campesinos que actualmente plantan la semilla Centenario, eficientemente. **Ref.: 0101**.

Si este ejemplo demuestra que es posible forzar que una planta, vía energía nuclear, para que inicie su proceso natural de evolución, entonces hay la alternativa de hacer lo mismo con otros granos y obtener una opción paliativa para solucionar parte del hambre que como una plaga se dispersa en el Planeta Tierra como lo demuestra el crecimiento poblacional asustador; sin incluir las consecuencias que el "Rumbo al Final" del Planeta Tierra traiga en su definitivo curso.

Como venimos observando en todos los relatos, no todo camina mal en el mundo, como suerte o como medida acertada algunos países están mejorando en varios factores y otros, están guardando una gran variedad de semillas en verdaderos **Bancos de Semillas**, para que sirvan de frutos del pasado en largos tiempos venideros, sirviendo como semillas del futuro; cuando, en un futuro muy lejano por cierto, esas semillas del pasado broten nuevamente y recuperen vida para continuar sirviendo al hombre como una opción más para su sustento alimenticio y su cura, consecuentemente colaborando para la continuación de la vida de la Especie Humana[139]. Un ejemplo digno de mención es la labor del gobierno de Noruega que el 2008 construyó, algo así como un mausoleo, un banco de frutos y semillas en la isla de Svalbard en el Mar Ártico; con el objetivo de preservarlas ante una posible crisis climática[140].

---

[139] Fuente de consulta: "Frutos do Passado Semente do Futuro" – 1993, en Portugués del Brasil.

[140] Fuente de consulta: "Revista TIME, Pagina 12, 27 de febrero de 2007.

La aparición del hombre con sus manifestaciones culturales consiguió romper el equilibrio ecológico natural instaurado en el Planeta Tierra. Mas con el advenimiento de la Era Hombre Ambicioso y Egoísta vinieron muchas otras eras y guerras, no obstante sólo con la iniciación de la Era Industrial es que se hicieron sentir sobre la Especie Humana los graves efectos de esa actuación humana que conducía a un desequilibro.

Juntamente con la Revolución Industrial el hombre desarrolló una enorme capacidad de explotación de la naturaleza virgen. Se transformó en el insaciable consumidor de materia prima, llegando al exceso de sobrepasar las necesidades biológicas de recuperación natural del suelo. Hizo esto hasta contaminar el medio ambiente que sirve para conservar la biodiversidad. Por citar dos ejemplos adecuados; hasta los tiempos finales del milenio pasado, los Estados Unidos consumía el 40% de los recursos naturales explotados del planeta, consecuentemente producían la mitad de todos los agentes de contaminación industrial del medio ambiente. En los actuales tiempos China llega a competir de igual a igual en ese campo y supera. La Unión Europea es otra generadora de agentes contaminantes. Claro otros países realizan lo mismo también, pero en menor escala.

Para evitar un desastre climático, 195 países integrantes de la Cúpula del Clima de las Naciones Unidas (**COP**) se reunieron en Lima, Perú, en diciembre de 2014 dando lugar a un compromiso, el mismo que debería ser ratificado en la próxima reunión en **París**, en diciembre 2015. Por la importancia del documento, éste será un substituto del documento desfasado del **Tratado de Kioto**, en vigor desde 1997. El documento firmado en París (diciembre 2015) servirá de guía para reglamentar el corte de las emisiones de gases del efecto estufa causantes del Calentamiento Global. Por lo que se nota de antemano que todos los participantes en París demostraron estar de acuerdo que deben cumplir rígidamente las metas de cortes de Dióxido de Carbono (**CO^2**) para garantizar que el calentamiento global del planeta no pase de dos grados en este siglo[141].

---

[141] Fuente Cúpula del Clima de las Naciones Unidas (COP), Lima, Perú diciembre 2014. Revista Veja Brasil, diciembre 2014, paginas 94 y 95.

Como anticipación de lo que sería la Reunión de diciembre **2015**, en París, relacionado con el "Desafío Climático y Soluciones Africanas" un grupo de más de 50 empresas y entidades no gubernamentales de la Sociedad Rural Brasileña, representantes de sectores industriales como papel y celulosa, caña de azúcar química, madereros, de la construcción y la organización no gubernamental WWF anunció en Sao Paulo, en junio del 2015, la formación de una <u>Coalición Brasil del Clima por las Florestas y por la Agricultura</u>. La Coalición tenía como objetivos: Influenciar en la reunión para que se esmere el compromiso que el gobierno brasileño necesitaba presentar en la Conferencia del Clima en París. Contenido en que cuya mayoría se basa en que la deforestación o devastación de los bosques todavía es la mayor fuente de emisiones de gases de efecto estufa en el Brasil (cerca del 36%) la mayoría de las 17 propuestas del manifiesto de la coalición se relaciona con ese asunto; varias otras propuestas giran alrededor de la implantación del Nuevo Código Forestal Brasileño que avanza lentamente. Entre las recomendaciones para la INDC Brasilera se encuentra el compromiso de mantener las emisiones de gas per cápita debajo de cociente global después del 2020. Apenas recordando la historia, el 2013, de acuerdo al Sistema de Estimativa de Emisión de gas de efecto estufa, el Brasil lanzó a la atmosfera el equivalente a 1.6 billones de toneladas de CO_2 o casi 8 toneladas por persona; cuando la media mundial es cerca de siete. A propósito, la devastación de los bosques en el Brasil, el 2014 fue de 4,848 Km². La preocupación actual es con la ceja de selva donde la devastación de la floresta continúa exageradamente, en la orden de 7 mil Km² anuales que sobrepasa a la deforestación amazónica[142].

Los Acuerdos firmados en estas dos últimas décadas referentes al calentamiento global demuestran que ellos no fueron suficientes y que todo quedó en falsas promesas e ilusiones temporales: En Managua Nicaragua, **América Central** se promulgó la Ley N° 7433, el 5 de Junio de **1992**, cuyo contenido primordial es la aprobación del Convenio para la Conservación de la Biodiversidad y Protección de Áreas Silvestres Prioritarias en América Central. El objetivo de este Convenio es conservar al máximo posible la diversidad biológica, terrestre y costero-marina, de la región centroamericana para el beneficio de las presentes

---

[142] Fuente INDC, bit.ly1GIGsFu, Periódico Folha de Sao Paulo, 25 de junio 2015..

y futuras generaciones[143]. Los Presidentes de las Repúblicas de Costa Rica, El Salvador, Guatemala, Honduras, Nicaragua y Panamá fueron los firmantes. **Ref.: 0102**

De acuerdo a la FAO, entidad de la ONU: *"el cambio climático empeorará las condiciones de vida de agricultores, pescadores y de quienes viven de los bosques"*. *"Los ecosistemas siempre han sido esenciales para proporcionar recursos como agua, aire limpio, comida y medicinas a las poblaciones. Son nuestros aliados en la adaptación al cambio climático, así que si dejamos que se degraden o se destruyan nos hacemos daño a nosotros mismos"*, asegura Wendy Foden, de la UICN. *"El calentamiento ya se nota en la pesca: las zonas de gran productividad están cambiando, las temperaturas más altas hacen que los peces sean más pequeños, algunas especies están disminuyendo. La acidificación del océano también está afectando ya a los arrecifes de coral y a la industria de los moluscos marinos. La agricultura comercial depende de la biodiversidad para la polinización, el control de plagas y de la increíble microfauna y hongos que hacen la tierra fértil"*[144].

Haciendo un poco de historia y pensando en el milenio que venía, en **1992** se reunieron 178 representantes de los países miembros para tratar sobre la **Agenda 21**; las metas fueron: <u>Disminuir el hueco de la capa de ozono y destinar parte del PIB (Producto Interno Bruto) de los países desarrollados a los países pobres para ayudarlos a ser auto sustentables</u>. Resultado: Dinamarca, Luxemburgo, Holanda, Noruega y Suecia honraron el compromiso y los 173 países restantes se olvidaron de lo que firmaron. Pero al final de cuentas se observó que las acciones de destrucción fueron disminuidas, lo que hace concluir que la disminución de la destrucción de la capa de ozono fue alcanzada.

La Legislación Brasileña no podía pasar por alto su preocupación por el Medio Ambiente. Así, su Constitución Federal, en su Capítulo VI Del Medio Ambiente, dice: *"Art. 225, todos tienen derecho al Medio Ambiente*

---

[143] **Ley N° 7433** - Artículo 1°: Apruébase el ACONVENIO PARA LA CONSERVACION DE LA BIODIVERSIDAD Y PROTECCION DE AREAS SILVESTRES PRIORITARIAS EN AMERCIA CENTRAL.

[144] El País - Menos alimentos
http://internacional.elpais.com/internacional/2015/11/30/actualidad/1448887361_931744.html

ecológicamente equilibrado bien como del uso común del pueblo y esencial para una calidad de vida saludable imponiéndose al Poder Público y a la colectividad el deber de defenderlo y preservarlo para las presentes y futuras generaciones"[145].

La Convención del Cambio Climático tuvo su primer encuentro en Berlín en 1995 bajo la presidencia de la ministra del Medio Ambiente, **Ángela Merkel**. Allí se esbozó el impulso para el **Protocolo de Kioto**; tratado internacional, en el que se establecían por primera vez reducciones de emisiones cuantificadas y comprometidas de CO^2. Protocolo que en 1997, un total de 191 países lo firmaron con muy buenas intenciones.

La meta del **Protocolo de Kioto** fue la de Reducir la emisión de gases de efecto estufa en 5.2% hasta el año 2012. Como resultado, ocurrió todo lo contrario. Se calcula que hubo un aumento de 50% en la emisión de Dióxido de Carbono.

En 2009 se firmó el **Acuerdo de Copenhague** donde participaron 141 países. Las metas fueron: Creación del "Fondo Verde del Clima" (GCF), en dólares y realizar un corte de 30% en las emisiones de gases como el CO^2, de parte de la Unión Europea y de 17% por los Estados Unidos hasta el 2020. Resultado: El GCF fue creado y superó la mitad de su capital inicial de 10 billones de dólares. La unión Europea cortó el CO^2 en 19% pero las emisiones americanas volvieron a crecer en apenas cuatro años (2013) con una tasa anual de 2%.

El 2014 se firmó el acuerdo llamado **Declaración de New York** referente a las florestas; asistieron al evento representantes de 28 países. Las metas fueron: Promover la deforestación cero en el mundo hasta 2030. Resultado: Será difícil de realizar este acuerdo, ya que Brasil, país que abriga la mayor floresta tropical del mundo, La Amazonia, no ratificó el documento.

En 2015, a escasos tres meses de la realización de la Cumbre de París 2015, los dos países más contaminadores del mundo, China y Estados

---

[145] **Constitución Federal** Brasil - La Constitución Federal en su Capítulo VI Del Medio Ambiente. Brasil.

Unidos, anticipadamente concordaron en realizar sus respectivos recortes de emisiones de gas contaminante (CO^2) en un acuerdo bilateral. Acordaron también conducir mejor la administración y el financiamiento de los recursos económicos, exactamente para evitar confusiones que condujeron en el pasado a una injusta distribución, sobre todo en las negociaciones que mayormente terminaban siendo una especie de lucha de clases entre los países ricos contra los pobres, para repartirse los derechos, que al final resultaba en seguir contaminando. De esta manera China y Estados Unidos daban un impulso vital en el proceso del pacto por el clima. Y es exactamente bajo ese clima de sorprendentes entendimientos es que se iniciaba la Cumbre del Clima de París - COP21, en diciembre de 2015. Pero, *"La conferencia de París no es la meta, sino el punto de partida de una gobernanza global. Tenemos que forjar un futuro compartido, un futuro de cooperación en el que cada país aporta en función de sus capacidades"* decía el Presidente de China **Xi Linping** en la cumbre.

La Conferencia de las Partes (COP21), Cumbre de Paris, fue inaugurada el martes 1 de diciembre del año 2015 en **Le Bourget**, Paris y fue presidida por el Presidente de la República de Francia, **François Hollande**, junto con el Secretario General de Naciones Unidas (ONU), **Ban Ki-moon**, versando el tema sobre "Desafío Climático, Soluciones Africanas".

Las propuestas y discusiones en la Cumbre del Clima de París o la Conferencia de París sobre el Cambio Climático, realizada entre el 7 al 11 de diciembre de 2015 contó con la presencia de 195 jefes de Estado y de Gobierno. En dicha cumbre se reunieron también doce jefes de Estado africanos, aspirantes a la presidenta de la Comisión de la Unión Africana; participaron también representantes de varios Gobiernos e instituciones internacionales (Banco Mundial, Banco Africano de Desarrollo).

El Presidente **François Hollande**, manifestó su ambición de que la COP21 les permita realizar proyectos concretos en África, facilite la adopción de un modelo de desarrollo más bajo en carbono y acompañe la adaptación al cambio climático observado en el continente. Recordó que África, a pesar de no ser responsable del cambio climático, ya está sufriendo sus más graves consecuencias. También señaló que comparte el deseo de los africanos de que la financiación para África se movilice lo más rápidamente posible, sin esperar hasta 2020. De este modo **Hollande** se comprometió a llevar más allá de los 2,000 millones de euros la financiación por parte de Francia de las energías renovables en África en el periodo 2016-2020. Este esfuerzo representará un incremento del 50% de los compromisos bilaterales franceses con respecto a los últimos cinco años. Los proyectos financiados por Francia podrán enmarcarse en la Iniciativa Africana sobre Energías Renovables de la Unión Africana. Permitirán instaurar a la vez proyectos diseñados por Gobiernos africanos u organizaciones de la sociedad civil y colectividades territoriales. Estos programas podrán alentar el uso de la energía solar, eólica, hidroeléctrica o geotérmica según el potencial de cada país.

En materia de lucha contra la desertificación y de adaptación al cambio climático, el presidente **Hollande** indicó que Francia triplicaría progresivamente sus compromisos bilaterales en África, para alcanzar 1,000 millones de euros anuales el 2020. Este esfuerzo responde a la demanda de los países africanos de que la financiación para el desarrollo sostenible se dedique más a la adaptación al cambio climático de lo que se dedica hoy en día. La ayuda de Francia al desarrollo se centrará prioritariamente en proyectos que se enmarquen en las iniciativas africanas de la Gran Muralla Verde o de preservación del lago Chad y del río Níger. Todos estos proyectos demuestran que la agenda de las soluciones para el clima, eje crucial de la COP21, se manifestará de muchas maneras en el continente africano.

El presidente François Hollande, y el primer ministro indio, **Narendra Modi**, al margen de la apertura de la COP21, lanzan en Le Bourget, París la Alianza Solar Internacional en presencia del secretario general de Naciones Unidas, Ban Ki-moon[146]. Esta Alianza, muy deseada por el primer ministro Modi radica en una voluntad sencilla: la de federar los esfuerzos de los países en desarrollo para atraer las inversiones

---

[146] **Cumbre del Clima de París** - COP21, La Conferencia de las Partes diciembre 2015, Lanzamiento de la Alianza Solar Internacional - Comunicado de la Presidencia de la República (Le Bourget, 30 de noviembre de 2015), anticipándose a la conferencia.

y las tecnologías del sector y desarrollar los usos de la energía solar, posibilitando la cooperación entre los países industrializados, que disponen de tecnologías y de fuentes de financiación con los países en desarrollo.

Hay más de 100 países que disponen de potencial solar, situados íntegra o parcialmente entre los trópicos de Cáncer y de Capricornio. Por lo que la conferencia movilizó a la comunidad internacional para crear un aliento común en una economía baja en carbono. Ya que el desarrollo de energías renovables es una de las maneras más evidentes de reducir las emisiones de gases de efecto invernadero. La energía solar es la energía renovable que más abunda en los países del Sur, pero sus tecnologías y sus fuentes de financiación siguen siendo insuficientes.

Todos los participantes en la Cumbre, unánimemente declararon su acertado interés por la **economía verde** como el único camino posible al futuro. Saludablemente China y Estados Unidos compartieron la misma idea y ambición. Estas potencias mundiales pidieron en la reunión inaugural un acuerdo ambicioso, el mismo que deberá ser revisado a cada cinco años. Ante la preocupación, por las condiciones de vida de las futuras generaciones, del Presidente de Estados Unidos, Barack Obama, el presidente francés **François Hollande** añadió: *"La transformación energética es una obligación moral"*[147].

La historia registra que China y Estados Unidos no asumieron compromisos ante el **Acuerdo de Kioto de 1997**, relacionado con la reducción de sus emisiones de gases de efecto invernadero. No obstante en COP21, París, el Presidente de China **Xi Jinping** y su homólogo norteamericano **Barack Obama**, cambiaron sus posturas y hablaron sobre el cambio climático en voz alta. *"Represento a China, segundo más contaminador. Asumiremos nuestras responsabilidades"*, dijo Obama. Su discurso ha abierto las puertas a la ayuda que necesitan los países en desarrollo, al igual que lo ha hecho Xi Jinping. Ninguno de los dos, sin

---

[147] **Cumbre del Clima de París** - COP21, La Conferencia de las Partes diciembre 2015,
http://internacional.elpais.com/internacional/2015/11/30/actualidad/1448883485_175786.html.

embargo, ha hecho votos por un acuerdo vinculante como ha pedido **Hollande**, anfitrión del cónclave.

Laudable es que los Presidentes **Xi Jinping** y **Barack Obama** han llegado a París, junto a otros 193 representantes de otros países, con sus compromisos nacionales para luchar contra el calentamiento global. Pero esta actitud fue considerada insuficiente por las palabras dirigidas por la Canciller **Ángela Merkel**, la más comprometida con el cambio climático y la única representante que ha hablado en la reunión inaugural de caminar hacia la economía totalmente libre de emisiones de dióxido de carbón. Fue sorprendente ver como tantos representantes de países coincidieron en presentar contribuciones similares, pero, como ha indicado Merkel, *"con ellas no vamos a lograr contener el aumento de la temperatura en dos grados"*. París confía en las revisiones a cada cinco años de los compromisos de mitigación para lograr el objetivo fijado.

Con base en lo que fue en el pasado, de esta vez todos los discursos fueron fuertes y siempre con un matiz recordatorio: *"Los países más pobres son los que menos contaminan, pero son al tiempo los más afectados. Hay que buscar justicia climática"*, decía **François Hollande**. *"El mar se está tragando en Alaska pueblos enteros, y los glaciares se derriten a un ritmo sin precedentes"*, enfatizó **Obama**. *"Estamos ante el abismo. Hay que reaccionar"*, arengaba Hollande.

El texto, que se logró después de dos semanas de negociaciones dentro de la reunión del clima COP21, ahora deberá ser ratificado por 55 países que representen al menos 55% de las emisiones globales de gases de efecto invernadero. Este es el primer acuerdo en el que tanto naciones desarrolladas como países en desarrollo se comprometen a gestionar la transición hacia una economía baja en carbono.

El Acuerdo de Paris establece el objetivo de lograr que el aumento de las temperaturas se mantenga por debajo de los dos grados centígrados y con el compromiso de los firmantes a **"realizar esfuerzos"** para limitar el aumento de las temperaturas a 1.5 grados en comparación con la del penúltimo siglo del milenio pasado.

"COP21 es realmente un punto de quiebre para todos nosotros. A partir de ahora tenemos verdaderas bases, ecológicas, para salvar nuestro planeta con este acuerdo que era necesario para el mundo entero", dijo el Ministro de Exteriores de Francia, **Laurent Fabius**, al presentar el borrador del texto final.

Para lograr estos objetivos, los países se comprometen a fijar cada cinco años sus objetivos nacionales para reducir la emisión de gases de efecto invernadero. 186 de los 195 países participantes en la cumbre ya lo han hecho.

El texto establece que los países ricos seguirán ofreciendo apoyo financiero a los países pobres para ayudarles a reducir sus emisiones y adaptarse a los efectos del cambio climático, aunque no hace mención a montos específicos.

Lo bueno de esta situación es que, previamente los países ricos se habían comprometido a otorgar 100 mil millones de dólares anuales en financiamiento hasta el 2020.

Los Principales puntos del acuerdo son: El aumento de la temperatura global debe estar muy por debajo de los dos grados centígrados (2º C); El acuerdo es jurídicamente vinculante para los países firmantes; El Fondo quedó estimado 100,000 millones para los países en desarrollo a partir de 2020 y Se revisará cada cinco años.

El acuerdo podría estar en peligro porque países como India, cuya economía depende en gran parte del carbón, piden compensaciones por sufrir una contaminación de la que apenas son responsables. Cuentan para ello con la mala conciencia de algunos de los países desarrollados. *"Hemos contaminado mucho. Por tanto, debemos estar en la vanguardia de las energías limpias"*, decía Ángela Merkel. *"Se ha alcanzado un acuerdo flexible, robusto y universal"*, dijo el sábado 11, ante los delegados reunidos en el parque de exposiciones de **Le Bourget**. Por su parte el presidente de Francia, **François Hollande** señaló que el texto final era un hecho *"sin precedentes"*. *"Es el primer acuerdo universal en la historia de las negociaciones sobre el cambio climático"*, dijo el mandatario francés.

"Es cierto que no es perfecto para cada país, si se mira desde los intereses particulares, pero es importante para todos, porque cuida los intereses del planeta", concluyó.

El grupo ambiental Greenpeace señaló que estaba de acuerdo con el texto final porque ponía a los *"productores de petróleo en el lado de los equivocados de la historia"*. *"Un paso para asegurar el futuro"*. El primer ministro de Reino Unido, **David Cameron**, celebró el acuerdo logrado en París al que calificó como un *"enorme paso para asegurar el futuro del planeta"*. *"significa que todo el mundo ha firmado para asumir su parte en la detención del cambio climático"*, afirmó en una declaración.

Desde la Casa Blanca, el Presidente de Estados Unidos, **Barack Obama** dijo que el documento de París era *"el acuerdo más ambicioso sobre el cambio climático en la historia"* y destacó que el mismo establece *"un marco duradero, de largo plazo"* para la reducción de las emisiones de gases de efecto invernadero. En una alocución posterior, el presidente Barack Obama manifestó su satisfacción por la aprobación del acuerdo y dijo que, pese a no ser perfecto, es la mejor oportunidad que existe para salvar al planeta de los efectos del cambio climático.

Hollande anunció que Francia que *"revisará a más tardar el 2020 sus objetivos con miras a elevar su compromiso en la lucha contra el cambio climático."*[148].

La ministra española de Agricultura, Medio Ambiente y Alimentación, **Isabel García Tejerina**, consideró que el acuerdo climático adoptado en París, gracias a su contenido, muy ambicioso, supondrá un cambio radical en la acción contra el calentamiento global. *"Será un salto cuantitativo y cualitativo enorme, respecto al Protocolo de Kioto"*, dijo García Tejerina a la prensa tras la presentación del documento por el jefe de la diplomacia francesa y presidente de la cumbre (COP21)**, Laurent Fabius.**

---

[148] **Cumbre del Clima de París** - COP21, La Conferencia de las Partes diciembre 2015,
http://www.bbc.com/mundo/
noticias/2015/12/151211_cumbre_clima_paris_cop21_acuerdo_az
BBC MUNDO, 12 diciembre 2015

La ministra española **Tejerina** hizo hincapié en el carácter universal del compromiso, que han negociado 196 delegaciones, pero también en que se ha fijado el objetivo muy ambicioso de limitar el calentamiento global a menos de dos grados para finales de siglo con la voluntad de que al final sea de 1.5 grados centígrados. Destacó también que será dinámico, puesto que cada cinco años se hará un balance de la situación y se revisarán los compromisos, jurídicamente vinculante y que contenga el compromiso de movilizar 100,000 millones de dólares anuales a partir de 2020 para hacer frente a los efectos del cambio climático. García Tejerina rindió homenaje a la acción del comisario europeo de Acción por el Clima y la Energía, el español **Miguel Arias Cañete**.

Específicamente sobre la posición española, la ministra recordó que el presidente del Gobierno, **Mariano Rajoy**, en la jornada de apertura de la COP21, anunció que se duplicará a partir de 2020 la contribución para luchar contra los efectos del calentamiento global con respecto a la de 2015, que ha sido la más alta de la legislatura, y se situará así en 900 millones de euros. Hizo notar que así España estará entre los que han presentado un mayor esfuerzo. Por otro lado, la ministra de Agricultura y Medioambiente garantizó que *"sin ninguna duda España cumplirá sus compromisos de energía renovable en el horizonte de 2020"*, un 20 % del total, y estará preparada para los de 2030, que será del 27%. Hizo hincapié en que *"no hay ninguna razón para criticar la política española de renovables, que en los últimos años necesitó modificaciones para mitigar el déficit tarifario que crecía a un régimen de 6.000-7.000 millones de euros anuales"*[149].

China es hoy el país más contaminante el planeta. Sin embargo, su responsabilidad no es tan grande como la de otros. En emisiones per cápita China está muy por debajo de Europa y de Estados Unidos, y ese puede ser un punto esencial de desacuerdo. *"Los países desarrollados deben asumir más responsabilidad"* ha dicho **Xi Liping,** Presidente de China.

---

[149] **Cumbre del Clima de París** - COP21, La Conferencia de las Partes diciembre 2015,
http://www.abc.es/   ABC TU DIARIO EN ESPAÑOL.

El presidente de Ecuador, **Rafael Correa**, ha traído a luz las diferencias que pueden poner en peligro el acuerdo final. *"Un habitante de los países ricos emite 38 veces más que uno de los pobres"*, refiriéndose a los gases de efecto invernadero. Correa recordó: *"una deuda ecológica que debe pagarse y que, sobre todo, no debe ir aumentando"*.

El bloque bolivariano, del que forma parte Ecuador mantuvo una posición dura en las negociaciones de París. La intervención del presidente de Venezuela, Nicolás Maduro fue suspendida el día lunes en París en el último momento. **Correa**, por su parte, también propuso una *"corte internacional de justicia ambiental y que las tecnologías que ayuden a evitar el cambio climático sean declaradas bienes públicos globales, es decir, que se tenga libre acceso a ellas"*.

Algunos países en desarrollo, como Mongolia, han pedido en la cumbre tener muy en cuenta el índice de emisiones por habitante. Otros, como Tuvalu, han reclamado ayuda urgente. El país puede desaparecer debido al incremento del nivel del mar, como puede suceder a esos pueblos de Alaska que Obama visitó antes de la Cumbre de París.

Aprovechando la inédita situación ya que tantos mandatarios vinieron a la reunión predispuestos para aportar todo lo necesario para luchar contra el cambio climático ha proyectado la imagen de un gobierno global que **François Hollande** no desaprovechó anunciando: *"Nuestro desafío es pasar de la globalización de la competencia a la globalización de la cooperación. Tenemos que buscar pactos de equidad entre el norte y el sur"*. **Xi Linping**[150] Presidente de China no se ha quedado atrás y manifestó que *"La conferencia de París no es la meta, sino el punto de partida de una gobernanza global. Tenemos que forjar un futuro compartido, un futuro de cooperación en el que cada país aporta en función de sus capacidades"*.

La inédita situación de tantos mandatarios juntos y tantos proyectos nacionales para reducir el calentamiento global es la señal más positiva de esta cumbre que acaba de comenzar. *"Muestra el compromiso del mundo con el cambio climático"*, ha sostenido el presidente de esta reunión, el

---

[150] **Cumbre del Clima de París** - COP21, **Xi Linping** Presidente de la República de China; Secretario General del Partido Comunista chino y Jefe de las Fuerzas armadas de China.

ministro de Asuntos Exteriores Laurent Fabius. "*El mundo les observa, el mundo cuenta con ustedes*", ha apuntado Christiana Figueres, secretaria ejecutiva de Cambio Climático de la ONU. Ya Obama ha pedio altura diciendo: "*Si aceptamos este desafío no obtendremos victorias rápidas. Esto se va a medir en sufrimiento evitado. Nuestra generación no va a ver los resultados. Pero los vamos a lograr para nuestros hijos y nuestros nietos*". Y **Merkel** ha clamado por la "*justicia intergeneracional*".

El presidente ruso **Vladímir Putin** ha sido uno de los más fríos en su exposición. Y uno de los pocos que no ha ofrecido su apoyo y ni condolencias al pueblo francés por los atentados terroristas del 13 de noviembre 2015. Putin ha centrado su fría exposición en los deberes hechos por su país respecto al cambio climático y los efectos económicos perversos que ya está provocando el calentamiento global.

En esta cita, que concluyó el 11 de diciembre de 2015, se redactó el primer acuerdo global en el que todos los países se comprometieron reducir las emisiones de gases de efecto invernadero, causantes del cambio climático. Tras décadas en las que no se ha conseguido cerrar un pacto global, y en las que las emisiones han seguido creciendo año a año, muchos esperan que de la cita de París salga el protocolo que sustituirá a Kioto (1997), que solo cubría el 11% de las emisiones mundiales. Hay, aparentemente, un ambiente favorable al acuerdo. "<u>*Un momento político como el que estamos viviendo quizás no pueda volver a repetirse*</u>", advertía el Secretario General de la ONU, **Ban Ki-moon**.

La historia registra que en 1995, en Berlín, cuando Ángela Merkel era la ministra de Medio Ambiente, se hicieron planos para disminuir las emisiones de gas de efecto estufa, comprometiendo solamente a los países industrializados. Lamentablemente diez años después (2005), las emisiones habían aumentado un 24% a pesar de que los que más y mejor cumplieron fueron los países europeos. Claro, es importante resaltar que algunos de los países no lo ratificaron, como Estados Unidos, principal contaminador. China no está en el pacto, pero que ahora es el mayor contaminador.

En **Copenhague**, 2009, se quiso firmar un nuevo tratado que sustituyera al de **Kioto**, los países europeos fueron relegados por los países emergentes y con mayor notoriedad por **Estados Unidos y China**, el G2. Aunque sus intenciones fueron la de mantener el control sobre los demás países desde los inicios del siglo XXI; en la actualidad son las dos naciones que más contaminan el planeta. La intención de firmar un nuevo tratado se limitó a una simple declaración de intenciones. Tiempos cuando **Ángela Merkel** era reconocida, siendo llamada como canciller del clima, por sus grandes esfuerzos desde la presidencia del G8 para asegurar el éxito de la reunión de Copenhague.

Con los acuerdos de la Cumbre de París de diciembre de 2015 se han cambiado las reglas. Si bien es cierto que no hubo un tratado vinculante y los objetivos fueron meras propuestas voluntarias, ellas se sumarán y serán analizadas conjuntamente. Como en anteriores cumbres se han incorporado muchas instituciones y en especial los representantes de las grandes ciudades, pero al final sobresalen solo los Estados reconocidos tradicionalmente; pero ninguno de ellos está dispuesto a ceder soberanía a los otros o a las entidades supranacionales.

La tarificación del carbono es una herramienta fundamental para permitir que los actores económicos se embarquen con decisión en la transición hacia una economía baja en carbono y reduzcan las emisiones de gases invernadero con la mayor eficacia posible. No se trata de fijar un precio único al carbono: el objetivo es promover la extensión progresiva de la cobertura de las emisiones mundiales por precios del carbono. Los mecanismos para hacerlo realidad ya existentes (EU ETS, impuesto sobre el carbono en India, US Clean Power plan, en Estados Unidos y por implantarse el ETS en China, etc.) están presentes en países que representan el 89% del PIB del G20, es decir, el 75% de la economía mundial, en dos años más. Por tanto, son pocos los grandes países que más carbono producen, por lo que a corto plazo todos ellos podrán estar cubiertos por un precio al carbono[151].

Como podemos observar, acuerdos, aparentemente serios, firmados desde la última década del siglo pasado hasta hoy día, sólo quedaron en el papel

---

[151] **Cumbre del Clima de París** - COP21, La Conferencia de las Partes diciembre 2015, (Fuente: página web de la Presidencia de la República) Francia en España. Embajada de Francia en Madrid http://www.ambafrance-es.org/Comunicados-de-prensa-COP21

y muchos de los representantes se negaron a firmarlo. Todo acuerdo relacionado con el cuidado del medio ambiente existe pero los intereses, sobre todo de las grandes potencias, pesan más que garantizar un futuro mejor para la humanidad y para el propio Planeta Tierra, que tiene razones extras, para continuar con su lento proceso de su **Rumbo al Final**.

La cumbre de Paris, de diciembre del 2015, permitió formular una gigantesca pregunta: ¿Por qué la temperatura del planeta no debe pasar de los 2°C? Según el 4º Informe de Evaluación del Panel de Expertos del Cambio Climático (**IPCC**), presentado en febrero de 2007, 2°C es el límite considerado "seguro". A partir de ahí el calentamiento puede desencadenar resultados muy graves, como un aumento en la frecuencia de eventos climáticos extremos y sus consecuencias. La primera aparición pública de esta cifra se remonta a 1995, cuando el Consejo de la Unión Europea consideró que las temperaturas promedio mundiales no deberían sobrepasar en más de 2°C (refiriéndose a las temperaturas preindustriales), según lo explicó **Ernesto Rodríguez Camino**, jefe del área de Modelización y Evaluación del Clima de la Agencia Estatal de Meteorología (**AEMET**).

El límite de aumento de los 2°C había sido sugerido por el economista **William D. Nordhaus** a mitad de los años 1970, quedando después en el olvido hasta que en 1990 el *Advisory Group on Greenhouse Gases* (**AGGG**), precursor del IPCC, lo introdujera en el último informe que publicó. Pero pasar esa referencia de los estudios e informes científicos a la arena política no fue fácil. En la Cumbre del Clima de Bali (Indonesia), celebrada a finales de 2007, se logró introducir la referencia al límite de temperatura y la reducción de emisiones que haría falta para contenerla en ese valor; referencia solo señalada al pie de página del texto del acuerdo. *"El acuerdo de Copenhague de 2009 menciona en su texto los +2°C, aunque no dice cómo se va a medir este incremento de temperatura"*, decía **Rodríguez Camino**. No obstante, añade, *"el IPCC no le ha dado ese carácter mágico que tiene actualmente. Su carácter simbólico proviene de la política"*. Aunque los pequeños Estados insulares y los países menos adelantados, han pedido que el objetivo sea no pasar de un aumento de 1.5°C.

Sea como fuere el último informe de Evaluación del IPCC, publicado el 2014, analiza diferentes escenarios que muestran que para tener una oportunidad probable de limitar el incremento de la temperatura promedio global a los 2ºC (hay que tener en cuenta que desde 1880 ya se ha incrementado en 1.02ºC, según los últimos datos del Met Office). La concentración de CO^2 en la atmósfera debería rondar las 450 partes por millón (ppm) en 2100 (el valor actual está en 402). No obstante, esta cifra no tiene por qué ser la definitiva: los países vulnerables, los pequeños Estados insulares y los países menos adelantados, han pedido que el objetivo sea no pasar de un aumento de 1.5ºC, algo que también fue objeto de discusión en la Cumbre 2015 en París. Esta cuestión supuso horas de discusión en la fallida Cumbre de Copenhague el 2009, ya que hay países, como los pequeños estados insulares, que argumentan que permitir un aumento de 2ºC les condena a desaparecer del mapa por la subida del nivel del mar.

Felizmente Estados Unidos ya se ha comprometido a reducir sus emisiones entre un 26-28% hasta 2025 con respecto a 2005. *"El reto no tiene precedentes, pues el calentamiento es de una magnitud que no hemos visto recientemente"*, advierte **José Manuel Moreno**, catedrático de Ecología de la Universidad de Castilla La Mancha y ex vicepresidente del Grupo II del Panel de Expertos de Cambio Climático (IPCC). *"Desde mediados del siglo pasado la concentración de CO2 en la atmósfera ha aumentado en 80 partes por millón (ppm), que es la misma fluctuación que se ha producido en la Tierra en al menos los últimos 800.000 años. Para volver a los niveles que nos permitan contener el aumento de temperatura en 2ºC habrá que disminuir las emisiones de gases de efecto invernadero entre un 40 y un 70% para 2050, y llevarlas a cero en 2100"*. Para lograrlo, el equipo internacional de investigadores de The Global Carbón Project cree que *"habría que dejar más de la mitad de todas las reservas de combustibles fósiles sin explotar"*, según explica **Pierre Friedlingstein**, de la Universidad de Exeter. A menos que las nuevas tecnologías para almacenar carbono en el subsuelo se desarrollen y desplieguen a gran escala. Para mantenerse en la escala de los 2ºC, cerca de 170 países responsables del 95% de las emisiones han remitido a Naciones Unidas sus compromisos de reducción de emisiones a 2025 o 2030. Los compromisos incorporados en el acuerdo de París. Sin embargo, esas contribuciones no son suficientes y abocarían en un incremento de la temperatura de 2.7ºC a final de este siglo[152].

---

[152] Referencia Análisis del Climate Action Tracker (CAT, organización científica independiente con sede en Londres) les da una calificación «media» a estos planes.

Como uno de los grandes emisores, Estados Unidos se ha comprometido a reducir sus emisiones entre un 26-28% el 2025 respecto a 2005; China, a disminuir el hoy pico de sus emisiones antes de 2030 y a recortarlas para ese año al menos un 60% por unidad del PIB con respecto al nivel de 2005; la UE se ha comprometido a reducir las emisiones al menos un 40% el 2030 sobre 1990, e India a reducir la intensidad de las emisiones por unidad de PIB entre un 33% y 35% con respecto a las de 2005. Estos países son los 4 grandes emisores, que suman el 60% de las emisiones globales[153].

Por otro lado, el mar se proyectaba como un depósito natural y alternativo de alimentos para la Especie Humana. Lamentablemente el propio ser humano lo viene deteriorando; haciendo con que el mar sea un depósito de basura por tradición. El constante arrojo de aguas negras en el interior de los mares es el factor fundamental. También tanques de recipientes, aparentemente herméticamente sellados, conteniendo sustancias tóxicas, gases venenosos y material radio activo, se encuentran en el fondo de los océanos; poniendo en serio riesgo al eco sistema allí desarrollado, frente a una creciente expansión demográfica que experimenta la tierra. Por citar un ejemplo antiguo de los tantos casos modernos: en 1930 fue arrojado al fondo del Mar Báltico siete mil toneladas de arsénico, claro, en recipientes de concreto. Pero la pregunta surge: ¿Cuantos años es la vida útil del concreto en el fondo del mar?

No obstante la historia de la humanidad está registrando acontecimientos y pronunciamientos importantes enrumbando el bienestar mundial y registra el peligro proveniente de la mano abusiva del hombre frente a los recursos naturales y a los animales también.

Tres décadas antes de finalizar el milenio pasado, el Antropólogo Ingles, **Ashley Montagu** decía: *"El mundo tiene plazo de 30 a 50 años para que desaparezcan los recursos naturales que sustentan la vida si no se llega a detener la contaminación"*. Pero no fue solamente este Antropólogo inglés en hacer el llamado de alerta. **Richard Nixon**, presidente de los Estados Unidos, en su mensaje anual a la Nación dijo: *"Aire puro, aguas limpias y*

---

[153] Referencia Análisis del Climate Action Tracker (CAT, organización científica independendiente con sede en Londres) les da una calificación «media» a estos planes.

espacios abiertos deben ser nuevamente los derechos innatos de los americanos". Razones que en 1970 incentivaron a la ciudadanía de New York, para salir a las calles y proclamar el merecido **Día de la Tierra,** exigiendo también una acción de emergencia contra la contaminación del medio ambiente.

Legalmente el agua tendría que estar protegida, porque la misma ley así lo prescribe en todos los países del mundo. Por ejemplo en Estados Unidos, existe la Ley de Aguas, que rige su suministro y control. A pesar de la existencia de una ley, más de 50 millones de americanos, ya bebieron agua contaminada[154] aun viviendo en este milenio.

Tal y como el Presidente Nixon pronunciaba su alerta para los americanos, el mundo también daba señales de que los problemas vistos por Nixon eran también los problemas de los demás países y que ello ya era un problema global. Pero, paralelamente, o tal vez como un cómplice coadyuvante de los problemas como consecuencia del Aumento Poblacional en el mundo se destaca la salud del ser humano: al respirar aire contaminado, beber agua no potable para saciar su sed y falta de alimento para apaciguar su hambre.

El Aumento Poblacional en el mundo trae consigo una serie de otros problemas más y en diferentes áreas, como en la producción de alimentos, suministro de agua, tratamiento de los residuos sólidos, vivienda, salubridad, asistencia médica y social, educación y muchos otros más. Todo esto ante la imposición del capitalismo salvaje.

El **Dr. Hugo Salinas**[155] muy atento a lo que ocurre en el mundo comenta: "*Tanto Karl Marx, ayer, como Thomas Piketty, ahora, dedican lo mejor de sus vidas y conocimientos para desentrañar ese monstruo llamado "capitalismo"*"[156]. Justamente un concepto instituido por el "Humano"

---

[154] Departamento del Agua, Massachusetts, US.

[155] **Dr. Hugo Salinas**, nació en Huacrachuco, Perú. Surgió como revolucionario en su juventud, luego como activista social, estudioso, literato e ideólogo, primero en Perú y luego en Francia, para trasladarse con sus obras para América Latina, principalmente desde el inicio de este milenio. Contacto: salinas_hugo@yahoo.com

[156] Referencia. Fuente: Dr. Hugo Salinas. 2015. Email: salinas_hugo@yahoo.com PIKETTY Thomas, [2013] Le capital au XXI e siècle, Editions Seuil, p. 194.

cuando inventa la palabra "Capitalismo" con el que se crea las clases sociales, grandemente diferenciadas entre ellas mismas, naciendo las castas llamadas, la primera de Ricos y la segunda de Pobres. La población que comprende a los Pobres (sumergidos en la pobreza) es mayoritaria y es a donde se debería dirigir toda medida de solución.

Salinas analiza uno de los tantos problemas mencionados aquí de la siguiente manera: *"Los trabajos de investigación de Marx se condensan en su célebre libro "El Capital", tomo I, que se dedica al estudio del "Modo de producción capitalista y las relaciones de producción y de intercambio que le corresponden". Piketty ha asombrado a tirios y troyanos con su ya célebre libro "Le Capital au XXI siècle". Han transcurrido más de cien años entre el uno y el otro, y la investigación científica, en este campo, vuelve a renacer. Pero ¿han puesto al descubierto todas las entrañas del capitalismo para, a partir de ello, poder superarlo?"* (…) *"El capitalismo no es un asunto de producir bienes sino de generar plusvalía, nos dice Karl Marx. Y cuanto más, mejor. Hoy en día, los capitalistas han encontrado un área de actividad económica que les genera más plusvalía que la misma producción de bienes económicos: la especulación, la generación de dinero en base al dinero".* …*"Thomas Piketty ha causado revuelo porque, en el área de las desigualdades socio-económicas, es el trabajo científico que ha cubierto una mayor amplitud tanto en el tiempo como en el espacio, lo que le ha permitido formular conclusiones sorprendentes. Nos dice que "los tres conceptos más importantes para el análisis del sistema capitalista son la relación capital/ingreso nacional, la parte del capital en el ingreso nacional, y la tasa de rendimiento del capital*[157]*".*

Al llegar a la supremacía que representa la riqueza **Salinas** dice: *Thomas Piketty comienza por remarcar lo siguiente: "la experiencia histórica indica*

---

[157] Referencia. Fuente: **Referencia**. Fuente: Dr. Hugo Salinas. 2015. Email: **salinas_hugo@yahoo.com**
SALINAS Hugo [1993] Hacia dónde va la economía-mundo. Teoría sobre los procesos de trabajo, segunda edición en español, 2011, Lima, disponible en http://bvirtual.bnp.gob.pe/bnp/faces/BVIC/Captura/upload/2011/economia.pdf
SALINAS Hugo [2009] Progreso y Bienestar, urbi et orbi. Una nueva visión de la economía y de la sociedad, tomo I, Lima, in http://bvirtual.bnp.gob.pe/bnp/faces/BVIC/Captura/upload/salinas_progresoybienestar.pdf.

que las desigualdades de riqueza tan desmesuradas [en remuneraciones y en capital] no tienen mucho que ver con el espíritu de empresa y no son de ninguna utilidad para el crecimiento de la actividad económica". Aún más, insiste en que *"el capitalismo produce mecánicamente desigualdades insostenibles y arbitrarias".* Ya concluyendo didácticamente Salinas esclarece: *"Thomas Piketty maneja abundante información estadística desde el año 1,700, en donde se muestra que en sus inicios el capital estuvo compuesto en una gran proporción de tierras de cultivo y de esclavos. Es la época del colonialismo. Pero que a lo largo de tres siglos se convierte esencialmente en un capital financiero e inmobiliario. En este proceso se aprecia claramente la evolución de un proceso de trabajo hacia otro. La actividad agrícola primaria deja paso a la actividad industrial. Cada uno de estos procesos de trabajo tiene sus propias variables económicas. Piketty juega con las variables de la actividad industrial que genera una economía de mercado. Pero no son los procesos de trabajo ni sus variables económicas los que configuran el feudalismo-esclavismo-gamonalismo-capitalismo."* Y continua de la siguiente manera: *"Lo que configura las entrañas mórbidas del feudalismo-esclavismo-gamonalismo-capitalismo es la naturaleza del segundo elemento de la actividad socio-económica: la Repartición Individualista, aquella que impera a lo largo de todo el período analizado por Piketty. De ahí que, la acumulación y concentración de capitales, a pesar de los grandes estragos de las dos guerras mundiales, de la gran depresión, de las medidas políticas del Estado Providencia; a pesar de la evolución de los procesos de trabajo, el volumen del capital vuelve a su nivel insólito del año 1700, para ubicarse entre 6 y 7 veces más grande que el monto del Producto Bruto Interno (PBI) en cada país analizado. Y se vuelve a repetir la historia de que, por un lado,* "*los países ricos lo son doblemente, tanto en la producción interior y en el capital invertido al exterior, lo que les permite disponer de un ingreso nacional superior a su producción."* Y por otro lado se vuelve a repetir el hecho de que, menos del 1% de la población, ya sea en el feudalismo-esclavismo-gamonalismo-capitalismo, maneja la economía y vive de sus rentas[158]*".

---

[158] Referencia. Dr. Hugo Salinas. 2015. Email: salinas_hugo@yahoo.com SALINAS Hugo [1993] Hacia dónde va la economía-mundo. Teoría sobre los procesos de trabajo, segunda edición en español, 2011, Lima, disponible en http://bvirtual.bnp.gob.pe/bnp/faces/BVIC/Captura/upload/2011/economia.pdf SALINAS Hugo [2009] Progreso y Bienestar, urbi et orbi. Una nueva visión de la economía y de la sociedad, tomo I, Lima, in http://bvirtual.bnp.gob.pe/bnp/faces/BVIC/Captura/upload/salinas_progresoybienestar.pdf.

Al mismo tiempo como medida de solución, el 2009, en su obra "Progreso y Bienestar, urbi et orbi" el Dr. Salinas aporta su siguiente idea: *"El nuevo proceso de trabajo que la Humanidad está instalando en la actividad socio-económica es el proceso de trabajo de concepción que genera la economía inmaterial y que supera a la economía industrial. Y la decisión socio-económica deberá ser necesariamente la* **Repartición Igualitaria***, la misma que se orienta a resolver los dos grandes males de la Humanidad: el desempleo y la pobreza. Indudablemente que, a este nivel, es una solución al estado puro. Se requiere un proceso de aplicación de estos conceptos logrados mediante la abstracción científica. Es necesario llegar a una situación concreta y práctica, pero sin perder los conceptos centrales del modelo al estado puro*[159]". Pero el Dr. Salinas no termina sólo con su propuesta sino que inspira un futuro que la historia lo sabrá reconocer: "*... creando y desarrollando las empresas-país, la Historia nos está brindando la oportunidad de comenzar el gran cambio, desde ahora, y consolidar, paso a paso, la columna vertebral de una nueva economía y sociedad.*[160]". Ya como opción solucionadora de uno de los grandes problemas se vislumbran en el horizonte tiempos difíciles relacionados con el mundo de los nuevos tiempos; donde el único perjudicado es el propio hombre y sus problemas siempre seguirán siendo los mismos; la

---

[159] Referencia: Dr. Hugo Salinas. 2015. Email: **salinas_hugo@yahoo.com**
SALINAS Hugo [2013] Las empresas-país y la gran transformación, Lima, in http://bvirtual.bnp.gob.pe/bnp/faces/BVIC/Captura/upload/2011/empresas-pais-gran-transformacion-final.pdf
SALINAS Hugo [2009] Progreso y Bienestar, urbi et orbi. Una nueva visión de la economía y de la sociedad, tomo I, Lima, in http://bvirtual.bnp.gob.pe/bnp/faces/BVIC/Captura/upload/salinas_progresoybienestar.pdf.

[160] Fuente: Dr. Hugo Salinas. 2015. Email: **salinas_hugo@yahoo.com**
SALINAS Hugo [2013] Las empresas-país y la gran transformación, Lima, in http://bvirtual.bnp.gob.pe/bnp/faces/BVIC/Captura/upload/2011/empresas-pais-gran-transformacion-final.pdf
SALINAS Hugo [1993] Hacia dónde va la economía-mundo. Teoría sobre los procesos de trabajo, segunda edición en español, 2011, Lima, disponible en http://bvirtual.bnp.gob.pe/bnp/faces/BVIC/Captura/upload/2011/economia.pdf
SALINAS Hugo [2009] Progreso y Bienestar, urbi et orbi. Una nueva visión de la economía y de la sociedad, tomo I, Lima, in http://bvirtual.bnp.gob.pe/bnp/faces/BVIC/Captura/upload/salinas_progresoybienestar.pdf
Lima, sjl, 7 de marzo del 2015.

superpoblación del planeta genera un conjunto de problemas difíciles de resolver como: el hambre, el agua, la contaminación, el bien capital y otros problemas también mayores como el aumento de la pobreza y la disminución de la cantidad de hombres más ricos del mundo, ya que la riqueza se está concentrando solamente en un grupo cada vez menor como producto del proceso generador de riquezas propiciado por el capital.

La esperanza es una medida paliativa que siempre perduró y se espera que sean los gobernantes los que pasen a preocuparse más al respecto, dictando medidas de solución, aunque sea poco a poco y a largo plazo; porque erradicarlo hoy es muy complicado ya que estos problemas perduraran en el tiempo.

Es oportuno concluir recordando los conceptos que la **"Ley de la Biocosmos" propaga para cuestionarse: ¿Por qué y para qué la Especie Humana apareció y vive en el Planeta Tierra?**

CAPÍTULO VI

La Pobreza Mundial

EL AUMENTO POBLACIONAL exagerado, acentuado desde el siglo pasado viene incrementándose con cifras exorbitantes durante estas dos primeras décadas de este milenio y trae consigo, como principal consecuencia, una pobreza generalizada en el mundo y lo que es peor, difícil de erradicarlo. Claro que para solucionar ese problema muchas preocupaciones e iniciativas existen en curso; pero hasta el día de hoy, no están resolviéndolo. Bajo ese contexto la primera y buena iniciativa global resulta ser el programa de la ONU implantado con las **Metas del Milenio**, formuladas exactamente al iniciarse este milenio y ahora después de quince años desde su implantación concluyó el 2015. Este programa ha demostrado que se ha logrado cierta mejoría en algunos países pero también observa que no son situaciones de mejoras que serán sustentables, menos generalizadas y permanentes.

Al mismo tiempo, hablar de los pobres no es un asunto fácil de discernir, es mucho más fácil hablar de los ricos, porque ellos son en menor número. Los pobres sólo son la agigantada sombra de la figura del rico. A propósito el **Dr. Hugo Salinas**, en su artículo "***Las Raíces del Poder de una Minoría***", del 24 de enero de 2015, trae a luz y en una ocasión muy oportuna, la situación mundial de la brecha entre la riqueza y la pobreza o lo que es más fácil decir, entre los ricos y los pobres. **Oxfam**[161], en su informe de enero 2015, "Riqueza: Tenerlo todo y querer más", puntualiza "*en 2014, el 1% más rico poseía el 48% de la riqueza*

---

[161] **Fuente**: Dr. Hugo Salinas, Articulo del 23 de enero del 2015. Publicado en Lima, SJL, Peru.

Oxfam es una organización sin fines de lucro que engloba a 17 organizaciones que trabajan en aproximadamente 90 países de todo el mundo para encontrar soluciones a la pobreza.

mundial, mientras que el 99% restante debía repartirse el 52%." Esto es producto de una *"imperfección del mercado"*, dirán los neoliberales. Pero el asunto es más grave, Oxfam remarca que *"La riqueza de las 80 personas más ricas del mundo se ha duplicado"* a tal punto que en el 2014, el monto de la riqueza de las 80 personas más ricas del mundo igualó en riqueza al 50% de la población mundial más pobre. ¡80 personas pesaron tanto como 3.8 mil millones de personas! ¿Cómo explicar tamaña aberración humana? ¿Y cómo entender que esta grave situación sea soportada por varios miles de años? Oxfam corrobora lo expuesto por el profesor **Thomas Piketty**, en su ya célebre libro *"Le capital au XXI e siècle"*, y apoyado en 15 años de recolección estadística y análisis científico sobre las desigualdades socio-económicas durante los últimos tres siglos de los 20 países más poderosos del mundo. El profesor Piketty nos propone el marco conceptual que nos conduciría a la explicación de tal fenómeno. Y dice: *"Los tres conceptos más importantes para el análisis del sistema capitalista son: la relación capital/ingreso nacional, la proporción del capital en el ingreso nacional, y la tasa de rendimiento del capital"*[162]. ¿Está en lo correcto el profesor Piketty? Todas las variables que menciona el profesor Piketty son elementos del proceso de trabajo que se encuentra en la base del sistema capitalista. Y como tales sólo nos pueden explicar *"la estructura de las desigualdades"*[163] en el sistema capitalista, y no así el origen de la desigualdad socio-económica. ¿Y esto por qué? Simplemente porque lo que han observado, tanto el profesor Piketty como Oxfam, es solamente uno de los dos elementos de toda actividad socio-económica: el proceso de trabajo, mediante el cual se crean riquezas. A partir de ahí es imposible ubicar el origen de las desigualdades socio-económicas. Para identificarlo es necesario tomar en consideración al segundo elemento de toda actividad socio-económica. Se trata de la *"decisión socio-económica"*, mediante la cual la sociedad decide cómo repartir las riquezas creadas; es decir, cómo repartir el resultado de la actividad económica. Y la decisión socio-económica inmersa en el sistema capitalista se manifiesta a través de la Repartición

---

[162] **Fuente:** PIKETTY Thomas, [2013] Le capital au XXI e siècle, Editions Seuil, Editions Seuil, Paginas 92-93.

[163] **Fuente:** PIKETTY Thomas, [2013] Le capital au XXI e siècle, Editions Seuil, p. 92-93 Editions Seuil, paginas 92-93. Dr. Hugo Salinas, Articulo del 23 de enero del 2015. Publicado en Lima, SJL, Perú.

Individualista. Un tipo de repartición basado en la propiedad individual que faculta apropiarse del 100% del resultado de la actividad económica a quien maneja el acto económico. Es este mecanismo que genera el comportamiento individualista en los empresarios y en las personas; aquel que subraya Oxfam: "**Tenerlo todo, y querer más**". Por un lado, la Repartición Individualista incentiva un deseo desmedido de concentración y acumulación de activos y de ingresos que, a finales del siglo XIX y comienzos del XX, tanto en Francia como en Inglaterra y Alemania, como bien lo señala el profesor Piketty, el capital en manos privadas alcanzó la suma de 6 a 7 veces el monto del ingreso nacional en cada país. Ahora estamos de vuelta a esos picos de salvajismo. Por otro lado, y en plena complicidad con los políticos, se deja intacto el "*derecho de sucesión*", de tal forma que la "herencia" pesa más que el esfuerzo personal conocido como la meritocracia. Es decir, los ricos y sus herederos serán siempre ricos, y los pobres siempre pobres. Por lo que la Repartición Individualista hace del dinero un Dios, y a las personas sus servidores. Este mecanismo, en la base del sistema capitalista como su segundo elemento, impulsa la perversión de la sociedad. Los valores: trabajo, hermandad, honestidad, verdad, son dejados de lado para buscar el dinero fácil, la especulación, la corrupción, el asesinato, los negocios ilícitos, la elección de cargos políticos para luego servirse del cargo, etc. Estos son los nuevos valores de la sociedad capitalista. Ya no vales por lo que sabes sino por lo que tienes. Ante tanta aberración humana tenemos que hacer algo, en conjunto, en sociedad. No podemos seguir siendo los "convidados de piedra", la "última rueda del coche", y permitir que muy pocas personas se apropien casi la totalidad del esfuerzo de todo un pueblo, presente y pasado"[164].

La Pobreza Generalizada en el mundo moderno, ya hasta parece ser una característica de la sociedad de humanos inteligentes que masivamente

---

[164] Fuente: Dr. Hugo Salinas, Articulo del 23 de enero del 2015. Publicado en Lima, SJL, Perú.
Oxfam es una organización sin fines de lucro que engloba a 17 organizaciones que trabajan en aproximadamente 90 países de todo el mundo para encontrar soluciones a la pobreza.
PIKETTY Thomas, 2013, Le capital au XXI e siècle, Editions Seuil. Editions Seuil, Paginas 92-93.

pueblan el Planeta Tierra, que por su vez se encuentra en su imparable "Rumbo al Final".

Es más fácil imaginarse que la pobreza solo sea desdén de los países pobres, no obstante se observa que la pobreza no mide esfuerzo para enquistarse en todo tipo de sociedad y existir en cualquier país del mundo, inclusive en los países ricos o muy ricos. Hay pobres también en Estados Unidos de Norte América.

Los Pobres en Estados Unidos - Es sabido que Estados Unidos es el país más rico del mundo; pero apenas el 1% de su población posee la riqueza nacional. Este número comenzó a aumentar desde los años 1970 del milenio pasado. Entonces, pensar en pobres en ese país sería un absurdo; lamentablemente no lo es. Allí también existen los pobres y bien pobres. Hay tantos pobres en ese país, que tal vez ellos sumen unas dos o tres veces la cantidad de habitantes que tiene un país sudamericano, obvio, excluyendo al Brasil.

Los estadounidenses pobres son aquellos que no poseen una casa propia, viven con ayuda del gobierno, son los marginados socialmente, sea por que se enviciaron en las drogas o en el consumo del alcohol, por carecer de educación técnica o profesional, por no querer trabajar o no encontrar un puesto de trabajo y por preferir continuar viviendo con la ayuda que el gobierno les da (*welfere, housing, food stamps*).

En términos estadísticos una familia americana es considerada pobre cuando sus rendimientos anuales, en dinero, son inferiores a 13,920 dólares, con relación al año anterior. En Estados Unidos, el nivel de pobreza es revisado anualmente, para reflejar las modificaciones en el índice de precios al consumidor. Aunque todo el concepto sobre la pobreza refleja opiniones sociales y políticas, el proceso de calcular el nivel de pobreza cada año, es una operación estadística sin ninguna connotación política.

En los Estados Unidos el número de pobres sobrepasa los 35 millones. A pesar de que el número es extremadamente alto, no se detiene, más por lo contrario, aumenta. Mientras que al iniciarse la última década del milenio pasado los americanos pobres llegaban a 33.6 millones, en la década siguiente fueron 35.7 millones. El índice de pobreza llega a los 14.2% del total de la población norteamericana, este resultado se transformó en el más elevado desde 1980, cuando se había batido los records. El total de personas pobres en los Estados Unidos era el más elevado desde 1964. Solamente en el año 1992 el poder adquisitivo de una unidad de familia Norteamérica disminuyo en casi 1.1 mil dólares.

En su reporte anual de 1991, el Departamento de Censo y Estadística Americano concluía que la disminución del poder adquisitivo de los ciudadanos americanos ocurrió por segundo año consecutivo en la medida en que los rendimientos de una unidad familiar mediana, de cuatro personas, cayeron de 31,190 mil dólares a 30,120 mil dólares. Consecuentemente el índice de pobreza tiende a moverse conjuntamente con el índice de desempleo y con la cantidad de personas que reciben el auxilio alimentar (food stamps)[165].

El último censo de los Estados Unidos del milenio pasado (realizado en 1992) señaló que la cantidad de personas pobres había aumentado en 4.2 millones y que las personas que viven en la pobreza demostró un aumento constante, pasando de los 12% el año 1989, a 13.5% en 1990, y a 14.2% en 1991. También el Censo constató que el índice de pobreza de la población norteamericana aumentó en 11.3% en 1991. El índice de pobreza de la población negra aumentó 31.9% en 1990, a 32.7% en 1991. También en la población hispana hubo ese aumento[166].

Finalizando la década de 1980, **Ronald Reagan** dejó la Casa Blanca y George Bush asumió como el nuevo presidente, la faja de la riqueza en Estados Unidos se había concentrado en un pequeño grupo, representando el 1% de la población. Este porcentaje aumentaba de 20% el año 1979, para más de 36% en 1989. En ese país se considera rico al

---

[165] **Referencia**. Fuente: Reporte Anual de 1991, Departamento de Censo y Estadística Americano.

[166] **Referencia**. Fuente: "Frutos do Passado Semente do Futuro", Brasil, Erica, Alcides Vidal.

monto de la operación "patrimonio menos deuda"[167]. Haciendo un poco de historia, de esta manera, los ricos de los años 1980 quedaron con nada menos que la mitad del aumento de 2.5 trillones de dólares, en valores líquidos del PIB. Sin embargo, en 1982 existían apenas 21 millonarios, o sea, 21 personas con una renta superior a un billón de dólares para cada 11 millones de norteamericanos. En 1991, a pesar de haber existido una tremenda recesión, aparecieron 50 millonarios más; época en que el grupo de los ricos llegó a 71 integrantes. Comparativamente podríamos decir que existe un Bill Gates, propietario de la Microsoft, con más de 7 billones de dólares, o un Ross Perrot, magnate texano del petróleo, por cada 3.7 millones de norteamericanos[168].

La Pobreza en el Mundo - Apenas como un punto de partida y un parámetro comparativo de cómo está la pobreza en el mundo, analicemos lo siguiente: se calcula que más de un billón de personas viven debajo de los niveles de pobreza en las regiones rurales en todo el mundo, según el estudio de la ONU, divulgado en New York, en el año 1992[169].

A pesar de que hace más de cinco décadas existe la ayuda internacional, de acuerdo al trabajo realizado por el Fondo Internacional de Desenvolvimiento Agrícola (**FIDA**) aliado a la pesquisa intensiva realizada a lo largo de dos años en 114 países en vías de desarrollo se ha llegado a estimar que la pobreza en las zonas rurales tiene un aumento progresivo en todo el planeta.

Con informaciones de FIDE, a inicios de la última década del siglo pasado clasificamos algunos países, dentro del contexto del índice de pobreza, de la siguiente forma: Bolivia es el país con el más alto porcentaje de pobreza con 97% de su población rural; Malawi es el segundo con 90%; Bangladesh, con 86%; Perú, con 75% y el Brasil con 73%.

---

[167] **Referencia**. Fuente: "datos organizados por Cláudia Goldin y Bradford de Long, especialista en Historia de la Economía en la Universidad Harvard y por Edward Wolff, economista de la Universidad de Nova York".

[168] Fuente: Forbes The World's Billionaires.

[169] Fuente: "Fundo Internacional de Desenvolvimento Agrícola (FIDA).

Al finalizar el milenio pasado **Bolivia** se encontraba como el país en peor situación en el contexto mundial de pobreza de los pueblos. **Bolivia** tenía 97% de la población rural viviendo debajo de los niveles de pobreza. Del mismo modo Bangladesh fue el segundo país que vive en las mismas condiciones que Bolivia, representando el 86%. Dentro de este ranking los países que siguen son los siguientes: Zambia 80%, Perú 75%, Brasil 73%, y las Filipinas 64%. En todos los países que contempla este marco, más de 2.5 billones de personas viven en zonas rurales y un billón en condiciones extremas de pobreza, lo que viene a representar un aumento de 40% en las dos últimas décadas del siglo pasado.

Bolivia comienza a salir de la situación comentada antes, justamente en los inicios de la administración de **Evo Morales**; quien venía de ganar las elecciones presidenciales de 2005, donde obtuvo el 54% de los votos. Su llegada a la presidencia de la república fue el 22 de enero del año 2006; fecha que marcaba historia en el país boliviano. Morales resultó ser el primer presidente boliviano de raíces indígenas. Evo Morales, rápidamente enrumbó a su país al desarrollo y a luchar contra el flagelo de la extrema pobreza. Morales cumplió su mandato y nuevamente fue candidato para un segundo período, gana las elecciones del 6 de diciembre de 2009, con el aplastante 64.22% de los votos y asume el poder el 22 de enero de 2010. Cuatro meses después de haber asumido la presidencia, Morales nacionalizó los hidrocarburos, el 1 de mayo de 2006. Recuperó para el Estado el control de los sectores estratégicos de la economía, de los servicios básicos y aplicó una efectiva política de redistribución del ingreso que ayudó a reducir los índices de pobreza y pobreza extrema en su país.   Ya desde el segundo año de su primer mandato (2007) Evo Morales aprovecha los altos precios internacionales del gas y de los minerales, rubros en los que Bolivia es país exportador, para invertir fuertemente en el desarrollo de su país. Es cuando Bolivia creció 4.8% al año durante el período de 2007 al 2012. Morales hizo que la deuda pública boliviana y el desempleo cayeran drásticamente. El 2013 la tasa de crecimiento boliviano aumentó al 6.5%, lo que viene a representar la más alta tasa en los últimos 38 años. Morales termina su segundo mandato y el 2014 es nuevamente candidato y el 12 de octubre del mismo año Morales gana las elecciones presidenciales en Bolivia, por tercera vez consecutiva. Morales gobernará Bolivia hasta el año 2020, totalizando 14 años de mandato continuo.

Lo más resaltable de la administración Evo Morales, iniciando su tercer mandato fue que medio millón de bolivianos salían de la extrema pobreza, la deuda pública juntamente con el desempleo bajó al 3.2%, batiendo los records en la historia boliviana.

Al respecto, el presidente de Ecuador, Rafael Correa, en su condición de anfitrión de la IV Cumbre de la Comunidad de Estados Latinoamericanos y Caribeños (Celac), afirmó en Quito, el 27 de enero de 2016, que su homólogo de Bolivia, *"Evo Morales, es una inspiración para luchar contra la pobreza y la desigualdad. (…) La verdad es que Evo es inspiración para todos nosotros, primer Presidente indígena de Sudamérica y mantiene a Bolivia con indicadores económicos y sociales realmente espectaculares"*, remarcó el Mandatario ecuatoriano, quién también entregó la Presidencia pro témpore de la Celac al representante de República Dominicana. La IV Cumbre de la Celac debatió en Quito el desarrollo y lucha contra la pobreza, la reducción de la desigualdad en América Latina y el Caribe y la integración económica, entre los temas importantes y urgentes para la región. Al menos 165 millones de personas viven en situación de pobreza en Latinoamérica y el Caribe, según datos oficiales CELAC[170].

Es oportuno citar también que los aires mundiales que soplan hoy son muy diferentes al del inicio glorioso de Morales el 2006. Ya viviendo la segunda mitad de la segunda década de este milenio (2014-2015), con la caída del precio internacional del gas, Bolivia perdería algo más de 16 billones de dólares. Suma significativa que ciertamente mellará la brillante administración de Morales. Como medida de urgencia Evo Morales presentó una Nueva Ley de Hidrocarburos al congreso que busca dar más seguridad jurídica e incentivos fiscales a las empresas extranjeras que participen en la exploración del petróleo en su país. Pero la situación preocupante que preveía Bolivia es la misma situación que vislumbran todos los países, no solamente los de Latinoamérica sino también del mundo.

De esta manera, mientras la miseria urbana aumenta galopantemente, los pobres del mundo rural representan más del 80% del total de los pobres, contemplados en los estudiados en 114 países, de los más de 220 países

---

[170] **Referencia.** Portal Telesur - La Paz y Quito, ECUADOR, 27 enero 2017 (ABI)

en el mundo, de acuerdo al Fondo Internacional de Desenvolvimiento Agrícola (FIDA).

En los últimos 20 años y a nivel mundial el número de agricultores pobres aumentó. El índice de pobreza rural, en **Sir Lank** saltó del 13% el año 1965 para el 46% en 1988; **Zambia** pasó del 52% para 80%; Mali pasó del 48% para el 60%; y el Brasil de 66% en 1965 para 73% en 1988. No obstante otros países consiguieron suceso en la administración de la política de la pobreza rural. Entre estos países encontramos: **India**, donde los pobres disminuyeron de 53% en el año 1965 para 42% en 1988; **Indonesia**, con reducción de 47% para 27%; **Corea del Norte**, de 36% para 11%; **Malasia**, de 59% para 22%; **Paquistán**, de 43% para 29%; **Lesoto**, de 91% para 55%.

A nivel continental es en Asia donde se encuentra el mayor contingente de campesinos viviendo debajo de la línea de pobreza, representan 633 millones de personas. En África viven más de 204 millones en las mismas condiciones. En América Latina y el Caribe viven 76 millones; en el Oriente Medio y el África del Norte totalizan 27 millones de personas viviendo en los extremos de pobreza. De ese total la población femenina llega a 564 millones, lo que corresponde a 47% en los últimos 20 años y la población masculina aumentó en 30%.

La diferencia en la distribución de renta se observa también entre blancos y negros. Así por ejemplo, en el Brasil, de acuerdo con el IBGE, 55.5% de la población son blancos, 5.5% negros y 39% pardos. Hay más analfabetos entre los negros (30.1%) y pardos (29.3%) que entre los blancos (12.1%). La renta promedio de los negros y pardos, en la última década del milenio pasado fue del 41% y, la renta promedia de los blancos fue del 48%[171].

Estimaciones groseras apuntan que un tercio de la población localizada en los países más desarrollados consume dos tercios de la producción agra alimenticia del planeta, mientras que la población más pobre (dos tercios del total) consume apenas un tercio de los alimentos producidos.

---

[171] **Referencia**. Fuente: "Frutos do Passado Semente do Futuro", Brasil, Erica, Alcides Vidal.

La pobreza en el mundo es debido a que el capital se transformó en un poder supremo creador de clases sociales y de poder; el olvido de los gobernantes de su pueblo viviendo en zonas rurales, barriadas y asentamientos humanos; y porque más cantidad de dinero es invertido en armas y militares que en ayuda social o en programas para disminuir la pobreza mundial, ya que erradicarlo será difícil. Todo esto sin contar con la corrupción de las autoridades y de la clase política que desaparecen cantidades astronómicas de los presupuestos nacionales y de los cofres estatales.

Como venimos observando la pobreza en el mundo siempre fue creciente, consecuentemente el hambre, que es la sombra de la pobreza, también no dejará de aumentar. Es algo que se puede resumir en: aunque no se pueda creer, y no llegue aparentar, el mundo padece de hambre. No obstante, es muy alentador y hasta un tanto esperanzador saber que las Metas del Milenio planteadas en el año 2000 ya dieron resultados positivos el 2010, esto es, faltaban cinco años para llegar a la meta para la evaluación de los resultados conseguidos (2015). Más alentador fue el informe del año 2012 del Secretario General, Naciones Unidas, **BAN Ki-moon**, sobre la anticipación de la Consecución de los Objetivos de Desarrollo del Milenio, donde destaca varios hitos.

> *"La meta de reducir la pobreza extrema a la mitad se ha logrado cinco años antes del plazo fijado de 2015, y asimismo la de reducir a la mitad el porcentaje de personas que carecen de un acceso confiable a fuentes de agua potable mejoradas. Las condiciones en las que viven más de 200 millones de personas en los tugurios han mejorado, lo cual es el doble de la meta marcada para 2020. La matrícula de niñas en la enseñanza primaria ha igualado a la de los niños y se ha visto un avance acelerado en la reducción de la mortalidad materna y de los niños menores de 5 años."*

Estos resultados representan una tremenda reducción del sufrimiento humano y constituyen una clara corroboración del enfoque dado a los Objetivos de Desarrollo del Milenio entre todos los países adherentes. Sin embargo, BAN Ki-moon arenga: "no hay que bajar la guardia". *Las proyecciones indicaban que el 2015 más de 600 millones de personas de todo el mundo seguirían careciendo de acceso a agua potable segura; casi 1000 millones vivirán con un ingreso de menos de 1.25 dólares al día; habrá madres que morirán durante el parto, cuando ello puede evitarse, y habrán niños que sufrirán y morirán de enfermedades que se pueden prevenir. "El hambre continuará siendo un problema mundial"; y asegurar que todos los niños puedan completar la enseñanza primaria seguirá siendo una meta fundamental pero no cumplida que afectará negativamente al resto de los objetivos."*

La falta de condiciones de saneamiento seguras está obstaculizando los avances en salud y nutrición, la pérdida de la biodiversidad avanza a un ritmo acelerado y las emisiones de gases de efecto invernadero siguen siendo una gran amenaza para la población y para los ecosistemas.

El objetivo de alcanzar la igualdad de género también sigue sin cumplirse, con amplias consecuencias negativas, ya que alcanzar los Objetivos de Desarrollo del Milenio depende en gran medida del empoderamiento de la mujer y del acceso de las mujeres, en condiciones de igualdad, a la educación, al trabajo, al cuidado de la salud y a la toma de decisiones. También debemos reconocer la desigualdad en los distintos países y regiones y las profundas diferencias que existen entre las poblaciones, en especial en las áreas rurales y urbanas.

BAN Ki-moon concluye: *"Alcanzar los Objetivos de Desarrollo del Milenio para 2015 es difícil pero no imposible. Depende mucho de que se cumpla el Objetivo 8: la alianza mundial para el desarrollo. No debe permitirse que la actual crisis económica, que afecta a gran parte de los países desarrollados, retraiga los avances conseguidos. Aprovechemos al máximo los éxitos que hemos logrado hasta ahora y no cejemos hasta haber alcanzado todos los Objetivos de Desarrollo del Milenio*[172]*"*.

Viviendo las dos primeras décadas de este milenio, globalmente se observa un número cambiante relacionado con el combate a la pobreza. Esto puede estar relacionado con los resultados esperados de los programas derivados de las Metas del Milenio, que fueron proyectadas para ser

---

[172] Fuente: "Fuente ONU - BAN Ki-moon - Secretario General, Naciones Unidas Objetivos de Desarrollo del Milenio: Informe de 2012

cumplidas en el 2015, ya anticipando grandes y buenos resultados, en adelante.

Conclusiones Animadoras - Cumpliéndose la meta estipulada para la conclusión de los Objetivos de Desarrollo del Milenio (**ODM**) se observa que se han logrado grandes avances en la consecución de esos Objetivos. De acuerdo con el análisis de los Objetivos de Desarrollo del Milenio, en su Informe de 2012, SHA ZUKANG, Subsecretario General de Asuntos Económicos y Sociales[173]: *"La pobreza extrema está disminuyendo en todas las regiones, por primera vez desde que comenzaron a analizarse las tendencias de la pobreza, tanto la cantidad de personas que viven en la pobreza extrema como las tasas de pobreza cayeron en todas las regiones en desarrollo, incluyendo África subsahariana, donde esas tasas son las más altas. La proporción de personas que viven con menos de 1.25 dólar al día cayó desde 47% en 1990 hasta 24% el 2008"*[174].

Los resultados preliminares de los Objetivos de Desarrollo del Milenio son los siguientes:

- ✓ Se ha alcanzado el objetivo de reducir la pobreza. Las estimaciones indican que el 2010 la tasa de pobreza de gente que vive con 1.25 dólar al día cayó a menos de la mitad de la tasa de 1990. Si ese resultado se confirma, la primera meta de los Objetivos de Desarrollo del Milenio (reducir la tasa de pobreza extrema a la mitad de su nivel de 1990) habrá sido alcanzada, mucho antes de 2015.

- ✓ El mundo ha cumplido la meta de reducir a la mitad la cantidad de personas sin acceso al agua potable. En el 2010 también se cumplió la meta de reducir a la mitad la cantidad de personas sin acceso sostenible al agua potable. Además, la proporción de personas que usan una fuente de agua mejorada aumentó 76% en 1990 para 89% el 2010. Entre 1990 y 2010, más de 2,000

---

[173] Fuente: "Fuente ONU - BAN Ki-moon - Secretario General, Naciones Unidas Objetivos de Desarrollo del Milenio: Informe de 2012.

[174] Fuente: "Fuente ONU - BAN Ki-moon - Secretario General, Naciones Unidas Objetivos de Desarrollo del Milenio: Informe de 2012.

millones de personas obtuvieron acceso a fuentes de agua potable mejoradas, como suministro por cañería y pozos protegidos.

- ✓ Las mejoras de la vida de 200 millones de habitantes de tugurios superaron las metas establecidas. Entre 2000 y 2012, el porcentaje de habitantes urbanos de los países en desarrollo que vivían en tugurios disminuyó del 39% al 33%. Más de 200 millones de personas lograron el acceso a fuentes de agua mejoradas, a instalaciones de saneamiento mejoradas o a viviendas durables y menos hacinadas. Este logro supera la meta de mejorar significativamente las vidas de al menos 100 millones de habitantes de tugurios, mucho antes de la fecha fijada, 2020.

- ✓ Se ha logrado la paridad en enseñanza primaria entre niñas y niños Gracias a los esfuerzos nacionales e internacionales y a la campaña de los ODM, muchos más niños de todo el mundo se han matriculado en la enseñanza primaria, especialmente desde el 2000. Las niñas son las que más se han beneficiado. En todas las regiones en desarrollo la relación entre la tasa de matrícula de las niñas y niños aumentó de 91% en 1999 a 97% el 2010. Este índice de paridad de géneros (97%) se contempla dentro del margen de 3 puntos del 100%, que es la medida aceptada de paridad.

- ✓ Muchos países que enfrentan grandes desafíos en la alfabetización han concretado avances significativos en el camino hacia una enseñanza primaria universal. En África subsahariana la tasa de matrículas en la enseñanza primaria aumentó marcadamente, pasando del 58% al 76% entre 1999 y 2010. Muchos países de la región lograron reducir las altas tasas de niños no matriculados, incluso a pesar del aumento de la cantidad de niños en edad de asistir a la escuela primaria.

- ✓ Los avances en la supervivencia infantil están acelerándose. A pesar del crecimiento de la población, la cantidad de muertes de niños menores de 5 años ha disminuido en todo el mundo: desde más de 12 millones en 1990 hasta 7.6 millones el 2010. Asimismo, los avances en los países en desarrollo también se han acelerado. África subsahariana, la región con el nivel de mortalidad más alto entre menores de 5 años, ha duplicado el cociente de la tasa de reducción, pasando del 1.2% al año entre 1990 y 2000 al 2.4% durante el período 2000-2010.

- ✓ En todas las regiones aumentó el acceso al tratamiento para las personas con VIH. A finales de 2010, en las regiones en desarrollo había 6.5 millones de personas que recibían tratamiento con antirretrovirales para el VIH o el SIDA. Esa cantidad constituye un aumento de más 1.4 millones de personas desde diciembre del 2009, y es el incremento más alto jamás logrado en un año. Sin embargo, en el año 2010 no se ha alcanzado la meta de lograr el acceso universal a los sistemas de salud.

- ✓ El mundo está en camino de alcanzar la meta de detener y empezar a revertir la propagación de la tuberculosis. En todo el mundo, desde el 2002, las tasas de incidencia de la tuberculosis han ido declinando. Las proyecciones actuales llevan a pensar que la tasa de 1990 de mortalidad por esta enfermedad se habrá reducido a la mitad en el año 2015.

- ✓ Las muertes por paludismo han disminuido en todo el mundo. Desde el año 2000, la incidencia estimada del paludismo ha disminuido un 17% en todo el mundo. En este mismo período, las tasas de mortalidad debidas específicamente al paludismo han disminuido un 25%. Entre el 2000 y el 2010, en 43 de los 99 países con transmisión activa de paludismo, los casos denunciados cayeron más de un 50%[175].

La desigualdad está afectando negativamente a las ganancias y haciendo lento los avances en áreas clave. Los logros se han distribuido de forma desigual entre las regiones y países de acuerdo a la ODM, ocurriendo debido a las múltiples crisis del período 2008-2009.

- ✓ En los últimos 20 años, el empleo vulnerable ha disminuido en pequeña proporción. Se estima que el 2011 el empleo vulnerable

---

[175] Fuente: "Fuente ONU - BAN Ki-moon - Secretario General, Naciones Unidas Objetivos de Desarrollo del Milenio: Informe de 2012.

(definido como el porcentaje de trabajadores familiares auxiliares y trabajadores por cuenta propia respecto al empleo total) representaba 58% de la fuerza laboral en las regiones en desarrollo, lo cual supone un descenso moderado en relación con el 67% que existía hace dos décadas. Es más probable que las mujeres y la población joven se encuentren en posición insegura y pobremente remunerada en proporción mayor que el resto de la población laboral.

✓ El descenso de la mortalidad materna está muy lejos de la meta establecida para 2015. Ha habido importantes mejoras en la salud materna y en la reducción de la mortalidad materna, pero los avances siguen siendo muy lentos. La disminución de la cantidad de embarazos entre las adolescentes y la expansión del uso de los métodos anticonceptivos han continuado, pero desde el 2000 lo ha hecho a un ritmo más lento que durante la década precedente.

✓ El uso de fuentes de agua mejoradas sigue siendo bajo en las áreas rurales. Mientras que el 2010 el 19% de la población rural usaba fuentes de agua no mejoradas, en las áreas urbanas ese porcentaje era de sólo un 4%. Como aspectos relacionados con la seguridad, la confiabilidad y la sostenibilidad no se reflejan en los indicadores que se utilizan para seguir los avances de los ODM, es probable que ese porcentaje sobrestime la cantidad real de personas que usan fuentes de agua seguras. Y lo que es peor, casi la mitad de la población de las regiones en desarrollo (2,500 millones de personas) todavía no cuenta con instalaciones de saneamiento mejoradas. Para 2015 el mundo habrá logrado solamente un 67% de cobertura, muy por debajo del 75% necesario para alcanzar el ODM.

✓ El hambre sigue siendo un problema mundial. Las estimaciones más recientes de la FAO a propósito de la nutrición insuficiente, indican que en el período 2006/2008 había 850 millones de personas que padecían hambre, lo que equivale a un 15.5% de la población mundial. Este persistente nivel alto refleja la falta de avances de varias regiones, a pesar de que haya disminuido la pobreza. Los avances también han sido lentos en la reducción de la nutrición insuficiente en niños. El 2010, casi un tercio de los niños de Asia meridional pesaban menos de lo normal.

- ✓ La cantidad de personas que viven en tugurios sigue creciendo. No obstante el descenso del porcentaje de población urbana, que vive en tugurios, la cantidad absoluta ha seguido creciendo respecto a la base de referencia de 650 millones registrada en 1990. Se estima que 863 millones de personas viven hoy en esos barrios.

SHA ZUKANG, Subsecretario General de Asuntos Económicos y Sociales, de la ONU, concluyendo su analice de los Objetivos de Desarrollo del Milenio, 2012 dice: *"En los próximos años tendremos la oportunidad de aumentar los logros y de adecuar nuestro programa para el futuro. El plazo fijado de 2015 se acerca rápidamente. Las contribuciones de los gobiernos nacionales, la comunidad internacional, la sociedad civil y el sector privado deberán intensificarse para enfrentar el antiguo y persistente desafío de la desigualdad y para seguir luchando por la seguridad de los alimentos, la igualdad entre los géneros, la salud materna, el desarrollo rural, las mejoras de la infraestructura, la sostenibilidad del medio ambiente y la respuesta al cambio climático".*

También anticipa: *"Se está preparando un nuevo programa para continuar en él nuestros esfuerzos más allá de 2015. La campaña de los ODM, con sus éxitos y reveses, nos provee una rica experiencia de la cual extraer enseñanzas, al igual que nos brinda la confianza de que es posible seguir cosechando éxitos".*

- ✓ La igualdad entre los géneros y el empoderamiento de la mujer son asuntos clave. La desigualdad entre los géneros continúa y las mujeres siguen enfrentando discriminación en el acceso a la educación, trabajo, tenencia de bienes y en su participación en el gobierno. La violencia contra la mujer sigue socavando los esfuerzos de alcanzar todos los objetivos. Se espera la continuación de los avances hacia 2015 y después, dependerá mucho de los éxitos que se logren en estos desafíos interrelacionados.

- ✓ Los avances en los ODM demuestran el poder de los objetivos mundiales y de las metas compartidas. Los ODM han sido un marco de trabajo fundamental para el desarrollo global. Planes claros y con objetivos y metas mensurables, y la existencia de una visión en común, han sido cruciales para lograr los éxitos.

"En todo el mundo existe la expectativa de que más temprano que tarde se alcanzarán todos los objetivos marcados. Se espera mucho de los líderes mundiales. Diversos sectores, como los gobiernos, las empresas, las universidades y la sociedad civil, a menudo conocidos por trabajar con metas divergentes incompatibles, están aprendiendo a colaborar en sus aspiraciones compartidas. Las estadísticas mundiales y un análisis claro del Informe de los Objetivos de Desarrollo del Milenio (ODM) de este año nos dan una buena idea de hacia dónde dirigir nuestros esfuerzos" concluía SHA ZUKANG, Subsecretario General de Asuntos Económicos y Sociales[176].

La Pobreza en el Mundo es un mal neurálgico que generaciones tras generación tendrán que convivir con las consecuencias que ese mal carga. Los esfuerzos por enfrentarla son constantes y bajo diferentes formas y niveles de acción pero el mal es están grande y heredado desde el principio de este milenio que se está convirtiendo, realmente, en un problema difícil de resolver en todas sus esferas. La Especie Humana está condenada a sobrevivir con este mal, solo que no se sabe hasta cuándo. A pesar de existir esa acentuada pobreza gran parte de seres humanos está viviendo más tiempo de lo esperado como límite máximo de su expectativa de vida; paradójicamente el Planeta Tierra, donde la Especie Humana apareció, se encuentra en su verdadero "Rumbo al Final". Situación que agudiza más el problema de la pobreza global que se viene a sumar a muchos otros problemas, también globales que la Especie Humana tiene que enfrentar de todas maneras. Curioso es observar que mucha gente ignora esta situación. Como la vida es pasajera, demostrada en la Curva de la Vida, tal vez sea esa su justificación conformista.

---

[176] Fuente: "Fuente ONU - BAN Ki-moon - Secretario General, Naciones Unidas Objetivos de Desarrollo del Milenio: Informe de 2012.

CAPÍTULO VII

Problemas Heredados del Siglo Pasado

"El pasado sirve para evidenciar nuestras fallas y para darnos indicaciones para el progreso del futuro." Henry Ford

LOS PROBLEMAS HEREDADOS son las dificultades que la humanidad tiene que enfrentar hoy como consecuencia de la obra de la Civilización Humana que habitó el Planeta Tierra en el pasado.

Hoy día el Ser Humano tiene que soportar e intentar solucionar los problemas que heredó de generaciones pasadas con la intención de que esos problemas no aumenten en magnitud el día de mañana. Como el propio título alude, los Problemas Heredados vienen como herencia construida en el Siglo pasado del grandioso milenio que se fue para dar inicio al actual, el milenio 2000-2999 y están ahí, latentes en espera de acciones solucionadoras.

Privilegio de todas las personas que viven hoy sus afortunados veinte o más años, porque son ellas las que tuvieron la singular oportunidad de poder nacer en el milenio pasado y de continuar viviendo décadas del Nuevo Milenio. Consiguieron vivir en dos milenios. Aunque meditar no hace mal, falsa sería la ambición visionaria de vivir hasta en el próximo milenio, ya que eso sería algo como si proyectáramos vivir en un "Segundo súper Mundo" con una Súper Raza de Humanos. Al respecto, siempre existirán las esperanzas de que la Especie Humana viva más e inclusive hasta en el Glorioso Milenio 3000-3999; claro, primeramente urge mensurar conscientemente la obra humana actual para evaluar si ese sueño puede ser hecho realidad; lo que se resumiría en el eslogan: "Del Sueño a la Realidad"[177].

---

[177] Del Sueño a la Realidad, título del libro publicado en Estados Unidos en 1995.

Lejos de tener que evaluar ambiciones necesarias para que la Especie Humana pudiera llevar en cuenta para tener una vida saludable y prolongada, hay todavía una serie de Problemas Heredados del Siglo Pasado por resolver; uno de ellos está relacionado con la **alimentación**. El abandono y la pérdida de las áreas de cultivo, la **Carencia de alimentos** para todos y las migraciones del campo para los alrededores de las grandes ciudades, son algunos de los principales problemas que la Especie Humana tendrá que enfrentar siempre. Problema que es causa de que la vida en Dos Mundos solo sea una ambición y muy difícil de hacerse realidad, pero no imposible. A todos estos problemas no estamos incluyendo algo mayor que es el problema de la **superpoblación humana**, apenas la contemplamos como consumidores de alimentos. Razones que hacen que la preocupación alimentaria sea una constante y un límite por superar, pensando siempre que es una meta posible de hacerlo realidad y viene en consecuencia de los Problemas Heredados del Siglo Pasado.

El aumento de la población mundial afecta la producción de alimentos porque la tierra cultivable por habitante disminuye constantemente. La presión mayor se ejerce en el Cercado Oriente y en África, regiones en que las densidades de población han aumentado en 73 y en 66% respectivamente en un período de 20 años. Además estas regiones tienen pocas posibilidades de elevar su producción agropecuaria, por la limitación de sus tierras cultivables y la debilidad de su infraestructura. Bajo ese panorama se calcula que en el mundo actual más de 800 millones de seres humanos no tienen los medios suficientes para alimentarse mínimamente y padecen hambre, sobre todo en los países del sur del globo y lo peor, más de un billón se encuentran desnutridos y tienen una alimentación deficitaria y desequilibrada.

Estudios en **Europa** y en **Estados Unidos** ayudaron para organizar mejor la producción de alimentos ya que ellos siempre dieron prioridad en todos sus planos de gobierno. El Presidente de Estados Unidos, **Franklin D Roosevelt**, al asumir la presidencia, en la década de 1930 instituyó el *"**New De**al"*. Acción que se relacionó con la creación de colonias agrícolas, transferencia de la población desempleada de la ciudad al campo y facilitó las negociaciones con los bancos para el financiamiento de proyectos agrícolas.

Entre 1950-1985, la producción global de **cereales**, que constituye la mayor parte de la alimentación energética de la mayoría de los seres humanos, aumentó más rápidamente que la población; pasó de 700 millones de toneladas a 1,800 millones de toneladas. En 1985, la producción de cereales y tubérculos o raíces alcanzó 500 kg por persona al año, cantidad teóricamente suficiente para poder tener una ración calórica suficiente, si esa producción fuese racionalmente distribuida.

En la última década del siglo pasado se iniciaba una fuerte preocupación por la **producción de alimentos**, más específicamente relacionados con los cereales. En 1990 se produjeron 1,900 millones de toneladas de cereales, distribuidos de la siguiente forma: Trigo, 590 millones de toneladas y Arroz, 520 millones de toneladas. La producción de trigo fue distribuido de la siguiente manera: 36% en **Asia**; 15% **Norteamérica**; 16% Europa occidental; y 24% en la Ex **URSS** y países del Este Europeo. Ya la producción de **arroz** fue de la siguiente manera: 480 millones de toneladas en **Asia**; 7.5 millones de toneladas en EEUU; 14 millones de toneladas en Hispanoamérica; y 2.5 millones de toneladas en Europa. Al mismo tiempo en 1992 se superaba la producción del año anterior en 26 millones de toneladas, lo que totalizó 1,902 millones de toneladas producidas. Pero esta mejora estaría por debajo de las estimaciones proyectadas por la Organización de las Naciones Unidas para la Alimentación y Agricultura (**FAO**). La FAO proyectaba para el año siguiente (1993) una producción estimada de 207 millones de toneladas más. Cifra que superaría los 1,500 millones de toneladas producidos en los años anteriores.

En **Europa Occidental**, en 1958 se firmó el **Tratado de Roma**, que contempló la creación de la Política Agrícola Común (**PAC**) de la cual fueron signatarios los países que integran la Comunidad Europea (**CE**). Lo que originó que en 1989 los subsidios para la agricultura superaran los 245 billones de dólares entre los 24 países que integran la Organización para la Cooperación y Desenvolvimiento Económico (**OCDE**); Integrada por la Comunidad Europea (**CE**), Australia, Nueva Zelandia, Canadá, Estados Unidos, Japón, Turquía y Yugoslavia[178]. Pero

---

[178] Fuente: Preocupación Alimentar – Frutos do Passado Sementes do Futuro, Érica, Brasil, 1993, Pág. 73-74.

lo que sería una solución resultó siendo un impase con los 108 países que integraban el **GATT**. Fue exactamente por culpa de los subsidios que se llegó a la suspensión de las negociaciones en la Reunión Uruguayanía de inicios de 1990 pero que debía ser concluida en diciembre del mismo año, que lamentablemente no fue así, apenas se llegó a un acuerdo en 15 sectores. No obstante en febrero del año siguiente los trabajos recomenzaron con el aval de la Comunidad Europea que se comprometía negociar compromisos específicos como: **1)** Incentivos a la producción; **2)** Subsidios para la exportación y **3)** Barreras a la importación, que culminaron en julio de 1992[179]. Ejemplo: en el mundo todos los gobernantes crearon sus política, firmaron acuerdos, se unieron tratados, y en fin, hicieron todo lo necesario con la finalidad de que la producción de alimentos deje de ser un problema y que más bien se convierta en un artículo de exportación y genere divisas en su balanza comercial favorable, dentro de lo posible.

La energía alimentaria disponible a escala mundial proviene, casi en la totalidad, de productos agrícolas. Realizando cálculos sobre la base de **2,500 calorías** encontramos que el 99% de las calorías alimentares proviene de la agricultura, ganadería y pesca. Discriminando: aproximadamente 80% de productos son de origen vegetal y son poco industrializados; solamente el 17% de calorías son de origen animal y 3% de la pesca y la acuicultura.

Los **cereales** naturales y sus derivados aportan el 50% de las calorías consumidas de Tubérculos y raíces, representa el 6%; Azúcar (caña y remolacha) 9%; Cuerpos grasos de origen vegetal 8%. El resto (23%) está integrado por leguminosas alimenticias (lentejas, guisantes, judías) y de frutas y verduras. Las frutas y verduras, son de bajo valor energético pero son alimentos que colaboran para mantener la salud. La producción de cereales ocupa más de la mitad de las tierras cultivables (aproximadamente 60% en países desarrollados) donde más de la mitad de la producción se destina al consumo animal.

---

[179] Fuente: Preocupación Alimentar – Frutos do Passado Sementes do Futuro, Érica, Brasil, 1993, Pág. 74-76.

Entre los cereales secundarios el **Maíz** representa el 23% de la producción mundial de esta especie; de los cuales el 55% es cultivado en EEUU, mayoritariamente para el consumo animal y la producción de edulcorante. La Cebada representa el 10 % de la producción total. El Mijo y sorgo representa el 6% que principalmente es consumido en zonas tropicales secas o áridas.

Las raíces y los tubérculos (yuca (mandioca), papa (batata), camote, etc.) ocupan aproximadamente un 4% de las tierras cultivadas, siendo su producción global de 500 millones de toneladas. Los tubérculos aportan el 6% de la base energética global. Estos cultivos (excepto la papa) no son objeto de investigación, para mejorar sus cualidades alimenticias, su rendimiento y sobre todo sus métodos de conservación.

Las variedades de las **leguminosas** alimenticias aproximado ocupan el 10% de la superficie cultivada, pero no aportan más que el 3% de las calorías finales; en proteínas aportan el 7%. Las **leguminosas** más importantes son: guisantes, judías y las lentejas; los garbanzos en la cuenca Mediterránea, África y Niebe. Estos cultivos se concentran en países en vías de desarrollo. La producción se ha estancado por la reducción de superficies cultivables. En **India**, la cantidad teórica disponible en legumbres secas ha pasado de 70 gr/día/habitante (1956) a 38.6 gr/día/habitante en 1982, ampliándose al finalizar el siglo pasado. En **Hispanoamérica**, la soya y la caña de azúcar, tienden a reemplazar a la yuca (mandioca) y la judía. Los cultivos proteínicos solo proporcionan el 2% de las calorías, el 5% de los lípidos y el 4% de las proteínas. En **India** los principales cultivos son el pistacho y la soya. Por lo que es considerado como el primer productor mundial de pistacho. Los primeros exportadores son India y Pakistán.

No podemos olvidarnos que **India** importa un tercio de su consumo de aceite de soya a un precio inasequible para las comunidades pobres. La soya es utilizada tradicionalmente para alimentación humana en el Sureste asiático, ya que aporta una buena parte de la ración proteica y lipídica.

En la actualidad **Estados Unidos** es el principal productor de soya en el mundo con el 35% de la producción mundial. **América del Sur** ha aumentado en los últimos años el cultivo de soya, ya que juntos: Brasil, Argentina, Uruguay, Bolivia y Perú tienen el 50% de la producción mundial.

Según el análisis de crecimiento en la producción de soya en América del Sur, se estima que en un máximo de diez años, Brasil tendrá la mayor área plantada de soya en el mundo; entre los ocho principales países productores de soja, en su orden, son: Estados Unidos, Brasil, Argentina, China, India, Paraguay, Canadá y Bolivia, pero solo los países sudamericanos disponen de tierras para extender de manera significativa sus cultivos.

Actualmente la soya es también un cultivo de exportación para la alimentación animal; situación que hizo con que se cree una guerra económica entre Estados Unidos y Unión Europea (**UE**), para dominar el mercado internacional de la carne.

Apenas haciendo historia, en Brasil de 1960 la superficie reservada para el cultivo de la soya era aproximadamente 200,000 Hectáreas; hoy superan los 20 millones de hectáreas cultivadas con soya. La superficie cultivada fue de más de 22 millones de Hectáreas en el período 2005-2006, equivalente a la suma del área total de los otros cuatro principales granos que produce el país: arroz, fríjol, maíz y trigo. En Brasil, según la **Aprosoja**, solamente el Estado de Mato Grosso, responde al 8% de la producción mundial de soya. En la cosecha 2010-2011, recogió más de **20 millones de toneladas**. En Mato Grosso, la producción de soya se realiza en propiedades de gran escala, según el Censo Agropecuario de **2006**, cerca del 20% de la producción se concentra en propiedades con extensión superior a 2.5 mil hectáreas, cada una.

En 2006, Brasil exportó harina y aceite de soya que representaron casi el 8% de las exportaciones del país (**9,308 millones de dólares**). El aceite de soya es destinado al mercado interno, los dos tercios de la producción son exportados a la UE, que es el primer importador mundial de alimentos destinados para el ganado.

En América del Sur, así como Brasil, **Argentina** es un país productor de soya. Durante los '90 del siglo pasado, se desarrolló un eficiente complejo agroindustrial oleaginoso. Esta situación permitió a la Argentina llegar a ser en la actualidad el primer exportador mundial de aceite y de harina de soya y el tercer productor de grano. Cabe destacar la importancia del aumento de su participación en las exportaciones totales, considerando que entre 1980 y el 2000 el volumen de comercio de grano creció un 68%, el de aceite 117% y el de harina 91%.

La alta competitividad económica relativa de la soya y su alta capacidad de adaptación agronómica a distintos climas y suelos permitió que el cultivo de soya en Argentina se extendiera en las tierras agrícolas y mixtas. En la campaña a 2002-2003, la superficie plantada con soya alcanzó las 12.67 millones de hectáreas, con una producción nacional estimada en 35 millones de toneladas, ubicándose el rendimiento promedio nacional en 2,762 kg/ha. Para la campaña 2003-2004 se estimaba que la superficie creciera un 6,2%, alcanzando un récord de 13.60 millones de hectáreas, con una producción de 37 millones de toneladas. La soya de primera calidad ocupa algo más del 80% del total sembrado en Argentina.

> "Los dos tercios de las proteínas disponibles en el mundo provienen de productos vegetales a causa de su importancia cuantitativa en la alimentación". Los cereales tienen un 45% del total de proteínas.

Cerca de la mitad de la producción de cereales en el mundo está destinada a la alimentación animal. **Norteamérica** y la ex **URSS** consumen la mitad de las plantas forrajeras cultivadas en el mundo. Al mismo tiempo **Brasil** y **Tailandia** están especializándose en la producción de alimentos exclusivamente para el ganado.

Alentador fue la noticia propagada el 26 de diciembre de 2015, cuando la OMC anunciaba en Ginebra el fin de los subsidios al cultivo de granos, grandemente utilizado por muchos países inclusive para beneficiarse con el precio bajo en el comercio internacional.

Bajo este panorama, **Brasil** busca un tipo de cría de ganado sólo para la exportación. En el mundo, las especies de animales más criadas son cuatro: bovina, ovina, caprina y porcina, pero son tratados sin procedimientos productivos ni métodos de sanidad, ocurriendo con mayor énfasis en los países en vías de desarrollo que en los países industrializados (donde 65% es bovina, 90% caprino, 50% porcino y 55% ovino).

A través de la historia se observa en el mundo que entre 1960-1980 la superficie destinada a los cultivos forrajeros se incrementó en un 9.5%, mientras que la destinada a cultivos de subsistencia sólo aumentaba un 1%.

En 1988 la **pesca industrial** aumentó a 90 millones de toneladas aproximadamente, lo que está cerca del máximo autorizado para una gestión óptima de los estoques, en el estado actual de los conocimientos del medio marino. El pescado proporciona el 6% de aprovisionamiento en productos alimentarios de la población, lo que equivale al 24% si se tienen en cuenta las proteínas animales producidas a partir de la harina de pescado. El pescado tiene una gran importancia nutritiva en los países en vías de desarrollo: el 60% de la población de estos países extraen del pescado el 40% de sus raciones proteicas, en particular en Asia y África. Además, el proceso de la pesca es una fuente de empleo y de renta para varios centenares de millones de seres humanos que viven directa o indirectamente de esa actividad.

También existe la **pesca artesanal** que representa una parte muy importante. El establecimiento de una jurisdicción nacional sobre una zona costera de 200 millas debería modificar y retrasar considerablemente la explotación excesiva de los estoques de pescado por los grandes países de pesca en alta mar. En el perímetro de las 200 millas de mar se concentra cerca del 90% de los recursos explotados. Los grandes países industrializados (ex URSS, Japón, Taiwán, Corea del Sur) mantienen la hegemonía en esta actividad, pues ellos pueden comprar derechos para pescar industrialmente en zonas privilegiadas y lo hacen en condiciones ventajosas.

Hasta los años 60 e inicios de la década del 70 del siglo pasado **Perú**, con su zona industrial pesquera y su gigantesco puerto en **Chimbote**, era el primer productor de harina de pescado en el mundo; con el asesinato de su mayor impulsador, **Luis Banquero Rosi** (1929-1972) la pesca cayó y rápidamente **Japón** asumió el liderazgo mundial en ese rubro. Ahora Japón es el primer importador de productos pesqueros y harina de pescado, seguido por EEUU y en menor grado la UE.

Con lo que Concluimos: Por hoy, al Planeta Tierra no le falta recursos alimentarios; lo que pasa es que ellos están muy mal repartidos y la especulación financiera lo absorbe. El monopolio de la producción de alimentos es detentado por los países del Norte, cuando con sus excedentes alimentarios realizan el comercio internacional y la producción agrícola ya no está más ligada a los hábitos alimentarios de los lugares de producción, si no a la industria, consecuentemente sólo a los negocios. Al mismo tiempo que el mercado agrícola se ha transformado en un negocio internacional; la producción agrícola ya no forma parte del folklor y de los hábitos alimentarios de los lugares donde lo producen sino de los mercados que lo compran. Por lo que la alimentación dependerá de la producción agrícola, bajo la forma de productos transformados facilitando su transporte, conservación, distribución o para responder mejor al gusto de los consumidores y claro, para su comercialización. Por tanto el papel de las industrias agroalimentarias dominará cada vez más la cadena agroalimentaria mundial, llegándose hasta el extremo de tener un monopolio y hasta especulación en algunos casos.

La investigación y las técnicas de mejora de las plantas han contribuido al incremento de la productividad (reducción del tratamiento de los procesos de selección, resistencia a las enfermedades y a los insectos, adaptación a las condiciones climáticas, mejora del valor alimenticio, fijación del Nitrógeno del aire, ...) Por lo que el objetivo prioritario de cada país productor se sitúa en la optimización de sus recursos agrarios para autoabastecerse, además para poder acceder a los mercados internacionales, única posibilidad para obtener divisas y adquirir medios económicos de producción; por lo que el bienestar de los países dependerá de la producción de sus recursos agrarios. La revolución agraria está precediendo a la revolución industrial. Luego vendrá la revolución por la comida ante tanta gente hambrienta y la carencia de productos agrarios se intensificará.

De acuerdo a informaciones publicadas por la **FAO** el 15% del suelo agrario del mundo es de regadío. Esto significa de 400-500 millones de hectáreas aproximadamente. El 5% de la superficie realmente regada, que es de 20 millones de Hectáreas, tiene problemas de salinidad (reducción de la permeabilidad del suelo, aumento de la toxicidad y descenso de la producción). Razones por lo que el objetivo es la mejora de los suelos salinos, mediante la aplicación de técnicas adecuadas de drenajes y el control de los nuevos suelos puestos en regadío. Esto se puede hacer realidad mediante el estudio de los suelos y de los climas; para establecer elementos de automatización y monitorización de elementos de control constante. La investigación de nuevos sistemas de distribución y aplicación del agua de riego. El uso de plantas tolerantes a la salinidad es imprescindible para el aprovechamiento de determinados suelos y aguas. El progreso de la biotecnología depende de las posibilidades de utilizar los recursos naturales, ya sea a nivel animal, vegetal o microbiano. A nivel microbiológico: Estudios de biofertilización mediante rhizobium, que permite mediante la fijación de nitrógeno aprovechar una fuente gratuita con óptimos resultados. La ciencia ha conseguido su objetivo con la creación de razas o híbridos de alto nivel de transformación. Ahora orienta sus investigaciones hacia la definición de razas muy rústicas, adaptados al medio, que permiten el aprovechamiento, al mínimo costo, de las amplias zonas rurales que se hallan en proceso de desertificación. Por lo que se observa que en los países industriales la población rural desaparece; en los países en vías de desarrollo se crean grandes urbes proletarizadas, donde acuden agricultores desalojados por la minería, por la especulación inmobiliaria y las urbanizaciones. Finalmente cerca del 50% de la población vive en ciudades o centros urbanos. Cuando el objetivo debería ser la de mantener a la población rural en el campo, poner en marcha sistemas económicos de abastecimiento de las grandes urbes metropolitanos y potenciar la agricultura periurbana, de gran importancia para el suministro directo al consumidor.

El nacimiento de los pueblos jóvenes, las urbanizaciones y los asentamientos humanos, son un poderoso estimulante del desarrollo económico, pero el sector rural, productor de alimentos, no está preparado para abastecer sustentablemente a los residentes en esas áreas, sea por problemas de transporte, almacén de los alimentos o por espacios propicios para desarrollar esa actividad, necesarios a dichas concentraciones urbanas y también por otras circunstancias ajenas a un modo de vida cambiante. La dificultad del transporte y la necesidad de alimentar a la población urbana cada vez más creciente, facilita la importación de materias primas internacionales a bajo precio, que conduce al sector agrario autóctona a la ruina, no quedándoles otro camino que abandonar sus tierras y migrar también para la ciudad. También encuentra a los aspectos legales, hábitos, prácticas higiénicas, culturales y religión del consumidor, que son diversas y cada vez más exigentes. Consecuentemente ese proceso demográfico provoca una escasez de mano de obra en áreas de cultivo lo que obliga al agricultor a cambiar sus prácticas de sembrío, perdiendo influencia tanto social como financiera y, por tanto, político dentro de la nueva situación.

Por otra parte, ese proceso conduce a la desaparición de la gastronomía tradicional basada en las necesidades alimentarias campesinas definidas por un régimen de trabajo determinado, que requería un consumo calórico elevado, diferente al actual.

El impacto de los medios de comunicación en la sociedad para consumir, facilita la introducción de nuevos productos. Por lo que el *marketing* es necesario para dar a conocer la calidad del producto. Actualmente los alimentos tienden a ser productos manufacturados que llegan a las grandes ciudades después de un proceso de transformación y cosmética, almacenamiento, transporte, envasado y distribución, y presentar a un producto que no tiene ninguna relación con el producto original. Lo que hace que la industria alimentaria, en la mayoría de los países, ser el sector que responde con mayor eficacia a la demanda del consumo (tiene más capacidad) para resolver los problemas técnicos. Ya que su actuación no se ciñe solamente al ámbito de la transformación, sino también al de la conservación, transporte y comercialización de los productos agroalimentarios.

La internacionalización de los mercados, la necesidad de separar el concepto de riesgo mínimo por el de riesgo "0" representa el objetivo en cualquier acuerdo sobre normativas de alimentos. Pero otros segmentos también corren en paralelo: los principios de calidad total, que se generan alrededor de la industria farmacéutica y de automóviles, han alcanzado a la industria alimentaria.

Es importante recordar que en el nivel agrario aún hoy en día el 70% de la superficie cultivable se destina a la producción de cereales y de ella el 53%, lo consume directamente la población, mientras que el resto es transformado en proteína animal. Pero la identificación de la producción en ese ámbito obliga a la utilización cada vez más progresiva de fertilizantes y fitosanitarios que pueden llegar a ocasionar problemas en el freático. Por lo que no podemos olvidar que la agricultura es la "industria" más importante de las zonas rurales y de los países subdesarrollados.

El consumo de carne (proteína animal) colabora para el aumento del nivel de vida de los países en vías de desarrollo. Es por ello que se plantean esquemas de investigación para mejorar sus sistemas de pastoreo, la introducción de forrajes de alta producción, la elaboración de piensos de bajo coste, etc. En los países industrializados el valor de los piensos compuestos es el input agrario de mayor coste; los esfuerzos de investigación se centran en optimizar las raciones alimentarias mediante el uso de aditivos, vitaminas, hormonas, enzimas y aminoácidos, promotores de crecimiento de la microflora y saborizantes.

A principios de los años 80 del siglo pasado se desarrolló la producción de somatropina bovina aplicando técnicas biotecnológicas, posteriormente la **PST** (porcina), ovina y aviares. Esta técnica, biotecnología, permite aumentos de la producción de un 20% y reduce la contaminación debida a residuos en zonas de alta densidad ganadera. Disminuye la contaminación de fosfatos en un 35% y el nitrógeno hasta un 7%.

En la producción de carne se puede evitar la distribución de grasa y así mejorar la distribución de las masas de músculos y cumplir un incentivo de la demanda que exige carnes con bajo contenido grasoso para prevenir el colesterol.

La introducción de la somatropina en las dietas de corderos y pollos podría permitir un aumento de un 36% de su rendimiento. Aunque la Unión Europea no aplica este producto, quizás sea por factores externos a los propiamente sanitarios. Los países que permiten ese uso son: Rusia, países del Este y Sudáfrica.

La pesca como fuente de suministro de proteínas de gran calidad, es aún un sector poco aprovechado en muchos países. Es preciso hacer más estudios de caracterización de cada zona, definiendo el esfuerzo pesquero soportable y preservando especies en peligro de extinción. Al mismo tiempo es necesario analizar los aspectos higiénicos en la cadena alimentaria para implantar mejores métodos de control sanitario.

Según lo definido por el Grupo de Alto Nivel de Expertos en Seguridad Alimentaria y Nutrición (**HLPE**) *"Sistema Alimentario Sostenible (**SAS**), es un sistema alimentario que proporciona seguridad alimentaria y nutrición para todos de manera que no se pongan en peligro las bases económica, social y ambiental que generarán seguridad alimentaria y nutrición para las generaciones futuras".*

Al respecto el Programa FAO/PNUMA sobre sistemas alimentarios sostenibles aparece en hora oportuna para contribuir y orientar mejor las estrategias relacionadas con esta situación. Por lo que los sistemas alimentarios constituyen una opción prioritaria de interés.

> El Programa de Sistemas Alimentarios Sostenibles (**PSAS**), establecido por la FAO y el PNUMA el 2011 con apoyo del Gobierno de Suiza, está catalizando a través del Grupo de Trabajo Agroalimentario, juntamente con las asociaciones entre organismos de las Naciones Unidas, otros organismos internacionales, los gobiernos, la industria y la sociedad civil, actividades que pueden promover la necesaria transición de los sistemas alimentarios a la sostenibilidad.
>
> El objetivo general del PSAS es añadir valor agregado al proyecto reuniendo diversas iniciativas y líneas de trabajo en la FAO, para crear capacidad a fin de adoptar prácticas de **C**onsumo y **P**roducción más **S**ostenibles (**CPS**) en los sistemas alimentarios y elaborar un nuevo compromiso de partes interesadas múltiples con el objeto de construir acciones y obtener la cooperación para la consecución de objetivos mutuos. Consecuentemente se han determinado cuatro principales esferas de trabajo: **1)** elaborar y mejorar las plataformas de información sobre los productos

agroalimentarios y los sistemas alimentarios sostenibles; **2)** asegurar una comunicación fiable y sostenible de información sobre los productos alimenticios en toda la cadena de suministro; **3)** crear condiciones propicias para la adopción de sistemas de producción sostenible; y **4)** adoptar enfoques basados en el mercado.

El programa reúne diversas iniciativas de la FAO y de sus asociados, con el objetivo de catalizar la acción. Organiza eventos y talleres dedicados a temas específicos, como en las normas voluntarias el 2013 y en el conocimiento de los sistemas alimentarios sostenibles el 2014. El Programa apoya a los países en la organización de mesas redondas nacionales sobre consumo y producción sostenible en el sector agroalimentario, con tres mesas redondas organizadas por Ghana, Mozambique y Sudáfrica.

En consonancia con su enfoque en cuanto a la relación entre el consumo y la producción, el PSAS ha elaborado actividades sobre dietas sostenibles, en colaboración con el Centro Internacional de Estudios Superiores sobre Agronomía Mediterránea (**CIHEAM**) y con el programa Alianza Mundial de la Juventud de las Naciones Unidas (**YUNGA**). Del mismo modo proporciona también apoyo a la iniciativa "*Save food*" en los aspectos vinculados con el consumo y el comportamiento del consumidor.

Dentro de la Unión Europea la agricultura francesa llega a los nuevos tiempos con destaque promisor. Ya desde 2011 la producción agrícola francesa viene avanzando, año cuando con valor al precio base de 70,4 mil millones de euros, resulta estar en la primera posición en Europa[180].

Francia conserva su estatuto de primera potencia agrícola, su parte en valor es del 18,1% en la producción agrícola de la UE. La producción francesa precede la de Alemania (13,4%), Italia (12,3%) y España (10,6%). No obstante Francia se sitúa en primer lugar en la producción

---

[180] Fuente: Francia, primera potencia agrícola de Europa
http://www.ambafrance-es.org/Francia-primera-potencia-agricola

vacuna, de aves de corral, cereales, remolachas azucareras, oleaginosas y batatas (papas). Ese sector representó el 2012 un 5.6% de los empleos franceses, con 1.42 millón de asalariados trabajando en la agricultura, pesca y en las industrias agroalimentaria.

Así, podemos considerar a Francia como una potencia agrícola de envergadura mundial. Observando sus exportaciones menos sus importaciones (Balanza Comercial), el 2012, el excedente de los intercambios agroalimentarios franceses alcanza 11.9 mil millones de euros. Incremento de 75 millones con relación a 2011. Los productos agroalimentarios (brutos y transformados) constituyen el segundo excedente comercial de Francia, detrás del material de transporte (15.6 mil millones de euros). Donde, solamente sus Exportaciones, en valor, de productos agroalimentarios se elevan a 57,6 mil millones de euros. Las ventas de vinos y champanes crecen de 635 millones de euros (+ 9%), con volúmenes y precios en alza. La demanda es importante en los Estados Unidos y el Reino Unido. Las ventas de alcoholes aumentan en 445 millones de euros, extraídas por el coñac: los precios son en alza. Las ventas de azúcar, productos lácteos, alimentos para animales, de platos preparados aumentan. Ya sus Importaciones el 2012, de productos agroalimentarias ascienden a 45,7 mil millones de euros. Aumentan en 1,3 mil millones de euros (+ 3,0%), este aumento procediendo para 1,1 mil millones de euros de los productos transformados y para 210 millones de los productos agrícolas. Las compras de frutas y verduras progresan: precios y verduras aumentan casi para todos los productos. Las importaciones de carnes y despojos aumentan en 261 millones de euros, al igual que las de hogazas (+ 260 millones de euros), bajo el efecto de la subida de los precios.

Ecológicamente, es un sector respetuoso del medio ambiente. Las últimas leyes agrícolas definen las bases de una agricultura susceptible de responder a las nuevas esperas de la sociedad en materia, en particular, de conservación del medio ambiente y empleo armonioso del espacio rural. La reforma de la Política agrícola común reforzó también la exigencia de respeto del medio ambiente sentando el principio de condicionalidad que consiste en establecer un vínculo entre el pago de las ayudas y el respeto de algunas prácticas que contribuyen a la calidad del medio ambiente.

El hambre es un problema heredado del siglo pasado que perdura y sobresale en los inicios de este siglo y de milenio, hallándose sin solución. No obstante al historial mundial en la producción de alimentos estamos considerando al hambre como un problema que persiste, consecuentemente difícil de solucionar a corto plaza.

Primer Problema del Siglo - El Hambre

"El hambre continuará siendo un problema mundial"
BAN Ki-moon[181].

El hambre es un mal que heredamos del milenio pasado. Esa herencia actualmente afecta a más de 805 millones de personas en el mundo. Al iniciarse este milenio se establecieron metas globales para ser cumplidas en 15 años (2015), éstas fueron llamadas "**Los Objetivos del Milenio**" que consistían en "Acabar con el hambre y la miseria en el mundo". Pasados catorce años las cifras daban cierta esperanza de un gran progreso, al mismo tiempo no dejaban de señalar que se mantienen como cifras preocupantes. Sin embargo alentador fue saber que, de todo lo que se ha heredado del milenio pasado, el hambre se ha reducido en un 39%, de acuerdo con los primeros datos del **IFPRI**[182]. Lo que indica que más de 100 millones de personas han dejado de sufrir hambre durante la primera década de este milenio.

Para llegar a esta conclusión se han realizado estudios y se han calculado índices con datos obtenidos en 120 países a través de tres indicadores: **1)**- La proporción de gente malnutrida. **2)**- La proporción de niños menores de cinco años por debajo del peso adecuado, y **3)**- La tasa de mortalidad de niños menores de cinco a seis años de edad. Del mismo modo se han obtenido indicadores que alertan de la existencia de otra forma de hambre, "**Hambre Oculta**". Es decir, la malnutrición, la deficiencia de macronutrientes y vitaminas esenciales en la alimentación.

---

[181] Fuente: Consecución de los Objetivos de Desarrollo del Milenio informe 2012. - BAN Ki-moon - Secretario General, Naciones Unidas.

[182] Fuente: IFPRI - International Food Policy Research Institute. Índice Global del Hambre 2014.

Este mal está afectando a 2,000 millones de personas en el mundo. Como ya es de conocimiento cultural estas carencias producen efectos irreversibles en la salud a largo plazo y pueden afectar el desarrollo socioeconómico de los países.

Regresando a finales del milenio pasado, por ejemplo, se observó que **Argentina** consumía más alimentos por persona en el mundo, de acuerdo a la FAO, llegando al 183%, seguido de **Portugal** con el 149%, **Irlanda** 142%, EEUU, Hong Kong, Turquía y la Unión Europea con 140%. En la mayoría de los 260 países del mundo el hambre prevalecía. Y para remate de males, entre los países que menos consumen alimentos se identificaban: Tajikistan consumiendo solamente 55% seguido de Somalia con 67%, de acuerdo con la **FAO**.

> Como se afirmó en la Conferencia de las Naciones Unidas de 1972, sobre el Medio Humano y en la Cumbre para la Tierra de 1992, los seres humanos son el centro del desarrollo sostenible. Sin embargo, aún hoy, más de 900 millones de personas siguen padeciendo hambre. Decía la FAO en el prólogo de la Cumbre Río+20, 2012.

Donde más se pueden observar las Consecuencias del Aumento Poblacional en el mundo es exactamente en la producción de alimentos para alimentar a todos ellos; en seguida, en el suministro de agua, en los índices de pobreza y en la prevención del cambio climático. Alimentar a una población en constante aumento, alimentarla adecuadamente y satisfacer la demanda de energía también es una meta constante para la humanidad de hoy. Justamente estos son problemas creados desde ayer por el Ser Humano para que la Especie Humana la tenga que soportar hoy y mañana.

Un problema de grandes magnitudes se vislumbra a largo plazo y está relacionado con la producción de alimentos. Se calcula que la actual producción de alimentos no será suficiente para alimentar a la población de humanos en unos 50 años más. Serán circunstancias cuando la demanda será exagerada y la producción de alimentos deficiente. A pesar de existir medidas alentadoras y preventivas que están siendo tomadas para hacer menos problemática esa situación, será muy difícil remediar ese problema.

Es innegable que el Primer Problema del milenio es el Hambre en el Planeta Tierra. También es preocupante ya que en la medida que la humanidad avanza, aparentemente "hacia adelante" y ostenta los slogans del modernismo y de la tecnología, "**El Mal del Siglo: El Hambre**", sea la amarga herencia del milenio pasado, manteniéndose y haciéndose sentir en los estómagos de más de 805 millones de Seres Humanos. Datos del 2014 concluyen que uno de cada 9 personas en el Planeta Tierra sufre de hambre, aunque alentadoramente se observa que son 37 millones menos que el año anterior (2013). "*… se trata del desafío más grande en la consecución de los Objetivos del Milenio para 2015*". Así lo afirma el IFPRI, en su Índice Global del Hambre 2014[183].

Con los logros obtenidos por las Metas del Milenio hasta 2014, se estimaba que 100 millones de personas han dejado de padecer de hambre en el planeta. A pesar de que uno de cada 9 personas padece hambre, la situación se ha reducido en un 39% desde la última década del siglo pasado cuando 17 países se encontraban en una situación "extremadamente alarmante" de hambre, mientras que hoy solamente 2 países padecen esa situación y son: Eritrea y Burundi, con más del 60% de su población hambrienta. Logro, ya que si comparamos con lo que ocurría hacen 24 años, donde eran 17 los países que se encontraban en una situación "extremadamente alarmante". La cifra ha ido reduciéndose paulatinamente; en 1995 eran 12, seis el 2000 y tres el 2005. No obstante, en algunas regiones de África Subsahariana uno de cada 4 personas pasa hambre. Las dos terceras partes de la población asiática sufren de hambre. El sur de Asia es otra región donde los niveles más altos de hambre se mantienen, aunque reducidos notoriamente desde la última década del milenio pasado. Si bien el porcentaje en el sur de Asia ha descendido, en África se ha incrementado ligeramente.

Pese a un promedio positivo, aún existen grandes diferencias entre países. Actualmente hay 14 países además de Eritrea y Burundi en situación alarmante y todos subsaharianos excepto Haití y Laos. Sin embargo, la región más azotada por el hambre es también una de las que

---

[183] **Referencia**. Fuente: International Food Policy Research Institute (IFPRI) Índice Global del Hambre 2014.

han presentado mejoras más notables. Todos los países avanzan por el buen camino excepto Swazilandia y Burundi (y en el resto del mundo, Irak y Comoros). El informe del IGH alerta que los datos de República Democrática del Congo y Somalia no son muy confiables.

En base a datos del 2014 se observa que 26 países han reducido el hambre en un 50%. Entre los países que han logrado las mayores mejoras encontramos a Angola, Bangladesh, Camboya, el Chad, Ghana, Malawi, Níger, Rwanda, Tailandia y Vietnam.

Las estadísticas señalan que actualmente cerca de 66 millones de niños de países en desarrollo asisten a la escuela con hambre, 23 millones de ellos son africanos. Según las estimaciones del PAM, para atender a estos niños es necesario invertir aproximadamente 2,507 millones de euros.

Paralelamente al problema del hambre, la mala nutrición viene afectando a millones de personas. Por citar un ejemplo: El 17% de los habitantes de India están muy desnutridos como para llevar una vida productiva. Entendiéndose que el hambre y la mala nutrición afecta mayoritariamente a los niños.

La malnutrición, llamada también "**hambre oculta**" es una deficiencia de macro nutrientes y vitaminas vitales para una dieta saludable. Esta mala alimentación puede generar daños permanentes en la salud y afectar el desarrollo socioeconómico de los países; actualmente 2,000 millones de personas sufren de malnutrición en el mundo.

En India la malnutrición también es causante del 45% de muertes en menores de 5 años, es decir 3,1 millones de muertos. Además, uno de cada 6 niños, de los aproximadamente 100 millones que viven en países en vías de desarrollo se encuentran por debajo del peso normal, y uno de cada 4 niños es raquítico, proporción que puede alcanzar a uno de cada 3 en países en desarrollo. La tercera parte de los niños desnutridos del mundo viven en India. De acuerdo con UNICEF, el 47% de los niños en India pesan menos de lo que deberían y el 46% de los menores de tres años tienen una estatura insuficiente para su edad.

En India, casi la mitad de la mortalidad infantil se puede atribuir a la desnutrición, situación que el ex Primer Ministro de la india, **Manmohan Singh**, ha calificado de *"vergüenza nacional"*.

Veamos cómo el caso de **India** podrá reflejarse en otros países altamente poblados: En los últimos años, la producción agrícola ha estado imponiendo nuevos récords y ha aumentado de 208 millones de toneladas el 2005-2006 a, aproximadamente, 263 millones de toneladas el 2013-2014. India necesita entre 225 y 230 toneladas de alimentos por año tomando en cuenta el aumento reciente de la población, la producción de alimentos aun no es el problema principal. La Organización de las Naciones para la Alimentación y la Agricultura informa que el 17% de sus habitantes todavía están demasiado desnutridos como para llevar una vida productiva. Es grave el problema porque la tercera parte de los niños desnutridos del mundo viven en India. Es el factor más importante que los responsables del diseño de políticas han ignorado durante mucho tiempo.

Sharad Pawar, ex ministro de Agricultura de **India**, ha observado que el desperdicio de alimentos equivale a 8,300 millones de dólares, es decir, casi el 40% del valor total de la producción anual. Tratándose de desperdicios de alimentos esto no refleja el panorama general. Por ejemplo, la carne representa aproximadamente el 4% del desperdicio pero el 20% de los costos, y el desperdicio de frutas y verduras es del 70% y representa el 40% del costo total. **India** puede ser el mayor productor de leche del mundo y el segundo de frutas y verduras (después de China), pero también es el país donde más alimentos se desperdician. Como resultado, las frutas y las verduras cuestan el doble, y el precio de la leche, es de 50% más de lo que debería costar. Lo que hace concluir que una gran proporción de los alimentos que India produce no llega a los consumidores.

En India no sólo se desperdician alimentos perecederos, también ocurre con los granos, 21 millones de toneladas de trigo (lo que equivale a la cosecha anual total de Australia) se pudre o es devorada por insectos debido a un almacenamiento inadecuado y a una gestión ineficiente de la Corporación de Alimentos de India (FCI, por sus siglas en inglés), empresa administrada por el Gobierno. La inflación en los precios de los alimentos ha sido superior al 10% desde 2008-2009 (salvo 2010-2011, cuando fue sólo del 6.2%). Los más afectados en este caso han sido los pobres, cuyo gasto en alimentos suele representar el 31% de su presupuesto doméstico.

Hay varias razones que explican la pérdida de tantos alimentos, incluyendo la ausencia de cadenas modernas de distribución alimentaria, la falta de centros de almacenamiento en frío y de camiones refrigerados, los servicios deficientes de transporte, el suministro eléctrico desatinado y la falta de incentivos para invertir en el sector. El Instituto de Administración en Calcuta, India estima que sólo hay instalaciones de almacenamiento en frío disponibles para el 10% de los productos alimenticios perecederos, con lo que quedan en riesgo 370 millones de toneladas de esos productos.

La **FCI** se estableció en India en 1964 con los objetivos principales de implementar sistemas de apoyo de precios, facilitar la distribución nacional y mantener las existencias para mantener reservas estratégicas de alimentos básicos como el trigo y el arroz. No obstante, la mala administración, la supervisión ineficaz y la corrupción son deficientes que han hecho que la FCI, que gasta hasta el 1% del PIB, sea parte del problema. El ex ministro de Alimentación, **K.V.Thomas**, la calificó como "*un elefante blanco*" que es necesario reformar "*de arriba a abajo*". Sin embargo, el Gobierno ha optado por tratar de poner fin a la escasez aumentando la producción, sin tener en cuenta que hasta la mitad de los alimentos que produzca, se perderá. De continuar perdiéndose entre el 35% y el 40% de la producción alimenticia, India no tendrá tierra cultivable, sistemas de irrigación y energía suficientes para dar alimentos nutritivos a su población futura que sobrepasará los 1,700 millones de habitantes. Por lo tanto, el nuevo Gobierno de Modi debe considerar formas alternativas de solucionar la crisis alimentaria de India[184].

Parece increíble pero tiene mucho de verdad lo que el PAM estima: que si las mujeres agricultoras del mundo tuviesen acceso a los mismos

---

[184] Referencia. Copyright: Project Syndicate, 2014 - www.project-syndicate.org. The World´s Opinion Page.

recursos que los hombres, el hambre podría reducirse hasta en 150 millones.

La lucha por la sobrevivencia, durante toda la historia de la vida en el Planeta Tierra siempre fue la lucha por comer. Esta lucha es realizada por las especies de carnívoros, por los peces, por las aves y por el propio hombre. Pero el hambre en el mundo continuará como un problema latente, potencial y cada vez más creciente en el planeta.

Es importante conocer los objetivos y metas de la FAO como un organismo importante en la ONU. La misión de la FAO se espeja en las palabras del Latín *"fiat panis"*, que puede traducirse como "hágase el pan". Su preocupación principal es la de velar por que la población tenga acceso regular a suficientes alimentos de calidad para llevar una vida activa y saludable. Su labor abarca agricultura, silvicultura, pesca y los sistemas alimentarios. También su misión se direcciona al uso sensato de los recursos naturales y a la protección del medio ambiente, así como a la equidad económica y social y el progreso.

En la Cumbre Mundial sobre la Alimentación (**CMA**) de 1,996 se trazó como meta "Reducir a la mitad, el número de personas sub nutridas del mundo para el año 2015". En términos más generales, esta Cumbre abarcó la seguridad alimentaria mundial en un contexto amplio, es decir, su plan de acción quedó constituido por 27 objetivos, que abarcan la mayoría de los sectores que contribuyen a la seguridad alimentaria en todos los niveles 2 (FAO, 1,997). De igual manera la CMA, complementó las recomendaciones de la Conferencia Internacional sobre Nutrición (**CIN**) celebrada en 1,992 bajo los auspicios de la FAO y de la OMS, que concluyó con la adopción de una Declaración mundial y un Plan de acción para combatir más eficazmente las diferentes formas de malnutrición en el mundo (FAO y OMS, 1,992 a y b). En la Cumbre del Milenio y la CMA se reconoció la importancia de la seguridad alimentaria y la necesidad del mejoramiento de la nutrición, junto con la reducción de la pobreza, para el desarrollo internacional.

Razones altamente justificadas hizo que la Organización de las Naciones Unidas (ONU), en setiembre del inicio de este milenio, reúna a todos los representantes de los países miembros con el objetivo de discutir asuntos de interés global con la finalidad de hacer del mundo un lugar más justo, solidario y mejor para vivir, quedando definido un saludable y desafiante documento denominado "Las Metas del Milenio" que todos sus miembros deberían de cumplir.

El contenido de **Las Metas del Milenio** o los Objetivos de Desarrollo del Milenio son ocho (8). Estos términos objetivan solucionar algunos de los grandes problemas de la humanidad teniendo como meta (para que sean cumplidas) hasta el año 2015. Éstas son: **1) Acabar con el Hambre y la Miseria; 2)** Educación Básica universal de Calidad para todos; **3)** Igualdad entre Sexos y Valorización de la Mujer; **4)** Reducción de la Mortalidad Infantil; **5)** Mejorar la Salud de las Gestantes o materna; **6)** Combatir el VIH o AIDS o SIDA, la Malaria y otras enfermedades; **7)** Calidad de Vida y Respeto al Medio Ambiente; **8)** Todo el Mundo trabajando por el Desarrollo[185].

Todos los gobernantes, miembros de la ONU llevaron muy en serio esta misión y se dedicaron a un arduo trabajo para cumplir esas metas. Finalizando el año 2015, se pudo observar que muchos países cumplieron, otros estaban en camino y muchos otros tendrían dificultad de realizarlo, sostenidamente.

Apenas por citar un ejemplo lo encontramos en el Proyecto "***Fome Zero***[186]" implantado por el gobierno de **Luis Ignacio Lula**, en Brasil. El Proyecto *"Fome Zero"* que traducido del portugués quiere decir Hambre Cero, fue presentado al mundo el 16 de octubre de 2001, Día Mundial de la Alimentación. Este proyecto fue concebido entre 2000 y 2001 e implantado el 2003, durante el gobierno del Presidente del Brasil, Lula da Silva[187]. Programa que tenía la finalidad de garantizar la seguridad alimenticia de todos los brasileros. Lo que significa que todas las familias de ese país tengan condiciones de alimentarse dignamente, con regularidad, cantidad y calidad necesaria para mantener su salud

---

[185] Referencia. Fuente: www.objetivosdomilenio.org.br y Véase http://millenniumindicators.un.org/unsd/mi/mi_goals.asp

[186] Referencia. Información de página en la Internet www.fomezero.gov.br

[187] Projeto Fome Zero (2000-2001) http://www.institutolula.org/projeto-fome-zero-2000-2001/#.UlQjxNKTiSo

física y mental. Este programa fue muy bien visto en todo el mundo y muy comentado en la ONU. Claro, como todo programa social fue muy criticado por la "Derecha". Siguiendo el ejemplo de Lula otros gobernantes de América del Sur implantaron algunos programas para beneficiar a su pueblo y combatir el hambre, en: Argentina, Bolivia, Chile, Ecuador, Venezuela y otros; unos con más suceso que otros.

> Aun faltando un año para el tiempo preestablecido las cifras de la Organización de las Naciones Unidas (ONU) aseguran que 63 países en el mundo han alcanzado la meta "hambre cero"; meta establecida a ser cumplida hasta el año 2015[188].

Pero el hambre será siempre un problema potencial para la humanidad. La superpoblación del Planeta Tierra quiere decir también, tener más comelones y por ello se requiere más alimentos y así la producción de alimentos continuará siendo una necesidad por un lado y por el otro, el mejor de los negocios con el sistema de ventas que el hombre inventó.

India se proyecta como el país más poblado del planeta; consecuentemente tendrá que enfrentar el problema del hambre en igual proporción a su crecimiento demográfico, juntamente con China.

Para acompañar más de cerca el problema relacionado con el hambre mundial se ha creado un indicador, el Índice Global del Hambre (IGH) que publica información confiable y actualizada para ayudar a entender y a apaciguar el problema[189]. El mundo de la Raza Humana es conducido por indicadores: PIB, Inflación, IPC, GH, EV, IGH y miles más.

---

[188] Fuente: Fuente: Publisher: International Food Policy Research Institute (IFPRI) Universia Espanna en Noticias de actualidad
http://noticias.universia.es/actualidad/noticia/2014/10/17/1113361/8-datos-sorprendentes-hambre.html
publicado el 17 de octubre de 2014

[189] Indicador: (Un indicador es un valor numérico que trata de reflejar una determinada situación o una realidad subyacente difícil de calificar directamente, proporcionando generalmente un orden de magnitud, lo que hace concluir que es un índice.)

El hambre es un mal terrenal que actualmente afecta a 805 millones de personas. Esto implica que una de cada 9 personas en el mundo sufre de hambre, 37 millones menos que el año 2013. En el año 2014 se consideraba como el desafío más grande en la consecución de los Objetivos del Milenio cuya meta era 2015. Así lo afirmaba el *International Food Policy Research Institute* (IFPRI) en su nuevo Índice Global del Hambre 2014[190].

Los resultados anticipados del IGH, obtenidos el 2014 apenas de algunos puntos de las Metas del Milenio, ya revelaban algunos datos muy significativos, como los siguientes:

1. Más de 100 millones de personas han dejado de sufrir hambre en el mundo. Actualmente, uno de cada 9 personas padece hambre. La situación refleja que se ha reducido en un 39% desde los años 1990 del milenio pasado'. Esto es muy positivo porque en la última década del milenio pasado 17 países se encontraban en una situación "extremadamente alarmante" de hambre, mientras que en el año 2014 solamente 2 países padecían este fenómeno.

2. En total 26 países han reducido el hambre en un 50%. Hoy en día solamente 2 países padecen hambre "extremadamente alarmante": **Eritrea y Burundi**, con más de un 60% de su población hambrienta. Entre los países que han logrado las mayores mejoras encontramos a: Angola, Bangladesh, Camboya, el Chad, Ghana, Malawi, Níger, Rwanda, Tailandia y Vietnam.

3. Uno de cada 4 personas pasa hambre en África Subsahariana. Pese a un promedio positivo, aún existen grandes diferencias entre países. Actualmente hay 14 países además de Eritrea y Burundi en situación alarmante, todos subsaharianos excepto Haití y Laos. Sin embargo se observa que los países más azotados por el hambre, están presentando mejoras más notables.

---

[190] Fuente: El Índice global del hambre 2014- International Food Policy Research Institute (Ifpri)

4. Sufren de Malnutrición 2,000 millones de personas. La mala alimentación puede generar daños permanentes en la salud y afectar el desarrollo socioeconómico de los países.

5. Dos terceras partes de la población asiática sufre de hambre. El sur de Asia es otra región además de África Subsahariana, donde los niveles más altos de hambre se mantienen, aunque reducidos notoriamente desde 1990. Si bien el porcentaje en el sur ha descendido, en el occidente se ha incrementado ligeramente.

6. La malnutrición genera 3.1 millones de muertes de infantes al año; es la causante de un 45% de las muertes en menores de 5 años, es decir 3.1 millones de muertos. Además, uno de cada 6 niños, aproximadamente 100 millones, que viven en países en vías de desarrollo se encuentran por debajo del peso normal, y 1 de cada 4 niños raquítico, proporción que puede alcanzar a 1 de cada 3 en países en desarrollo.

7. Combatir el hambre requiere la participación de las mujeres. El PAM estima que si las mujeres agricultoras del mundo tuviesen acceso a los mismos recursos que los hombres, el hambre podría reducirse en 150 millones.

8. Actualmente cerca de 66 millones de niños de países en desarrollo que asisten a la escuela lo hacen con hambre, 23 millones de ellos africanos. Según las estimaciones del PAM, para atender a este gran número de niños es necesario invertir aproximadamente 2,507 millones de euros[191].

Ya dentro de la visión de la Cumbre de Río-20, la de un desarrollo sostenible, no podrá hacerse realidad a menos que se erradiquen el hambre y la malnutrición. La visión de esa Cumbre exige que tanto el consumo de alimentos como los sistemas de producción consigan producir más con menos recursos. Del mismo modo que la transición a un futuro sostenible exige cambios fundamentales en la política gubernamental

---

[191] Fuente: Publisher: International Food Policy Research Institute (IFPRI) - Universia Espanna en Noticias de actualidad http://noticias.universia.es/actualidad/noticia/2014/10/17/1113361/8-datos-sorprendentes-hambre.html.

en la alimentación y agricultura, así como una distribución equitativa de los costos de la transición y sus beneficios.

También recomienda que los gobiernos de la naciones y otras entidades partes interesadas tengan que: **1)** Establecer y proteger los derechos sobre los recursos, especialmente para los más vulnerables; **2)** Incorporar en los sistemas alimentarios incentivos al consumo y producción sostenibles; **3)** Promover mercados agrícolas y alimentarios justos que funcionen adecuadamente; **4)** Reducir el riesgo y aumentar la capacidad de resistencia de los más vulnerables; y **5)** Invertir recursos públicos en bienes públicos esenciales, incluidas la innovación y la infraestructura.

Para lograr el futuro que el mundo quiere (un mundo sin hambre y con desarrollo sostenible), la FAO exhortó a los participantes de Río+20 a que asuman los seis compromisos siguientes: **1)** Acelerar el ritmo de reducción del hambre y la malnutrición con miras a su erradicación en un futuro no demasiado lejano. **2)** Utilizar las Directrices Voluntarias en apoyo de la Realización Progresiva del Derecho a una Alimentación Adecuada en el Contexto de la Seguridad Alimentaria Nacional y las Directrices voluntarias sobre la gobernanza responsable de la tenencia de la tierra, la pesca y los bosques en el contexto de la seguridad alimentaria nacional como marcos generales para el logro de la seguridad alimentaria y el desarrollo sostenible equitativo. **3)** Apoyar los esfuerzos de todas las partes interesadas que se ocupan de la alimentación y la agricultura, especialmente en los países en desarrollo y menos adelantados, para aplicar enfoques técnicos y normativos de desarrollo agrícola que incorporen objetivos ambientales y de seguridad alimentaria. **4)** Garantizar una distribución equitativa de los costos y beneficios derivados de la transición al consumo y la producción agrícolas sostenibles, así como la protección de los medios de vida de las personas y su acceso a los recursos. **5)** Adoptar enfoques integrados para gestionar múltiples objetivos y vincular las fuentes de financiación para lograr una agricultura y sistemas alimentarios sostenibles. **6)** Emprender reformas de la gobernanza basadas en los principios de transparencia, participación y rendición de cuentas para garantizar la aplicación de las políticas y el cumplimiento de los compromisos. El Comité de Seguridad Alimentaria Mundial puede servir de modelo para estas reformas.

Contundentemente el hambre es un problema mundial y lo continuará siendo por un tiempo mayor. Situación plausible dado a que, incluso si realmente se incrementara la producción agrícola hasta en un 60%, el mundo todavía tendría 300 millones de hambrientos el 2050. *"Para ellos, la seguridad alimentaria no es un problema de insuficiencia de la producción; se trata de un problema de acceso inadecuado. La única forma de garantizar su seguridad alimentaria es creando empleos dignos, pagando mejores salarios, dando acceso a activos productivos y distribuyendo los ingresos de una manera más equitativa"*. Decía **Jode Graziano da Silva**, Director General, Organización de las Naciones Unidas para la Alimentación y la Agricultura (**FAO**).

El Índice Global del Hambre

El Índice Global del Hambre (**IGH**) y en inglés *"Global Hunger Index (***GHI***)"* es una herramienta diseñada para captar diversos datos relacionados con las manifestaciones de la presencia del hambre y esta agrupada en una sola fuente de información (el índice), presentando así una fácil y rápida visión general para visualizar cuándo la situación es un problema complejo. Con la acumulación de datos para realizar estudios estadísticos multidimensionales se puede describir y evaluar el estado del hambre en los países seleccionados. Es por eso que el GHI, por un lado mide el progreso y por el otro, el retroceso que demuestran los países incluidos en el estudio en lo relacionado con la lucha global contra el hambre, el mismo que es actualizado una vez al año[192].

El primer GHI fue publicado el 2006 preparado en conjunto con la Organización No Gubernamental (**ONG**) Welthungerhilfe. El año siguiente, 2007 se juntó al grupo de editores del Índice, la **ONG** irlandesa Concern Worldwide, con bastante suceso. Luego el GHI fue adaptado y desarrollado aún más profundamente por el Instituto Internacional de Investigación sobre Políticas Alimentarias (IFPRI, sigla en inglés). (Ref. 0107).

---

[192] Fuente: Portal es.wikipedia.org/wiki/indice_global_del_Hambre#cite_note-FAO2,014-15.

Básicamente el GHI (índice) tiene en cuenta la situación de nutrición de un grupo fisiológicamente vulnerable que son los niños, para los cuales la falta de nutrientes en la alimentación crea un alto riesgo afectando el normal crecimiento físico y/o cognitivo (deficiente), que hasta puede llevar a la muerte y, estudia también a la población de una manera general. Además, al combinar indicadores medidos en forma independiente, el índice reduce los efectos de los errores aleatorios de medición.

El foco de este Índice es la clasificación de los países alrededor del mundo bajo los mismos parámetros. Y una característica muy importante es que el GHI, en su informe del Índice Global del Hambre de cada año incluye un tema para ser su foco principal de estudio y destaque, como está quedando demostrado de la siguiente manera:

- El 2015, 6-9 Mayo, la ECO, en la República Checa[193] y las que precedieron: **"ECO"** 2013, 20º congreso Europeo sobre la **Obesidad** fue realizado en Liverpool Inglaterra del 12 al 13 de mayo de 2013.

- El GHI de 2014 fue realizado abarcando 120 países en vías de desarrollo y con economías en transición, donde 56 países estuvieron en una situación de hambre grave o peor. (Ref. 0211).

- El 2013, el tema central fue el hambre oculta, originada por la carencia de micronutrientes: vitaminas y minerales tales como vitamina A, yodo y hierro; el fortalecimiento a nivel comunitario de la lucha contra la subnutrición y la malnutrición.

- El 2012, Lograr la seguridad alimentaria y el uso sostenible de los recursos naturales, cuando las fuentes naturales de alimentos se vuelven más escasos.

---

[193] ECO 2015 Programa de los Temas Científicos:
T1: Fisiología Integrativa y Los Órganos; T2: Biología Adiposa Tisúes;
T3: Nutrición, Bajo el Estilo de Vida;   T4: Obesidad y Ayuda Mental;
T5: Vida Temprana;   T6: Medioambiente y Sociedad;
T7: Prevenciones y Ayuda Pública y   T8: Administración de Clínica.

- El 2011, el aumento de precios de los alimentos y la mayor volatilidad en los precios de los últimos años y los efectos de estos cambios sobre el hambre y la desnutrición.

- El 2010, la desnutrición infantil de niños menores de dos años de edad.

- El 2008 se publicó adicionalmente el Índice del Hambre en el país de la India (**Ref. 0104**) y el Índice Subnacional del Hambre de Etiopía mejorando el informe anual normal del GHI. (**Ref. 0105**).

Apenas como didáctica, el concepto y como se calcula el GHI es el siguiente: El hambre está siendo vista desde diferentes ángulos y tiene muchas facetas y son las siguientes: aumento de la propensión de enfermedades; deficiencias en el estado nutricional; pérdida de energía corporal; incapacidad, muerte por inanición o por enfermedades infecciosas mortales, cuyo curso conduce al resultado de una salud general débil. Es por eso que el índice clasifica a los países en una escala de 100 puntos, (menor, mejor y mayor, peor) siendo cero (0) la mejor puntuación (donde no existe hambre) y 100 la peor, aunque en la práctica no se produce ninguna de estas situaciones extremas. Cuanto más alto el índice, peor es la situación alimentaría de dicho país. Los valores por debajo de 4.9 reflejan poca hambre, los valores entre 5 y 9.9 reflejan un hambre moderada, los valores entre 10 y 19.9 indican un serio problema, los valores entre 20 y 29.9 son alarmantes y los de 30 o más son extremadamente alarmantes.

Los Indicadores del GHI combinan tres indicadores de igual ponderación en su metodología aplicada y estos son: **1)** La proporción de subnutridos como porcentaje de la población (lo que refleja la porción de la población con insuficiente ingesta de energía en la dieta). **2)** La frecuencia de insuficiencia de peso en los niños menores de cinco años (lo que indica la proporción de niños que sufren pérdida de peso) y **3)** La tasa de mortalidad de los niños menores de cinco años (lo que refleja en parte la fatal sinergia entre ingesta insuficiente de alimentos y entornos insalubres). (**Ref. 0110**).

El GHI publicado el 2014 refleja datos muy importantes para tener una visión mundial de la situación del Tercer Mundo. Al realizar una comparación progresiva a nivel mundial de los resultados del GHI desde 1990 hasta 2014 se observa que el Índice Global del Hambre 2014 tiene un valor de 12.5, lo que indica una grave situación de seguridad alimentaria y nutricional. Sin embargo, en 1990, el GHI global fue de 20.6, lo que significa una disminución de 39 por ciento desde los primeros años de este milenio.

En el IGH (GHI) de 2014 se observa que el hambre es mayor en el África subsahariana y Asia meridional. África subsahariana tiene un GHI de 18.2, mientras que Asia meridional es 18.1. Con base en la categorización del índice, esto significa que el hambre en estas dos regiones es todavía grave. En Asia sudoriental se observa que la situación está mejorando. El GHI aquí se ha reducido a 7.6 en los últimos años. Hay poca hambre en el Cercano Oriente y Norte del África, América Latina y el Caribe, así como en Europa oriental y la Comunidad de Estados Independientes. Este índice demuestra también que la situación alimentaria y el hambre sigue siendo "extremadamente alarmante" en Burundi (35.6) y Eritrea (33.8). De una manera general en 14 países la situación se clasifica como alarmante. Este grupo comprende principalmente los países del África subsahariana, así como Haití, República Democrática Popular Laos y Timor-Leste.

Clasificación del Índice Global del Hambre: Países con situación alimentaría extremadamente alarmante (GHI ≥ 30) o alarmante (GHI entre 20.0 y 29.9)

Clasificación del Índice Global del Hambre

Num.	País	1990	1995	2000	2005	2014	2015*
01	Burundi	32	36.9	38.7	39	35.6	35
02	Eritrea	-	41.2	40	38.8	33.8	32.5
03	Timor Oriental	-	-	-	25.7	29.8	29
04	Comoras	23	26.7	34	30	29.5	29.4
05	Sudán (former)	30.7	25.9	26.7	24.1	26.0	24.6
06	Chad	39.7	35.4	30	29.8	24.9	25
07	Etiopía	-	42.6	37.4	30.8	24.4	24
08	Yemen, Rep.	30.1	27.8	27.8	28	23.4	22.9
09	Zambia	24.7	24	26.5	24.7	23.2	23

10	Haití	33.6	32.9	25.3	27.9	23.0	22
11	Sierra Leona	31.2	29	29.8	29.1	22.5	22.1
12	Madagascar	25.3	24.9	27.4	25.2	21.9	21.5
13	Rep.CentroAfrica	30.3	30.3	28.1	28.9	21.5	21
14	Nigeria	36.4	36.1	31.2	26.4	21.1	20
15	Mozambique	35.2	32.3	28.2	24.8	20.5	20.1
16	Laos	34.5	31.4	29.4	25	20.1	20

* Estimado

Analizando el enfoque del GHI 2014 concluimos que predomina el **Hambre Oculta**. Se Observa que este tipo de hambre afecta a más de dos millones de personas en todo el mundo y consiste en la deficiencia de micronutrientes porque los seres humanos no consumen suficientes micronutrientes como: el zinc, yodo, hierro y vitaminas o, cuando sus cuerpos no pueden absorberlos. Las razones incluyen una dieta desequilibrada, (resumida en una mala alimentación) una mayor necesidad de micronutrientes (por ejemplo, durante el embarazo o durante a lactancia), sino también por los problemas de salud relacionados con las enfermedades y las infecciones parasitarias.

Esta situación trae consecuencias devastadoras para el ser humano: deterioro mental, mala salud, baja productividad y la muerte causada por enfermedades. En especial, cuando los niños son afectados por la desnutrición infantil y no absorben suficientes micronutrientes, en los tres primeros años de vida (incluyendo el período de la concepción) el GHI 2014 1 Refleja que las deficiencias de micronutrientes son responsables por aproximadamente 1.1 millones de las 3.1 millones de muertes causadas por la desnutrición en los niños cada año. Sin embargo, a pesar de la magnitud del problema, todavía no es fácil de obtener datos precisos sobre la propagación del hambre oculta. (Las deficiencias de macro y micronutrientes son responsables por pérdida de la productividad mundial entre 1.4 a 2.1 mil millones de dólares por año.)

Las soluciones que propone la IFPRI para luchar contra este tipo de hambre a largo plazo son: diversificación de los alimentos, mejoras en los cultivos y el fomento de un cambio de hábitos en las sociedades que lo padecen y a corto plazo propone aportar minerales y vitaminas a los habitantes en los territorios que los necesiten[194].

> "Estas y otras recomendaciones que figuran en este informe son algunos de los pasos necesarios para eliminarla. Es posible acabar con el hambre en todas sus formas. Ahora este objetivo debe convertirse en una realidad"[195].

De esta manera, para evitar el hambre oculta existen diferentes medidas. Por un lado es muy eficaz garantizar que los humanos obtengan una dieta variada. Por otro lado, la calidad del producto es tan importante como la cantidad (medida en calorías). Esto se puede lograr mediante el incremento de la producción de una amplia variedad de plantas, ricas en nutrientes y la creación de huertos domésticos. Otras soluciones posibles son el enriquecimiento industrial (fortificación) de los alimentos o biofortificación de plantas alimenticias (por ejemplo, batatas dulces ricas en vitamina). En el caso de deficiencia de nutrientes aguda y en fases específicas de la vida, se pueden utilizar los complementos alimenticios. En particular, la inclusión de vitamina A, conduce a una mejor tasa de supervivencia de los niños.

En general, la situación relativa al hambre oculto puede mejorarse desde y cuando se toman medidas correctivas en conjunto. Además de las medidas directas descritas anteriormente, también se incluye la educación y el empoderamiento de las mujeres, la creación de un mejor saneamiento ambiental o higiene adecuada, el acceso al agua potable y a los servicios de salud.

Por lo que se concluye que comer hasta sentirse satisfecho no es suficiente. Cada ser humano tiene derecho a una cantidad adecuada de alimentos con calidad para suplir sus necesidades alimentarias. Por lo que la comunidad internacional debe garantizar que el hambre oculta no sea ignorada y que la agenda posterior a los Objetivos del Milenio

---

[194] Fuente: International Food Policy Research Institute. http://www.ifpri.org/publication/2014-global-hunger-index

[195] Fuente: International Food Policy Research Institute. http://www.ifpri.org/publication/2014-global-hunger-index

(2,015) incluya nuevos objetivos para la eliminación del hambre y la desnutrición, aunque se nota que no será una tarea fácil para la humanidad.

El GHI publicado el 2013 demostró que muchos de los países en los que la situación del hambre es alarmante o extremo, son países propensos a las crisis generadas por los fenómenos naturales como en: Sahel Africano, donde el pueblo pasa por sequías anuales. Además, tienen que lidiar con conflictos violentos y con desastres naturales. Al mismo tiempo, el contexto global cada vez más volátil (la crisis financiera y económica, el aumento de precios de los alimentos). Es esta incapacidad para hacer frente a estas crisis conduce a la destrucción de muchos éxitos de desarrollo que se habían logrado en los últimos años. Además, la gente tiene mucho menos recursos para soportar la próxima conmoción o crisis. 2.6 mil millones de personas en el mundo viven con menos de 2 dólares al día. Para ellos, una enfermedad en la familia, la pérdida de cosechas después de una sequía o la interrupción de las remesas de los familiares que viven en el extranjero pueden poner en movimiento una espiral descendente de la que no pueden liberarse por sí mismos. Por consiguiente no es suficiente apoyar a las personas en situaciones de emergencia y, una vez que la crisis ha terminado, iniciar los esfuerzos de desarrollo a largo plazo. Por lo que la ayuda de emergencia tiene que ser mejor distribuido y administrado ya que el desarrollo tiene que ser conceptualizado con el objetivo de aumentar la resiliencia de los pobres ante los violentos.

El Índice Global del Hambre distingue tres estrategias para afrontarlo. Cuanto menor sea la intensidad de las crisis, los pocos recursos tienen que ser utilizados para hacer frente a las consecuencias: 1)- **Absorción**: Habilidades o recursos que se utilizan para reducir el impacto de una crisis sin cambiar el estilo de vida (por ejemplo, la venta de algunas cabezas de ganado). 2)- **Adaptación**: Una vez que la capacidad de absorción se agota, se toman medidas para adaptar el estilo de vida con la situación sin hacer cambios drásticos (por ejemplo, el uso de semillas resistentes a la sequía). 3)- **Transformación**: Si las estrategias de adaptación no son suficientes para hacer frente a los efectos negativos de las crisis, cambios fundamentales y duraderos a la vida y el comportamiento tienen que ser hechos (por ejemplo, las tribus nómadas se vuelven sedentarios y se convierten en agricultores porque no pueden mantener sus rebaños).

Teniendo como base este análisis, los autores recomiendan una serie de políticas para ser implantadas: **a)**- La superación de los límites institucionales, financieros y conceptuales entre la ayuda humanitaria y la ayuda al desarrollo. b)- Eliminación de las políticas que minan la capacidad de recuperación de las personas. Usando el Derecho a la Alimentación como base para el desarrollo de nuevas políticas. **c)**- Implementación de programas flexibles por muchos años y que sean financiados. Los enfoques multisectoriales permitirán superar la crisis alimentaria crónica. **d)**- Comunicar que la práctica de la resiliencia es rentable y mejora la seguridad alimentaria y nutricional, especialmente en contextos frágiles. **e)**- Monitoreo científico y evaluación de las medidas y programas con el objetivo de aumentar la resiliencia. **f)**- La participación activa de la población local en la planificación e Implementación de programas de aumento de la resiliencia. **g)**- Mejora de los alimentos a través de la nutrición específica y sensible para evitar que la crisis a corto plazo conduzca a problemas relacionados con la nutrición tardía en la vida, a través de las generaciones de madres y de niños.

El GHI publicado el 2012 demostró que el hambre está relacionada con la forma en que utilizamos la tierra, el agua y la energía. La creciente escasez de estos recursos pone más y más presión sobre la seguridad alimentaria. Varios son los factores que contribuyen para una creciente escasez de los recursos naturales:

1)- El crecimiento demográfico acelerado proyecta que la población mundial superará los 9 mil millones el 2050. Además, cada vez más personas viven en ciudades. No es que la población urbana se alimenta de manera diferente que los habitantes de las zonas rurales, sino que tienden a consumir menos alimentos básicos y más carne y productos lácteos.

2)- Mayores ingresos y el uso no sostenible de los recursos. A medida que la economía mundial crece, los ricos consumen más alimentos y adquieren más bienes, que tienen que ser producidos con una gran cantidad de agua y energía. Ellos pueden darse el lujo de no ser eficientes pero pueden derrochador el uso de los recursos.

3)- Malas políticas e instituciones débiles: Cuando las políticas, por ejemplo la política energética, son las políticas de biocombustibles de los países industrializados: como el maíz y el azúcar se utilizan cada vez más para la producción de combustibles, hay menos tierra y el agua para la producción de alimentos.

Algunas de las señales de una creciente escasez de los recursos energéticos, de la tierra y del agua son, por ejemplo: precios crecientes de los alimentos y de la energía, un aumento masivo de la inversión a gran escala en las tierras de cultivo (el denominado acaparamiento de tierras), el aumento de la degradación de las tierras cultivables a causa del uso demasiado intenso de la tierra (por ejemplo, aumento de la desertificación), aumentando el número de personas, que viven en las regiones con la reducción de los niveles de agua subterránea, y la pérdida de tierras de cultivo como consecuencia del cambio climático.

Estas fueron las razones para el análisis de las condiciones globales que llevaron a los autores de la GHI 2012 a recomendar diversas medidas de política gubernamental global de la siguiente manera: **a)**- Asegurar el derecho a la tierra y al agua; b)- La reducción gradual de los subsidios; **c)**- Creación de un marco macroeconómico positivo; **d)**- La inversión en el desarrollo de la tecnología agrícola para promover un uso más eficiente de la tierra, el agua y la energía; **e)**- Apoyo a los enfoques que conducen a un uso más eficiente de la tierra, el agua y la energía a lo largo de la cadena de valor; **f)**- La prevención y el uso excesivo de los recursos naturales a través de estrategias de monitoreo para el agua, la tierra y la energía, y los sistemas agrícolas; **g)**- Mejorar el acceso a la educación de las mujeres y el fortalecimiento de sus derechos reproductivos para hacer frente a cambios demográficos; **h)**- Aumentar los ingresos, reducir la desigualdad social y económica y la promoción de estilos de vida sostenibles; **i)**- Mitigación del cambio climático y la adaptación a través de una reorientación de la agricultura.

El GHI publicado el 2011 cita tres factores como las principales razones para los picos y la volatilidad de precios de los alimentos: aumento en la producción de biocombustibles, promovido por la subida del precio del petróleo, subsidios en los Estados Unidos (más de un tercio de la cosecha de maíz de 2009 y 2010, respectivamente) y la cuota de los biocarburantes en la gasolina en la Unión Europea, India y otros países trayendo como consecuencias: **a)**- Condiciones meteorológicas extremas resultante del cambio climático; **b)**- Un aumento en la actividad financiera a través de los mercados futuros de productos básicos; y **c)**- El comercio futuro de productos básicos agrícolas, como por ejemplo, inversiones en fondos que especulan en el cambio de los precios de productos agrícolas, aumentó de 13 billones de **USD** a 260 billones de USD entre finales de 2003 y marzo de 2008. Igualmente se ha aumentado los volúmenes de productos básicos agrícolas comercializados mundialmente.

Según el informe, los mercados agrícolas de hoy presentan características claves que aumentan la sensibilidad de los precios, la concentración de la producción de productos básicos en pocos países y en manos de multinacionales, las restricciones a las importaciones de estos bienes, los niveles históricamente bajos de las reservas de cereales y la falta de información apropiada y oportuna sobre la producción de alimentos, los niveles de reservas, y los pronósticos de precios.

De acuerdo con el GHI de 2011 las alzas y baja de los precios se manifiestan con mayor intensidad para las personas pobres y desnutridas, toda vez que ellos no logran reaccionar ante los picos y cambios en los precios. Las reacciones, a raíz de estos hechos, puede incluir: reducción en el consumo de calorías, disminución de la participación de los niños en el sistema escolar, generación de actividades de mayor riesgo, tales como la prostitución, la criminalidad, o el envío a lugares lejanos de miembros de la familia que no pueden ser alimentados más. Además, según informe hay una alza constante en la inestabilidad e imprevisibilidad de los precios de los alimentos, que después de décadas de ligero descenso, tienen cada vez más picos (aumento fuerte a corto plazo).

El GHI publicado el 2010 demostró la alarmante desnutrición infantil. La desnutrición entre los niños ha alcanzado niveles terribles. En el mundo en desarrollo, cerca de 195 millones de niños menores de cinco años - aproximadamente uno de cada tres niños - son demasiado pequeños y subdesarrollados (*underdeveloped*). Casi uno de cada cuatro niños menores de cinco años - 129 millones - tiene peso insuficiente (*underweight*), y uno de cada 10 tiene peso extremadamente insuficiente.

El problema de la desnutrición infantil se concentra en pocos países y regiones con más de 90 por ciento de los niños raquíticos que viven en África y Asia. El 42% de los niños sub nutridos del mundo viven en la India.

Los niños que no reciben una nutrición adecuada durante los tres primeros años de vida corren el riesgo de tener daños permanentes en su desarrollo físico y cognitivo, mala salud, y hasta muerte prematura. En contraste, las consecuencias de la desnutrición que se producen después de los dos años de vida de un niño son en gran medida reversibles.

Con lo que concluimos que de una manera general observamos que las Metas del Milenio, por lo menos, han despertado mucho interés entre los gobernantes para trabajar en las alternativas de solución de los problemas planteados en sus respectivos países. Algunos con más éxito que otros.

"Esta noche millones de niños dormirán en la calle, más ninguno de ellos es cubano" **Fidel Castro**.

Al mismo tiempo el problema del hambre que tiene que soportar el mundo ha despertado interés, sobre todo en lo relacionado con la producción de alimentos. Algunos países están presentando medidas de solución y muchos otros ya están logrando resultados positivos.

India ha incrementado su producción de alimentos pero todavía no es suficiente para acabar con el hambre en ese país. Hay todavía mucho por hacer en lo referente al almacenamiento y distribución de la producción de alimentos.

Bolivia actualmente ha mejorado sensiblemente su situación desde que asumió el gobierno Evo Morales. Anteriormente Bolivia estaba considerada en los últimos lugares entre los países del mundo.

Brasil proyectaba producir 201 millones de toneladas de granos para la cosecha 2014-2015. Esto representaría 4% más que la producción en el período anterior. Observando la producción de trigo, el 2012 su área plantada fue de 1,895 millones de hectáreas mientras que el 2014 aumentó a 2,716 millones de hectáreas cultivadas, de acuerdo con CONAB.

Bolsa Familia - Brasil

> *"El Brasil dejó de ser un país de miserables, un país de hambre. En el comienzo del gobierno Lula, Brasil tenía más de 8% de la población en situación de miseria. La ONU estableció 3% y, hoy, el Brasil está debajo de ese porcentaje. Ahora, continuamos siendo un País muy desigual, todavía tenemos mucho trabajo por hacer. (...) La salida del Brasil del mapa del hambre de la ONU, fue la mayor victoria del gobierno. Desde 2016 la agenda es la alimentación saludable."* Tereza Campello Ministra de Desenvolvimiento Social[196].

El programa Bolsa Familia implantado en Brasil es considerado internacionalmente por la Organización de las Naciones Unidas (**ONU**) como el principal instrumento de transferencia de renta del mundo.

En 2013 el programa "Bolsa Familia" fue apuntado por la Organización de las Naciones Unidas para la Alimentación y Agricultura (FAO) como una de las principales estrategias adoptadas por Brasil que resultaran en la superación del hambre, retirando así al Brasil del mapa del Hambre Mundial. Adicionalmente la Asociación Internacional de Seguranza Social (**AISS**) concedió a Brasil un prestigioso premio internacional debido al carácter innovador de reducción de la pobreza traída por los efectos de Bolsa Familia, considerado el más importante programa en su género en el mundo, dentro de los grupos de programas de transferencia condicional de renta. AISS aún espera que el programa Bolsa Familia sirva de ejemplo para que más países implementen programas similares en beneficio de sus ciudadanos.

En 2015 en Italia, el ex presidente de Brasil, Lula afirmó que *"Es necesario continuar haciendo política de transferencia de renda para los*

---

[196] **Fuente**: Facebook Dilma Rousseff. Tereza Campello Ministra del govierno Dilma Rousseff. Portal Brasil: http://goo.gl/MU1cWi

más pobres. Es necesario socializar las informaciones con los países más pobres de América Latina y de África. Es necesario llevar tecnología para esos países, que se lleve adelante el financiamiento para esos países, para que el 2025, acabar con el Hambre en África, que fue un compromiso que nosotros asumimos en una reunión de la Unión Africana. (…) Yo estoy convencido, compañeros italianos, yo estoy convencido, compañero Martina, compañero Primer Ministro Renzi, que Brasil probó que es posible acabar con el Hambre en el Mundo".

"Bolsa Familia" presentó resultados importantes a lo largo de sus 12 años de existencia. Desde su fundación, el 2003, el programa de transferencia de renta ayudó a mantener 36 millones de personas fuera de la línea de la extrema pobreza. Los números del programa terminaron llamando la atención del resto del mundo. Hoy, según el Banco Mundial, 52 países utilizan el mismo formato de la Bolsa Familia en sus programas de transferencia de la renta, en el mundo.

Solamente entre 2011 y 2015, el Ministerio do Desenvolvimento Social y Combate al Hambre (MDS) recibió 406 delegaciones de 97 países, interesadas en entender mejor el funcionamiento del programa. También representantes de ese Ministerio participaron de más de cien eventos internacionales, principalmente en el Hemisferio Sur.

En 2015, el programa "Bolsa Familia" volvió a ser citado internacionalmente como ejemplo de suceso. El Reporte del Desenvolvimiento Humano 2015, del Programa de las Naciones Unidas para el Desenvolvimiento (Pudo), afirma que el programa fue esencial para la reducción de la pobreza multidimensional en el País, por promover el acceso a la salud, educación y asistencia social.

Al mismo tiempo, el programa Bolsa Familia acompaña la frecuencia escolar de 17 millones de alumnos anualmente y la salud de 9 millones de familias por semestre. Esa acción integrada trajo buenos resultados, como la reducción de la deficiencia nutricional crónica, que cayó por la mitad entre 2008 y 2012 – de 17,5% para 8,5%. En la educación, el analice del Banco Mundial apunta que el programa Bolsa Familia aumenta en 21% la probabilidad de una joven de 15 años frecuentar la escuela.

María Concepción Steta **Gandara**, analista del Banco Mundial, destaca la importancia del Catastro Único implantado en Brasil y que abarca 40% de la población más pobre de ese país, con una taza de actualización de 72%, siendo también una práctica de referencia internacional en la implementación de políticas públicas. *"Es una herramienta fundamental para evitar duplicidad entre programas, aparte de ser eficiente en la coordinación entre políticas e programas de las diversas esferas gubernamentales"*, explica Gandara.

La preocupación del ex-presidente Lula con el problema del hambre es una constante. Para **Kenneth M. Quinn**, presidente da World Food Prize Foundation, *"Luiz Inácio Lula da Silva es el mayor y más apasionado luchador contra el hambre en el mundo"*. Quinn fue embajador de Estados Unidos y trabajó durante 32 años en el Departamento de Estado americano. El World Food Prize Foundation premia a ciudadanos que contribuyen significativamente para el combate al hambre en el mundo. Y, por su labor Lula fue premiado y homenajeado también por diversas instituciones desde que dejó la presidencia de Brasil en diciembre de 2010: **Ref.: 0114.**

Esta obra concluye observando que preocupaciones para eliminar el problema hambre existen. Por ejemplo: Brasil proyectaba terminar el año 2016 con una producción de 202 millones de toneladas solamente de granos. Si esa iniciativa se transformase común en el mundo, donde todos los países proyectaran similares producciones de granos, otro sería el resultado. Sin embargo, el hambre continúa latente demostrando que realmente el mundo proyecta que mantendrá al hambre como el Primer Problema del Siglo y muy difícil de ser combatido para beneficiar a la Especie Humana. Muchas mejoras y logros se evidenciaron, pero el flagelo del hambre continuará, sin saber hasta cuándo y cómo terminará.

Segundo Problema del Siglo - El Agua

La explosión poblacional en el Planeta Tierra, liderado por la Especie Humana, que, sumado al desarrollo industrial descontrolado generado por la ambición irracional del hombre, crea el Segundo Problema del Siglo, el Agua.

El Papa Francisco lanzaba su denuncia contra *"la tendencia a privatizar el agua, aunque el acceso a ella sea un derecho del hombre"*, o la explotación por parte de multinacionales de las tierras del Sur: *"Mientras tanto, los poderes económicos continúan justificando el actual sistema mundial, donde prima la especulación y la búsqueda de la renta financiera que tienden a ignorar todo contexto y los efectos sobre la dignidad humana y el medio ambiente"*, concluía el Papa. El pronunciamiento Papal, con seguridad pondrá sobre la mesa una serie de otros problemas, relacionado con el agua.

Agua - Juntamente con el aire para respirar y el abrigo para no perecer de frío en la intemperie el agua para beber es la necesidad vital más imperiosa en el Planeta Tierra. Esa es la razón de existir más agua en el Planeta Tierra y en el cuerpo humano.

> *"El derecho al agua potable y el saneamiento es un derecho humano esencial para el pleno disfrute de la vida".* Promulgado por la ONU.

El 18 de Junio 2015, el Papa Francisco, a través de la encíclica *"Laudato si"* (alabado seas), sorprendió al mundo con su endiosado llamado a la defensa del medioambiente y el replanteamiento del actual sistema económico, que mantiene brechas entre los pueblos, devasta recursos y podría terminar en una **guerra global por el agua**[197].

Como es de conocimiento universal el agua pasa por tres procesos naturales: liquido, sólido y gaseoso. Magia que despierta el interés de la clase científica por desvendar ese misterio. Al respecto los chinos ya acumulaban un buen conocimiento sobre el Ciclo Hidrológico hace 900 años PCA.

El agua está compuesta por dos moléculas de Hidrógeno y por una de Oxígeno (su fórmula química es H^2O). Esto, gracias a los estudios de los franceses: **Antonie-Laurent** de Lavouise (1743-1794) quien

---

[197] Fuente: La encíclica, documento de 191 páginas es un análisis de la situación actual del medioambiente, una guía de recomendaciones y una crítica a la falta de voluntad del actual sistema económico y político. Divulgado por la prensa escrita y televisiva del mundo.

demostró la composición del agua y el jurista y luego Físico, **Pierre Perraut** (1611-1680) quien realizó las primeras mediciones hidrológicas; posteriormente el escritor **Bernard Palissy** (1510-1589) mostró que las aguas subterráneas eran abastecidas por las lluvias[198] son razones por las que actualmente poseemos ese conocimiento.

El científico Inglés, **Edmund Halley** (1656-1742), quién descubrió el cometa que lleva su nombre, es uno de los primeros en anunciar el fenómeno de la Evaporación Marina, en 1687[199].

Desde el último siglo del milenio pasado el hombre estudia el agua, no solamente en la Tierra sino también en otros planetas, (como ejemplo, Marte), nubes interestelares, cometas, satélites naturales y meteoritos. Estas investigaciones continúan con mucha intensidad y se auguran extraordinarios resultados.

El agua siempre fue muy importante en la historia de la humanidad. Investigadores y estudiosos quieren saber más sobre las diferentes teorías e hipótesis sobre el origen de tanta agua en el Planeta Tierra. Unos afirman que el agua habría venido como bloques de hielo del espacio, como el Astrónomo Norteamericano, **Louis Franlk**, de la Universidad de Iowa, que lo anunciaba en el año 1985. Otros sugieren la teoría de que el agua habría surgido de nubes de polvo y gases inter espaciales dando origen al Sistema Solar, hace 5 billones de años, de acuerdo al Geólogo Norteamericano, **William Ruby**, en 1951[200].

Universalmente se estima que cerca de un millonésimo de la masa visible del universo se halle representada por agua; de acuerdo a los astrónomos franceses: **Alain Omont** y **Jean-Loup Beteaux**. Al mismo

---

[198] Fuente: El agua que llegó al planeta: Frutos do Passado Semente do Futuro, Érica, Brasil 1993, Pág. 12.

[199] Fuente: El agua que llegó al planeta: Frutos do Passado Semente do Futuro, Érica, Brasil 1993, Pág. 12-13.

[200] Fuente: El agua que llegó al planeta: Frutos do Passado Semente do Futuro, Érica, Brasil 1993, Pág. 10-13.

tiempo estudios sobre el cometa **Halley**[201], en 1986, auxiliados por sondas y poderosos telescopios en la Tierra, mostraron que el cometa tiene la mitad de su cuerpo formado por agua congelada. De acuerdo con **Christopher Chyba**, de la Universidad de Cornell, se estima que si el agua del Cometa Halley fuera transferida a la Tierra el volumen del agua aumentaría en 250 kilómetros cúbicos[202].

Ya se admite que el agua cubre tres cuartas partes del Planeta Tierra; con una cantidad aproximada de 1.4 billones de Kilómetros cúbicos. A pesar de demostrase que el agua es abundante, se estima que en el año 2025, por lo menos un billón de personas estarán viviendo en regiones con escases de agua[203].

En iguales proporciones encontramos el agua en todos los ríos del Planeta Tierra que suman cerca de 50 mil kilómetros cúbicos, la mayor parte se encuentra en el Hemisferio Norte; la distribución del agua es desigual y la mayor cantidad no es aprovechada racionalmente, desembocando en los mares.

No deja de ser alentador que en la parte baja de la atmósfera terrestre existe gran cantidad (ríos) de agua en forma de vapor, capaces de ser comparados con el propio Río Amazonas, en términos de volumen y corriente. Se cree que estas corrientes son las principales causas por el cual el agua de la atmosfera se transporta del Ecuador hacia los Polos, de acuerdo a los estudios de **Reginald Newell**, MIT[204] con

---

[201] Fuente: Edmund Halley (1656-1742), descubrió el cometa que lleva su nombre. El agua que llegó al planeta: Frutos do Passado Semente do Futuro, Érica, Brasil 1993, Pág. 12.

[202] Fuente: El agua que llegó al planeta: Frutos do Passado Semente do Futuro, Érica, Brasil 1993, Pág. 10-13.

[203] Fuente: Estimativas realizadas por los investigadores Malin Falkenmark y Carl Widstrand, de la Universidad Linkonping, Suiza. 1992. El agua que llegó al planeta: Frutos do Passado Semente do Futuro, Érica, Brasil 1993, Pág. 10-13.

[204] Fuente: MIT (Massachusetts Institute of Technology), Boston, Massachusetts, USA..

datos obtenidos de los instrumentos a bordo del Ómnibus Espacial[205] Discovery y Challenger.

Desde inicios del siglo pasado, el consumo de agua en el Planeta Tierra ha aumentado más de siete veces, algo así como el equivalente a 3 Kilómetros cúbicos al año. Se estimaba que hasta el año 2015 se tendría un crecimiento de 50% más[206]. Ya vivido el año en mención se observa que ese pronóstico tenía mucha razón.

El Ser Humano solo sobreviviría siete días sin consumir agua. Pese a ello, unos 783 millones de personas, un 11% de la población mundial, no tienen acceso a una fuente de agua potable en condiciones saludables, según el Informe de 2012 sobre los Objetivos de Desarrollo del Milenio, y cada año que pasa fallecen aproximadamente, un millón y medio de niños menores de 5 años, por esa causa, de acuerdo a los datos en poder de la Asamblea General de la ONU.

Más allá de sus implicancias para la salud, muchas horas diarias de esfuerzo en la obtención del agua limpia dedica el hombre, tiempo que muy bien podría ser utilizado en otras necesidades, como la educación y cualquier otra labor social. Se calcula que se pierden 443 millones de días lectivos, en especial para las niñas, ya que en muchos países del África Subsahariana las mujeres asumen la responsabilidad de asegurar su abastecimiento. Pero, además de su reparto inadecuado el agua es un bien escaso. Sólo un 3% del agua que hay en el planeta es dulce. Sin embargo, la demanda del líquido elemento aumenta sin cesar y no sólo para cubrir la necesidad básica de beber, sino también para su uso con la agricultura y la industria.

Las Naciones Unidas han puesto en marcha distintas medidas para paliar todos esos problemas, la última de ellas es el Decenio Internacional para la Acción, «El agua, fuente de vida», 2005-2015. Otra de las ideas que las Naciones Unidas han impulsado es el **Día Mundial del Agua**,

---

[205] Fuente: El agua que llegó al planeta: Frutos do Passado Semente do Futuro, Érica, Brasil 1993, Pág. 13.

[206] Fuente: El agua que llegó al planeta: Frutos do Passado Semente do Futuro, Érica, Brasil 1993, Pág. 13.

encaminada a concientizar sobre todos los aspectos relacionados con este derecho. Del mismo modo La Asamblea General, en su resolución A/RES/65/154 proclamó 2013 "Año Internacional de la Cooperación en la Esfera del Agua" que coincidió con el 20° aniversario de la proclamación del Día Mundial del Agua. La meta de ese año fue atraer la atención hacia los beneficios de la cooperación en la gestión del agua. La cooperación en la esfera del agua crea beneficios económicos, es fundamental para la preservación de los recursos hídricos, protege el medio ambiente y construye la paz. (Ref. 0108).

¿Por qué un Año Internacional de Cooperación en la esfera del Agua? El agua, recurso vital para los seres humanos, es un bien único. Es también un recurso que no conoce fronteras. Por lo menos 148 países poseen al menos una cuenca transfronteriza. La cooperación en la esfera del agua es crucial para la seguridad, la lucha contra la pobreza, la justicia social y la igualdad de género. Además, la cooperación en la esfera del agua crea beneficios económicos, es fundamental para la preservación de los recursos hídricos, protege el medio ambiente y construye la paz[207]. En un contexto marcado por una creciente presión sobre los recursos de agua dulce, nutrida por la necesidad de alimentos, la rápida urbanización y el cambio climático, que asociado al rápido aumento poblacional del planeta han creado una situación que proyecta días venideros difíciles para vivir y problemas complicados para resolver.

Es de suma importancia el cuestionamiento siguiente, titulado ¿Sabías que?

- ✓ 800 millones de personas no tienen acceso al agua potable y cerca de 2500 millones no poseen servicios de saneamiento adecuado.

- ✓ De 6 a 8 millones de personas mueren anualmente a causa de catástrofes y enfermedades ligadas al agua.

- ✓ Diversos estudios muestran que si nada cambia será necesario 3,5 planetas para cubrir las necesidades de una población

---

[207] ONU, porta: http://www.un.org/es/events/worldwateryear/factsfigures.shtml

mundial cuyo estilo de vida fuera comparable al de los europeos o norteamericanos.

- ✓ En los próximos 40 años, la población mundial aumentará en dos o tres mil millones de personas. Este fenómeno vendrá acompañado de una evolución de los hábitos alimentarios que se traducirá en un incremento de 70% en la demanda de alimentos de aquí al 2050.

- ✓ Más de la mitad de la población es urbana. En ocasiones, las zonas urbanas, donde el acceso al agua y a las instalaciones sanitarias es mejor que en las zonas rurales, tendrán problemas para hacer frente a este aumento demográfico. (OMS/UNICEF, 2010).

- ✓ La demanda de alimentos aumentará en 50% de aquí al 2030 (70% para 2050), en tanto que las necesidades de energía hidroeléctrica y otras energías renovables aumentarán al 60% (WWAP, 2009). Ambas problemáticas están relacionadas: la creciente producción agrícola hará que aumente el consumo de agua y de energía, lo que provocará una mayor demanda de agua.

- ✓ La disponibilidad de agua va a disminuir en numerosas regiones y, sin embargo, el consumo mundial de agua para fines agrícolas aumentará un 19% de aquí a 2050. Sin progresos tecnológicos o intervención política, la demanda aumentará más todavía.

- ✓ 85% de la población mundial vive en la mitad más seca del planeta.

- ✓ El riego y la producción de alimentos son actividades que más agua precisan. La agricultura consume casi el 70% del agua, una cantidad que en las economías emergentes alcanza el 90%.

- ✓ El consumo creciente de productos cárnicos es desde hace 30 años lo que más impacto tiene en el consumo de agua, un fenómeno que se prolongará durante toda la primera mitad del siglo XXI, según la FAO. Son necesarios 3.500 litros de agua para producir un kilo de arroz, en tanto que para producir un kilo de carne de vacuno se precisan 15.000 litros de agua. (Hoekstra y Chapagain, 2008).

- ✓ Casi el 66% de la superficie de África es árida o semiárida. De los 800 millones de habitantes del África subsahariana, casi 300 millones disponen de escasos recursos hídricos, es decir, menos de 1.000 metros cúbicos por habitante (NEPAD, 2006).

- ✓ Al menos doce países de la región árabe y de Asia Occidental sufren graves carencias de agua, con menos de 500 m³ de agua **procedente** de fuentes renovables por habitante (Ref. **0106**).

La súper población del Planeta Tierra, liderado por la Especie Humana, sumado al desarrollo industrial descontrolado generado por la ambición irracional del hombre, ha creado el Segundo Problema de magnitud del Siglo. El problema del suministro sustentable de Agua está siendo muy difícil de solucionarlo.

CAPÍTULO VIII

El Ambiente Ecológico y su Protección

> *"Es el primer acuerdo universal en la historia de las negociaciones sobre el cambio climático. Es cierto que no es perfecto para cada país, si se mira desde los intereses particulares, pero es importante para todos, porque cuida los intereses del planeta"*. Decía el Presidente de Francia, **François Hollande**, al concluir la COP21 en Francia, diciembre 2015.

EL PLANETA TIERRA es un sistema natural cuya mayor característica es la grandiosa habitabilidad terrena; lo que hace posible que las especies vivientes terrenales existan. A pesar de demostrar esa genial característica de habitualidad el Planeta Tierra viene sufriendo grandes transformaciones naturales a lo largo del tiempo. Como si ese cambio fuera intrascendente aún tiene que soportar los daños de parte de una de las tantas especies que lo habita, "La Especie Humana".

El medio ambiente que caracteriza al Planeta Tierra como un mundo grandemente habitable también está cambiando. Pero esos cambios y transformaciones tienen algunas razones explicables: **Primero**, los cambios forman parte de su propio proceso natural que así lo exige; **Segundo**, porque la intervención del hombre, que habita en él, colabora grandemente, con su acción destructiva, para esa transformación y **Tercero**, por fenómenos inesperados externos.

> *"Mientras unos se desesperan sólo por el rédito económico y otros se obsesionan sólo por conservar o acrecentar el poder, lo que tenemos son guerras o acuerdos espurios donde lo que menos interesa a las dos partes es preservar el ambiente y cuidar a los más débiles"*. 'Laudato si'" Papa Francisco 18 de Junio 2015.

Manifestaciones que demuestran que el Planeta Tierra se encuentra siempre en un proceso de cambios y que se pueden observar analizando algunos resultados de esos comportamientos, sobre todo a aquellos que vienen a relucir de tiempo en tiempo. El día 30 de junio de 2015 tuvo 86,401 segundos, uno más de lo normal. Este fenómeno tiene una importancia relevante, ya que es condición que se adaptara a la rotación irregular del Planeta Tierra. Razón del por qué ese mes fue el mes más largo de la historia. El Servicio Internacional de Rotación de la Tierra informó que, debido a la ralentización del movimiento del planeta, la medianoche del 30 de junio de 2015 fue un segundo más larga. La razón se debe a que la Tierra ha estado rotando sobre su eje de forma más lenta. Considerase también a que "esto se da por las fuerzas que ejercen el Sol y la Luna. Además, por la fricción provocada por los vientos y mareas". Este fenómeno natural es necesario llevarlo en serio para mantener los relojes atómicos del mundo en sincronización perfecta con el movimiento de la Tierra. Los segundos intercalares o adicionales, como llaman a esa división de tiempo que se agrega al calendario, se añadieron por primera vez en 1972.

Otra ocurrencia lo encontramos en otro especifico caso; en el lapso de un siglo, en la última década del milenio pasado, el año 1990 se caracterizó por registrar la temperatura más baja (fría) en el Planeta Tierra, cuando el termómetro marcó 0.57°C. Dentro de ese período en el año 1998 hizo más frío que en todos los años, desde 1880 del siglo anterior.

Contradictoriamente se registran aumentos de temperatura, subiendo con mayor frecuencia como consecuencias del Efecto Estufa que claramente hizo que el Planeta Tierra registre un Calentamiento Global. Compromisos firmados en diciembre de 2015, en Paris, alertan que la temperatura en el Planeta Tierra no debe aumentar dos grados.

Existen también otras manifestaciones que se realizan como producto del constante proceso de cambios en el planeta; como los temblores de tierra, las erupciones volcánicas y con menor intervalos los terremotos, como los de mayor intensidad ocurrido en: San Francisco, el 8 de abril de 1906, con intensidad 8.3° Celsius y una duración de dos minutos; Nicaragua el 2 de setiembre de 1992, con 7.2° de la escala de Richter;

África, el 10 de setiembre de 1992, 7.2° de la escala Celsius; el Norte de Japón, Hokkaido, 15 de enero de 1993, 7.5° de la escala de Richter[208]; o como la serie de terremotos, siendo el más reciente el que ocurrió en Nepal, en abril de 2015, de 7.5° de la escala de Richter, matando más de 5,000 personas.

Al mismo tiempo se observa que el Planeta Tierra sufre también grandes perjuicios en su estructura natural. En ese contexto, el mayor problema que la humanidad heredada del milenio pasado está relacionado con la Capa de Ozono que protege al Planeta Tierra. Pero al mismo tiempo se observa también que existen preocupaciones creíbles en miras para poner más atención en la situación. Prueba de ello es que el Presidente de Estados Unidos, **Barack Obama** alentaba diciendo: *"El acuerdo más ambicioso sobre el cambio climático en la historia"* es el firmado en la COP21, Francia, en diciembre 2016. Y **David Cameron**, Primer Ministro de Inglaterra lo rectificaba diciendo: *"enorme paso para asegurar el futuro del planeta. Significa que todo el mundo ha firmado para asumir su parte en la detención del cambio climático"*. COP21, 2015.

A propósito, para poder entender mejor lo que está ocurriendo con La Capa de Ozono que protege a la tierra, primero hay que estudiar un tiempo en retrospectiva relacionado con el "Cloro Flúor Carbonato" (CFC) cuya historia se inicia en los años de 1930; época en que fue inventado el Freón 12, que en ese tiempo resultó siendo un "milagro científico", que llegaría para resolver problemas y para revolucionar la industria de refrigeración.

La popularidad del Freón 12 se basaba en las siguientes virtudes: es un gas inofensivo, no explosivo, no corrosivo, no inflamable y no tóxico. En resumen, era un gas maravilloso. Durante algunas décadas más su uso se masificó. Ya en los años de 1970 se usaba también como disolvente en la fabricación de los Circuitos Integrados de alta tecnología en el mundo electrónico.

---

[208] Referencias: Frutos do Passado Sementes do Futuro, 1993, Erica, Brasil, Pág. 61–66.

El 1974, investigadores ingleses alertaron al mundo que existía una estrecha relación entre la disminución de la capa de ozono y el uso de los CFCs; lamentablemente esa información no fue tomada con seriedad. Solamente el año 1980, o sea, una década después se descubrió la verdadera implicación y consecuencias del abundante uso del CFC, afectando a la capa de ozono. Esto, de acuerdo a los primeros estudios realizado por los científicos ingleses en 1983.

En 1985 el líder de la base inglesa en la Antártica informó por primera vez al mundo científico que la Capa de Ozono sobre la Antártica ha sido perforada, (el Hemisferio Norte). Para confirmar este hecho los estudiosos utilizaron las imágenes que envió el satélite **SPAA**, este satélite fue quien lo fotografió y lo detectó por primera vez.

Alertas sobre un problema mayor a corto y largo plazo siempre existieron; en 1987 se firmó el Protocolo de Montreal, donde participaron 95% de los productores de CFC en el mundo; ellos acordaron eliminarlo hasta 1994. Inicialmente ellos concordaron en eliminar los gases halógenos, usados en extinguidores para combatir incendios y el cloroformo de metileno, usados en las lavanderías a seco, hasta 1996, acortando el plazo inicial que fue fijado para el 2005.

En 1991 se hicieron nuevas evaluaciones a las imágenes enviadas, por el satélite Nimbus-7. En setiembre de 1992 se descubrió un aumento de 3.4 millones Km^2 en el hueco de la **Capa de Ozono** que protege a la tierra, cuya extensión pasaba los 23.4 millones Km^2. Esto quiere decir que solamente de enero a octubre de 1992 el hueco en la capa de ozono aumentó 15% de acuerdo con el análisis realizado a las fotografías que enviaron los satélites americanos como el **UARS**, satélite de investigación en alta atmosfera que fue transportado al espacio por la Discover, el 13 de setiembre de 1991, para girar en una órbita de 536 Km de altura[209].

"Los componentes industriales a base de cloro, principalmente los clorofluocarbonetos son los responsables de la reducción de la capa de

---

[209] Referencias: Frutos do Passado Sementes do Futuro, 1993, Érica, Brasil, Pág. 29–30 Las Consecuencias de los CFCs.

ozono sobre el planeta", decía **Ralph Cicerones**, de la Universidad de California, USA[210].

Ya en 1992 los científicos alertaban que la temperatura de la Tierra podrá subir 3º si no se tomaban medidas inmediatas.

Al respecto: *"Tenemos que hacer ahora lo que hace mucho tiempo deberíamos haberlo hecho, porque dejar para mañana sería demasiado tarde"* decía Fidel Castro durante su discurso en la ECO-92, Brasil, 1992, donde surgió para el mundo la alerta oportuna "El Calentamiento Global[211]". Dos años después **Mustafa Tolba** decía: *"Tenemos progresos, más hay mucho por hacer de aquí en adelante*[212]" ante el poco avance en la solución real del problema.

El hueco de la **Capa de Ozono** con más de 23.4 millones Km^2, permite el ingreso libre de mayor cantidad de radiación solar, aumentando la cantidad y fuerza de los Rayos Ultravioleta (R UV). Ocurriendo todo este problema como consecuencias del uso masivo e indiscriminado del Cloro Flúor Carbonato (CFC).

No debemos olvidarnos que *"no producir más CFCs no va a resolver el problema, será necesario crear una protección extra para la Capa de Ozono, en la velocidad que ella viene siendo destruida, no restará ningún vestigio de la Capa de Ozono dentro de 2 mil años, cuando aún exista el CFC en el aire."* decía **R.Warren**, científico en NOAA (Administración Nacional Atmosférica y Oceánica), USA. Con esta afirmación los gases producidos en el Siglo XX permanecerán hasta finales del siglo XL[213].

---

[210] Referencias: Frutos do Passado Sementes do Futuro, 1993, Érica, Brasil, Pág. 33. Ralph Cicerones, de la Universidad de California, USA.

[211] Referencias: Frutos do Passado Sementes do Futuro, 1993, Érica, Brasil, Pág. 64–65.

[212] Referencias: **Mustafa Tolba**, Director de la PNUMA, Programa de las Naciones Unidas para el Medio Ambiente. Frutos do Passado Sementes do Futuro, 1993, Érica, Brasil, Pág. 33.

[213] Referencias: Frutos do Passado Sementes do Futuro, 1993, Érica, Brasil, Pág. 31 Consecuencias de los CFCs.

El 20 octubre del 2006, *"el agujero en la capa de ozono en el hemisferio sur ha aumentado en superficie y profundidad en niveles récord"*, informó la Administración Atmosférica y Oceánica (NOAA) de la Agencia Espacial Norteamericana (NASA). Enfatiza: *"Desde el 21 al 30 de septiembre, la superficie promedio del agujero fue la mayor observada hasta ahora, de* **27,5 millones de kilómetros cuadrados**", Paul Newman, científico del Centro de Vuelos Espaciales de la NASA. Esa superficie es mayor que la que cubre Canadá, Estados Unidos y el sector norte de México. Un comunicado de la NASA señaló que si las condiciones del clima estratosférico hubiesen sido normales, se podía esperar que cubriera una zona de unos 23 millones de kilómetros cuadrados. "En estos momentos tenemos el mayor agujero de ozono en la historia", manifestó Craig Long, del Centro de Pronóstico Ambiental de NOOA[214].

Con el terrible impacto calorífico producto del Calentamiento Global del Planeta Tierra se observa que se está produciendo el descongelamiento del hielo Ártico y Antártico, que tienen 3 kilómetros de profundidad; hielo que no podrá resistir mucho tiempo ante un calentamiento constante del Planeta Tierra.

El Calentamiento del Planeta Tierra, realmente es global, ocurre en la Patagonia, en la mayor isla, que es Groenlandia, en la gigantesca Cordillera de los Andes de América del Sur (donde los estudiosos, inocentemente escribieron orgullosos en el pasado "**Nieve Perpetua**"), en el propio Himalaya y en las cordilleras vecinas en el Viejo Mundo. Toda esa cantidad de agua viniendo de los nevados desemboca en los mares.

Mientras el mundo se lamenta por el Calentamiento Global, surge una singular paradoja del destino o *"al mal tiempo buena cara"* **Groenlandia** agradece y afirma: "**cuanto más caliente mejor**"; decían los pobladores de la mayor isla del mundo, Groenlandia, que tiene 80% de su territorio cubierto por hielo. El calentamiento derrite el hielo beneficiándoles en la agricultura, minería y pesca. Al mismo tiempo que el aumento de la temperatura hizo que se amplíe en tres semanas al año el período de sembrío

---

[214] Referencias: EFE. 20.10.2006 - 02:38h - El agujero en la capa de ozono bate récords de profundidad y tamaño. http://www.20minutos.es/noticia/164355/0/capa/ozono/agujero/

en las tierras del deshielo haciendo que la producción de sus cultivos invadan los supermercados, especialmente de la capital, Nuuk, ya desde 2014. Esta realidad era algo inimaginable antes del Calentamiento Global. Al mismo tiempo que la agricultura se desarrolla con suceso, los rebaños de ovejas crecieron, de 15 mil para 20 mil cabezas, gracias al pasto verde producido por un período mayor. También ya comenzaron a plantar papas al aire libre y a producir sus propio bistecs y la pesca de atún está en crecimiento. Datos que proporcionaba **Hans Lichtenberg**, habitante de Nuuk.

El calentamiento Global en Groenlandia produce algunos cambios: "*cuando las aguas están más calientes el metabolismo del bacalao se acelera. El pez consigue comer más rápido y gana masa muscular, consecuentemente gana peso*" Afirmaba el Geólogo **Peter Gronkjaer**, profesor de Ecología Marina de la Universidad de Aahus, en Dinamarca. Hasta el momento Groenlandia recibía 600 millones de dólares anualmente de Dinamarca.

Paralelamente, el gobierno de Groenlandia ya autorizó 150 licencias para iniciar la exploración y la explotación de petróleo en la isla. Hasta entonces había solamente 20 empresas de minería.

Groenlandia se perfila ostentar un rumbo acelerado de crecimiento y reivindicó ante la Naciones Unidas como su territorio, 900,000 Km^2 de mar en el Ártico, Los especialistas prevén un posible conflicto con Rusia.

Observando ese panorama el Calentamiento Global para Groenlandia cayó como una bendición del cielo. También el deshielo está permitiendo abrir una nueva ruta de tránsito internacional entre el Océano Pacifico y el Océano Atlántico. Este nuevo curso tiene solamente un tercio de distancia del Canal de Suez y del Canal de Panamá. "*La ruta del Ártico representa una gran economía para la navegación y una reducción de consumo de combustible*" decía el Geofísico **Michael Bevis**, de la Universidad de Ohio, Estados Unidos.

> "*El mar se está tragando en Alaska pueblos enteros, y los glaciares se derriten a un ritmo sin precedentes*" **Barack Obama, 2015**.

A consecuencias del deshielo los mares aumentan su volumen y comenzaron invadir playas y posteriormente lo harán con las ciudades costeras. Al respecto escribí en el año 1993: *"No basta construir gigantescas barreras (paredones) en todas partes porque el mar, algún día, siempre las derrumbará"* y a finales de agosto de 2005 se cumplió lo enunciado, en New Orleans con el Huracán Catarina"[215]. Claro que en otras circunstancias es diferente como cuando la historia nos venía demostrando que la recaudación y las barreras construidas salvan vidas, como las barreras de apenas 66 pies de altura construidas en Bangladesh y que fueron suficientes para contener la furia del mar, en diciembre de 2004 logrando apaciguar el impacto del Tsunami.

Antes de iniciarse los deshielos de la Antártica y de los nevados del mundo, el mar era muy peligroso ante la presencia de terremotos que traían consigo los temidos tsunamis. Los tsunamis siempre ocurrirán en la vida de los pueblos. Sus flagelos son registrados desde larga data: En China, el año 1931 como producto de la inundación murieron más de un millón de personas[216]. En Bangladesh, 1970, el ciclón mató alrededor de 300 mil personas. Nuevamente en China, en 1976 murieron 255 mil personas. En Indonesia, murieron 167,540 personas. El Tsunami en Tokio, el 11 de marzo de 2011, con olas de 40 metros, como consecuencias del terremoto de magnitud 9.0 Mw[217].

Aún en el milenio pasado, en Nicaragua, el 2 de setiembre de 1992, el maremoto hizo que el mar avanzara un kilómetro sobre la tierra, con olas de 50 metros de altura ante un terremoto de 7.2° de la escala Richter, localizado a 100 Kilómetros del puerto de Corio[218]. En Bangladesh 2004, murieron 766 personas y afectó a cerca de 30 millones de personas. En India, el Tsunami en el Océano de India, del 26 de diciembre de 2004, 00:53 UTC. Originado por el terremoto de magnitud 9.1 Mw. Con

---

[215] Referencias: Frutos do Passado Sementes do Futuro, 1993, Érica, Brasil, Pág. 65.

[216] Fuente: Tsunami Evaluation Coalition and UNESCO.

[217] Mw (escala sismológica de magnitud del momento) presentada en 1979 por Thomas C Hanks y Hiroo Kananoricomo. Mw es considerada como la sucesora de la escala Ritchter. - Tsunami Evaluation Coalition and UNESCO.

[218] Fuente: Referencias: Frutos do Passado Sementes do Futuro, 1993, Erica, Brasil, Pág. 16.

duración de 8 a 10 minutos y con olas de 30 metros de altura, alrededor de 230 mil personas, en 14 países[219] murieron.

También ya nos alertaba el científico **Tokioka**, Jefe de Pesquisas Climatológicas del Japón sobre dos aspectos muy interesantes: "1) *El aumento del nivel del mar (1.5 metro al año) y 2) la temperatura de los océanos*"[220]. Al respecto: "*Estamos en la hora de un planeamiento conciliatorio con el mar*" decía **John Pethick**[221]. Y nos corroboró el Presidente de Estados Unidos **Barack Obama** diciendo: "*El mar se está tragando en Alaska pueblos enteros, y los glaciares se derriten a un ritmo sin precedentes*", en la Cumbre del Clima de París - COP21, en diciembre de 2015.

Como se viene observando el Calentamiento Global del Planeta Tierra está trayendo serias consecuencias y se espera que los años venideros sean peores. Situaciones que crean increíbles contrastes naturales: Al iniciarse la última década del siglo pasado, mientras que en el Nuevo Continente moría gente como consecuencias de las fuertes lluvias, derrumbes y huaycos, en los países de África septentrional y Somalia tenían que enfrentar la mayor sequía[222].

Pero no son sólo las situaciones citadas las que están creando un ambiente de cambios climáticos y geológicos en el Planeta Tierra; existen también otros cambios extra naturales provocados por la propia mano del hombre.

Tantos son los problemas relacionados con el Calentamiento Global que los Ecologistas dieron su grito al cielo y con su intervención se dieron nuevas leyes protectoras del medio ambiente y muchos actos dañinos se

---

[219] Fuente: Tsunami Evaluation Coalition and UNESCO.

[220] Referencias: Cambios climáticos - Frutos do Passado Sementes do Futuro, 1993, Erica, Brasil, Pág. 15.

[221] Referencias: Informe de John Pethick, Director del Instituto de Estudios Costeros de la Universidad de Hull. Cambios climáticos - Frutos do Passado Sementes do Futuro, 1993, Erica, Brasil, Pág. 15.

[222] Referencias: Los Contrastes de los Fenómenos Naturales. Frutos do Passado Sementes do Futuro, 1993, Erica, Brasil, Pág. 70.

detuvieron. Esto permitió que la Ecología sea ahora la digna integrante de las Ciencias Biológicas que estudia la relación entre los seres y su medio ambiente o el ambiente en que viven, así como sus recíprocas influencias. El grupo de ecologistas aspira algún día encontrar su verdadero lugar e importancia en ese contexto, convirtiendo a la Ecología y a sus ecologistas en actores activos con voz y autoridad, que por hoy, ayudan en la concientización sobre el problema en términos ideológicos y prácticos. Por la problemática y evolución de nuestro sistema viviente, la Ecología lucha por la preservación de la naturaleza, por lo que pasó a ocupar un papel destacado en el proceso de concientización de la sociedad acomodada en el tiempo y que olvidaba que su participación activa es muy necesaria.

La contaminación por Monóxido de Carbono, CO^2, Dióxido de Sulfuro y por muchos otros compuestos químicos que la industria utiliza y lanza al espacio libremente, sumado a lo que es más terrible, la radiación proveniente del uso de la energía nuclear, están haciendo del Planeta Tierra un enfermo crónico que se desplaza apresurado en su imparable Rumbo al Final.

En términos de contaminación Estados Unidos es el país que más contamina el medio ambiente en todo el mundo, con su emisión de CO^2 a la atmosfera. Para tener una idea de la magnitud que esto representa, analicemos solamente el último año del milenio pasado: Estados Unidos emitió 5.500 billones de toneladas de CO_2. Contribución destructiva que permitió un espacio a ese país en el Libro de los Güines 2000. A nivel de ciudades, la más polucionada del mundo es la Ciudad de México donde partículas de Dióxido de Sulfuro, monóxido de carbono y otras son lanzadas al aire por los carros y sus industrias.

Si a la pronunciada contaminación que vienen soportando los habitantes del Planeta Tierra se le suma la deforestación de los bosques, considerados los recicladores y pulmones naturales, estaremos ingresando a un caos en el problema de la contaminación del ambiente, que pertenece a todos los seres vivos del planeta y no sólo a la Especie Humana.

A propósito, se estima que la deforestación, por cada minuto que pasa, es el equivalente a 200 estadios de futbol. Se Identifica como uno de los principales actores en este campo a Jamaica, que en las dos últimas décadas del milenio pasado deforestó 7% del total de su floresta. También Brasil es el país que anualmente viene deforestando su Amazonía. Brasil iniciaba este milenio con 30,500 Km² de deforestación para extraer madera, abrir espacios para criar animales y fundar nuevas haciendas.

La última década del milenio pasado se caracterizó por los mayores incendios que destruyó la Madre Naturaleza. En 1997 en Brasil, fueron destruidos 1,600 Km². de bosques cerca al Amazonas, situación que dejó a sus autoridades en alerta máxima. Ese mismo año ocurrió otro incendio en Indonesia, en el Sud Oeste de Asia, donde 40,000 personas fueron hospitalizadas con problemas respiratorios.

Gracias al clamor generalizado y muy oportuno de parte de los activistas y de gente común responsable, grandes compromisos a favor de la Madre Naturaleza fueron firmados en todo el mundo. A pesar de tantos esfuerzos, ellos no son suficientes. Miles de Leyes se están dictando y muchas otras están siendo escritas en este preciso momento, alrededor del mundo. La idea es que el ser humano tenga conciencia de la importancia de su obra pero que también sepa asumir las consecuencias de las mismas.

Vivir hoy no necesariamente asegura vivir mañana. Con seguridad, las nuevas generaciones agradecerán con su reconocimiento la labor de concientización a favor del medio ambiente realizada hoy. Pero lo más importante en este caso es que el Ser Humano sepa cuál es la verdadera finalidad que representa el hecho de estar poblando el Planeta Tierra hoy.

Acciones para Salvar al Mundo

Entre las muchas acciones y pronunciamientos realizados con la intención de salvar al Planeta Tierra, incluimos la homilía del Papa Francisco "*Las 20 claves de la **'guerra santa'** contra la devastación del planeta y el des humanismo por la ambición económica*" que contiene la encíclica "***Laudato sí***", *donde el Papa: 1– pide "cambios profundos" en los estilos de vida, los modelos de producción y consumo y las estructuras de* poder. 2- critica *"el rechazo de los poderosos"* y *"la falta de interés de los demás"* por el medio ambiente. 3- afirma que la Tierra *"parece convertirse cada vez más en un inmenso depósito de porquería"*. 4–invita a *"limitar al máximo el uso de recursos no renovables, moderar el consumo, maximizar la eficiencia del aprovechamiento, reutilizar y reciclar"*. 5- subraya *"una general indiferencia"* ante el *"trágico"* aumento de migrantes *"huyendo de la miseria empeorada por la degradación ambiental"*. 6- Critica la privatización del agua, un derecho *"humano básico, fundamental y universal"* que *"determina la supervivencia de las personas"*. 7- Asegura que *"los más graves efectos de todas las agresiones ambientales los sufre la gente más pobre"* y habla de *"una verdadera deuda ecológica"* entre el Norte y el Sur". 8- Se refiere al *"fracaso"* de las cumbres mundiales sobre medio ambiente, en las que *"el interés económico llega a prevalecer sobre el bien común"*. 9- Apunta al *"poder relacionado con las finanzas"* como el responsable de no prevenir y resolver las causas que originan nuevos conflictos. 10– cree necesario *"recuperar los valores y los grandes fines arrasados por un desenfreno megalómano"*. 11– enfatiza *"Cuando no se reconoce (…) el valor de un pobre, de un embrión humano, de una persona con discapacidad, difícilmente se escucharán los gritos de la misma naturaleza"*. 12- para él, *"es una prioridad el acceso al trabajo por parte de todos"*. 13– hace ver que *"a veces puede ser necesario poner límites a quienes tienen mayores recursos y poder financiero"*. 14- pide que las comunidades aborígenes se conviertan *"en los principales interlocutores"* del diálogo sobre medio ambiente. 15- Critica la *"lentitud"* de la política y las empresas, porque no están a la altura de los desafíos mundiales". 16– cree que la *"salvación de los bancos a toda costa (…) sólo podrá generar nuevas crisis"*. 17- critica que la crisis financiera de 2007-2008 no haya creado una nueva regulación que *"llevará a repensar los criterios obsoletos que siguen rigiendo el mundo"*. 18- asegura que las empresas *"se desesperan por el rédito económico"* y los políticos *"por conservar o acrecentar el poder"* y no por preservar el medio ambiente y cuidar a los más débiles. 19- Cree que la solución requiere *"educación en la responsabilidad ambiental, en la escuela, la familia, los medios de comunicación, la catequesis"*. 20–anima a los cristianos a *"ser protectores de la obra de Dios"* porque *"es parte esencial de una existencia virtuosa"*.[223].

---

[223] Agencia EFE, 18 de junio 2015.

La biodiversidad terrenal necesita de inmediato la acción humanitaria para proteger a la Madre Naturaleza. Aunque temerosamente se están realizando algunos acuerdos, firmando convenios y se dictan leyes y sancionan a sus infractores, aún resta mucho por hacer, pues el Planeta Tierra necesita de protección ahora. Dentro de este contexto se observa que ya existe un conjunto de estudios que conducen a la realización de acciones, inicialmente benéficas más no se sabe cuáles serán sus resultados a corto y largo plazo. Pero las esperanzas de un tiempo mejor perduran.

Como un ejemplo real se observa que desde décadas de finales del milenio pasado ha sido imposible concretar un tratado de prohibición total de las pruebas nucleares por parte de las grandes potencias. Todos los intentos en esa línea se detienen en barreras difíciles de ser superadas por los postores, como la dificultad para llegar a un acuerdo acerca de los medios eficaces para verificar su cumplimiento. La verificación implica la implantación de una serie de métodos como la vigilancia mediante satélites, la inspección localizada, la supervisión periódica y la detección e identificación sísmica de las explosiones nucleares subterráneas y marítimas producto de las prácticas. Pero esta misma dificultad ya se venía encontrando con el manejo de las propias armas de antaño. Fue por tales razones que se creó la **Sociedad de Naciones,** con sede en Ginebra, un organismo internacional que surgió al finalizar la "II Guerra Mundial" (1945). La misión de la Sociedad de Naciones fue regular las relaciones entre los estados y mantener la paz. A pesar del entusiasmo y la buena voluntad de la Sociedad de Naciones ellos fueron muy limitados por lo que no pudo mantenerse activa ya que resultó imposible evitar el inicio de la "II Guerra Mundial".

No obstante medidas futuristas, estratégicas y de protección fueron tomadas oportunamente alrededor del mundo, como las que señalamos: El documento del **Protocolo Internacional de 1987, en Madrid**, firmado por el 95% de los responsables de la producción de CFC en el mundo, es un acuerdo donde se concordó eliminar a los gases halógenos hasta 1994 y hasta 1996 el gas cloroformo de metileno; acortando los plazos previamente definidos para ser el 2005. La decisión optada por Brasil, en 1988, donde quedó protegido constitucionalmente el **Pantanal de Mato Grosso**. El oportuno "**Protocolo 2000**", firmado el

4 de octubre de 1991 en España, busca la preservación del Continente Antártida, prohibiendo la explotación de minerales hasta el año 2041. La **"Conferencia de Paz sobre el Oriente Medio"**, realizada en Madrid España, el 30 de octubre de 1991. La secuencia de reuniones **"ECO"** que se inició en **Rio de Janeiro en 1992;** seguida por ECO-93 en el Japón; ECO 2013, 20° congreso Europeo sobre la Obesidad realizado en Liverpool Inglaterra del 12 al 13 de mayo de 2013; La ECO 2015, en Praga, República Checa, del 6 al 9 de Mayo 2015[224].

Un ejemplo importante para ser observado es la **Constitución del Brasil de 1988**, que en su **Art. 23** trata de la competencia común en la Protección del Medio Ambiente y del Combate a la Polución en cualquiera de sus formas: preservación de las florestas, de la fauna y de la flora; protección de los documentos, de las obras y otros bienes de valor histórico, artístico o cultural; fomento a la producción agropecuaria y organización de abastecimiento alimentario; promoción de programas referentes a la construcción de viviendas, bien como la mejoría de estas habitaciones en lo tocante al saneamiento básico; registro, acompañamiento y fiscalización de las concesiones de derechos de pesquisa y explotación de recursos hídricos y minerales.

El **Art. 24** entre otros aspectos se refiere a: florestas, caza, pesca, fauna, conservación de la naturaleza, defensa del suelo y de los recursos naturales, protección al medio ambiente y control de la polución; responsabilidad por daño al medio ambiente, a los bienes y derechos de valor artístico, estético, histórico, turístico y paisajístico.

La Ley brasileña N° 6.938, de 31 de agosto de 1981 (con alteraciones de la Ley N° 7.804, de 18 de julio de 1989), se refiere a la **Política Nacional del Medio Ambiente**, sus fines y mecanismos de formulación y aplicación, creando el **Sistema Nacional del Medio Ambiente (SISNAMA)**, cuya estructura está compuesta por órganos y entidades

---

[224] ECO 2015 Programa de los Temas Científicos:
T1: Fisiología Integrativa y Los Órganos;   T2: Biología Adiposa Tisúes;
T3: Nutrición, Bajo el Estilo de Vida;   T4: Obesidad y Ayuda Mental;
T5: Vida Temprana;   T6: Medioambiente y Sociedad;
T7: Prevenciones y Ayuda Pública y   T8: Administración de Clínica.

de la Nación, Estados, Distrito Federal y Municipios, responsables por la protección y mejoría de la calidad ambiental[225].

Dentro de los instrumentos legales listados en la Ley Nº 6.938/81 se destacan los incisos III y IV la evaluación de impactos ambientales, o licenciamiento y la revisión de actividades efectivas o potencialmente generadoras de contaminación.

También en **Brasil**, buscando proporcionar la evaluación del impacto ambiental, fueron creadas las figuras del "Estudio de Impacto Ambiental (**EIA**)" y del "Reporte del Impacto Ambiental (**RIMA**)", regidos por el Decreto 99.274/90.

Como comentario adicional, si el gobierno de **Ollanta Humala** en Perú hubiera tenido conocimiento de la legislación del Brasil sobre el Medio Ambiente no hubiera tenido el problema con la iniciación de la extracción de minerales por parte de la empresa minera **CONGA**, entre 2009 y 2010 cuando el peruano gritaba "**Conga no va**", como desacuerdo por la concesión y la intención de secar algunas lagunas, que crearían serios problemas al Medio Ambiente.

También, de una o de otra manera se hacía necesario "intentar legalizar" el gigantesco "Mundo de las Armas", una realidad que no se podía camuflar en una sociedad absolutamente bélica, característica de la Especie Humana a lo largo del tiempo.

Ese mismo "hombre", no satisfecho con las armas convencionales, ni con ser propietario de la Bomba Atómica (con los peligros que ella conlleva ante el mal uso de la energía nuclear), buscó más y diversas armas con todo lo que pudiera encontrar en su alrededor; recurriendo hasta al uso de la potencialidad reproductiva de las bacterias.

Terminadas las dos guerras mundiales; la "**I Guerra Mundial**" (1914-1918) y la "**II Guerra Mundial**" (1938-1945) el hombre continuó

---

[225] LEGISLAÇÃO FEDERAL Brasil. La Constitución de 1988 orienta la cooperación entre la Unión, los Estados y los Municipios, en relación al Medio Ambiente y al abrochamiento de los recursos hídricos, destacando-se los artículos 23 e 24.

con la euforia de la fabricación de armas, esta vez, armas químicas, nucleares-optimizadas y bacteriológicas con mayor intensidad. En la última década del cambio del siglo, ellas demostraban alto grado de peligrosidad, a pesar de no ser usadas. (Guardadas también ostentan peligro letal y destructor).

El orgullo por ostentar el poder militar y bélico se acentuó. Quedó evidenciado que el mundo pasaría a tener dos grandes potencias bélicas: en Oriente la **URSS** y el Occidente **EEUU**. Existían preocupaciones de ataques entre ellas y es cuando se da inicio a otro tipo de guerra, que el mundo bélico lo llamó de "**La Guerra Fría**". Circunstancias cuando el mundo especulaba imaginándose en términos de Ciencia Ficción, la "Guerra en las Estrellas.

Guerra entre las potencias bélicas mencionadas no se veía a corto plazo pero el servicio de inteligencia de ambas naciones (KBG y CIA) y sus segmentos de planeamiento estratégico de las mismas recomendó intensificar la producción de armas. En la verdad se inventaron armas nuevas para que sean utilizadas en la guerra que por entonces realmente aún estaba "Fría". Lo curioso es que se hacía propaganda del armamento o los servicios secretos descubrían, entonces la nación descubridora fabricaba otro armamento para responder al poderío de la nueva arma enemiga. Para cada tipo de misil americano existía su homónimo ruso y viceversa, tanto para ataque como para defensa. Lo mismo existía con los aviones, cohetes, bombarderos, submarinos, etc.

La verdad es que "La Guerra Fría" exigió inversiones millonarias, en tecnología militar objetivando una "III Guerra Mundial" que muy bien podría iniciarse con una única llamada telefónica al Teléfono Rojo, preparado para esta circunstancia. Los servicios de inteligencia, KGB y CIA, de la URSS y de EEUU calentaban sus acciones de espionaje y definían estrategias para la guerra esperada.

Mirando ese horizonte se concluye que el peligro que las armas representan para la vida del Ser Humana de las demás especies e inclusive para el propio Planeta Tierra es inminente. Frente a esos y otros problemas que amenazan al mundo, muy oportunamente la **ONU** propició una conferencia con delegados y representantes de 122 países, en enero de 1993, en París. Esta reunión era exactamente para discutir asuntos relacionados con las armas, su uso y manipulación. Los tópicos de la agenda de la ONU para esa reunión fueron: la eliminación, fabricación, almacenaje y uso de las armas químicas.

Siguiendo los ejemplos de los acuerdos ya realizados, relacionados con las armas nucleares, tales como el START I y el START II (estudiados más adelante), la conferencia de 1993 en París fue inaugurada por el presidente francés, **François Mitterrand**. Con el documento firmado en esa Convención, por primera vez los fiscales de la ONU tenían la oportunidad de buscar *"en cualquier lugar y a cualquier hora"* armas químicas en locales sospechosos. Los países seleccionados no podrán negar el acceso a las fábricas y bases militares de armas. El acuerdo prevé también medidas más rígidas para las industrias químicas. La Conferencia en París finalizó con el mensaje del Secretario General de la ONU, **Boutros-Ghali** quien afirmaba que: *"Fue un avance decisivo en la historia del desarme"*.

En la Conferencia de la ONU en París fueron realizados otros importantes y diferentes pronunciamientos y pareceres de los representantes, tales como: **El Ministro israelí** de relaciones exteriores, **Shimon Pérez**, dijo: *"El Oriente Medio debería quedar libre de esas armas de destrucción masiva.... Israel abriría para la inspección árabe sus instalaciones nucleares y químicas si hubiera paz en la región"*. Es oportuno recordar también que Irak usó armas químicas contra Irán en los años 80 (del milenio pasado). **El ministro de Irán** de relaciones exteriores, **Ali Akabar Velayati**, dijo: *"El sufrimiento de las víctimas por el uso de las armas químicas contra Irán, aunque internacionalmente ignorado, no fueron totalmente en vano"*. **El secretario de Estado Norte-Americano, Lawrence Eagleburger**, acusó a los países que perjudican la iniciativa de las Naciones Unidas. Refiriéndose a los países árabes que boicotearon el encuentro, argumentando que era errado separar el asunto de la cuestión de la posesión de armas nucleares por Israel. Lawrence, acusó a los libios de estar desarrollando armas químicas. El ministro de relaciones exteriores **Andrei Kozyrev**, dijo: *"Rusia está consciente de la ascensión de su responsabilidad que ahora está tomando cuerpo"*. Aprovechó la oportunidad para pedir apoyo a los países de occidente para destruir sus armas.

Los acuerdos de la Convención de París, pasaron a tener efecto a partir de 1995, porque los 65 países firmantes lo ratificaron.

El primer acuerdo concluido contemplaba un plazo de hasta 10 años para que las naciones que poseían armas químicas se deshagan. Rusia y EEUU, poseedores del mayor número de armas que el resto del planeta, tendrían más tiempo, hasta 15 años (2008) para concretar la destrucción de su arsenal químico.

El Fin de la Guerra Fría Es también una de las tantas acciones para salvar al mundo. El Fin de la Guerra Fría es la conclusión de una guerra que no se realizó. Modernamente se le podría llamar "El Fin de La Guerra Virtual"; pero como ya no existe más: "no se puede asentar la partida del nacido muerto". Sin embargo el **Fin de la Guerra Fría** no deja de ser uno de los grandes acontecimientos a nivel mundial porque ella trajo consigo muchas preocupaciones, decisiones, tensiones, acciones y una larga herencia de armas, por lo que sería difícil dejar de incluir esta guerra en nuestro trabajo o simplemente de dejarlo en el olvido, más aun tratando del "Rumbo al Final" del Planeta Tierra.

Dentro del clima de una guerra fría, en 1985 **Mikhail Gorbachev,** representante de una nueva generación de líderes soviéticos, llegó al poder en la URSS. Él y **Ronald Wilson Reagan**, presidente nº 40 de EEUU 1981-1989, acordaron reducir su presencia (como superpotencias) en Europa y disimular la existencia de la competencia ideológica en el mundo. Razón por las que las tensiones se redujeron cuando se retiraron las tropas soviéticas de Afganistán. A principios de la década de 1990 **Gorbachev** cooperó en gran medida con los esfuerzos militares estadounidenses para detener la ola de agresión de Irak en Oriente Medio.

La Guerra Fría terminó para Europa recién cuando las naciones, ahora independientes (ex integrantes la URSS) de Europa Oriental eligieron gobiernos democráticos; también cuando se llegó a la unificación de las dos repúblicas Alemanas (con el derrumbe del Muro de Berlín)[226].

---

[226] **El Muro de Berlín** fue construido por Alemania Democrática 1961. Sirvió para dividir Berlín del 13 de agosto de 1961 al 9 de noviembre de 1989.

Razones por las que se detuvo la carrera armamentista y la competencia ideológica cesó al ponerse en duda el Comunismo. Situaciones estas que obligaron al presidente estadounidense **George H. W. Bush** que declarara la necesidad de un "*Nuevo Orden Mundial*" para minimizar la rivalidad de las superpotencias que habían dividido al mundo, alimentado la Guerra Fría.

Observando los problemas potenciales de que podrían ocurrir como resultado del uso de la energía nuclear en el mundo, los países conocedores y usuarios de esa tecnología aprovecharon el ambiente que se vivía en la década de 1970 para firmar tratados.

Por esas intenciones y por muchas otras medidas adoptadas, acreditábamos que el hombre terrenal realmente se preocupó por el desarme ante el peligro nuclear y la paz mundial, con la reglamentación del uso de los mísiles atómicos intercontinentales, el residuo nuclear y el mal uso de las mismas.

> *¿Será ese panorama el fin de la Guerra? No, las actuales potencias se mantendrán y otras surgirán. Sólo esperamos que la paz mundial prevalezca y que el humanismo esté por encima de todo.*

Las Cumbres – Pactos y Tratados Internacionales

> 1970 "*Año de protección de la naturaleza*". Naciones Unidas. Casi medio siglo después preguntamos: ¿Cuánto se llegó a cuidar?

Las cumbres de Naciones Unidas dedicadas al medio ambiente y la sostenibilidad comenzaron en Estocolmo, en el año 1972. La primera cumbre, la "Cumbre de la Tierra", fue realizada en Río de Janeiro en 1992. En esta cumbre se impulsó el derecho internacional ambiental y el paso decisivo en el concepto de "desarrollo sostenible"; también en esta cumbre se aprobó "La Agenda 21". El 2002 fue realizada la Cumbre Mundial Sobre Desarrollo Sostenible de Johannesburgo.

La Conferencia de Naciones Unidas Sobre Desarrollo Sustentable (UNCSD), llamada también **"La Cumbre Río+20"** se celebró en Río de Janeiro, Brasil, del 20 al 22 de junio de 2012.

<u>**La Cumbre Río+20**</u> se hizo realidad gracias a que la Asamblea General de Naciones Unidas promulgó el 2009 la resolución A/RES/64/236 que establecía que la Conferencia de Naciones Unidas sobre Desarrollo Sostenible el 2012 sea realizada en Rio de Janeiro.

En la Cumbre Río+20 se adoptó el marco decenal de programas sobre modalidades de consumo y producción sostenibles (10 YFP-SCP) a fin de mejorar la cooperación internacional y acelerar el cambio hacia el consumo y la producción sostenibles tanto en los países desarrollados como en desarrollo. Esta cumbre se centró en dos temas: **1)** Economía verde en el Contexto del Desarrollo Sostenible y Erradicación de la Pobreza; y **2)** el marco institucional necesario para el desarrollo sostenible.

También en el plano jurídico hay que destacar tres instrumentos producto de esta Conferencia: **1)** La Declaración de Principios para la preservación y mejora del medio humano conocida como "Declaración de Estocolmo". **2)** El Plan de Acción para el medio humano, con más de cien recomendaciones sobre evaluación de los problemas ambientales, gestión de los recursos naturales, medidas de apoyo a la educación ambiental, etc. **3)** La recomendación para la creación de instituciones ambientales y de fondos para proporcionar financiación a programas ambientales. Fruto de esta recomendación la Asamblea de NNUU crea el Programa de Naciones Unidas sobre Medio Ambiente (PNUMA/UNEP en sus siglas en inglés).

Ban Ki-moon, Secretario General de la ONU, elogió el texto final como *"muy buen documento, una visión sobre la cual podemos construir nuestros sueños"*. Al mismo tiempo: *"Brasil fue el responsable por construir un consenso posible. El consenso posible es un punto de partida y no de llegada"*, señaló la anfitriona de la cumbre, **Dilma Rousseff**, presidenta del Brasil. El acuerdo de 53 páginas *"es la definición de la economía de los próximos 20 o 30 años"*, estimó **André Correa do Lago**, jefe negociador de Brasil y continuó diciendo: *"Los líderes del mundo se reunieron en Río de Janeiro para decir que la prioridad máxima del mundo es la erradicación de la pobreza, y la segunda prioridad es un cambio de los patrones de consumo y producción que sean viables para un mundo que tendrá 9,000 millones de habitantes para 2050"*. Al mismo tiempo otras voces se escucharon, como: *"Rio+20 ha sido un fracaso de proporciones épicas"*, señaló **Kumi Naidoo**, de Greenpeace Internacional, uno de los activistas en la alternativa Cumbre de los Pueblos, que congregó a unos 50,000 participantes en 10 días, quien se reunió con Ban para entregarle un documento con críticas. *"Ahora debemos trabajar juntos para formar un movimiento que enfrente la crisis económica, ecológica y de igualdad que está siendo impuesta a nuestros hijos. El único resultado de esta cumbre es una rabia justificada, una rabia que debemos transformar en acción"*, dijo.

Al mismo tiempo **Hillary Clinton**, Secretaria de Estado de Estados Unidos, quien fue a la cumbre reemplazando al presidente Barack Obama, lamentó que la defensa de los derechos reproductivos de la mujer (su derecho a decidir si tener o no hijos) haya quedado fuera del texto final, un planteo también realizado por otras líderes, como la anfitriona de la cumbre, Dilma Rousseff. No obstante, Clinton destacó que el documento *"marca un avance real para el desarrollo sostenible"*, que definió como *"uno de los temas más urgentes de nuestro tiempo"*. Así como Obama, no acudió a la cita la jefa de Gobierno de Alemania, Ángela Merkel y ni el primer ministro británico David Cameron.

Cumbre de las Américas - La Cumbre de las Américas es la reunión del conjunto de jefes de Estado de los países del hemisferio, para discutir asuntos relacionados con la diplomacia, comercio exterior, problemas y oportunidades inherentes a la región y siempre es realizada en un lugar previamente programado y con anticipación. Ejemplo: la VII Cumbre fue en Panamá, 2015, donde se realizaron los siguientes eventos en paralelo: Foro de la Sociedad Civil y Actores Sociales; Foro de la Juventud; Foro Empresarial y Foros de Rectores.

Originalmente la Cumbre fue formada para tratar la implementación de la "Área de Libre Comercio de las Américas" (**ALCA**) que debió entrar en vigor en enero de 2005, pero como no se consiguió el consenso, no se dio inicio. Pero el ALCA no es novedad para iniciarse como tal el

2006. En el año 1960 surgió la "Asociación Latinoamericana de Libre Comercio" (**ALALC**). Seis años después, el 16 de agosto de 1966 fue registrada como "Corporación Andina de Fomento" (**CAF**) que sólo inició su funcionamiento el 8 de junio de 1970. Dos eventos marcaron su historia en 1968, primero, Bolivia ingresó a la ALALC y segundo, Chile se retiraba[227].

De la misma manera en 1980 fue creada la "Asociación Latinoamericana de Desarrollo e Integración" (**ALADI**).

En 1985 Brasil y Argentina suscribieron "La Declaración de Iguazú". Posteriormente en 1988 se consolidaron diversas medidas entre ambos países. En el año 1990, bilateralmente, Argentina y Brasil firmaron definitivamente "**La Declaración de Iguazú**" de 1985. Luego, en el mismo año, en Argentina se firmó "**El Acta de Buenos Aires**" que definió el plazo para la consolidación de algo mayor, el **MERCOSUR**[228].

El **MERCOSUR** en su fundación fue integrado por Argentina, Brasil, Paraguay y Uruguay. Inicialmente fue programado para entrar en vigor el 1 de enero de 1995. El Mega-**PIB** del MERCOSUR estimado de 1991 fue de 528 billones de dólares con una Balanza Comercial de 17 billones de dólares[229].

Hasta mediados de la segunda década de este siglo el MERCOSUR estaba integrado por los siguientes países y sus gobernantes: **Argentina**, Cristina Fernández de Kirchner; **Brasil**, Dilma Rousseff; **Bolivia**, Evo Morales; **Paraguay**, Horacio Cartes; **Uruguay**, José Mujica Cordano; y **Venezuela**, Nicolás Maduro Moros. Grupo que participó de la XLVI

---

[227] Fuente: Frutos do Passado Sementes do Futuro, Erica, Brasil 1992, Paginas 420-422.

[228] Fuente: Frutos do Passado Sementes do Futuro, Erica, Brasil 1992, Paginas 432-441.

[229] Fuente: Frutos do Passado Sementes do Futuro, Erica, Brasil 1992, Paginas 433-434.

Reunión Ordinaria del Concejo del Mercado Común, en Caracas, 29 de julio de 2014[230].

La **ALCA** sería muy parecida al "North American Free Trade Agreement" (**NAFTA**) constituido entre países del Norte de las Américas, que fue instituido en San Antonio, EEUU, en octubre de 1992 por: Canadá, EEUU y México. Inicialmente el NAFTA eliminaba las barreras arancelarias por 15 años (hasta 2007). El NAFTA se consolidó con la gran participación del presidente de EEUU, **Bill Clinton**, el 8 de enero de 1993 quien afirmaba que *"el NAFTA era una prioridad"* y así fue en su administración. Al igual que la ALCA, el NAFTA benefició grandemente a sus integrantes cuando el PIB de EEUU llegó a 5,674, de Canadá 501 y de México 283 mil millones de dólares, incrementándose post NAFTA. El NAFTA terminó convirtiéndose también un "Tratado de Libre Comercio de América del Norte" (TLC-NA) y esa onda cundió para que otros países del hemisferio realizaran **TLCs** entre algunos de ellos y con la Comunidad Europea y China. A ejemplo el TLC entre México, Perú y la Comunidad Europea.

Aunque la participación de los Jefes de Estado obedece un proceso esencialmente protocolar, donde se abordan múltiples temas, en las cumbres anteriores las discusiones, prioritariamente se direccionaban para la formación de la ALCA. Los que participan en el evento son los representantes de los 35 Estados independientes de las Américas. Cuba no era incluida en el grupo. Recién en la VII Cumbre de 2015 fue invitada y participó con su representante el Presidente Raúl Castro.

La **VII Cumbre de las Américas**, con su slogan: "Prosperidad con Equidad: El Desafío de la Cooperación en las Américas", se desarrolló con éxito en Panamá, los días 10 y 11 de abril de 2015. Participaron en el magno evento 34 Jefes de Estado y de Gobierno de 35 países que pudieron expresar sus reflexiones y debatieron con libertad y respeto, sobre temas de la agenda[231].

---

[230] Referencia. XLVI Reunión Ordinaria del Concejo del Mercado Común, en Caracas, 29 de julio de 2014

[231] Fuente: VII Cumbre de las Américas Panamá 2015
http://cumbredelasamericas.pa/wp-content/uploads/2015/04/agenda-spa2.jpg

La VII Cumbre se caracterizó porque fueron invitados por primera vez, todos los Jefes de Estado y de Gobierno de los países de las Américas; se estableció el foro académico, que reunió a los rectores de las Universidades más destacadas del continente; y se implementó un nuevo enfoque metodológico en el desarrollo de los temas y de los acuerdos.

A pesar de que la mayoría de los países adherentes a la Cumbre tuvieron un buen desempeño económico en lo que va del milenio, es evidente que esa buena situación no ha repercutido para todos homogéneamente. En muchos de esos países encontramos familias que aún viven en la pobreza y pobreza extrema; existen carencias en los ámbitos de educación, salud, infraestructura y beneficios sociales. También se destaca en estos países el incremento de la criminalidad, el crimen organizado y los grandes problemas con la corrupción de autoridades y empleados de los gobiernos. Seguridad es un clamor en la mayoría de los países, por lo que se transforma en un reto para cada autoridad y como asunto para los foros futuros.

Al mismo tiempo se observa que no existe una integración en la región. La situación está muy lejos comparada con lo que ocurre con la Comunidad Europea. Razones que proyectan ser una tarea pendiente en materia de equidad e integración, incluyendo el enfoque en temas tan relevantes como la energía e inmigración.

La propuesta programada para la VII Cumbre en Panamá fue proyectada en el sentido de que los mandatarios de la región reflexionen sobre las dificultades que enfrentan sus pueblos y al mismo tiempo sobre sus cualidades que les caracterizan. Se buscaba que en medio de la diversidad, se encuentren espacios en común para que alcancen la anhelada prosperidad, de manera equitativa y sustentable.

La prioridad de la VII Cumbre fue el desarrollo integral del contenido programático, sustentado en los siguientes ejes temáticos: salud, educación, seguridad, migración, medio ambiente, energía, gobernabilidad democrática y participación ciudadana. El reto de la VII Cumbre fue la de aprovechar mejor la finalidad de los temas en agenda, asuntos que ya fueron debatidos anteriormente pero que hoy merecen ser orientados hacia la actual realidad que vive el Continente Americano.

La Agenda de la VII Cumbre de las Américas incluyó los siguientes foros que fueron realizados simultáneamente: **1)**- Foro de la Sociedad Civil y Actores Sociales (8-10 de abril); **2)**- Foro de la Juventud (8-9 de abril); **3)**- Foro Empresarial (9-10 de abril) y **4)**- Foro de Rectores (9 y 10 de abril).

Brevemente explicando lo que representan estos foreros diríamos que: 1- **El Foro de la Sociedad Civil y Actores Sociales** es un foro regional que busca promover mecanismos de consulta, diálogo e intercambio para la participación de las organizaciones de la sociedad civil y actores sociales. El foro brindará sus aportes y recomendaciones para la consideración de los Estados participantes durante las negociaciones de los "Mandatos para la Acción" de la VII Cumbre de las Américas. 2- **El Foro de Jóvenes de las Américas**, espacio generado por el Young Américas Business Trust, permite a la juventud de la región participar activamente del proceso de la Cumbre de las Américas. 3- **El Foro Empresarial** es el espacio de diálogo más importante entre los empresarios del hemisferio, para analizar las grandes oportunidades de comercio e inversión presentes y futuras en la región latinoamericana. 4- **El Foro de Rectores de las Américas** es una propuesta del Gobierno de Panamá, sin precedentes, que reunirá a los rectores de las universidades más prestigiosas del hemisferio, quienes presentarán un marco de políticas públicas sobre la educación en la región, con el fin de llegar a la equidad educativa.

La clausura de la VII Cumbre de las Américas, Panamá 2015, se realizó en un ambiente de tranquilidad y con un espíritu alentador, consideró el diálogo y la tolerancia como una buena posición. La reunión orientó el debate hacia el análisis de temas comunes en el continente y además se plantearon iniciativas para la solución de largos conflictos aún vigentes en el continente. El más importante fue el famoso **Embargo a Cuba**, herencia arrastrada desde el milenio pasado. Razones más que suficientes para que los presidentes de Cuba, Raúl Castro y de Estados Unidos, Barack Obama dieran un paso más para el acercamiento entre ambas naciones y para la normalización de sus relaciones diplomáticas. El 29 de mayo de 2015 la noticia mundial era: "***Cuba removed from US terror list***". Terminaba un largo período de acusaciones por parte del gobierno Norteamericano entre ellas las de incluir a Cuba en la lista de países que tienen terroristas actuando bajo su control, poniendo en peligro la vida de ciudadanos Norteamericano. Al mismo tiempo los mandatarios del continente también se manifestaron favorables al diálogo entre el gobierno y la guerrilla en Colombia que los acerca hacia un cese definitivo de hostilidades. También los presidentes hicieron llegar su mensaje de solidaridad y respaldo al pueblo de Chile que atravesó difíciles momentos tras el embate de la naturaleza (los huracanes).

La VII Cumbre de las Américas, convirtió a la ciudad de Panamá en el corazón del continente durante las 48 horas de una masiva participación. Del mismo modo la Cumbre de las Américas contó con la participación de Ban Ki-Moon, Secretario General de las Naciones Unidas, y de José Miguel Insulza, Secretario de la Organización de Estados Americanos, OEA. La Cumbre de Las Américas es organizada y auspiciada por la OEA.

La historia y la secuencia de las Cumbres de las Américas, cronológicamente es la siguiente: **I** Cumbre de las Américas, en Miami, Estados Unidos, del 9 al 11 de diciembre de 1994. Y Cumbre de las Américas sobre Desarrollo Sostenible, en Santa Cruz de la Sierra, Bolivia, del 7 al 8 de diciembre de 1996. **II** Cumbre de las Américas, en Santiago, Chile, del 18 al 19 de abril de 1998. **III** Cumbre de las Américas, en Quebec, Canadá, del 20 al 22 de abril de 2001. Cumbre Extraordinaria de las Américas, en Monterrey, México, del 12 al 13 de enero de 2004. **IV** Cumbre de las Américas, en Mar del Plata, Argentina, del 4 al 5 de noviembre de 2005. **V** Cumbre de las Américas, en Puerto España, Trinidad y Tobago, del 17 al 19 de abril de 2009. **VI** Cumbre de las Américas, en Cartagena de Indias, Colombia, del 14 al 15 de abril de 2012. **VII** Cumbre de las Américas, en la Ciudad de Panamá, Panamá, del 10 al 11 de abril de 2015. **VIII** Cumbre de las Américas, en Lima, Perú, planeada para desarrollarse, del 23 al 25 de marzo de 2018.

La Conferencia de La Haya; Documenta la historia que la Primera Conferencia de La Haya se convocó por iniciativa del **Zar Nicolás II** de Rusia para controlar el desarrollo armamentístico y poder mejorar las condiciones en que se desarrollaba la guerra. Acudieron al evento 26 representantes de diferentes naciones. Ellos redactaron en la Conferencia las leyes y costumbres de la guerra terrestre; quedando definido el

Estatuto de los Beligerantes y se esbozó la regulación del tratamiento que deberían tener los prisioneros y heridos en guerra.

Bajo esas premisas la Primera Conferencia de La Haya de 1899 intentó poner fuera de la Ley a los proyectiles que transportaran gases venenosos; lamentablemente el acuerdo alcanzado sólo duró hasta el inicio de la "I Guerra Mundial". Asimismo, se prohibió el bombardeo aéreo (mediante globos aerostáticos), las balas dumdum (de expansión) y la utilización de gases venenosos.

El acuerdo más importante, resultado de la Convención para la Solución Pacífica de los Conflictos Internacionales fue la constitución de un Tribunal para dirimir las disputas internacionales (aunque no tenía poderes ejecutivos) llamado Tribunal Permanente de Arbitraje o Tribunal de La Haya.

El 1907 fue realizada la Segunda Conferencia de La Haya sobre Desarme. Esta reunión se caracterizó más por la discordia que por el discurso racional, lo que resultó siendo una muestra del deterioro de las relaciones internacionales en la escena mundial. No obstante la Conferencia logró avanzar en el terreno de la mediación y el arbitraje, gracias al establecimiento de tribunales adicionales para casos de buques mercantes capturados durante la guerra y la resolución de deudas internacionales. Una **Tercera Conferencia de la Haya**, convocada para celebrarse en 1915, resultó inviable por el estallido de la "I Guerra Mundial" (1914-1918).

El 1925 la Conferencia de Ginebra prohibió la utilización de gases tóxicos en las guerras. Japón y Estados Unidos no ratificaron esta prohibición.

El 1971 la Conferencia de Desarme de Ginebra planteó un tratado contra la guerra biológica y química en su totalidad, que fue aprobado por la Asamblea General de Naciones Unidas. Unos 190 países firmaron la Convención sobre Armas Biológicas. Este acuerdo no fue ratificado por Estados Unidos. Medio siglo después de la conferencia de 1925 Japón lo ratificó en 1970 y Estados Unidos en 1974. El tratado dejó fuera de la ley la utilización bélica en primera instancia de semejantes armas, no obstante los países firmantes, se reservan por lo general el derecho a utilizarlas en represalia. Con lo que quedó demostrado que no es fácil conseguir acuerdos para la "legalización" de estas armas.

Como para finalizar en paz el milenio de las guerras mundiales, en la reunión celebrada entre George Bush y Mikhail Gorbachev en junio de 1990 se firmó un tratado entre Estados Unidos y la URSS donde se comprometían a reducir sus arsenales de armas químicas. En mayo de 1991, 19 países industrializados se comprometieron a adoptar controles sobre la exportación de 50 agentes químicos utilizados de forma corriente en la manufactura de este tipo de armas. El Tratado de la Convención sobre Armas Químicas de 1993 prohibió la fabricación de armas químicas y restringió el comercio de las sustancias utilizadas en su producción. Todavía quedan 65 países sin ratificarlo,

Pactos Internacionales La historia de los Pactos Internacionales es larga y muy interesante; las determinaciones y acuerdos logrados en ellos son puestos en práctica. Si bien no siempre son de las mejores propuestas esperadas, gracias a ellos se ha llegado a una situación controlable de lo que venían siendo las guerras en el mundo. Los acuerdos paralelos también están dando resultados alentadores, como la paz mundial y el control de la situación que afecta al Planeta Tierra.

Con todo lo que venimos demostrando, se observa que siempre aparecen voces, manifestaciones y esporádicas acciones de alerta y de preocupación, sobre todo en lo relacionado con lo que está pasando en el Planeta Tierra y se aspira hacer algo, comprometiendo a los responsables, o actores directos en esa situación o problema.

Con base en los horrores de la "I Guerra Mundial", la opinión pública internacional se mostró más receptiva a la idea de tener un control sobre las armas; por tales razones, en 1919 se firmó "**El Tratado de Versalles**", el mismo produjo el aparente desarme parcial de Alemania. Entre 1919 y 1939, período llamado de entreguerras, se propiciaron muchas discusiones para llegar al control de las armas y se redactaron numerosos tratados. Así, la **Sociedad de Naciones** presentó criterios para la reducción del armamento mundial. El Consejo de esta Sociedad tenía que establecer límites razonables a las fuerzas militares de cada país, claro, con influencias, por no decir impuestas por algunas de las principales potencias militares de la época que se resumieron en el **Plan Hoover**, que apenas resultó ser sólo una declaración de principios.

La Organización Internacional fue fundada en 1920, con sede en Ginebra y fue promovida para el mantenimiento de la paz. Su primera reunión tuvo lugar en Ginebra el 15 de noviembre de 1920; acudieron a la reunión representantes de 42 estados. La última reunión se celebró el 8 de abril de 1946, año en el que fue reemplazada por la **Organización de las Naciones (UN)**; quedando de esta manera disuelta la Organización Internacional en 1946.

El año 1936, en Londres, se convocó a una conferencia naval. Asistieron Estados Unidos y Gran Bretaña y reafirmaron los tratados relativos a las límites navales, añadiendo una cláusula de aceleración (es decir, de incremento proporcional en la relación entre Estados Unidos y Gran Bretaña), para contrarrestar cualquier violación alemana o japonesa. Los japoneses con un ejército creciente y desconfiando de la superioridad estadounidense y británica se retiraron de cualquier negociación al respecto. Esta fue la última conferencia importante sobre control de armamento celebrada antes de la "II Guerra Mundial".

Después de la "II Guerra Mundial" (1938-1945) se desarrolló un notable movimiento sobre la necesidad de controlar los armamentos y de establecer alternativas a los conflictos militares en el terreno de las relaciones internacionales. Hechos que permitieron la elaboración de la **Carta de las Naciones Unidas** que permitía la creación de una organización internacional supranacional dedicada al mantenimiento de la paz, con el fin de superar la debilidad manifestada en ese sentido por la Sociedad de Naciones. Por citar algunos, el artículo 11 de la Carta planteaba que la Asamblea General podía considerar el principio general del desarme y la regulación de los armamentos. El artículo 26 requería del Consejo de Seguridad la propuesta de un sistema de regulación de armamentos, para cuya tarea el artículo 47 establecía la obtención del asesoramiento de un comité militar[232]".

---

[232] **Referencia**. Publicado por http://html.rincondelvago.com/armamentismo.html ARMAMENTISMO.

Desde mediados del siglo pasado, la carrera nuclear era inminente. El desarrollo de la bomba de fisión por Estados Unidos coincidía con el fin de la "II Guerra Mundial". El nacimiento de la bomba trajo consigo la prueba potencial de que el hombre podría destruir civilizaciones completas, con lo que la guerra cambiaría su curso.

Mientras EEUU mantenía el monopolio de las armas nucleares y con un buen stock, presentó en la Organización de las Naciones Unidas (ONU) varias propuestas para el control y la eliminación de la energía atómica con propósitos militares. Consecuentemente, en junio de 1946, **Bernard Baruch** presentó a la Comisión de Energía Atómica de la ONU su plan, el **Plan Baruch**, para: **1**)- la abolición de las armas nucleares; **2**)- el control internacional sobre el procesamiento de materiales nucleares; **3**)- la plena participación en la información científica y tecnológica relativa a la energía atómica y **4**)- la seguridad en cuanto a que la energía atómica sólo se utilizaría con propósitos civiles. Como era de suponer, la URSS vetó el Plan Baruch en el Consejo de Seguridad, y delegaba la autoridad a la ONU sobre cuestiones de desarme con el argumento de que el Consejo estaba dominado por Estados Unidos y Europa Occidental.

La supremacía de EEUU en el mundo atómico llegó a su fin porque en 1949 la URSS, realizó la explosión de prueba de su bomba atómica que terminaba de fabricarla. Equiparadas ambas potencias la tensión entre EEUU y la URSS aumentó y la posibilidad de una guerra nuclear se hacía cada vez más evidente.

Luego ambas potencias nucleares, comenzaron a trabajar en inventos termonucleares, cuyo poder destructivo superaba a las bombas de fisión. Estas armas, junto con el rápido desarrollo de sistemas de impulsión balística, acrecentaban la posibilidad de terminar con la vida en el planeta si se desataba una guerra total.

Tras la explosión de la primera Bomba H de la URSS, de 1954, el argumento principal del control de armamentos fue resaltar la necesidad de disminuir los arsenales nucleares y prevenir la proliferación de la tecnología nuclear bélica por el resto del mundo. Razones suficientes para que se firmaran acuerdos para limitar el armamento nuclear.

El 1957 se fundó la **Agencia para la Energía Atómica** con el propósito de supervisar el desarrollo y la difusión de la tecnología y los materiales nucleares. Dos años después se negociaba un tratado para **Desmilitarizar el Antártico** y prohibir la detonación o el almacenamiento de armas en ese lugar. En ese mismo sentido se pidió a los miembros que limitasen la fabricación privada de armas y municiones y que intercambiasen información sobre la dimensión y el estado de sus ejércitos e industrias armamentistas. La falta de capacidad, organización e influencia por parte de la **Organización de las Naciones Unidas (ONU)** motivó que el acatamiento de tales normas fuera estrictamente voluntario.

Entre los años 1921 y 1922 la Conferencia de Washington fue realizada. Inicialmente el nombre oficial fue "Conferencia Internacional sobre Limitación Naval", que desarrolló el intento de plantear unas relaciones estables entre las fuerzas navales de las diversas potencias. Esta Conferencia produjo tres tratados: **1)**- el Tratado de las Cuatro Potencias, **2)**- el Tratado de las Cinco Potencias y **3)**- el Tratado de las Nueve Potencias.

El desarrollo de los términos de los tres tratados ocurrió de la siguiente manera: I- En el **Primer Tratado**, Francia, Gran Bretaña, Japón y Estados Unidos acordaban respetar el equilibrio existente en la fortificación de las posesiones en el Pacífico y prometían someter a consulta cualquier posibilidad de disputa, a lo que se añadió un acuerdo asociado con los Países Bajos, en relación con las Indias Holandesas (hoy Indonesia). II- En el **Segundo Tratado** los acuerdos fueron sobre la limitación de armas, definiendo una relación de 5-5-31,75-1,75 entre los barcos de Estados Unidos, Gran Bretaña, Japón, Francia e Italia. Esto es, por cada cinco buques de guerra estadounidenses y británicos, Japón podía tener 3 y Francia e Italia un promedio de 1,75. Se limitó el máximo del tonelaje total, así como el máximo por navío, especificado en 35.000 toneladas. También se incluyó una moratoria de 10 años en la construcción de buques de guerra (con la excepción derivada del techo máximo del Tratado) y un límite para su tamaño y armamento. III- En el **Tercer Tratado** se intentó incorporar los intereses de los signatarios en China.

El 1925 la **Conferencia de Ginebra** prohibió la utilización bélica de gas tóxico. Al comenzar la "II Guerra Mundial" en 1939, la mayoría de las grandes potencias lo firmaron, excepto Japón y Estados Unidos, (Japón no la ratificaría hasta 1970 y Estados Unidos hasta 1974). Este acuerdo fue cumplido por la mayoría de sus signatarios, aunque Italia usó gas venenoso en 1936 en Etiopía.

En 1928, el Pacto Briand-Keilogg auspiciado por Francia y Estados Unidos, fue firmado por 63 naciones que se comprometían a renunciar a la guerra como instrumento de sus respectivas políticas exteriores, sin prever, no obstante, modo alguno de ponerlo en práctica, por lo que muchas naciones lo firmaron como un mero protocolo. No tuvo efecto alguno sobre la política internacional.

El 1930 se convocó una Conferencia Naval en Londres para rectificar los tratados suscritos en la Conferencia de Washington. Su efecto más importante fue alterar la relación entre los buques de guerra estadounidenses y japoneses a 5-3,5. También extendió hasta 1936 la moratoria sobre buques de guerra. En 1932, tras casi una década de discusiones preliminares, se convocó en Ginebra una Conferencia para el Desarme Mundial bajo los auspicios de la Sociedad de Naciones. La cuestión clave de la Conferencia era el denominado Plan Hoover, una propuesta de Estados Unidos basada en el concepto del desarme cualitativo. El resultado había de ser una relación que se manifestaría de forma paulatina como desfavorable entre los poderes ofensivo y defensivo.

El 1961 la Asamblea General de la ONU[233] aprobó la Declaración Conjunta sobre los Principios de Acuerdo para las Negociaciones sobre Desarme, luego en 1963 siguió el Tratado (Limitado) para la Prohibición de Pruebas Nucleares, que comprometía a Estados Unidos, Gran Bretaña y la Unión Soviética a no realizar pruebas con armas nucleares en el espacio, la atmósfera o bajo las aguas. En 1967 el Tratado sobre el Espacio Exterior suscrito por esas mismas naciones limitaba la utilización militar del espacio exterior a operaciones de reconocimiento. La puesta en órbita de armamento nuclear se prohibía de forma expresa. Un segundo acuerdo, el Tratado de Tlatelolco, firmado en 1967, prohibía

---

[233] **ONU** - Naciones Unidas. Un total de 63 estados pertenecieron a la Sociedad de Naciones durante sus veintiséis primeros años de existencia y 31 países fueron miembros permanentes durante este período.

el armamento nuclear en Latinoamérica. Uno de los más importantes acuerdos sobre el control de armas fue el Tratado de No Proliferación Nuclear de, 1968. Los signatarios se comprometían a restringir el desarrollo, despliegue y experimentación de armas nucleares, de modo que sustentase la seguridad de que tales armas, materiales o tecnología, no serían transferidos a estados no nucleares. En 1993 Corea del Norte amenazó con abandonar ese tratado, tras negarse a una inspección de los lugares donde se sospechaba que estaba llevando a cabo su producción de armas nucleares. De entre las potencias nucleares reconocidas, Francia, India y China no aceptaron ese tratado hasta 1994.

A finales de la década de 1960 comenzaron las negociaciones entre la URSS y Estados Unidos conocidas como Conversaciones para la Limitación de Armas Estratégicas (SALT) acerca de la regulación de sus respectivos arsenales de armas estratégicas de largo alcance. Las negociaciones SALT 1 dieron como resultado, en 1972, una serie de acuerdos para limitar el tipo y composición del armamento nuclear de ambas naciones. El primero y el principal: El tratado de Limitación de Armas Estratégicas, firmado en mayo de 1972, en Moscú, por el presidente de EEUU, Richard Nixon y Leonid Brejnew de la URSS.

Las conversaciones para firmar el SALT-II se desarrolló entre 1972 y 1979. No obstante como en 1976 las pruebas nucleares subterráneas se limitaron a armas que no superaran los 150 kilotones de potencia resultó siendo la razón que forzó la firma del tratado SALT-II, que se realizó en junio de 1979, en Viena, entre Leonid Brejnew de la URSS y Jimmy Carter de EEUU.

El presidente estadounidense Ronald Reagan canceló en 1981 unas negociaciones preparadas para extender la prohibición de pruebas nucleares. Durante los primeros años de la década de 1980 se desató la controversia sobre la ubicación por Estados Unidos de mísiles balísticos en el territorio de algunos de sus aliados en Europa Occidental. La oposición interna de Alemania Occidental (convertida en parte de la unificada República Federal de Alemania en 1990) contribuyó con la caída del canciller Helmut Schmidt en 1982. En 1983 grupos antinucleares estadounidenses y británicos, tales como Campaña para el Desarme Nuclear (CN D, Campaign for Nuclear Dissarment), se manifestaron en apoyo del desarme bilateral, y en Estados Unidos los obispos católicos aprobaron una pastoral en el mismo sentido.

En 1985 se reanudaron las negociaciones suspendidas entre EEUU y URSS. Durante una reunión cumbre celebrada en Washington en diciembre de 1987, el presidente Reagan y el líder soviético Mikhail Gorbachev firmaron un tratado prohibiendo las fuerzas nucleares de alcance intermedio (INF), entre las que se incluían muchas de las ubicadas varios años antes por Estados Unidos en Europa Occidental, tales como los mísiles Pershing y los crucero. El tratado establecía la destrucción de todos los mísiles estadounidenses y soviéticos con un alcance entre los 500 y los 5,500 kilómetros mediante un programa de verificación extendido a lo largo de 13 años. El Tratado INF fue ratificado por el Senado estadounidense y el Presídium soviético en mayo de 1988.

Junto a las armas nucleares, la tecnología existente ofrece la posibilidad de producir armas químicas y bacteriológicas capaces de una destrucción masiva, así como armas convencionales de renovado poder letal.

El 1977 una resolución de la Conferencia Diplomática para la Reafirmación y el Desarrollo de la Ley Humanitaria Vigente en los Conflictos Armados, prohibió el uso contra civiles de ciertas armas convencionales de efecto expandido tales como bombas camufladas, minas terrestres y napalm, Dado que esas armas, no discriminan entre combatientes y no combatientes, carece de sentido cualquier disposición que no entrañe su absoluta prohibición.

También se han alcanzado acuerdos para limitar las armas químicas y biológicas (el primero, la Convención de Ginebra de 1925). En el año 1972 Estados Unidos, la URSS y la mayoría de las naciones firmaron una convención para prohibir el desarrollo, la producción y el almacenamiento de armas tóxicas y biológicas. En otra convención, firmada en 1977, se prohibía el uso militar y hostil, en cualquier modo, de la ingeniería genética o de técnicas para la modificación de medio ambiente. A pesar de los tratados, tanto Estados Unidos como la Unión Soviética se han visto acusados de seguir investigando y desarrollando armas en este campo y por lo menos otras ocho naciones son sospechosas de desarrollo de esta clase de armas, incitados por el hecho de que Irak utilizase durante 1987 y 1988 gas venenoso en su guerra contra Irán, así como por los alegatos estadounidenses respecto a la construcción de una planta de armas químicas en Libia en 1988, más de 140 naciones enviaron representantes a una reunión celebrada en París en enero de 1989, para reafirmar las convenciones anteriores y pedir un tratado que prohibiera todas las armas de ese tipo. El secretario general de la ONU recibió entonces los poderes para investigar cualquier clase de sospechas en cuanto al uso de armas químicas. El Tratado de la Convención de Armas Químicas de 1993 prohíbe la producción de armas químicas y restringe el comercio de las substancias utilizadas en su producción. Ha de ser ratificado por 65 naciones y Gran Bretaña juega un importante papel en su negociación.

Los Tratados START Para llegar al inicio de las firmas de la secuencia de tratados START un largo camino se tuvo que recorrer antes. Pero ese trajín no fue en vano. La firma de tratados también conduce al raciocinio universal ya que se transforman en componentes de las acciones del Ser Humano para Salvar al Mundo. Planeta que realmente ya se encuentra en su verdadero "Rumbo al Final".

Existe una larga lista de tratados y negociaciones de desarme mutuo entre la URSS, ahora Rusia, Estados Unidos e Inglaterra, tales como: **TNP** (1970), el Tratado **SALT I** (1969-1972), Tratado **ABM** (1972), **SALT II** (1972-1979), Tratado **INF** (1987) y los que los veremos a seguir como el **START I** (1991), el **START II** (1993) y el **START III** (abril de 2010).

Tratado de No-Proliferación de Armas Nucleares (**TNP**) fue firmado en mayo de 1970, como el resultado de un acto que se inició en 1967 y seria también como para apaciguar la carrera armamentista nuclear de **EEUU, Inglaterra** y la **URSS**. El TNP reglamenta la fabricación o adquisición de armas nucleares. Exige también que las **Potencias Nucleares**: EEUU, Rusia, China, Francia y Gran-Bretaña, no podrán pasar a otros países armas ni tecnología nuclear. De esta manera los estados firmantes, cuyos arsenales no cuentan con ese tipo de armamentos quedan impedidos de producirlos, pero en compensación tienen acceso à la tecnología para uso pacífico de la energía atómica. En seguida a la firma del TNT, aun en los años de 1970 muchos países, entre ellos **Brasil**, se recusaron ser firmantes del TNP, porque consideraban al documento muy discriminatorio, por permitir la mantención de arsenales nucleares sólo por algunos países y excluir a los demás.

El <u>Tratado de Limitación de Armas Estratégicas</u> (**SALT**), fue firmado en **Moscú,** en mayo de 1972, por **Leonid Brejnev y Richard Nixon**, Presidente de EEUU de 1969-1974**,** que es un acuerdo sobre mísiles y antimisiles.

Siete años más tarde, en junio de 1979, **Brejnev** y **James Earl Carter**, Presidente de Estados Unidos de 1977-1981, firmaron en Viena el **Tratado SALT-II**, que nunca fue ratificado por el Congreso Norte-Americano, más fue observado por **Inglaterra y la URSS**.

Ocho años se pasaron para que se retome la firma de los tratados. En diciembre de 1987, **Mikhail Gorbachov** y **Ronald Wilson Reagan**, Presidente de EEUU de 1981-1989, firmaron en Washington el tratado para la <u>Destrucción de los Mísiles Nucleares de Alcance Medio</u> (INF).

La firma del primer tratado de índole mayor, en la línea de Reducción de Armas Estratégicas, entre la URSS y EEUU recibió el nombre de "**Tratado de Reducción de Armas Estratégicas**", originalmente en inglés: "*Strategic Arms Reduction Treaty*" generando la sigla (**START**) por lo que Inicialmente se llamó simplemente "START". Pero como se preveía que no quedaría en la firma de un único tratado, retrospectivamente se cambió de START para START-I y se optó por la numeración consecutiva romana, para diferenciarlos y tener la cronología de los mismos. Fueron circunstancias en que existía la necesidad de realizar cambios en el tratado, necesidad que obligaría la creación del segundo tratado de índole START.

Dos décadas después de haberse firmado el **TNT** se retomaron las conversaciones al respecto.

El START I - La Reducción de Armas Estratégicas fue propuesto por el entonces 40 presidente de Estados Unidos, **Ronald Wilson Reagan**, que gobernó esa nación de 1981 a 1989. En el entretiempo, **noviembre**

de 1990, en París, se firmó el tratado para la **Limitación de Armas Convencionales.**

Siete meses después, el 31 de julio de 1991, en Moscú se firmó el **Tratado de Reducción de Armamento Estratégico START I** por **Mikhail Gorbachov y George Herbert Walker Bush**, 41 Presidente de Estados Unidos de 1989-1993, sucesor de Reagan. El firmante por la URSS, **Mikhail Gorbachev,** era el Secretario General del Partido Comunista de la URSS de 11 de marzo 1985 a 24 de agosto de 1991. Ironías del destino: la firma del tratado SATRAT ocurría cinco meses antes del colapso de la URSS.

De esta manera se concretizaron las propuesta para la retirada de los mísiles de corto alcance. Un acto histórico, el 27 de setiembre de 1991 marcó el Presidente de los EEUU, **George Herbert Walker Bush** al anunciar para el mundo el cambio de su estrategia nuclear, reconociéndolo la propuesta. Del mismo modo, la **URSS** no podía quedarse atrás y el 5 de octubre del mismo año anunciaba al mundo su programa de desarme. Por lo que EEUU inició un corte de 25% del presupuesto militar programado hasta 1997, aunque su congreso quería una reducción del 50%. En apenas dos años (1993), el tratado tenía 153 firmantes de los adherentes.

El START-I requería que ambas naciones disminuyeran en un 25% sus arsenales nucleares estratégicos; como la cantidad de varios tipos de vehículos y cabezas nucleares. Al mismo tiempo que ambos países planeaban también la reducción de su armamento convencional para continuar el planeado repliegue de sus tropas en Europa[234]. Este tratado también afectó a algunas de las nuevas repúblicas desmembradas de la URSS, como Bielorrusia, Kazajistán y Ucrania. Actualmente, estos tres últimos países han desmantelado completamente su capacidad nuclear.

Bajo un resumen práctico el START-I consistió en la autolimitación del número de misiles nucleares que poseía cada superpotencia. Este tratado perdió vigencia el 5 de noviembre de 2009. Los países del Tratado esperaban firmar un nuevo acuerdo en enero de 2010 que suponía "*una*

---

[234] Fuente: Frutos do Passado Sementes do Futuro, Edotora Erica, Brasil. Paginas 423

reducción radical de las cabezas atómicas", decía **Sergei Lavrov**, Ministro de Asuntos Exteriores de Rusia.

La URSS se desmiembra. Cinco meses después de la firma del **START I** La **URSS** se desmembró en **1991** con el plan de **Mikhail Sergeyevich Gorbachev**, que contemplaba el **Glasnot** (apertura) y la **Perestroika** (restructuración) consolidada en un cambio total de la sociedad y del Estado. Ante este acontecimiento histórico, el 8 de diciembre de 1991 nacía la **Comunidad de Estados Independientes (CEI)** liderada por Rusia. La CEI estaba integrada por 15 repúblicas y ellas son las siguientes: Rusia, Bielorrusia, Armenia, Azerbaiyán, Moldavia, Casaquistan, Turcomenstan, Usbequistan, Tajiquistan, Quirguistan, Letonia, Estonia y Lituania. De estas, las tres últimas repúblicas, Balcanes, se excluyeron de la comunidad y luego los siguió Azerbaiyán. Quedando apenas 11 repúblicas para continuar integrando la CEI Europa[235].

El desmembramiento de la **URSS** (1991) trajo a la mesa de discusiones una complejidad de nuevos problemas. Las armas nucleares estratégicas de la URSS se encontraban localizadas en varias repúblicas desmembradas, como en Rusia, Ucrania, Kazajstán y Bielorrusia. Esto ocurría como producto de la creación de la **CEI**, pero las armas quedaron bajo un sólo mando, unificado, encabezado y controlado por Rusia.

El START II - Un paso adelante en el desarrollo esperanzador del proceso de pacificación del mundo y de mantener bajo control el armamento peligroso fue la firma d**el tratado START II**. Este histórico acuerdo empezó a forjarse el 17 de junio de **1992**, con la firma del "**Entendimiento Mutuo**" por parte de los presidentes de Rusia y de Estados Unidos.

Recién el 3 de enero de 1993, los Presidentes: de Estados Unidos, **George H. W. Bush** y de Rusia, **Boris Yeltsin**, en el Kremlin, **firmaron** el más ambicioso Tratado de Reducción de Armas Estratégicas (nucleares) de la Historia, **el START II**. Este tratado prohibía el uso de los **ICBMs** de cabezas múltiples (**MIRV**). En esa ocasión **Boris Yeltsin**, dijo: "*En su escala*

---

[235] Fuente: Frutos do Passado Sementes do Futuro, Edotora Erica, Brasil. Paginas 424 al 431

e importancia, este ultrapasa todos los otros tratados ya firmados en el campo del desarme", calificó también de *"el tratado de la esperanza"*, concluyendo con las frases de Bush: *"Para padres e hijos, ellos significan un futuro del mundo mucho más libre"*. Con este tratado, Rusia quedaría como estaba en la década de 1970, o sea con 3,000 ojivas y EEUU con 3,500 ojivas.

El proceso de ratificación sufrió muchas trabas, ya que ha permanecido bloqueado en la Duma por tres largos años. Se pospuso en varias ocasiones en protesta por las acciones militares norteamericanas en Irak y Kosovo y por la ampliación de la OTAN a los países del Este Europeo. El Tratado START II fue ratificado por el Senado de Estados Unidos el 26 de enero de 1996, por un margen de votos de 87 a 4.

Con este tratado Rusia y Estados Unidos estarán limitando el uso de los mísiles balísticos a bordo de submarinos, junto con la propuesta de eliminar casi las tres cuartas partes de las **cabezas nucleares** y la totalidad de los Mísiles de Cabeza Múltiple con base en Tierra (**MIRV**) de ambas naciones.

Los principales puntos del Tratado **Start-II**, son: 1) Reducción de 10,815 ojivas para 3,500 de los EUA y de 10,053 para 2,968 de Rusia. 2) Eliminación de los mísiles balísticos, intercontinentales. 3) Reducción del número de ojivas de los mísiles lanzados desde submarinos, para cerca de 1,700. 4) Limitación del número de ojivas embarcadas en bombarderos pesados, variando de 750 a 1,250 unidades por país. 5) Autorización para readaptar silos existentes para alojar mísiles de ojiva única. 6) Cada país podrá readaptar para ojiva única un máximo 105 mísiles de múltiples ojivas de los que dispone; el restante tendrá que ser destruido.

Dando cumplimiento a los tratados internacionales, en 1993 comenzaron a ser desmontadas 6,000 ojivas, integrantes del inmenso arsenal atómico fabricados durante décadas por la URSS, en cuyo territorio existían 30 mil ojivas nucleares, actualmente distribuidas en varias repúblicas. Consecuentemente, millares de toneladas de uranio y plutonio serian manipuladas.

Resumiendo, la situación de EEUU y de Rusia, en términos de ojivas, estaba agrupada de la siguiente manera: 10,815 EUA contra 10,053 de

Rusia; del nivel START-I, 8,556 contra 6,449 y del START-II, 3,500 contra 3,000, respectivamente.

En mayo de 1997 tuvo lugar la firma de otro acuerdo histórico entre Rusia, presidida por **Boris Yeltsin** y los miembros de la **OTAN**, cuyo secretario general era el español **Javier Solana**. Este acuerdo permitía la ampliación de este organismo a países del antiguo bloque soviético sin que Rusia lo considerase un acto hostil. Dicho acuerdo fue registrado en el **Acta Fundacional** sobre las relaciones mutuas de cooperación y seguridad entre la OTAN y la Federación Rusa, que fue ratificado el 28 de mayo de **1997 en París**. Este acto suponía que la OTAN y la Ex URSS dejaban de considerarse adversario, razón por la cual numerosos analistas internacionales lo consideraron el fin definitivo de la Guerra Fría.

El **START II** definía como meta para el año 2003 la reducción de 3,000 cabezas nucleares de los misiles de los dos países. Aún existía la preocupación relacionada con el desmembramiento de la Unión Soviética que precipitaría la difusión de armamento sofisticado a Oriente, al subcontinente indio y a otras áreas de conflicto. También se daban pasos para la prohibición de armas dotadas de rayos láser.

A medida que pasaron los años el tratado START II perdió relevancia y ambas partes perdieron interés en él. Para los americanos, el mayor problema era la modificación del tratado ABM (que prohibía los escudos antimisiles) para permitir a EEUU el desarrollo de un sistema de interceptación de misiles balísticos (conocido popularmente como la **Guerra de las Galaxias**), algo a lo que Rusia se opuso fervientemente. No obstante el 14 de abril de **2000**, la Duma aprobó finalmente el tratado, dando un paso simbólico para intentar preservar el tratado ABM, lo cual ya estaba claro que EEUU no iba a hacer. En ese sentido el START II fue oficialmente reemplazado por el SORT.

El SORT - *Strategic Ofensiva Reductos Treaty* (**SORT**) o Tratado de Reducciones de Ofensivas Estratégicas es un acuerdo realizado por **Vladímir Putin**, Presidente de Rusia y **George W. Bush**, Presidente de Estados Unidos, 2001-2009, en una reunión bilateral realizada en noviembre de 2001 que generó el documento SORT, el mismo que recién fue **firmado en Moscú,** el 24 de mayo de 2002. Este tratado limita el arsenal a 2,200 ojivas operativas por cada nación. En este tratado ambas partes se comprometieron a abandonar las líneas generales del anterior tratado, que había establecido una limitación específica del número de misiles. En su lugar se comprometieron a recortar unilateralmente la cantidad de cabezas nucleares. Este tratado vino para reemplazar oficialmente al START II.

Resulta que el tratado SORT fue muy criticado por las algunas de las siguientes razones: El contenido del tratado no presenta medios ni medidas para la verificación de lo que se tiene que hacer; No exige que las reducciones sean permanentes, ya que las ojivas pueden almacenarse, situación que permitiría su uso en el futuro; Señala que las reducciones sólo deben ser completadas para el momento en que el tratado expire, el 31 de diciembre de 2012. Básicamente el tratado solo propone dejar en estado de alerta operacional "solamente" de 1,700 a 2,200 Ojivas nucleares hasta el 2012 y los países se reservan el derecho de almacenar las ojivas que no se encuentren en estado operacional.

Barack Obama, en tiempos de grandes acontecimiento mundiales, el 2009 hace su aparición como el Presidente de Estados Unidos. Creemos que es muy oportuno recordar lo que la historia documenta a su respecto. Obama, consolidando su segundo año de su primer mandato, terminaba la presencia militar americana en la Guerra en **Irak** y aumentaba la tropa americana en **Afganistán**; al mismo tiempo que ordenaba a los militares americanos mayor participación en **Libia** en oposición a **Muammar Gaddafi** y autorizaba la operación militar que resultó en la muerte de **Osama bin Laden**. Aprovechando la mayoría parlamentar (63 representantes del Partido Democrático) Obama firmó "*the Budget Control Act of 2011 and the American Taxpayer Relief Act of 2012*" para los americanos. Pero de todo lo mencionado la firma del Acuerdo START III tal vez traiga mayor repercusión en orden mundial y será el acuerdo que pasará para los análisis de la historia de la humanidad.

El START III – Los antecedentes del acuerdo de Praga de 2010 se sitúan en los idos de 2006, en San Petersburgo, cuando **Vladímir Putin** y **George W. Bush** se reunieron para establecer el marco del diálogo para el relevo del acuerdo **START II**. Desde entonces las discusiones internas y el contenido de lo que sería el nuevo tratado se comienza a discutir seriamente desde el 19 de mayo a 9 de noviembre de 2009, cuando prácticamente quedó listo para la firma. Con este acuerdo, cambió la política armamentística de Estados Unidos que, unilateralmente se comprometió con ciertas precauciones, a **"no utilizar ni a amenazar con armas nucleares"** a los países que no cuenten con estos arsenales y cumplan sus obligaciones dentro del Tratado de No Proliferación Nuclear (los STARTs).

En **Praga**, el 8 de abril de 2010, los presidentes de Rusia, **Dmitri Medvédev** y de Estados Unidos, **Barack Obama**, firmaron el Tratado **START III**. (*The New START arms control treaty with Russia*), Desarme de Armas Nucleares Estratégicas. Inicialmente previa expirar el 2021, pero contemplaba la opción de prórroga hasta el 2026.

El **Tratado START III** fue ratificado por Rusia y Estados Unidos en diciembre de 2010 y enero de 2011, respectivamente. Por las cláusulas de este Tratado ambos países dieron por concluido el periodo de la denominada **Guerra Fría** y completaron los acuerdos estratégicos START I y START II (vencido en enero de 2010) por el que las partes se comprometieron a reducir su arsenal atómico en dos tercios, lo que suponía limitar a 1,550 ojivas el arsenal de cada una de las partes y a 800 lanzaderas de misiles intercontinentales balísticos no desplegados (**ICBM**), lanzaderas submarinas para misiles balísticos (**SLBM**) y bombarderos pesados equipados con armamento nuclear. Este nuevo tratado también limitó el número de ICBM, SLBM, bombarderos nucleares desplegados u operativos, reduciéndolos a 700 unidades operativas. El límite que impuso el nuevo tratado fue 74% más bajo que el establecido en el tratado **START I** de 1991, y un 30% más bajo que el límite de ojivas contempladas en el tratado de Moscú, el SORT, firmado el 2002.

Las obligaciones que contiene el Tratados START III serán aplicadas durante 10 años, contados desde la fecha en que entró en vigor (2011), y será efectivo hasta el 8 de abril del 2020, cuando un nuevo tratado (START IV) sea necesario redactar y firmar.

Independientemente de la firma de los tratados START I al III, el armamento nuclear en el mundo gigantesco. El arsenal está constituido por cerca de 8,400 ojivas nucleares muy bien escondidas, de las cuales 2,000 están listas para desplegar inmediatamente, si así la alta autoridad ordenara. En total, contando las cabezas nucleares que están almacenadas esperando ser destruidas, de acuerdo a lo estipulado en los tratados SATRT, en los arsenales de las potencias nucleares: Estados Unidos, Rusia, China, Gran Bretaña, Francia, India, Pakistán e Israel, existen cerca de 23,300 bombas nucleares, dispersas estratégicamente; de acuerdo con el Instituto Internacional para la Investigación de la Paz de Estocolmo (SIPRI), siglas en inglés.

Acuerdo Estratégico Transpacífico de Asociación Económica. De acuerdo con el documento final, los infrascritos, debidamente autorizados por sus respectivos Gobiernos y en testimonio por: **Brunei Darussalam**, República de Chile, Nueva Zelandia y República de Singapur, han firmado un Memorándum de Entendimiento (MDE) donde decidieron: FORTALECER los lazos especiales de amistad y cooperación entre ellos; AUMENTAR las relaciones entre las Partes a través de la liberalización del comercio y las inversiones y el fomento de una cooperación más amplia y profunda destinada a crear una alianza estratégica en la región del Asia-Pacífico; CONTRIBUIR al desarrollo armónico y a la expansión del comercio mundial y potenciar una mayor cooperación internacional en foros internacionales; CREAR un mercado más amplio y seguro para las mercancías y los servicios en sus respectivos territorios; EVITAR las distorsiones en su comercio recíproco; ESTABLECER reglas claras en su intercambio comercial; ASEGURAR un marco comercial previsible para la planificación de las actividades de negocios y de inversiones; DESARROLLAR sus respectivos derechos y obligaciones derivados del Acuerdo de Marrakech por el que se establece la Organización Mundial del Comercio, así como de otros acuerdos e instrumentos bilaterales y multilaterales; CONFIRMAR sus compromisos con los objetivos y principios del Foro de Cooperación Económica Asia Pacífico (APEC); REAFIRMAR sus compromisos con los Principios de APEC para el Fomento de la Competencia y de la Reforma de las Reglamentaciones, con miras a proteger y promover el proceso competitivo y el diseño de una reglamentación que reduzca al mínimo las distorsiones a la competencia; SER CONCIENTES que el desarrollo económico, el desarrollo social y la protección al medio ambiente sean componentes interdependientes y de fortalecimiento mutuo del desarrollo sustentable y que una más estrecha alianza económica puede jugar un importante rol en la promoción del desarrollo sustentable; FORTALECER la competitividad de sus empresas en los mercados globales; FOMENTAR la creatividad e innovación, y promover la protección de los derechos de propiedad intelectual a fin de incentivar el comercio de mercancías y servicios entre las Partes; CONSOLIDAR su alianza económica y estratégica de manera de lograr beneficios económicos y sociales, crear nuevas oportunidades de empleo y mejorar los niveles de vida de sus pueblos; DEFENDER los derechos de regulación de sus gobiernos de manera tal de alcanzar objetivos de política nacional; PRESERVAR la flexibilidad necesaria para salvaguardar el bienestar público; ACRECENTAR su cooperación en materias de mutuo interés en el ámbito laboral y ambiental; PROMOVER un sistema común entre la región del Asia–Pacífico, y confirmar sus compromisos de estimular la adhesión de otras economías a este Acuerdo[236].

Por lo relatado, los integrantes de los países miembros han ACORDADO tener los siguientes objetivos: **1)**. Este Acuerdo establece una Acuerdo Estratégico Transpacífico de Asociación Económica entre las Partes, basada en el interés común y en la profundización de la relación entre ellas en todas las áreas de aplicación[237]. **2)**. Este Acuerdo cubre en particular las áreas comercial, económica, financiera, científica, tecnológica y de cooperación. Con el objeto de expandir e incrementar los beneficios de este Acuerdo, la cooperación puede ser extendida a otras áreas en conformidad a lo acordado por las Partes. **3)**. Las Partes aspiran apoyar el proceso de liberalización progresiva en APEC consistente con sus metas de que el comercio y las inversiones sean libres[238]. **4)**. Los objetivos comerciales de este Acuerdo, desarrollados de manera más específica a través de sus principios y reglas, incluidos los de trato nacional, trato de nación más favorecida y transparencia, son los siguientes: **a)**. estimular

---

[236] Fuente: Traducción Final publicada el 12 de junio de 2005.

[237] Acuerdo de Valoración Aduanera significa el Acuerdo sobre la Implementación del Artículo VII del Acuerdo General sobre Aranceles Aduaneros y Comercio de 1994, que forma parte del Acuerdo OMC. Y AGCS significa el Acuerdo General sobre Comercio de Servicios, que forma parte del Acuerdo OMC.

[238] APEC significa el Foro de Cooperación Económica del Asia – Pacífico.

la expansión y la diversificación del comercio entre los respectivos territorios de las Partes; **b)**. eliminar los obstáculos al comercio y facilitar la circulación transfronteriza de mercancías y servicios entre los territorios de las Partes; **c)**. promover las condiciones de competencia leal en la zona de libre comercio; **d)**. aumentar sustancialmente las oportunidades de inversión entre los respectivos territorios de las Partes; **e)**. otorgar una protección adecuada y efectiva, y hacer valer los derechos de propiedad intelectual en el territorio de cada una de las Partes; y **f)**. crear un mecanismo eficaz a fin de prevenir y resolver controversias comerciales.

Al mismo tiempo las Partes de este Acuerdo[239] establecieron tener una zona de libre comercio, de conformidad con lo dispuesto en el Artículo XXIV del Acuerdo General sobre Aranceles Aduaneros y Comercio de 1994 y El Artículo V del Acuerdo General sobre Comercio de Servicios, que forman parte Del Acuerdo OMC, establecen una zona de libre comercio[240]. Cada Parte otorgará trato nacional a las mercancías de las otras Partes de conformidad con el Artículo III del GATT 1994. Para este fin, las disposiciones del Artículo III del GATT 1994 se incorporan a este Acuerdo y forman parte del mismo, mutatis mutandis[241].

Referente a la Eliminación Arancelaria existen tres puntos: **1)**. Salvo que se disponga otra cosa en este Acuerdo, ninguna Parte podrá incrementar ningún arancel aduanero existente o adoptar ningún nuevo arancel aduanero, sobre una mercancía originaria. **2)**. Salvo que se disponga otra cosa en este Acuerdo, y sujeto a la Lista de la Parte establecida en el Anexo I, cada Parte eliminará todos los aranceles aduaneros sobre las mercancías originarias del territorio de las otras Partes, en la fecha de entrada en vigencia de este Acuerdo. **3)**. A solicitud de cualquier Parte, las Partes realizarán consultas para considerar la aceleración de la eliminación de aranceles aduaneros establecida en sus Listas. Cuando dos o más de las Partes adopten un acuerdo sobre la aceleración en la eliminación del arancel aduanero de una mercancía, ese acuerdo

---

[239] Acuerdo significa el Acuerdo Estratégico Transpacífico de Asociación Económica.

[240] Acuerdo OMC significa el Acuerdo de Marrakech por el cual se establece La Organización Mundial del Comercio, del 15 de abril de 1994.

[241] De acuerdo con el   Artículo 3.3: Trato Nacional.

prevalecerá sobre cualquier arancel aduanero o categoría de desgravación determinado en sus Listas para esa mercancía, cuando sea aprobado por cada Parte en concordancia con el artículo 17.2 (Funciones de la Comisión). Cualquiera de estas aceleraciones en la eliminación de aranceles aduaneros se aplicará para todas las Partes[242].

Es de esta manera que quedó establecido el Acuerdo Estratégico Transpacífico de Asociación Económica entre: Brunei Darussalam, República de Chile, Nueva Zelandia y la República de Singapur.

El Acuerdo Transpacífico de Cooperación Económica o Transpacífico Partnership (**TPP**) o simplemente "Acuerdo Transpacífico", es un tratado de libre comercio entre los países firmantes que pertenecen a la Cuenca del Pacífico, hasta finales del 2015: Australia, Brunéi, Canadá, Chile, Estados Unidos, Japón, Malasia, México, Nueva Zelanda, Perú, Singapur y Vietnam (en orden alfabética). No obstante el gobierno de los Estados Unidos ha considerado al TPP como el tratado complementario a la Asociación Transatlántica para el Comercio y la Inversión (TTIP), un acuerdo similar entre Estados Unidos y la Unión Europea.

Inicialmente el acuerdo fue conocido como Pacific Three Closer Economic Partnership (**P3-CEP**). Sus negociaciones se iniciaron en la Cumbre del Foro de Cooperación Económica Asia-Pacífico (**APEC**) realizada el año 2002 en Los Cabos, México, por el presidente de Chile Ricardo Lagos, y los primeros ministros Helen Clark, de Nueva Zelanda, y Goh Chok Tong, de Singapur. Posteriormente, Brunéi participó por primera vez en la quinta ronda de negociaciones en abril de 2005, momento desde el cual se conoció como Acuerdo P4, firmado el 3 de junio de 2005; para entrar en vigencia el 1 de enero de 2006. A partir de 2008 otros países se sumaron para realizar un acuerdo más amplio: Australia, Canadá, Estados Unidos, Japón, Malasia, México, Perú, y Vietnam, aumentando el número de países firmantes a doce.

El verdadero impulso del TPP ocurrió cuando Estados Unidos expresó su interés por la zona de Asia Pacífico. En marzo de 2008 Estados Unidos se unió a estas negociaciones: el entonces presidente George W.

---

[242] De acuerdo con el   Artículo 3.4: Eliminación Arancelaria.

Bush informó al Congreso el 22 de septiembre de ese año la intención de su país de adherirse a dicha negociación.

El propósito original del acuerdo era eliminar el 90% de los aranceles entre los países miembros al 1 de enero de 2006, y eliminarlos completamente antes de 2015.

A pesar de sus diferencias culturales y geográficas, los cuatros miembros originales comparten ciertas características: aunque todos son países relativamente pequeños, tienen economías bastante abiertas y dinámicas, siguen políticas de apertura unilateral y, además, son miembros de la APEC. Los otros ocho países —Australia, Canadá, Estados Unidos, Japón, Malasia, México, Perú y Vietnam— están en negociaciones para entrar al grupo.

Las negociaciones del TPP se centran en más de 20 mesas de trabajo, incluyendo agricultura, aduanas, bienes industriales, reglas de origen, textiles, servicios, servicios financieros, movilidad de personas de negocios, inversión, telecomunicaciones, competencia/empresas comerciales del Estado, comercio y medio ambiente, compras de gobierno, derechos de propiedad intelectual, comercio y trabajo, medidas sanitarias y fitosanitarias, obstáculos técnicos al comercio, remedios comerciales, y temas legales/institucionales.

La propuesta estadounidense ha sido acusada de ser excesivamente restrictiva, introduciendo fuertes medidas de protección de la propiedad intelectual, aún más severas que las del tratado de libre comercio entre Corea del Sur y los Estados Unidos y al Acuerdo Comercial Anti-Falsificación (**ACTA**), e incluso han sido comparadas al polémico proyecto de ley Stop Online Piracy Act (**SOPA**)[243]. También podría afectar la disponibilidad de medicamentos genéricos en los países en desarrollo.

Organizaciones de derechos humanos también han criticado que el tratado se haya discutido en secreto, e incluso parlamentarios de los países involucrados no han podido acceder a los documentos libremente.

---

[243] Fuente: https://servicescoalition.org/negotiations/the-trans-pacific-partnership-tpp

El 13 de noviembre de 2013, un borrador completo del capítulo de Propiedad Intelectual del tratado fue publicado por WikiLeaks[244].

El histórico de intenciones de **ingresar al TPP**, cronológico es el siguiente: **Chile** declara su intención el 2002 y al P4, el 28 de mayo de 2006; **Nueva Zelanda** firma su intención de ingreso al TPP el 2002 y al P4, el 28 de mayo de 2006; **Singapur** declara su intención de pertenecer al TPP el 2002 y al P4 el 28 de mayo de 2006; **Brunéi** firma su intención de ingreso al TPP en abril de 2005 y al P4, el 28 de mayo de 2006; **Estados Unidos** declara su interés de ingresar al TPP en febrero de 2008; **Vietnam** firma su intención de ingresar al TPP en noviembre de 2008; **Perú** declaró su intención de ingreso al TPP en noviembre de 2008; **Australia** firma su Intención de ingreso al TPP el 20 de noviembre de 2008; **Malasia** firma su intención de ingreso al TPP en octubre de 2010; **Japón** firma la intención de ingreso al TPP el 11 de noviembre de 2011; Canadá firma la intención de ingreso al TPP en junio de 2012 y **México** ha firmado su intención de ingreso al TPP en junio de 2012. Todos estos países miembros ratificaron sus intenciones de integrar el TPP, firmándolo definitivamente, el 5 de octubre de 2015.

Para que el TPP entre en vigor ahora tiene que ser aprobado por el congreso de todos los países. En Estados Unidos, primero debe ser aprobado por mayoría en ambas cámaras del Congreso, un proceso que se dificultará por la oposición que levantó de parte de sus detractores que consideran al TPP "un desastre".

Como es de conocimiento el TPP está constituido por 12 países que en total representan más de 40% del PIB mundial. Situación que preocupa a los otros países del mundo.

Cinco días después de firmar su ingreso al TPP (10/10/2015) el presidente de los Estados Unidos, **Barack Obama**, defendió el Acuerdo Transpacífico de Cooperación Económica (TPP) justificando que se trata *"del mejor tratado posible para los trabajadores de su nación"*. Pese

---

[244] Fuente: http://www.economist.com/news/business/21637387-wave-new-medicines-known-biologics-will-be-good-drugmakers-may-not-be-so-good y https://primaryimmune.org/advocacy_center/pdfs/health_care_reform/Biosimilars_Congressional_Research_Service_Report.pdf

a las críticas mundiales de que el TPP busca dominar la economía mundial, Obama alegó que lo establecido en éste permitirá que las empresas norteamericanas compitan en el extranjero en un escenario "más nivelado". No obstante el TPP es criticado por la oposición bipartidista en el Congreso, finalizando 2015, incluyendo a los aspirantes a la candidatura a la presidencia del partido Demócrata, Hillary Clinton y el Senador Bernie Sanders.

Durante su habitual discurso radiofónico de los sábados el Presidente Obama dijo que *"el contenido del pacto permitirá que sus miembros fortalezcan las leyes de la infancia y de trabajos forzados en el extranjero, e impongan las normas ambientales más fuertes de la historia en la industria foránea"*. Sin reconocer que su nación es la responsable por la mayor emisión de gases invernaderos, como se viene denunciando en las diversas cumbres internacionales.

Obama prometió: *"Se eliminan más de 18 mil de estos impuestos sobre los bienes y servicios estadounidenses, lo que impulsará a los agricultores del país, los ganaderos, los fabricantes y propietarios de pequeñas empresas y hará más fácil para ellos vender sus productos en el exterior"*.

Concluyendo diríamos: El Ambiente Ecológico y su Protección; largamente contemplado en la obra, así como las Acciones alentadoras para Salvar al Mundo y consolidadas con el advenimientos de las oportunas Cumbres, Pactos y Tratados crearon un clima de preocupación mas también abrieron un horizonte donde se vislumbra una sombra de esperanza, como el único anhelo en espera por una única acción humana que pudiera remediar los males, evitar la aparición de más y nuevos problemas y hacer con que la vida del Planeta Tierra, como también la vida de las especies dentro de ella, tengan esperanzas de continuar su natural curso para vivir un mañana mejor. Esperanza que, con el pasar de los días se observa que está cada vez más distante. Algo así como: cuanto más caminamos en busca de ella, más lejos nos encontramos. Es entonces cuando preguntamos: ¿Es el hombre el actor y culpado por todo lo malo que está ocurriendo en el planeta? Antes, una reflexión oportuna se hace necesaria ahora. No podemos olvidarnos que todo planeta viviente es un mundo en constante evolución, consecuentemente todo está cambiando en su interior y no podría ser solamente el hombre el culpable por todo lo malo que ocurre en el Planeta Tierra. Más también no podemos fingir que no vemos la mano destructora, mal hacedora del hombre de nuestros tiempos. Queriendo o no, sabiendo o ignorándolo la verdad "El Rumbo al Final del Planeta Tierra" está en curso y es algo que nadie lo podrá detener. Pero se sabe muy bien que mucho se podrá hacer para no dar más velocidad a ese proceso natral.

CAPÍTULO IX

Contaminación y Desastres

COMO CONSECUENCIAS DEL uso de las armas nucleares y la cantidad de productos tóxicos asociados a ellas, no solamente el aire se contamina sino que la contaminación cunde al propio suelo, al agua de los ríos, lagunas y de los mares.

La contaminación de los mares - La polución de los mares ha ocurrido con mucha frecuencia, sobre todo en el siglo pasado. Por citar ejemplos, solamente los mares británicos son contaminados con productos químicos que contienen 57% de los productos contaminadores. Los mares de países tercermundistas tienen los desagües llegando directamente al mar; sea a través de sus propios gigantescos tubos que conducen aguas negras o por sus ríos, contaminados en exceso.

A este panorama desolador, como corolario del fin del milenio pasado, podemos incluir los accidentes marinos ocasionados por los navíos o cargueros de petróleo, los que son los propiciadores de los mayores desastres ecológicos en el mar, como podemos confirmar de la siguiente manera:

- ✓ Inglaterra, marzo de 1967, el barco **Torre Canyon** de bandera **liberiana** derramó 123 mil toneladas de aceite en el Océano Atlántico.

- ✓ **Estrecho de Málaga**, junio de 1975, el barco **Japonés Showa Maru** se chocó en un banco de arena y derramó 237 mil toneladas de petróleo al mar.

- ✓ Inglaterra, enero de 1976, un petrolero de bandera liberiana se rajó en el mar y derramó parte de su carga de 250 mil toneladas de petróleo.

- ✓ Inglaterra, marzo de 1978, el petrolero de bandera liberiana Amoco Cadiz, producto de un basamento, derramó 230 mil toneladas de petróleo.

- ✓ Golfo de México, junio de 1979, una explosión en un pozo de petróleo derramó un millón de toneladas de petróleo en el mar.

- ✓ África de Sul, agosto de 1983, después de un incendio en su popa, el barco español Castillo de Belver, que cargaba 100 mil toneladas de petróleo se hundió en las costas de la ciudad de Cabo.

- ✓ Alaska, 25 de marzo de 1989, el superpetrolero Exxon Valdez que transportaba 200 millones de litros de petróleo se chocó contra un Recife en la entrada de Canal de Prince Williams al sur de Anchorage, provocando el basamento de 42 millones de litros de aceite. Para los especialistas, ese fue el mayor accidente ecológico de EEUU. La Exxon, propietaria del superpetrolero, pagó pesadas multas y se responsabilizó por la limpieza del mar de la región.

- ✓ Trinidad-Tobago, julio de 1979, después de chocarse los navíos Atlantic Express con el Aegean Capitán, cerca de 100 mil toneladas de aceite fueron arrojadas al mar.

- ✓ Brasil, diciembre de 1988, en Angra de los Reis, Rio de Janeiro, específicamente, en la Bahía de Isla Grande, cerca de 250 toneladas de petróleo fueron derramadas en el mar por el navío Felipe Camarón.

- ✓ Brasil, agosto de 1989, isla Grande, Rio de janeiro, el mismo petrolero, que 9 meses antes había provocado un accidente, el Felipe Camarón, provocó otro basamento de petróleo, en el terminal Marítimo de la Bahía de isla Grande.

- ✓ Alaska, 1989, también ocurrió una catástrofe en el mar.

- ✓ Kuwait, al final de la Guerra de Golfo Pérsico, que se inició en 2 de agosto de 1990, Saddam Hussein ordenó a su ejército que abrieran las bombas de captación de petróleo en dirección del mar; hecho que generó un grave problema ecológico en la región. No satisfecho con eso, fueron incendiados los pozos petroleros, contaminando el aire.

- ✓ Italia, Génova, abril de 1991, el petrolero Haven explosionó en las costas de Génova y 10 mil toneladas de petróleo fueron arrojadas al mar.

- ✓ Brasil, mayo de 1991, en litoral norte de Sao Paulo, Ilhabela, el barco Penélope, de bandera griega, derramó 130 toneladas de petróleo en Canal de Sao Sebastián.

- ✓ Brasil, agosto de 1991, Ilhabela, el barco Katina, de bandera griega, derramó 40 toneladas de petróleo en el Terminal Almirante Barroso en el Canal de San Sebastián.

- ✓ Brasil, 3 de setiembre de 1991, 18 mil toneladas de aceite fueron derramados del carguero griego Theomana Valleta en la región de Campos, Rio de Janeiro. Ese barco había sido alquilado por la Flota Nacional de Petróleos, subsidiaria de la Petrobras, empresa estatal de petróleos de Brasil. En la época del accidente el barco griego tenía 27 años de fabricación, el que significa, 12 años más que el indicado como vida útil. Y, por causa de este accidente la Petrobras fue condenada a pagar una multa de Cr$34 millones, valor equivalente a 590 mil litros de petróleo.

- ✓ Galicia, 4 de diciembre de 1992, dos tanques del petrolero griego Aegean Sea, que transportaba 80 mil toneladas de aceite crudo se rompieron. El accidente ocurrió luego después que la embarcación se chocara contra un fondo rocoso, en las proximidades del puerto de La Coruña. El Capitán del petrolero fue detenido y acusado de imprudencia por insistir en ingresar en el puerto español en un fuerte temporal.

- ✓ Escocia, 5 de enero de 1993, el petrolero **Braer**, encallado cerca de la costa sur de las islas Shetland, cuando llevaba su carga de 84,500 toneladas de Noruega para el Canadá se partió en cuatro, derramando aceite crudo que se extendió por 40 quilómetros sobre el mar, llegando cerca de Lerwick, capital de las islas. El Braer es de bandera **liberiana** que en apenas cuatro días ya había matado más de 10 mil animales marinos. Como ayuda para los moradores de la región la Comisión Europea aprobó en día 12 de janeiro, US$ 840 mil y la compañía Norte-Americana Bergvall & Hunder, responsable por el Braer, anunció también que su empresa aseguradora destinó US$ 310 mil a un fondo de emergencia[245].

- ✓ Sumatra, 20 de enero de 1993, el superpetrolero Maersk Navigator colisionó con el carguero japonés el Sanko Honour y quedó en llamas en el Estrecho de Malaca. La nave estaba cargando con cerca de 250 mil toneladas o 2 millones de barriles de aceite. Llevaba aceite de Golfo Pérsico al Japón. Esparció en el mar una mancha negra de aceite de 3 mil kilómetros de extensión por 200 de largo que avanzó en dirección de las islas Nicobar, en India[246]. Ya el Sanko Honour, cargaba también aceite, 96 mil toneladas y se incendió también. Por el área del accidente pasan diariamente cerca de 600 navíos mercantes y petroleros. Es una de las vías marítimas más concurridas de mundo, ligando el mar de sur de la China al Océano Indico. Por eso el número de accidentes en esa área es grande. Ya existen planos por los gobernantes de Indonesia, Malasia y Singapur para crear en el área un sistema de seguridad para controlar el tráfico[247].

- ✓ Holanda, el 19 de marzo de 1993, un navío explosionó y se incendió en su litoral. El barco transportaba productos químicos para la fabricación de plástico.

- ✓ Ya los accidentes ocurridos dentro de este milenio son menores y están siendo mejor controlados.

---

[245] Fuente: (01.27).O Estado de Sao Paulo, 9 y 13 de enero de 1993.

[246] Fuente: (01.29) O Estado de Sao Paulo, 23 de enero de 1993.

[247] Fuente: (01.30).).O Estado de Sao Paulo, 22, 23 e 25 de enero de 1993.

Si a todos estos desastres de autoría humana, se sumaran los desastres naturales (no originados por el hombre) realmente podríamos notar que la magnitud de los problemas y la seriedad de las consecuencias que ellos generan en contra de la Biodiversidad terrenal es inmensurable. Y esto sí que viene para contribuir para que el "Rumbo al Final" del Planeta Tierra se acelere.

Apenas como recordación: En **China**, el 2 de febrero de 1556, el temblor de tierra mató alrededor de 830,000 personas en las localidades de Henan y Shanxi. Siglos después, en 1920 un temblor provocó derrumbes y mató cerca de 180,000 personas en la Provincia de Gansu, China. Cuatro décadas después del terremoto en **China**, el 22 de mayo de 1960, otro terremoto de 8.3º en la Escala de Richter ocurrió en **Chile**, mató más de 2,000 personas, dejando más de 3,000 heridos y algo más de 2 millones de damnificados. El mismo temblor provocó un Tsunami afectando la costa del Pacifico en **EEUU**, Hawái y Japón. En **Perú**, los peruanos vivían momentos de mucha euforia porque su selección de futbol, entrenado por el brasileño **Didí** debutaba triunfando en el Mundial México 70. El domingo 31 de mayo de 1970, a las 15:23:32, ocurrió un **Terremoto en Ancash**, de magnitud 7.9 MW en la escala Mercalli Modificada de 45 segundos de duración. Su epicentro fue localizado a 44 kilómetros al suroeste de la ciudad de Chimbote, en el Océano Pacífico, a una profundidad de 64 kilómetros, según el Instituto Geofísico del Perú. El movimiento telúrico provocó el derrumbe de hielo y rocas del pico norte del nevado Huascarán, sobre la laguna de **Ranrairca** que rebalsó formando un alud estimado en 40 millones de metros^3 de hielo, lodo y piedras que medía 1.5 km de ancho y que avanzó los 18 km a una velocidad promedio de 280 a 335 km/h. barriendo con los poblados rio abajo, como **Ranrairca** y **Yungay** dejando muertes, soledad y miseria. Fue el sismo más destructivo de la historia del Perú. Las muertes se calcularon en 70,000 y hubo aproximadamente 20,000 desaparecidos. Se estimó en 3 millones el número de afectados. A raíz de esta catástrofe, en 1972 el gobierno del Perú fundó el Instituto Nacional de Defensa Civil, el cual, además de preparar a la población acerca del actuar durante un terremoto, conmemora el 31 de mayo con un simulacro de sismo a nivel nacional. En Perú, periódicamente se realizan simulacros de sismos para mantener a la población en alerta, lo que consideramos un promedio acertado.

A todos estos accidentes naturales se puede incluir el **Huracán Mitch**, en **EEUU**, en 24 de noviembre de1998; el huaracan Sabrina, el Tsunami de Japón y muchísimos más que demuestran la vulnerabilidad de la vida humana y si a ello lo sumamos la irresponsabilidad de la actitud humana tendríamos que detenernos un instante para meditar y toda conclusión sólo llegaría a una única fuente pronunciada desde el de inicio: "el Ser Humano se ha olvidado de la verdadera finalidad que su presencia representa en el Planeta Tierra."

Algo más reciente en **Brasil**, cerca al **Puerto de Santos,** el primero de abril de 2015, se inició un incendio de gran magnitud, en un área particular que solamente contenía gigantescos tanques que almacenaban petróleo, gasolina y otros productos inflamables. El incendio sólo fue controlado 9 días después de un continuado trabajo de los bomberos. Consecuencias: dos billones de litros de agua utilizada para enfriar los casi 40 tanques para que no exploten regresaron a los ríos y al mar, elevando la temperatura del agua y contaminándola con tóxicos, provocando la muerte indiscriminada de más de 7 toneladas de peces y afectando a la fauna marina adyacente al mayor Puerto Marítimo de América del Sur y la contaminación con el humo y el viento se extendió a todo el vecindario, provocando el caos y una emergencia total. Este incendio fue considerado como el mayor incendio en la historia del Estado de Sao Paulo[248].

Siete meses después de la ocurrencia anterior, el 5 de noviembre del 2015 la empresa **SAMARCO**, operando en el Estado de Minas Gerais (**MG**), Brasil, provocó un gigantesco accidente. Una de sus barreras de contención del residuo del proceso minero se rompió, dejando correr toda el agua y barro que llegó a inundar todo el curso del valle abajo, juntándose a algunos otros ríos que ayudaron llevar los residuos tóxicos hasta el mar, en un viaje que tardó algunas semanas. Mucha destrucción se registró con este accidente. Solamente de los ríos, en apenas dos semanas de ocurrido el accidente ya se habían contabilizado 8 mil toneladas de peses muertos de los ríos. Ecologistas y trabajadores recuperaban a las tortugas que estaban naciendo esos días para llevarlos a lugares más seguros. Después de 20 días del accidente, las aguas

---

[248] Fuente: Fuente: Frutos do Passado Sementes do Futuro, Edotora Erica, Brasil.

negras comenzaron a llegar al mar y ya se extendían por más de 70 Km mar adentro y en las playas de la región. Razones claras por las que las autoridades brasileñas catalogaron el accidente como el peor accidente ecológico ocurrido en ese país en su historia. Inicialmente las multas para la empresa minera fueron millonarias, luego con las multas posteriores se transformaron en billonario.

Esta situación hizo con que, cuatro días después del accidente, la Secretaría del Medio Ambiente y de Desenvolvimiento Sustentable del Estado de Minas Geraisembargue la actividad extractiva de la empresa **Samarco** de la ciudad de Bento Rodrigues, en Mariana Gerais, MG.

Más de 1,265 personas damnificadas fueron acomodadas en hoteles y posadas de la región, de acuerdo al informe del 23/11/2015 de la empresa SAMARCO. Del mismo modo el Servicio "Colatinense de Medio Ambiente y Saneamiento Ambiental" (**SANEAR**) recibió autorización para realizar el tratamiento de agua, en grande escala, para ser utilizada por la población de **Colatina**, estado de Espirito Santo (**ES**). Esta acción fue posible después de obtener el resultado positivo del analice de tratamiento del agua colectada en el "Rio Doce", en Colatina, ES, que recibió la empresa Samarco el domingo, 22 de noviembre de 2015.

Para que el agua del "Rio Doce" sea tratada dentro de los padrones de la legislación, la empresa Samarco y la SANEAR pasaron a utilizar el producto TANFLOC SG, un floculante natural, extraído de la cascara de la "Acacia Negra". Este producto permite la neutralización de las concentraciones de impurezas del agua a ser tratada. De ese modo, con la formación de flacos, éstos se hunden hacia el fondo del reservatorio, facilitando el tratamiento del agua que queda en la superficie por el proceso convencional de filtración y desinsectación.

Para realizar el Plan de Recuperación Ambiental la empresa minera Samarco contrató a la empresa **Golder Associates**, consultora de ámbito mundial. Esta empresa se dedicará a elaboración de los planos, gestión y supervisión de las acciones que serán implantadas en todas las áreas afectadas por el accidente, incluyendo a todos los municipios localizados a lo largo del Rio Doce[249]. Paralelamente a la contratación de la Golder, la minera Samarco estudiaba realizar parecerías con otras instituciones ambientáis, como el "Instituto Terra", del fotógrafo Sebastião Salgado, que actúa en la recuperación ambiental de los manantiales a lo largo del Rio Doce.

Grupos de trabajadores de la empresa Samarco trabajaron incesantemente en la limpieza de las principales vías de transporte del municipio de Barra Longa, en Minas Gerais. También trabajaban en la desobstrucción de las redes fluviales, de las aguas negras, y concluirán con la limpieza del acceso a las áreas rurales. Lo malo de este trabajo era que los residuos estaban siendo depositados (temporariamente) en el Parque de Exposiciones de la ciudad. Del mismo modo se entregaron casas alquiladas a algunas familias damnificadas. Los inmuebles fueron equipados con utensilios e electrodomésticos. Los moradores en las áreas ruarais estaban siendo empadronados para recibir auxilio. Al mismo tiempo se inauguraba la Escuela Municipal José de Vasconcelos Lanna, que atiende a 100 alumnos de enseño Infantil. Esta escuela fue reformada y equipada por la minera Samarco[250].

Estudios recientes realizados por la *Fundación Estatal del Medio Ambiente*" revelaron que por lo menos 35 barreras (diques) de contención en el Estado de Minas Gerais tienen sus estructuras inseguras[251].

El estado de Minas Gerais tiene 750 barreras de contención de represas para el arrojo de residuos, por ejemplo, de la industria y de destilarías de alcohol. Pero la mayoría es utilizada por las empresas mineras[252].

Casos como lo ocurrido en Mariana, MG ya costaron vidas y muchos daños al medio ambiente y a las comunidades vecinas. Haciendo un rápido histórico, en el año 2001, una avalancha de residuos de la Minera

---

[249] Fuente: Comunicado N° 56 - 22/11/2015 de la Samarco. Brasil.

[250] Fuente: Comunicado de la minera Samarco, N° 60 - 23/Nov - 2015

[251] Fuente: Estudios recientes realizados por la Fundação Estadual do Meio Ambiente

[252] Fuente: Criado em 07/11/15 12h04 e atualizado em 07/11/15 12h18 Por Repórter Brasil Fonte:TV Brasil

Rio Verde se rompió en Nova Lima, región metropolitana de Belo Horizonte, MG. Cinco operarios murieron en el accidente que abarcó 43 hectáreas y cubrió más de seis quilómetros del lecho del rio Taquaras.

En 2007, la barrera de contención de la Minera Rio Pomba Cataguases se derrumbó después de una fuerte lluvia en la ciudad de Miraí, una zona de la vegetación que pertenece a la mina. La lama tóxica, con residuos de bauxita, siguió por el Rio Muriaé y llegó afectar dos ciudades del estado de MG y cuatro ciudades del estado de Rio de Janeiro (**RJ**). Cerca de 4 mil habitantes quedaron desalojados y por lo menos mil doscientos inmuebles fueron afectados.

En setiembre de 2014, un rompimiento de un dique de contención se rompió en Itabirito, en la región central de MG, causó la muerte de tres personas. Los operarios hacían la manutención de la barrera que estaba desactivada cuando ella se rompió. Toneladas de lama y restos de la extracción minera cubrieron vehículos y los trabajadores fueron soterrados. Este derrumbe llegó también al curso de agua próximo al local y la empresa responsable, la **Herculano Mineração**, empresa que ya había sido actuada por el Ministerio Público en 28 oportunidades por irregularidades, inclusive por falta de programas de gerenciamiento de riesgo.

Ahora el accidente en Mariana, MG, es el peor o el más grande accidente de esa índole, afectando el medio ambiente. Este accidente liberó cerca de 62 millones de metros cúbicos de residuos de la minería, que eran formados, principalmente, por óxido de fierro, agua y lama. A pesar de no poseer, según la minera Samarco, ningún producto que cause intoxicación al hombre, eses residuos pueden devastar grandes ecosistemas.

La lama que atingió a las regiones próximas al lugar del accidente formó una especie de cobertura en los locales. Esa capa, cuando se seque, formará una especie de cimiento, que impedirá el desarrollo de muchas especies. Esa pavimentación, tardará años para secarse. Mientras el suelo no se seque, tambén no será posible realizar cualquier construcción en esos locales. La capa de lama minera también impedirá el desarrollo de especies vegetáis, una vez que quedará pobre en materia orgánica, transformándose en región infértil. Todos esos factores dañinos llevarán a la extinción total del ambiente presente antes del accidente.

El rompimiento de la barrera de contención también afectó al rio Gualaxo, que es afluente do rio Carmo, el cual desagua en el Rio Doce, un rio que abastece a una grande cantidad de ciudades. En la medida que la lama cubría los ambientes acuáticos, causó la muerte de todos os organismos allí encontrados, como algas y peses. Se estima que después del accidente más de 8 mil toneladas de peses murieron en razón de la falta de oxígeno en el agua y también en consecuencia de la obstrucción de sus branquias. El ecosistema acuático de esos ríos fue completamente afectado y, consecuentemente, los moradores que se beneficiaban de la pesca también fueron afectados.

La grande cantidad de lama lanzada al ambiente afecta a los ríos, no apenas en lo que se refiere a la vida acuática. Muchos de esos ríos sufrieron con los cambios en los cursos, disminución de la profundidad y hasta en la destrucción de nacientes. La lama, aparte de causar la muerte de los propios ríos, destruyó una grande región alrededor de esos locales. La furia de la lama arrancó la vegetación ciliar y lo que restó fue cubierto por el material traído.

Finalmente, la lama que ha llegado al mar, en un viaje de casi 20 días desde el lugar del accidente, ha afectado directamente a la vida marina en la región de Espírito Santo, donde el rio Doce desemboca en el Océano Atlántico. Biólogos temían que los efectos de los desecho en los arrecifes de corales de Abrolhos, un local con grande variedad de especies marinas sea afectado[253].

La ONU hizo duras críticas al gobierno del Brasil, a la empresa "Vale" y a la minera anglo-australiana BHP porque consideró una respuesta "inaceptable" a todo lo ocurrido con la tragedia de Mariana, MG. El 2015.

En su comunicado divulgado el 25 de noviembre de 2015 el relator especial para asuntos de Derechos Humanos y Medio Ambiente, **John**

---

[253] Fuente: * Crédito da Imagen: Shutterstock y T photography

Knox, y del relator para Derechos Humanos y Sustancias Tóxicas, **Baskut Tuncak**, la ONU criticó la demora de tres semanas para la divulgación de informaciones sobre los riesgos generados por los billones de litros de lama que corría por el Rio Doce al romperse la barrera de contención.

> *"Las acciones tomadas por el gobierno brasileño, la empresa Vale y la BHP, para prevenir los daños fueron claramente insuficientes. Las empresas y el gobierno deberían estar haciendo todo lo que pueden para prevenir más problemas, lo que incluye la exposición a los metales pesados y sustancias tóxicas. Este no es el momento para posturas defensivas"*, dijeron los especialistas en su comunicado.

En entrevistas, la presidente Dilma Rousseff ha negado negligencias en el caso. Por su vez la Samarco ha afirmado que sus operaciones eran regulares, licenciadas y monitoreadas dentro de los mejores padrones de monitoramiento de barreras.

La ONU menciona la contradicción en las informaciones divulgadas sobre el desastre, en especial la insistencia de la Samarco, joint venture formada por Vale y BHP para explorar minerales en la región, de que la lama no contenía sustancias tóxicas. *"Las autoridades brasileñas necesitan discutir la legislación para la actividad minera y ser consistente con los padrones internacionales de derechos humanos, incluyendo el derecho a la información. El Estado tiene la obligación de generar, actualizar y diseminar informaciones sobre el impacto ambiental y la presencia de sustancias nocivas, al paso que las empresas tienen la responsabilidad de respetar los derecho humanos"*, afirmó Tuncak.

Estos dos especialistas clasificaron la tragedia como más un ejemplo de negligencia de empresas en proteger los derechos humanos y trazan un cuadro desolador pos-desastre para las comunidades afectadas.

> *"Jamás podremos tener un remedio eficaz para las víctimas, cuyos parientes o gana-pan pueden estar debajo de esa onda de basura tóxica, y ni para el medio ambiente, que sufrió daños irreparables. Empresas trabajando en actividades usando*

material de riesgo necesitan tener la prevención de accidentes en el centro de su modelo de negocios." Concluían.

Bajo la misma óptica, miles de otros casos se podrían incluir para esclarecer la situación de la Contaminación y los Desastres, pero creemos que como muestra basta un botón. La realidad en la que se encuentra nuestro Planeta Tierra es delicada, diagnóstico suficiente para que el Ser Humano, autóctono de este planeta, pueda recapacitar, que aún hay un tiempo por aprovechar. Lo lamentable de esta situación es que el Planeta Tierra ya se encuentra en su verdadero "Rumbo al Final" y que nadie lo podrá detener, pero la Especia Humana, culpable en parte, podría hacer algo, para disminuir la velocidad de ese rumbo al final.

Peligro de la Basura Nuclear

Desde el siglo pasado las acciones para salvar al mundo parecían que venían como solución y obra conciliadora para los nuevos tiempo, no obstante los problemas que la Especie Humana está creando en el Planeta Tierra, mundo en el que apareció y vive, constantes problemas y lo que es peor, no se detiene. Por lo que, de la misma forma como la humanidad se preocupa por la contaminación de los mares ocasionados por accidentes que ocurren en el transporte marítimo de carga también y por el desagüe con aguas negras que conducen los ríos existe una preocupación mayor relacionada con la contaminación originada por la "Basura Nuclear", que contamina en grandes proporciones, al igual que una explosión nuclear y sus consecuencias posteriores. Consecuentemente la preocupación en los países del mundo no sólo se concentra en contra la basura nuclear sino también contra el uso inadecuado de armamentos, herramientas, instrumentos, o simplemente partes que contengan material radioactivo. Razones por las que la situación es más compleja de lo imaginado, ya que accidentes con materiales radioactivos vienen ocurriendo con cierta frecuencia; ocurriendo también accidentes, o mala operación de equipos, donde incluimos explosiones como la ocurrida con el Reactor Nº 4, en Chernóbil, actual Ucrania, el 26 de abril de 1986, (01:23 AM. LT), en la Ex URSS. De acuerdo a la información soviética, murieron 31 personas; pero fueron expuestos a la radiación algo así como 1,700,000 personas y los evacuados superaron los 133,000. Hoy, más de 850,000 personas viven en esa región contaminada que abarca 28,200 Km². de área. Se estima que unas 200 mil personas fueron relacionadas con el proceso de limpieza radioactiva.

Otro caso grave ocurrió en Brasil en setiembre de 1987, en **Goiânia**, cuando una cápsula conteniendo Césio-137 abandonada irresponsablemente llegó a manos de personas que desconocían del peligro y de sus consecuencias. Esta circunstancia dejó 249 víctimas, de las cuales cuatro murieron rápidamente, 14 fueron contaminadas gravemente y las demás fueron irradiadas con menor cantidad. Ejemplarmente la Justicia Federal de Goiás condenó a tres años de prisión y suspensión por el mismo período del ejercicio de la profesión de los médicos responsables: Carlos de Figueredo Bezerril, Criseide Castro Dourado, Orlando Alves Teixeira y al físico Flamarim Barbosa Goulart, que era el responsable por la mantención y seguridad del equipamiento; ellos fueron acusados de ser los principales responsables por el accidente con el Césio-137[254].

El 8 de febrero de 1942 el submarino francés, **Surcof** con 159 soldados a bordo se hundió como producto de la colisión con el Mercante Thompson Lykes, de EEUU en el mar Caribe. En su época, el Surcof era considerado el mayor submarino del mundo, con 119 m. de longitud. Hoy día el submarino nuclear ruso Typhoon tiene una longitud de 170 m.

El caso del submarino de la URSS de propulsión nuclear el **"Komsomolets"** que se incendió y luego se hundió a 1,800 metros de profundidad, al norte de Noruega, el 7 de abril de 1989, matando 42 tripulantes y que, en 1992, comenzó a soltar Césio-137 de sus reactores juntamente con el basamento de plutónico de las ojivas del armamento, previstos para ocurrir entre 1994 y 1995, creando un grave riesgo para la pesca en la región. Según noticias en enero de 1993, los técnicos rusos tendrían que "momificar" al submarino "Komsomolets", con una substancia retirada del caparazón de los crustáceos. Los técnicos rusos inyectarían en el casco del submarino un espeso líquido compuesto con 2% de quitina pura y que, al endurecerse, podrá formar un verdadero

---

[254] Fuente: (01.23) Folha de Sao Paulo, Brasil, 14 janeiro 1993.

sarcófago, según explicó el Vice-Almirante Alexandre Ustimiantsev, destacando que las operaciones comenzaran en el verano boreal.

Los 17 reactores nucleares de la ex-URSS que fueron depositados en el fondo de Mar de Kara, Océano Ártico, en el extremo norte de Rusia. En la década de 1990 Rusia continuaba transportando agua para enfriamiento de reactores de submarinos y navíos quiebra-helo en esa región. Lo que fue confirmado por **Vitaly Kimstach**, en 4 de febrero de 1993, quien es miembro de la comisión rusa para Control de la Basura Atómica en Mar. Kimstach hizo esa declaración al final de la reunión de 50 científicos de 12 países, en Oslo, para discutir la cuestión de la basura nuclear en las aguas de Mar Ártico. A propósito, el Ministro de Ecología de Rusia, **Valeri Rumyantsev**, en entrevista dijo que su país no arrojó ningún reactor más en aguas del Ártico. También confirmó que su país dejará de arrojar al mar agua radioactiva del enfriamiento de sus reactores. Pruebas realizadas en el Mar de Barents indicaron que el nivel de radioactividad no era motivo para alarmar. Los científicos dijeron que la radiación en el área que sirvió de depósito para los reactores no es mayor que la producida por pruebas nucleares realizadas en la atmosfera. Mas, el presidente de la reunión, el canadiense **Mike Bewers**, alertó: *"cualquier radiación que ultrapasara a la existente en la naturaleza envuelve riesgo"*.

A toda la lista descrita antes aún podemos incluir los siguientes casos: En marzo de 1992, ocurrió el accidente en la central nuclear de Sosnovy Bor, en San Petersburgo, en la ex-URSS. En octubre de 1992, Lituania se vio obligada a desactivar su planta nuclear de Ignalia por filtración de vapor radiactivo en su reactor. El 4 de febrero de 1993, las Naciones Unidas señalaron un riesgo más para la ecología mundial causado por la herencia de la ex-Unión Soviética. Con datos de la ONU el 20% de las estaciones de detección de radiación atómica de la ex-URSS fueron serradas por falta de piezas de reposición y por ser equipos obsoletos[255]. El 5 de abril de 1993, una explosión en la fábrica de Tomsk (Oeste de Siberia), provocó una filtración de radioactividad en las inmediaciones

---

[255] Fuente: (01.54) O Estado de Sao Paulo, Brasil. 6 de febrero de 1993.

de la fábrica y se inició un incendio. El accidente fue confirmado por el Ministerio de Energía Nuclear Ruso[256].

Finalizando el siglo pasado y cuando la Guerra del Golfo Pérsico ya había terminado sus consecuencias radioactivas continuaban. Los efectos radioactivos no sólo se limitan a las baterías de mísiles de Irak en locales prohibidos; sino que los problemas están relacionados con los proyectiles radioactivos de la artillaría usada por las fuerzas de la coalición occidental, entre 1991 y 1992. Astillazos de esos proyectiles, dispersos en las arenas del desierto, pueden ser la causa de las enfermedades fatales, inclusive el cáncer y nuevos y misteriosos males hepáticos que se manifiestan en los niños de Irak. Por causa de las sanciones y de la propia guerra el índice de mortalidad infantil con menores de cinco años se triplicó. La historia registra que solamente en los primeros ocho meses de 1991, murieron 50 mil niños.

Entre otros ejemplos encontramos a los conocidos como "**perforadores de uranio quemado**". Estos proyectiles fueron desarrollados por el Pentágono para romper el blindaje de los tanques. El uranio "quemado" que es utilizado como el núcleo del proyectil es un subproducto radioactivo extremadamente duro, de los soportes del combustible nuclear. Cuando es disparado el núcleo explosiona con una llama incandescente que ayuda a perforar el blindaje de tanques y de otros blancos militares protegidos. Los vapores de aceite diésel dentro del tanque se incendia y sus tripulantes son quemados vivos.

Otro ejemplo que encontramos es el caso en la guerra terrestre de seis semanas contra el Irak en 1991, los aliados dispararon por lo menos 10,000 proyectiles de 15 cm de complemento y de 3 a 4 kg de uranio quemado. A su vez, un documento confidencial de la Administración de Energía Atómica de Reino Unido, redactado en abril de 1991 y que se filtró en el periódico "*The Independent de Londres*" en noviembre de aquel año, informa que se calcula que por lo menos 40 toneladas de uranio "quemado" fueron dispersados en Irak y en Kuwait durante la guerra.

---

[256] Fuente: (01.114) Gazeta de Limeira, Sao Paulo Brasil. 7 de abril de 1993.

A propósito, el 2007 un oficial norteamericano declaraba anónimamente que el gobierno de Irán estaría comprometido con el uso de un explosivo sumamente potente y letal conocido como *"Explosivo Formed Penetrators"* (**EFPs**) en Irak. Las EFPs habrían matado 170 soldados desde 2004. La EFP es una bomba capaz de perforar superficies muy duras e inclusive a las que tienen superficies curvas, a altas velocidades.

Desde los años 50 del siglo pasado, el físico nuclear **Frank Barnaby** nos advertía: *"Dentro de cinco décadas* (nuevo milenio), *la población de la Tierra deberá doblar de 5.3 para 11 billones, concentrada sobre todo en ciudades del Tercer Mundo y rodeada de material radiactivo de aplicación militar o no. Una ínfima cantidad de plutonio es suficiente para producir una explosión nuclear"*, así Barnaby delineaba el territorio nuclear de nuestros días[257].

Entre 1961 y 1990 fueron arrojadas 165,000 metros cúbicos de basura nuclear al Mar de Barents, al oeste de la isla de Nova Zembla. Es preocupante también los 11,000 a 17,000 contenedores llenos de basura nuclear con 61,407 unidades, dispersadas en siete depósitos en la isla de Novaya Zemlya, en el Mar de Barents dejados entre 1964 y 1990, que son usados por los militares de la ex-URSS, representando una gran amenaza de contaminación en los mares Árticos, de acuerdo a la denuncia hecha en 25 de noviembre de 1992 por la Red ABC[258].

Del mismo modo existe basura nuclear en grandes volúmenes proveniente de las fábricas de armas nucleares a lo largo del rio Obi (mayor rio en el oeste de Siberia, Rusia) y basura fue arrojada también en varios puntos del Océano Ártico, próximo a la capa helada.

En 1972 la Barcaza soviética transportando el reactor de un submarino se hundió en el Mar de Kara.

Como medida de preservación o de control se creó la Comisión de Energía Atómica (**CEA**), en agosto de 1947, que a través de sus especialistas y peritos en cuestiones ambientales, salud y de seguridad,

---

[257] Fuente: (01.56). O Estado de Sao Paulo, 13 de diciembre 1992. Pagina 16.
[258] Fuente: (01.57). O Estado de Sao Paulo, 26 de noviembre 1992.

inició la supervisión en todo el territorio de EEUU, de las instalaciones que producían armas para abarrotar el arsenal nuclear americano, con bombas y mísiles que se transformaría en moda en los días de la llamada Guerra Fría.

La CEA, ya en aquel tiempo advirtió sobre la "Basura Radioactiva y Tóxica", que se mantiene por décadas abandonada y que representa el más grave de los problemas para la humanidad y el medio ambiente en general.

Otro caso que no podemos dejar de mencionar es el que ocurrió el 3 de diciembre de 1984, en la industria *Unión Carbide Corporation*, fabricante de pesticidas, en Bhopal, India, cuando un gas tóxico, el Methil Isocyanate (**MIC**) accidentalmente invadió el área, matando 4,000 personas. Razón por la cual la Corte Suprema ordenó a la Unión Carbide Corporation pagar la suma de 470 millones de dólares a las víctimas relacionadas con el accidente.

Apenas para tener una idea de la magnitud de los problemas relacionados con el maltrato al medio ambiente, desde décadas posteriores a las dos Guerra Mundiales hasta 1980, Estados Unidos, solamente en sus 17 fábricas principales y 100 secundarias **la basura radioactiva fue un problema sin solución**.

EEUU gastó billones de dólares en la fabricación de armas y en el envío de las mismas a todo el mundo, con el pretexto de combatir el Comunismo, sin contabilizar los costos domésticos de conflictos internos y sin medir las consecuencias futuras de las mismas.

Todos los grupos ecológicos orientaron sus preocupaciones para el control de la basura nuclear, como fue el caso del grupo **Greenpeace** que se reunió, en enero de 1993, en Toledo España, con representantes de Brasil, Argentina, EEUU, Australia, Francia, Reino Unido, Alemania, Suecia, Rusia, Ucrania, entre otros y acordaron hacer campañas contra la basura radiactiva.

El representante francés, **Jean Luc Thierry**, explicó que, *"durante años se dacia que el problema de la basura atómica era insignificante pero hoy* *día se comienza a descubrir su verdadera dimensión. El Científico británico Phil Richardson, colaborador de Greenpeace, dijo: la industria nuclear mundial enfrenta "un gran dilema", la única solución para la Basura Nuclear es dejar de producirlas.*

Para el **Greenpeace** *el* viaje del carguero *"Akatsuki Maru"*, el 9 de noviembre de 1992, que transportó desde Francia una tonelada y media de plutonio reprocesado para Japón, que sería usado en la generación de energía eléctrica, sirvió para que *"la opinión pública conociera mejor los peligros"* de mal uso del material radioactivo, declaró John Will, uno de los organizadores del encuentro. Al respecto el Presidente de Estados Unidos, **George Bush**, en su pronunciamiento de 13 de Julio de 1992 anunciaba que ellos no van a fabricar más plutonio. En la época se mantenía la expectativa que el próximo presidente, que ya había sido elegido, **Bill Clinton** 1993-2001 mantendría lo anunciado por Bush. En ese sentido los representantes brasileños, **Ruy Goes** y el argentino, **Juan Schroder**, llamaron la atención sobre el riesgo de que América de Sur se transformara en *"depósito de basura nuclear"*. La rusa **Dina Lituinov**, a su vez criticó duramente el proyecto de su gobierno de construir 26 centrales nucleares, calificando la decisión de *"crimen contra la humanidad"*. De esta manera la reunión en España fue realizada en un clima de protesta contra un proyecto del gobierno español de construir *"un cementerio de basura nuclear"* en Nombela, provincia de Toledo. El Ministro español de la Energía e Industria garantizaba que los actuales estudios sólo tienen finalidad científica[259]. El carguero "Akatsuki Maru" llegó al puerto de Tokai, al noroeste de Tokio, Japón el 5 de enero de 1993[260].

La basura radiactiva es como la propia bomba, hace estragos y atenta contra el sistema biológico del Planeta Tierra. Como si eso fuera poco la proliferación de armas atómicas, químicas y biológicas en las últimas décadas aumentó descontroladamente.

---

[259] Fuente: (01.58) Frutos do Passado Sementes do Futuro, Erica, Brasil. Pagina 25 Gazeta de Limeira, Sao Paulo Brasil. 24 de enero de 1993.

[260] Fuente: (01.58) Frutos do Passado Sementes do Futuro, Erica, Brasil. Pagina 25 Gazeta de Limeira, Sao Paulo Brasil. 24 de enero de 1993.

Definitivamente, Estados Unidos está recogiendo sus banderas en todo mundo. Así, cerca de 492 bases, inclusive 463 situadas en Europa, están siendo cerradas o reduciendo sus actividades, lo que es buen síntoma para la tranquilidad y la paz mundial. No obstante queda latente la situación del arsenal nuclear proveniente del armamentismo de la Guerra Fría, que pertenecían a la Ex URSS, dispersa entre las hoy naciones desmembradas.

Concluimos que los residuos químicos, provenientes del gran proceso de industrialización descontrolado, sumados a los efectos nucleares están contaminando cada vez más el Planeta Tierra, tal y como describimos, algunas situaciones para ilustrar fueran traídas a luz ya que los problemas siguen ocurriendo y así creemos que continuará mientras el Ser Humano no recapacite sobre su verdadera finalidad de Poblar el Planeta Tierra que a su vez, realmente se encuentra en su verdadero "Rumbo al Final".

La Bomba Atómica

Conociendo los estragos que el uso de armas nucleares provoca y los efectos adversos de la basura nuclear asociado a sus consecuencias a corto y largo plazo creemos que es necesario entender mejor lo que realmente representa el fenómeno creado por el hombre para destruir hombres, animales y biodiversidad; por eso, que mejor iniciar preguntando.

¿Qué es una Bomba? "Un Genial artefacto que los terrícolas inventaron, construyeron y tienen en *stock*. Hoy en día es un artefacto de pequeño porte hecho por el hombre sólo para matar hombres (enemigos) y destruir lo que el otro hizo ayer. Su objetivo principal es matar en grandes escalas todo tipo de ser vivo a su alcance y desaparecer la biodiversidad en el rango que su fuerza pueda expandir y contaminar."

Con el advenimiento de la era de la modernización de las bombas el peligro se acentuó por su gran poder de destrucción y radiación que ellas ostentan. Existen dos categorías de peligro nuclear; el primero puede ser provocado por el mal uso o manoseo de partes contaminantes y el segundo el resultado de la propia explosión. A su vez existen dos tipos de radiación nuclear: la radiación instantánea y la radiación residual. - **La**

radiación instantánea se inicia como si fuera un fogonazo de neutrones y rayos gamma que se propagan por una zona de varios kilómetros cuadrados. Los efectos de los rayos gamma son idénticos a los Rayos X. Tanto los neutrones como los rayos gamma pueden atravesar la materia sólida, por lo que para protegerse son necesarios materiales de gran espesor. - **La radiación residual,** conocida como "lluvia radiactiva" puede ser un peligro en grandes zonas que no sufran ninguno de los otros efectos de la explosión.

En el mundo existen varias clases y estilos de bombas nucleares, entre ellas encontramos: Bomba Atómica, Bomba de Hidrógeno, Bomba de Cobalto y la Bomba Invisible.

La Bomba Atómica (Bomba-A) o bomba de fisión, es un dispositivo explosivo, utilizado para provocar gran cantidad de devastación física y la muerte de todo tipo de vida en el radio de la magnitud de su fuerza y son accionadas por militares de mediano rango que cumplen órdenes de sus superiores. Estos dispositivos liberan energía nuclear a gran escala.

La Bomba-A es una energía acumulada que proviene de la fisión de elementos pesados, como uranio o plutonio. Funciona por la acción de la división de un núcleo pesado en dos fragmentos, con emisión de tres neutrones (partículas sin carga). Esa emisión es el fenómeno de la fisión. Esto ocurre cuando un núcleo, sea de urânio-235 o plutônio-239, absorbe un neutrón y se desestabiliza. La sucesiva absorción de neutrones garantiza la continuidad de ese proceso hasta el agotamiento.

La primera Bomba-A de Estados Unidos fue probada el 16 de julio de 1945 cerca de Alamogordo, Nuevo México. En la prueba inicial la bomba fue como una esfera del tamaño de una naranja que produjo una explosión equivalente a 20,000 toneladas de Trinitrotolueno (Tnt). Haciendo otra comparación: con apenas diez kilogramos de estos materiales se obtiene energía equivalente de 50,000 a 100,000 toneladas de dinamita.

Las bombas nucleares ponen en juego la energía contenida en el núcleo del átomo. La Bomba-A obtiene su potencia al realizarse la ruptura o fisión de los núcleos atómicos de varios Kilos de plutonio.

La **Bomba-A** se desarrolló, construyó y probó en el marco del Proyecto Manhattan, en EEUU. Se trataba de una extraordinaria empresa estadounidense iniciada en 1942 durante la "II Guerra Mundial". En el proceso de fabricación de la Bomba-A participaron muchos científicos ilustres, como los físicos: **Enrico Fermi, Richard Feyman y Edward Teller** y el químico **Harold Urey**. El director militar era el ingeniero del Ejército de los Estados Unidos el Comandante General **Leslie Groves**. El Director Científico del proyecto, localizado en Los Álamos (Nuevo México) fue el Físico estadounidense **J. Robert Oppenheimer**.

Históricamente se sabe que el físico italiano, **Érico Fermi**, en 1934, consiguió la fisión nuclear en Italia (que consistía en la división de un núcleo pesado en dos partes, liberando gran energía). A menos de un año, en Francia también fue publicado el mismo descubrimiento por **Irene y Frederick Joliost-Curie**. Pasado cuatro años, (1938), en Alemania, Fran Strassmann, Otto Hahn y la Física austríaca **Lise Meitner** descubrieron también la fisión. Pero la fisión fue correctamente interpretada sólo en 1938, por Lise y su sobrino Otto Frisch, ellos son los primeros en notar que sus experiencias *"significaban que se había conseguido romper el núcleo atómico"*[261].

De acuerdo a las explicaciones de **Luda Dawaid Goldman Vei Lejbman**, de Instituto de Física de la Universidad de Sao Paulo, Brasil: Las *"Reacciones nucleares, así como las reacciones químicas comunes, pueden producir o absorber energía. La razón entre las energías usadas en los dos tipos* (de bombas) *es de la orden de un millón de veces. La liberación extremadamente rápida de energía caracteriza a los explosivos"*.

> Producto de las pesquisas científicas, el Ser Humano ha inventado la Bomba Atómica y la Bomba de Hidrógeno. Ahora tiene energía acumulada para detonar.

La primera Bomba Atómica fue detonada por **Estados Unidos**, el día 6 de agosto de **1945**, a las 8:45 de la mañana. La bomba fue de urânio-235, de 12 kilotones y fue utilizada contra seres humanos,

---

[261] Fuente: (01.99).As ideas de Einsten, Jeremy Bernstein, Editora Cultrix, Pagina 180.

lanzada sobre la ciudad de **Hiroshima, Japón,** que en la época tenía aproximadamente 350 mil habitantes. Hasta diciembre de ese año ya habían muerto más de 140,000 personas con las consecuencias. La bomba fue lanzada desde un avión a una altura de 9,480 metros. Más de 70 años se han pasado y aún se pueden escuchar declaraciones de sobrevivientes narrando lo inenarrable (un horror sin comentarios). Lo peor, la técnica de hacer bombas de esa índole fue perfeccionada (esto es, mejorada); las actuales bombas pueden matar muchísimo más gente, por no decir que son bombas que puede destruir la Especie Humana. El Ser Humano, realmente está armado.

La segunda Bomba Atómica también fue detonada por **Estados Unidos** tres días después de la primera. El día 9 de agosto de **1945**, a las 11:02 minutos de la mañana, se soltó la bomba que destruyó la ciudad de **Nagasaki**, también en **Japón**. La bomba utilizaba el plutônio-239 de 22 kilotones. Las explosiones mataron cerca de 100,000 personas, la ciudad tenía una población de 280 mil habitantes.

Como un amargo recuerdo que la historia registra, actualmente existe una antorcha encendida en el lugar de los hechos (la explosión atómica), que nunca se podrá apagar ya que su promesa es que sólo se apagará después que la última bomba haya sido destruida. ¿Llegará ese día? Claro, la respuesta podría venir en un pronunciamiento oficial que lo podrá hacer un Presidente de Estados Unidos.

El plan atómico de Estados Unidos era mayor de lo ocurrido en Japón, al detonar sus dos bombas. Sorprendentemente documentos desclasificados sumamente secretos, vinieron a luz el 24 de diciembre de 2015. Estos documentos revelan que Estados Unidos, en plena Guerra Fría, estaba listo para atacar, sistemáticamente grandes poblaciones de civiles, con bombas atómicas, estando en las primeras líneas de la lista de ciudades albo: Moscú y Leningrado, seguidos por Beijing, East Berlín y Warsaw. Justificativas, fueron en los momentos tensos que vivían Estados Unidos y la URSS (Unión de Repúblicas Socialistas Soviéticas).

El documento "The Strategic Air Command Atomic Weapons Requirements Study for 1959", no noticiado y nunca antes recuperado fue publicado por el "National Security Archive" conteniendo la más comprensiva y detallada lista de los Planes de Estados Unidos en la Guerra Fría, (the U.S.' Cold War plans to date.)

Según dice el documento, Estados Unidos quiso cambiar la fuerza (rangos) de sus bombas, de 1.7 a 9 Megatones en sus albos. Existía el plan para desenvolver la bomba de hasta 60 Megatones. De acuerdo a las explicaciones de la "National Security Archive" *"un Megatón equivaldría a 70 veces la explosión de la bomba que destruyó Hiroshima"*

El foco de Estados Unidos suponía la destrucción de la Fuerza Aérea Rusa, con un grande contingente desde su país y con apoyo de sus aliados.

La Guerra Fría fue la mayor prueba para el Presidente de Estados Unidos, John F. Kennedy, quién en su pronunciamiento dijo: *"El evento de las armas nucleares cambió el curso del mundo y también de la guerra. Desde ese tiempo todo lo que se hizo fue para escapar de una perspectiva oscura de una destrucción masiva de la Tierra".*

Al desclasificarse estos documentos, jamás imaginados que pudieran existir, vino a tono el real peligro que encierra la corrida hacia las armas nucleares. Tal vez esa sea la postura de Estados Unidos por no querer que otros países, tipo Irán, fabriquen bombas. Al mismo tiempo no anuncia la destrucción de las bombas de su arsenal. Lo que hace concluir que: poseer Bomba Atómica es sinónimo de poder; <u>cuanto más bombas tienes más fuerte serás</u>. Esa medición es también un parámetro que incluye el objetivo de esta obra que contribuye para que el Rumbo al Final del Planeta Tierra sea acelerado.

La Bomba de Hidrogeno (Bomba-H) funciona por la fisión de dos núcleos livianos. Ellos se unen originando un único núcleo y liberando energía. Para que la fisión ocurra es necesario vencer la reimpulsión eléctrica entre los núcleos, (los núcleos son positivos). Eso se consigue elevando el material a temperaturas extremamente elevadas. Una bomba atómica funciona con el "estopín". Pruebas ya realizados en las bombas de hidrógeno indican que, con diez toneladas de material sometidos a fusión, se consigue energía equivalente a 50 millones de toneladas de dinamita. Las primeras bombas de hidrógeno fueron desarrolladas entre

1949 y 1952 por Edward Teller, y, para suerte de la humanidad, nunca fueron utilizadas contra seres humanos, hasta hoy día[262].

La Bomba Invisible (Bomba-I) o Bomba del Cielo, será la lluvia de radiación, como producto de los accidentes que ocurrían en el cosmos, producto de fallas y pérdida de control de los artefactos, en sus respectivas orbitas, alrededor de la tierra, de la Luna y de otros astros, cargando componentes nucleares, sea en carácter de pruebas o estratégicos y logísticos del "mundo bélico" de las grandes potencias nucleares. Claro, la Bomba Atómica de Hidrogeno, usualmente también vienen del cielo, pero éstas llegan a la superficie íntegras, sólo explotan como producto del impacto, tal y como ocurrió con las dos bombas atómicas lanzadas por EEUU en suelo Japonés el seis y nueve de agosto del año 1945.

Se conocen dos tipos de lluvia radiactiva: la inicial y la tardía. Si la explosión nuclear se produce cerca de la superficie, la tierra o el agua se levantan formando una nube en forma de hongo. Además el agua y la tierra se contaminan al mezclarse con los restos de la bomba. El material contaminado, en pocos minutos empieza a depositarse en la superficie y puede seguir haciéndolo durante 24 horas, cubriendo una zona de varios miles de kilómetros cuadrados, en la dirección en que el viento lo lleve. Se llama lluvia radiactiva inicial y supone un peligro inmediato para los seres humanos. Si una bomba nuclear de este tipo explota a gran altitud, los residuos radiactivos se elevan a gran altura junto con la nube en forma de hongo y pueden abarcar un área aún más extensa de contaminación.

La experiencia con la lluvia radiactiva para el hombre ha sido mínima. La lluvia radiactiva ha afectado a los seres humanos en diversas ocasiones; las secuelas de los experimentos nucleares estadounidenses en Bikini (Micronesia, 1946) y de las bombas nucleares de Hiroshima y Nagasaki en 1945 todavía se manifiestan en la población que sufrió sus efectos y en sus descendientes.

El 26 de abril de 1986 estalló el reactor de la central nuclear ucraniana de **Chernóbil**, y emitió radiación durante 10 días. En el plazo de cinco

---

[262] Fuente: (01.100) Frutos do Passado Sementes do Futuro, Erica, Brasil, 1993, Pagina 83-84. Folha de Sao Paulo, 8 de noviembre de 1992 Pagina 6-13.

años el cáncer y la leucemia aumentaron un 50% en la zona. No es posible calcular o predecir el efecto sobre las generaciones futuras que se verán sometidas a las consecuencias de los accidentes o explosiones nucleares. Las propiedades de la radiactividad y las inmensas zonas que pueden contaminarse convierten a la lluvia radiactiva en lo que, potencialmente, pudiera ser el efecto más letal de las armas nucleares.

Japón no es favorable al uso de la energía nuclear, puede ser por su historial lamentable en ese asunto. No obstante el 9 de noviembre de 1992, desde Francia partía un cargamento de 1,5 tonelada de Plutonio, transportado por el carguero japonés Akatsuki Maru. Este barco llegó al puerto de Tokai, al noroeste de Tokio, el 5 de enero de 1993. El Japón se ha visto obligado a utilizar energía nuclear, específicamente el plutonio en sus plantas nucleares, ya que sus recursos fluviales no lo ayudan a obtener energía eléctrica, contrariamente a lo que ocurre en Brasil. El Japón tiene la necesidad de desarrollar energía nuclear por falta de los recursos hídricos.

A pesar de que Japón sufrió los estragos de dos bombas que estallaron en Hiroshima y Nagasaki, supo recuperarse. Hasta la penúltima década del siglo pasado el gobierno japonés hizo crecer económicamente a su país en casi 7% al año. Una década después fue la segunda potencia económica mundial y se consagró líder en la industria de la alta tecnología. Hasta ayudó a EEUU con US$ 13 billones en la Guerra de Golfo el año 1991. No obstante existe una gran rivalidad económica entre estos países. Las tendencias hacían imaginar que en el nuevo milenio sería más cerrada la rivalidad. Un estudio publicado en Tokio, al finalizar el año 1992 reveló que: 47% de los japoneses y 59% de los Norte-Americanos consideran las relaciones entre sus países de "peores". Pero con el pasar del tiempo y el advenimiento de nuevos hechos cambió ese clima[263].

---

[263] **Haciendo un paréntesis:** "El modernismo de fin del siglo pasado trajo serios problemas para el Japón; como la toxicomanía que está aumentando a cada día, en particular relacionado con el consumo de estimulantes que aumentó significativamente en 1992, cuando registró 15,062 casos, representando 6.4% más que en 1991. El aumento de consumo está localizado mayoritariamente entre las amas-de-casa, representando 18.9%. Los números relacionados con menores pasaron de un millón, un aumento de 6.6% de acuerdo con las estadísticas en Japón. También un grande número de extranjeros que allí viven está entre ese grupo, representando 83.5%. Los "gánster" (yakuzas) son los propios japoneses.

Regresando a las bombas: Actualmente se ha reducido de forma drástica el tamaño físico de las bombas, actualmente son: Bombas Nucleares de Artillería y Pequeños mísiles que pueden ser disparados desde lanzadores portátiles en pleno campo de batalla. Aunque en un principio se pretendía que la Bomba Atómica fuera arma estratégica transportada por grandes aviones bombarderos, hoy en día no sólo pueden ser lanzadas desde diferentes tipos de aviones, sino que fueron fabricadas para ser adaptadas en cohetes o mísiles con cabeza nuclear desde la tierra, desde el aire y hasta debajo del agua. Los cohetes grandes pueden transportar varias cabezas con diferentes objetivos nucleares. Todos son tele guiados desde una base desde tierra, que también puede ser móvil. La investigación en armas nucleares proseguía desde finales del milenio pasado en Los Álamos y en el Laboratorio Lawrence Livermore (California), en EEUU y en Aldermaston, en Gran Bretaña. Rusia y otros países que dominan esta tecnología hacen lo mismo.

Aparte de los daños por la onda expansiva y por la radiación, una guerra nuclear a gran escala entre naciones tendría un efecto catastrófico sobre el clima mundial. Esta posibilidad, que se planteó en un artículo publicado por un grupo internacional de científicos en diciembre de 1983, se conoce como la teoría del "Invierno Nuclear". Según estos científicos, la explosión de menos de la mitad del total de las cabezas nucleares de Estados Unidos y Rusia enviaría a la atmósfera enormes cantidades de humo y polvo contaminado. Esta cantidad sería suficiente para ocultar la luz del Sol durante varios meses, sobre todo en el hemisferio norte, lo que acabaría con las plantas y provocaría un clima de temperaturas bajo cero hasta que se dispersase ese polvo. La capa de ozono también se vería afectada, lo que agravaría los daños como consecuencia de la radiación ultravioleta solar. Si esta situación se prolongase, significaría el fin de la civilización humana, antes de completarse el Rumbo al Final del Planeta Tierra. Desde entonces, la teoría del Invierno Nuclear ha estado permanentemente envuelta en polémica. En el año 1985 el Departamento de Defensa de Estados Unidos reconoció la validez de la idea,

En la actualidad las bombas duermen inocentemente, como una fiera antes de despertar después de una suculenta cena (claro, cubiertos por estatutos de los documentos de la serie START). Igualmente las plantas nucleares, para generar energía eléctrica son usadas en gran escala y existen planes para continuar instalándolas.

La irradiación que pueden generar las bombas que hoy invernan será un mal potencial que afectará en el futuro al Planeta Tierra que ya se encuentra en su verdadero "Rumbo al Final".

El Caso Nuclear Brasileño

La "Empresa Electronuclear Brasileña está destacando en eventos que discuten alternativas para la Seguridad Energética de Brasil. Electronuclear marca presencia en el ciclo de conferencias "Energía en foco: Estrategias y Desafíos para el Futuro". Anunciaba la Eletrobras, mayo 2015[264].

Haciendo un poco de historia informativa, Brasil tiene tres plantas nucleares: Angra-I, Angra-II y Angra-III.

Angra-I – La Planta Nuclear Angra-I es la primera planta nuclear brasileña. Inició su construcción el 29 de marzo de **1972**[265]. Es una planta nuclear brasileña que forma parte de la Central Nuclear Almirante Álvaro Alberto. La planta nuclear Angra-I está localizada en la Playa de Itaorna, en Angra dos Reis, Rio de Janeiro. Hoy es operada por Eletronuclear[266]. Recibió su licencia comercial de la Comisión

---

[264] Fuente: Slogan de la Empresa brasileña, Eletrobras durante el 2015: http://www.eletronuclear.gov.br/AEmpresa/CentralNuclear/Angra1.aspx

[265] Fuente: Electronuclear: LICENÇA DE CONSTRUÇÃO REQUERIDA POR FURNAS (Envio do Relatório Preliminar de Análise de Segurança - RPAS) 12 / 1972

[266] Fuente: Electronuclear: OPERADOR / OPERATOR = ELETROBRAS ELETRONUCLEAR PROPRIETÁRIO / OWNER ELETROBRAS ELETRONUCLEAR http://www.eletronuclear.gov.br/AEmpresa/CentralNuclear/Angra1.aspx

Nacional de Energía Nuclear (CNEN) en diciembre de **1984**[267] y entró en funcionamiento en **1985**[268].

Esta planta opera con un reactor[269] donde el núcleo es enfriado por agua desmineralizada y presurizada PWR (*Pressurized Water Reactor*) que es el sistema más utilizado en el mundo. Tiene una potencia de 640 Mw (Megawatts) suficiente para abastecer con energía una ciudad de un millón de habitantes.

La planta Angra-I, fue comprada de la empresa norte-americana Westinghouse[270] a inicios de la década del 70 del siglo pasado, el costo fue de 2 billones de dólares, bajo la forma de "*turn key*" (o sea compró una caja negra, bien cerrada, que no preveía ninguna transferencia de tecnología). Los técnicos brasileños superaron esa condición y hoy día se encuentran capacitados para incorporar en su labor los más recientes avances de la industria nuclear mundial. Una respuesta a todo esto es el estupendo resultado obtenido el 2009, al realizar el cambio de dos generadores de vapor de los equipos principales de la planta, con lo que la vida útil de las instalaciones nucleares será extendida para estar generando energía eléctrica para todo el Brasil.

En los primeros años de su puesta en funcionamiento Angra-I enfrentó problemas con el funcionamiento de algunos de sus equipos perjudicando su funcionalidad general. Problemas que fueron resueltos por los técnicos brasileños en la última década del siglo pasado. Situación que hizo que la planta pasara a funcionar con patrones de desempeño compatibles

---

[267] Fuente: Electronuclear: AUTORIZAÇÃO PARA INSTALAÇÃO DA USINA / PLANT INSTALLATION AUTHORIZATION = Portaria 416, 13.07.70 (DNAEE) (Carta CNEN-C-37 / 1984)

[268] Fuente: Electronuclear: LICENÇA PARA OPERAÇÃO COMERCIAL / COMMERCIAL OPER. AUTHORIZATION = 20.12.1984

[269] Fuente: Electronuclear: GERADOR DIESEL DE EMERGÊNCIA / EMERGENCY DIESEL GENERATOR = DG-1A / DG-1B (Originales), 2 UNIDADES / 2 UNITS. FABRICANTE / MANUFACTURER = FAIRBANKS MORSE (COLT INDUSTRIES). POTÊNCIA NOMINAL P/ CADA ONJUNTO / NOMINAL POWER (EACH SET) = 2.850 kW - 4.063 kVA

[270] Fuente: Electronuclear: FABRICANTE / MANUFACTURER = WESTINGHOUSE / SIEMENS

con la práctica internacional. No obstante, finalizando marzo de 1993, la organización ecológica, **Greenpeace International**, anunció que exigiría el cierre de la planta nuclear Angra-I, porque técnicos franceses y alemanes descubrieron, en instalaciones semejantes en Europa, fallas en un tipo de material utilizado en el interior del reactor. **Rui de Gois**, Coordinador del Greenpeace Brasil, el 27 de marzo de 1993 anunciaba que: "*estudia la posibilidad de recurrir a la Justicia contra la planta de Furnas Centrales Erétricas, acusada de esconder informaciones sobre problemas ocurridos en la planta Angra I*".

El día 5 abril de 1993 la planta Angra-I paró de funcionar, pero no fue informado el motivo, apenas se decía que fue para mantención, pero el **Greenpeace** descubrió, por medio de una denuncia, que la planta había sido desconectada por causa de un defecto en uno de los tubos que llevan combustible al interior del reactor. Todo eso venía a ocurrir, exactamente, cuando en **Tomsk-7**, el 6 de abril de 1993, la planta nuclear entró en alerta total, con una fuerte explosión. Accidente que recordó mucho a lo ocurrido en Chernóbil, el 26 de abril de 1986[271].

Superado los impases de abril de 1993 la Planta Angra-I inició su funcionamiento normal ofreciendo energía eléctrica de manera constante. El 2010, esta planta superaba su propio record de producción; situación que se vino repitiendo en el año siguiente (2011) y subsiguientes[272].

Angra-II – **La Planta Nuclear Angra II** es una planta concebida por el megalómano programa nuclear brasileño dentro del Acuerdo Nuclear Brasil-Alemana, firmado en 1975 por el General **Ernesto Geisel**, Presidente de Brasil (de 1974 a 1979)[273]. El programa nuclear prevenía

---

[271] Fuente: Frutos do Passado Sementes do Futuro, Érica, Brasil, 1993.

[272] Fuente: Frutos do Passado Sementes do Futuro, Érica, Brasil, 1993 y Empresa Eletronuclear, Link: http://www.eletronuclear.gov.br/AEmpresa/CentralNuclear/Angra1.aspx.

[273] Fuente: Frutos do Passado Sementes do Futuro, Érica, Brasil, 1993. Ernesto Geisel, época de dictadura militar, no solamente en Brasil, sino en América del Sur también. Fue Geisel quien dejó el cargo para el General Joao Baptista Figueiredo, quien gobernó Brasil de 1979 a 1985. y Empresa Eletronuclear, Link: http://www.eletronuclear.gov.br/AEmpresa/CentralNuclear/Angra1.aspx.

la construcción de otra planta (la III) y ya tenía planes para la compra de ocho plantas más que producirían 1,300,000 kilowatts cada una (en la época). Lo más importante, contemplaba la transferencia completa del conocimiento del proceso del ciclo del uranio, lo que no ocurrió en el caso de Angra I (que fue bajo la forma de *"turn key"*).

Angra-II es actualmente la segunda planta nuclear brasileña integrante de la **Central Nuclear Almirante Álvaro Alberto** situada en la Playa de Itaorna, en Angra dos Reis.

La planta nuclear Angra-II está localizada en Angra de los Reis, Rio de Janeiro. En 1976, las obras civiles las inició la Constructora Norberto **Odebrecht**. La construcción propiamente dicha se inició en setiembre de 1981, con el concreto en las paredes del reactor. A partir de 1983 entró a un ritmo lento de construcción debido a la reducción en la inversión.

El 19 de marzo de 1993, el Ministro de Ciencia y Tecnología, José Israel Vargas, firmaba el documento para continuar con las obras de la planta Angra-II. El Ministro confirmó que las obras contarán con recursos de bancos alemanes y de la empresa **Furnas** Centráis Erétricas, que gastaría cerca de 50 millones de dólares por año. En total serían gastados 1.5 billón en las obras de la planta, que quedaría lista en 1997. No fue así. Brasil se endeudó, a pesar de haber recibido financiamientos alemanes y la administración paró la construcción definitivamente el año 1988.

En 1991, el gobierno de Fernando **Collor de Mello**, (1990 a 1992)[274] decidió reiniciar las obras de Angra-II. Solamente en 1995[275] se realizó la licitación para la instalación electromecánica de la Planta. Las empresas vencedoras se asociaron formando el consorcio UNAMON. Retomando la construcción de 1996 a 1997 en ritmo normal, con lo que totalizaría

---

[274] Información: Fernando Collor de Mello gobernó Brasil de 1990 a 1992. Fue procesado con el impeachment en 1992; por lo que Collor renunció el 29 de diciembre de 1992.

[275] Información: En el Gobierno de Fernando Henrique Cardoso quien gobernó Brasil del 1995 a 2003. En seguida fue Luiz Inacio Lula da Silva quien gobernó Brasil hasta 2011. El 2015 quien ganó las elecciones fue Dilma Rousett para gobernar Brasil hasta 2018.

20 años desde su iniciación, cuando debería haber sido concluida en apenas 5 años. Allí fueron invertidos 4.1 billones de dólares pero faltaba aun 1.5 billón para su conclusión.

Angra II es una planta del tipo PWR (*Pressurized Water Reactor*), con núcleo enfriada a agua desmineralizada. Fue suministrado por la empresa Siemens - KWU de Alemana, en el ámbito del Acuerdo Nuclear Brasil-Alemania y es operada por la Eletronuclear. Fue proyectada para tener una potencia nominal de 1,300 Mw, pero al entrar en operación Angra-II alcanzó una potencia de 1,360 MW, gracias a la actualización del proyecto.

Angra-II opera en ciclos de 14 meses, parando al final de cada ciclo aproximadamente 30 días, para cambios de 1/3 de su combustible. La primera parada fue realizada entre marzo y abril de 2000; quedando operacional tres meses después. Angra-II inició su operación comercial en febrero de 2001. Hasta 2013 ya habían sido realizados 10 reabastecimientos.

En 2008 produjo un total de 10,448,289 Mwh. Ocupó el 21º lugar mundial en producción, donde sólo 38 plantas nucleares, de las 436 en el mundo, alcanzaron más de 10 millones de MWh el 2008. Angra-II alcanzó la marca de los 80 millones de MWh producidos desde su entrada en operación.

Entre las plantas tipo PWR que existen en el mundo, Angra-II fue calificada por la asociación WANO (*World Association of Nuclear Operators*) por arriba de la mitad en 8 de los 13 parámetros de desempeño, alcanzando en tres de ellas la mejor performance de su categoría.

Actualmente Brasil cuenta con Angra-I y Angra-II en plena operación. Angra-III en construcción y dos plantas nucleares más que serán construidas en la región Nordeste, conforme el planeamiento de la Empresa de Pesquisa Energética (**EPE**)[276].

---

[276] Fuente: Frutos do Passado Sementes do Futuro, Érica, Brasil, 1993 y Empresa Eletronuclear, Link: http://www.eletronuclear.gov.br/AEmpresa/CentralNuclear/Angra2.aspx.

Angra-III - La Planta Nuclear Angra-III, al igual que Angra-II también pertenece al programa nuclear brasileño dentro del Acuerdo Nuclear Brasil-Alemana, firmado en 1975, por el gobierno militar del **General Ernesto Geisel** (1974 a 1979).

En 1993 la Planta nuclear brasileña Angra-III continuaba su construcción, no obstante el presidente **Itamar Franco**, el 21 de enero de 1993, desistió de continuar con la obra. Justificaba que Angra-III, a pesar de estar paralizada, tenía un costo mensual de 10 millones de dólares en mantención[277]. La decisión del presidente **Franco** momentáneamente resolvía un problema que existía desde hacen 18 años ya que la planta costaba al Brasil más de 4.6 billones de dólares.

A pesar de todo lo ocurrido, Angra-III continúa en construcción. Hasta el momento fueron ejecutadas 60% de las obras civiles. Demandará una inversión total directa de cerca de R$14.9 billones (5 billones dólares), aproximadamente el 75% serán invertidos dentro del país.

Angra-III tiene la misma tecnología de su gemela Angra-II. Ambas cuentan con tecnología alemana de la **Siemens**/KWU (hoy, Areva ANP). Angra-III será la tercera planta de la Central Nuclear Almirante Álvaro Alberto (CNAAA), localizada en la playa de Itaorna, en Angra dos Reis, Rio de Janeiro (RJ).

Se esperaba que Angra-III entre en funcionamiento comercial, el 2018, con potencia inicial de 1,405 Mw. será capaz de generar más de 12 millones de megawatts-hora por año. La energía nuclear de Angra-III pasará a generar el equivalente al 50% del consumo actual del Estado de Rio de Janeiro.

Al iniciarse 2014 contaba con 3,000 profesionales trabajando en las obras, donde 80% viven en la región circunvecina a las obras, con tendencias a aumentar ese número, hasta fines de ese año.

---

[277] Fuente: Frutos do Passado Sementes do Futuro, Érica, Brasil, 1993. Informe del presidente de la planta de Furnas, Marcelo Siqueira.

Desde el 2014 la empresa administradora, **Eletronuclear** también ya había iniciado la contratación, por medio de concurso público, de profesionales para trabajar de forma permanente en Angra-III. Los contratados ya están siendo entrenados en las principales categorías: operadores, mecánicos, electricistas, instrumentistas, químicos, ingenieros y físicos.

Los recursos para la construcción de Angra-III son obtenidos, principalmente por medio de empréstitos realizados por **Eletrobras**, administradora de la deuda de **Eletronuclear**. Los equipos y servicios contratados nacionalmente están siendo costeados por medio de financiamiento del BNDES. Ya el financiamiento para la adquisición de máquinas y equipos importados y la contratación de servicios externos está siendo hecho mediante contrato con el banco, **Caixa Económica Federal**[278].

Por todo lo informado de la situación nuclear brasileña, se concluye que Brasil ha alcanzado un alto grado de conocimiento con relación al proceso del uranio y la generación de energía eléctrica proveniente de generadores nucleares. Así, aparte de los países mencionados, otros también tienen condiciones técnicas y científicas de fabricar la Bomba Nuclear, como por ejemplo: Canadá, Alemania, Japón, China y Corea del Sur y ahora India y Corea del Norte. Condición que hace que el mundo se mantenga en permanente peligro; aumentando por el fenómeno de la superpoblación terrena por la Especie Humana, que masivamente habita el Planeta Tierra que se encuentra en su imparable "Rumbo al Final".

Concluyendo: Escribir sobre la bomba no tiene como objetivo explicar técnicamente lo esa feroz arma es, o lo que puede hacer; no es explicar cómo está construida y si, hacer ver a la humanidad que un artefacto de esa magnitud solo trae perjuicios, malestares, peligros, consecuencias fatales y manifestaciones de poder de quienes lo poseen.

Queremos hacer ver al mundo que la bomba, como ya se demostró en Japón (Hiroshima y Nagasaki), donde se estallaron dos de ellas, es realmente

---

[278] Fuente: Frutos do Passado Sementes do Futuro, Érica, Brasil, 1993. Link: http://www.eletronuclear.gov.br/AEmpresa/CentralNuclear/Angra3.aspx

arma letal en masas. Estas son situaciones donde se pueden evaluar los daños que las detonaciones provocan y las largas consecuencias que las víctimas viven soportándolas, no es una simple tarea de fabricarlas, es una condición que exige mensurar sus consecuencias primero y luego ponderarlas con los beneficios que ella pueda traer para el Ser Humano y para el propio Planeta Tierra que ahora tirita de miedo al saber de la existencia de tanta bomba en su interior; más todavía al sentirse que se encuentra en su verdadero Rumbo al Final.

Si el hombre, envés de construir bombas hubiera gastado ese esfuerzo y dinero en humanizar y pacificar al mundo y eliminar la pobreza, el hambre y la contaminación, ciertamente este mundo sería otro, y lo que sería mejor, el verdadero "Rumbo al Final" del Planeta Tierra bien pudiera haber perdido un poco de velocidad dando un tiempo mayor para que la Especie Humana pudiera vivir la singular opción de vida en dos o hasta tres mundos. El "Mundo-C" y el "Mundo-sC" se hubiera hecho realidad sustentablemente, aun superpoblando el Planeta Tierra y la Especie Humana ganaría más y mejores tiempos de felicidad, viviendo en completa armonía con su mundo albergador.

El Poder de Fuego Humanoide

Pensando en las Antiguas Civilizaciones encontramos razones suficientes para tenerlas presentes como emblemas y causas de buenos ejemplos para que sean seguidas por las actuales generaciones; pero ante de esta idea surge una interrogante necesaria: ¿Por qué las Antiguas Civilizaciones no existen más, si son buenos ejemplos para ser seguidas? Verdad, buena pregunta. El mundo contemporáneo no sabe a ciencia cierta lo que ocurrió con las culturas de Seres Humanos que habitaron el Nuevo Continente (el Americano), tal vez ese recuerdo sea basado en que la destrucción de esas culturas son más recientes; su destrucción se inició hace poco más de medio milenio, exactamente iniciándose el 12 de octubre de 1492, cuando Cristóbal Colón descubría América.

Del mismo existieron culturas antiguas también en el Viejo Mundo, culturas iguales o parecidas a las que existieron en el Nuevo Continente y tal vez hasta sean mucho más antiguas, la verdad es que de ellas sabemos menos. Entonces, pensar en culturas primarias, generadoras de las que tenemos conocimiento de su existencia, hoy es algo más desconocido y sólo pueden ser imaginadas. Pero una razón prevalece ante esta disertación, los representantes de la Especie Humana son hombres ambiciosos, egoístas y con un interés personal más que un beneficio colectivo y social. Fue la ambición por el Oro y por la Plata, y el uso de las armas de fuego (retrocargas), auxiliados por caballos como animal de apoyo para cabalgarlos, que destruyó todo un imperio, el Imperio Incaico en América del Sur. Fueron las mismas razones y armas las que destruyeron los Imperios Maya y Azteca, en Centro y Norte América. Con graves consecuencias de que cuando los conquistadores no pudieron destruir físicamente a los miembros de las sociedades en el Nuevo Mundo los destruyeron ideológicamente. Es cuando el Catolicismo, la religión y creencia de los conquistadores jugó un papel preponderante, forzando a los aborígenes cambiar sus creencias para que pasen a creer en lo que los conquistadores creían (un Dios invisible); con el **agravante** de pagar con su vida su incredulidad[279].

La ambición del propio hombre, símbolo de lo que es la Raza Humana, fue la razón de la destrucción de todo lo bueno que existió antes de las invasiones (conquistas). Hoy vivimos en un mundo lleno de ambiciosos, egoístas y también desinteresados, unos más que otros. Es exactamente esa ambición la que está destruyendo al Planeta Tierra y es exactamente esa ambición la que está contribuyendo para que el "Rumbo al Final" del Planeta Tierra se acelere.

No basta que el Planeta Tierra se encuentre en su verdadero "Rumbo al Final" y, ni que el Planeta Tierra esté superpoblado únicamente por la Raza Humana; la Especie Humana está armada hasta los dientes. Sí, el Ser Humano que habita el Planeta Tierra está demasiadamente Armado.

El Ser Humano, como inteligente que es, inventó las armas, primero para cazar animales como una fuente más de alimentos, saciando de ese modo su hambre. Es de suponer que también haya utilizado esas armas para defenderse de las embestidas de las fieras de esas épocas.

---

[279] Nota: Recomendamos visitar el Museo de la Inquisición en el centro de Lima, Perú, donde felizmente algo fue documentado.

Con el pasar del tiempo convirtió esas armas más eficaces, esta vez más eficientes para matar seres humanos. Es entonces cuando, para oficializar su acción, inventó la criminalidad, el terrorismo y la guerra y ahora guerreando está. Hoy en día la guerra y sus implicancias forman parte del cotidiano del ser humano, de la vida de los pueblos y de los intereses económicos de sus gobernantes.

> *"Mientras no se elimine la exclusión y la desigualdad dentro de la sociedad y entre los diferentes pueblos, será imposible desarraigar la violencia*[280]*".* Papa **Francisco**, 2015.

La historia de la humanidad narra que la guerra se sustenta muy latente en la ambición, cada vez más creciente y egoísta, y perdura entre los propios seres humanos por milenios. Unos quieren ser más que los otros y los otros no quieren ser menos que los unos. La ambición por apropiarse de los bienes del otro es una constante en esta sociedad humanoide. Tenemos registros de miles de años que la guerra es parte integral de la condición humana, Previos Calendario Actual (**PCA**). Hoy la humanidad viene registrando conflictos donde la locura, desolación, brutalidad, crueldad e inhumanidad es su característica.

Para realizar ferocidades humanas contra los propios humanos hasta se han inventado armas; primero rudimentarias, luego fueron perfeccionadas y más tarde modernizadas. El hombre empieza a utilizar el hierro, bronce, cobre y el plomo en la construcción de armas y se dedica a fabricarlas en grandes cantidades. Con el transcurso del tiempo las armas lograron su evolución, llegando hasta el extremo de ser sofisticadísimas y actualmente ellas son inteligentes y auto y teledirigidas.

Registra la historia que en Europa, durante el Siglo XIV, aparecieron las primeras armas de fuego (tipo retrocargas y escopetas). En el siguiente siglo se pasaron a fabricar los cañones gigantescos que arrojaban enormes y pesados proyectiles. Aparecieron también las armas de mano: los mosquetes, arcabuces y pistolas; armas que evolucionaron

---

[280] Fuente: Revista - Parroquia de Sao Pedro – Edición Especial – Mayo 2014 – Las Enseñanzas de Francisco. Jorge Mario Bergoglio, 266º Papa Francisco 2015, en su segundo año como Pontífice.

con el transcurso del tiempo. A comienzos del siglo XIX apareció el "fulminato de mercurio" que permitió iniciar el proceso explosivo mediante percusión. Finalizando ese siglo se utilizaban todas las armas de fuego que hoy las podemos considerar modernas: cañones, fusiles de repetición; pistolas automáticas; ametralladoras; morteros y comenzaron a fabricarse las primeras granadas de mano, perfeccionadas y orientadas para minar extensas áreas en conflicto.

Al mismo tiempo existieron grupos de humanos que veían a las guerras con otros ojos; ya que ellos se oponían o por lo menos intentaron reglamentar la fabricación y utilización de las armas, para que así ellas sean menos brutales y destructoras. **Andrés Alfonso** en su publicación dice: "*Uno de los primeros intentos de limitar el alcance de la guerra fue el desarrollado por la* "**Liga de Anfictionía**", *una alianza casi religiosa formada por la mayoría de las tribus griegas, constituida antes del siglo VII (PCA). Los miembros de la Liga se comprometían a restringir sus acciones bélicas contra otros miembros. Así, por ejemplo, les estaba prohibido cortar el suministro de agua a una ciudad asediada. La Liga estaba facultada para imponer sanciones a los asociados que violaran sus reglas, entre las que se incluían multas y castigos, y podía exigir a sus miembros fondos y tropas con ese propósito*[281]".

En Europa medieval la Iglesia católica intentó utilizar su poder, como organización supranacional, para limitar las nuevas armas y la intensidad de los conflictos bélicos. En el año 990 fue instituida "**La Paz de Dios**" que protegía a las propiedades de la Iglesia, a los paisanos inermes y a la base económica agraria contra los desastres de la guerra. Ya durante el "**Onceavo Concilio de Letrán**" se prohibió el uso de la ballesta (flecha) solo contra los cristianos y no contra los considerados infieles por la Iglesia (ellos podrían ser flechados). Los incrédulos morían de cualquier forma.

Las armas se modernizaron hasta llegar a los estándares de sofisticación de los actuales tiempos donde el armamentismo posee tecnología de

---

[281] **Referencia**. Fuente: Publicado por Andres Alfonso - Armamentismo en la sociedad - Armamentismo y sus consecuencias - La industria de la guerra.

punta y propia, con fines de Guerra por supuesto y guerra quiere decir matar al enemigo, Seres Humanos también.

Las armas de fuego ampliaron el alcance de la guerra e incrementaron su violencia potencial hasta alcanzar la devastación padecida por Europa Central durante la guerra de los "**Treinta Años**" (1618-1648). Los horrores en este conflicto llevaron a que muchos mandatarios intentaran reducir la brutalidad de la guerra limitándola al enfrentamiento de las fuerzas armadas reconocidas como tales. Lo que se quería es que se establecieran convenios para el trato humanitario de los prisioneros y heridos de guerra. Estas reglas mantuvieron su vigencia durante el siglo XVIII. Paralelamente se presentaron ideas o planes para la abolición total de la guerra, como los del filósofo francés **Jean-Jacques Rousseau**, el de **Charles Castel** y del **Abad de Saint Pierre**. **Federico II**, el Grande, rey de Prusia, comentó que tales planes, para alcanzar el éxito, necesitaba la cooperación de todos los monarcas europeos. Al mismo tiempo la aparición de los ejércitos en batallones numerosos durante la guerra de la Independencia estadounidense (1776-1783) y las Guerras Napoleónicas (1792-1815), acrecentaron de nuevo la dimensión y los desastres de la guerra; nada sé intentó durante ese período, sin embargo, se logró reducir o limitar los arsenales nacionales, fuera de las condiciones impuestas por los vencedores sobre los vencidos. La única excepción fue la constituida por el **Tratado Rush-Bagot** (1817), según el cual Gran Bretaña y Estados Unidos redujeron sus arsenales, se equilibraron y eliminaron sus fuerzas navales, así como otras de los Grandes Lagos y de la frontera entre Estados Unidos y Canadá[282]".

Largo tiempo pasó pero la guerra y el armamentismo no se paralizaron entre las grandes potencias bélicas. En el año 1907 se realizaron un conjunto de pruebas para encontrar una pistola que sustituyera a los revólveres de calibre 38 de aquel entonces. El vencedor de las licitaciones y de las pruebas fue **John Browning**. Cuatro años más tarde "la Colt 1911" entró en servicio y se convirtió en la pistola más popular de la época. Del mismo modo como la ametralladora **Vickers**, ésta fue la principal ametralladora del Ejército **británico desde 1912 hasta 1968**.

---

[282] **Referencia**. Publicado por http://www.monografias.com/trabajos11/arma/arma.shtml Military History Master's.

En 1914 estalló la Primera Guerra Mundial y todas las antiguas armas en uso se perfeccionaron rápidamente. Aparecieron algunas armas nuevas. El submarino se convirtió en un arma temible contra el tráfico mercante. Aparecieron los gases letales, nació el tanque de guerra como elemento eficaz para ocupar trincheras, atravesar las líneas de alambres de púas. Se extendió y perfeccionó el uso de la aviación como arma ofensiva[283]".

Ya en aires de Segunda Guerra Mundial, el 1° de septiembre de 1939 estalló la guerra **en Europa**. El primer país atacado fue Polonia, que sufrió las consecuencias de las nuevas armas combinadas: la aviación táctica como artillería avanzada y los convoyes de carros de combate como puño acorazado. La "blitzkrieg" había comenzado. Francia se derrumbó. La guerra continuó contra Inglaterra: el arma para atacarla era la aviación. Se inició la batalla de Inglaterra y apareció una nueva arma silenciosa e inofensiva: era el radar. Había comenzado la era de la guerra electrónica. Paralelamente apareció "el sonar" como alarma para detectar submarinos. Los cazas nocturnos utilizaban radares incorporados para guiar el fuego de las armas. Aumentó la precisión y poder de los bombarderos y se utilizaron nuevos tipos de explosivos. Alemania perfeccionó el uso de proyectiles auto guiados propulsados por motores a reacción o cohetes. Las demás naciones beligerantes también comenzaron a usar cohetes de diferentes tipos y modelos. En las postrimerías de la guerra, hizo su aparición el avión a reacción.

> En agosto de 1945 Estados Unidos arrojó dos artefactos nucleares: Una Bomba Atómica sobre Hiroshima y otra sobre Nagasaki, en Japón. Se inauguró de esta fatal manera "La Era Atómica" en el Planeta Tierra. Felizmente, desde entonces Estados Unidos no ha arrojado más Bombas Atómicas.

Durante los primeros 20 años de post guerra se identificó el arsenal nuclear de los pocos socios del club de Las Bombas Atómicas. El problema de aquella época radicaba en cómo transportar con seguridad

---

[283] **Referencia**. Publicado por http://www.monografias.com/trabajos11/arma/arma.shtml Military History Master's.

a las bombas hasta el territorio enemigo. Así nació el transporte aéreo de largo alcance con la fabricación de los cohetes intercontinentales. Paralelamente se perfeccionaron "los agentes químicos y biológicos" dando origen a otro tipo de arma; las Armas Químicas. Desde las décadas de 1980-1990, la guerra se extendió al espacio extraterrestre y se plantearon situaciones límites a través de sistemas de armas que parecían imaginados por escritores de ciencia-ficción. Ningún campo de la ciencia y la tecnología escapa ahora a la posibilidad de ser utilizado como arma, incluido el propio cuerpo humano[284]".

No solamente las bombas atómicas son las armas modernas del hombre. También se utilizan agentes biológicos o químicos tóxicos o incapacitantes para ampliar el campo de acción de los combatientes. Hasta el Siglo XX ese tipo de guerra estuvo limitada a los incendios, los pozos de agua envenenados, la distribución de artículos infectados de viruela y el uso de humo para diezmar o confundir al enemigo. Aparecieron también los Gases lacrimógeno, el gas cloro y fosgeno (irritantes de los pulmones) y el gas Mostaza (que produce graves quemaduras) que se utilizaron por primera vez en la "I Guerra Mundial" para romper el prolongado estancamiento de la guerra de trincheras. Del mismo modo, se intentó utilizar el lanzallamas, pero en principio resultaron ineficaces por su corto alcance.

Al final de **la "I Guerra Mundial"** (1914-1918) la mayoría de las potencias europeas habían incorporado gases como arma de ataque de sus ejércitos. En el período de entreguerras Alemania había desarrollado gases de efectos nerviosos como **el sarín**, que puede causar muerte o parálisis aplicado en pequeñas cantidades. A pesar de su disponibilidad, sólo Japón utilizó gases en China, al producirse la globalización de la contienda. Los adelantos técnicos y el desarrollo del **napalm**, una espesa gasolina (compuesto de ácidos de nafta y palmíticos) que se adhiere a las superficies, permitió el uso más amplio de armas flamígeras en la Guerra.

---

[284] **Referencia**. Publicado por http://html.rincondelvago.com/armamentismo.html ARMAMENTISMO.

Después de la "**II Guerra Mundial**" (1945) el conocimiento y producción de gases se hizo extensivo. A partir de esta guerra se han utilizado gases como el lacrimógeno en guerras limitadas, por ejemplo en la guerra de Vietnam; también lo ha empleado la policía para reprimir motines. El uso de agentes más mortíferos, como el gas mostaza o nervioso ha sido condenado por la mayoría de los países, aunque semejantes armas permanecen en arsenales y se cuenta con evidencias de que fueron utilizadas por Irak durante la Guerra Irán, en la década de 1980, así como contra los kurdos del norte de su territorio. En la guerra moderna varios compuestos químicos que alteran el metabolismo de las plantas y causan defoliación, como el agente naranja, se han utilizado en la jungla, para reducir la cobertura del enemigo o privar a la población civil de las cosechas necesarias para su alimento. Tales agentes químicos, que se suelen lanzar desde el aire, pueden contaminar al agua y a los peces; su efecto es a largo plazo que deja al ecosistema devastado.

Hasta que fatalmente se llega a la era de las Armas biológicas. Varios países han desarrollado trabajos de diferente categoría sobre agentes biológicos para ser utilizados en la guerra. Seleccionados o adaptados a partir de microbios patógenos causantes de diversas enfermedades que atacan al hombre, a los animales domésticos o a las plantas perjudicando las cosechas de alimentos vitales. Tales agentes comprenden bacterias, hongos, virus o diversas toxinas. Los microbios patógenos que causan el botulismo, la peste, la fiebre aftosa y el añublo del trigo se cuentan entre los muchos que pueden ser utilizados contra los ejércitos enemigos o las actividades económicas que les sirven de sustento. La ingeniería genética también ofrece la posibilidad de desarrollar nuevos virus contra los que se carece de medios para establecer una defensa previa.

La guerra biológica a gran escala se ha mantenido en un estado teórico. Recién en los años 1980 se descubrió que Japón había utilizado agentes biológicos en China en las décadas de 1930 y 1940. Al comienzo de la década de 1980 surgieron controvertidas acusaciones de que la Unión Soviética estaría usando toxinas fungicidas, en una forma de **lluvia amarilla**, como armas biológicas. Se sospecha que Vietnam hizo lo mismo en Laos y Kampuchea (hoy Camboya).

Los agentes químicos y biológicos son utilizados en guerras limitadas. El hecho de que la producción de agentes químicos letales no exija una infraestructura industrial muy refinada los convierte en medios bélicos accesibles a los países del Tercer Mundo. El uso de armas químicas por Irak y la capacidad de guerra química por parte de Libia en 1988, incrementan el peligro que semejantes armas pueden crear. Es también motivo de gran preocupación que ese tipo de armas puede caer en poder de grupos terroristas, habida cuenta de que cantidades mínimas de toxinas disueltas en agua o aire pueden dar lugar a una catástrofe de muy amplias dimensiones, como ocurrió en la década de 1990 en el metro de Tokio.

> Después de los ataques del 11 de septiembre de 2001, los famosos ataques suicida con aviones comerciales contra las Torres Gemelas en Nueva York, Estados Unidos, los agentes biológicos: el **ántrax y la viruela** se han convertido en los más temidos por la humanidad. En este caso el ántrax había sido enviado utilizando sobres de correspondencia común y por correo expreso, en Estados Unidos.

Luego encontramos a los vehículos fabricados exclusivamente para transportar armas de gran potencia destructiva incorporado en su fuerza. Estos son los misiles teledirigidos. Son proyectiles aéreos autopropulsados, guiados en pleno vuelo por control remoto, o por mecanismos internos de localización automática para localizar el blanco. Los misiles teledirigidos varían de tipo y de tamaño, desde los grandes misiles balísticos estratégicos con cabezas nucleares, a los pequeños cohetes portátiles llevados por soldados.

Los misiles están agrupados en cinco categorías de acuerdo al objetivo de su lanzamiento y el blanco: 1) superficie-superficie, 2) superficie-aire, 3) aire-superficie, 4) aire-tierra y 5) aire-aire. La connotación Superficie es la superficie del mar, la tierra o el cielo.

La otra generación de misiles son los "Vehículo Múltiple de Reentrada Ajustable Independientemente" (**MIRV**, sigla en inglés) (*Múltiple Independently targetable Reentry Vehicle* (**MIRV**). Es una variante de cohete nuclear desarrollada por la URSS y EEUU en la década de

1970. Con los MIRV se usan mísiles balísticos de múltiples cabezas nucleares para atacar diferentes objetivos de una forma simultánea e independiente.

Los programas "Iniciativa de Defensa Estratégica" (**IDS**, sigla en inglés) *"Strategic Defense Iniciative (SDI)"* Programa estadounidense de investigación militar para el desarrollo de un sistema defensivo de mísiles anti Balísticos *Antiballistic, Missile (*ABM), propuesto por el presidente **Ronald Reagan** en marzo de 1983. La administración Reagan se empleó a fondo para conseguir la aceptación del Programa **IDS** del gobierno de Estados Unidos y de sus aliados de la Organización del Tratado del Atlántico Norte (**OTAN**). Tal como fue descrito en un principio el sistema proporcionaría una protección total contra un ataque nuclear. **El concepto de IDS** abría una nítida brecha en la estrategia nuclear desde el comienzo de la carrera nuclear. Esa estrategia se basaba en el concepto de disuasión mediante la amenaza de la represalia. Más específicamente, el **sistema IDS** habría infringido el tratado ABIVI de 1972 (Conversaciones para la Limitación de Armas Estratégicas). Exactamente por éstas y otras razones la propuesta de los **IDS** se vio criticada al sugerir un paso adelante en la carrera armamentista.

El sistema IDS en un principio fue ideado para proveer una defensa por estratos empleando avanzadas tecnologías de armamentos. El objetivo principal era interceptar mísiles enemigos en la mitad de su curso, a gran altura. Las armas que requería este vasto sistema de defensa incluían proyectiles con base en tierra y el espacio, guiados mediante computadoras; radiaciones de partículas subatómicas y láser nucleares de Rayos X, disparados desde cañones sobre raíles electromagnéticos; todo bajo el control de un sistema automático operado en un Súper computador (las armas con bases en el espacio y el pintoresquismo de los rayos láser, hizo que los medios informativos dieran al sistema el nombre de "**Guerra de las Galaxias**", por el popular film de ciencia ficción). En apoyo de esas armas se habría establecido una red de sensores espaciales y de espejos especializados para dirigir los rayos láser contra los blancos. Algunas de estas armas se encontraban en una etapa de desarrollo, pero otras en particular los sistemas láser y el control súper computadorizados estaban disponibles. Este sistema podría requerir hasta un billón de dólares en inversión. El presupuesto anual inicial para el IBIVIDO fue de 3,800 millones de dólares[285]".

Si a todo proyecto de armas se sumara la fabricación de sofisticados aviones de combate o mejor dicho los bombarderos, llegaríamos al asombro por la gran fuerza bélica alcanzada por el Ser Humano en el Planeta Tierra. Apenas por mencionar algunos de estos aviones: El antiguo Miraje Francés, muy utilizado en las Fuerzas Aéreas en los países de América del Sur. En Estados Unidos encontramos a los aviones de la Nueva Era como los: F-22 **ATF** (Advanced Tactical Fighter (**ATF**) de velocidad supersónica, que vino a reemplazar a los también famosos F-15 americanos. El ahora reemplazado F-15 hizo su aparición a mediados de los años 1970 y se convirtió en un avión sucedido durante la subsiguiente década en el milenio pasado. Luego aparecieron varias versiones del mismo avión como el Eagle, F-15E. En 1981 hizo su aparición el **F-117**, este usaba tecnología Stealth y fue mantenido en absoluto secreto, inclusive cuando ya fue puesto en operación en 1983. La primera vez que fue usado operacionalmente fue durante la Operación "Just Cause" en 1989; fue operado desde su base en Nevada y arribó a Panamá sin haber sido detectado. El F-117 fue llamado también de "Wobblin' Goblin" por su gran habilidad de vuelo nocturno y sus grandes virtudes computadorizados. Este avión hizo historia con su participación efectiva duran la llamada "Tormenta del Desierto", en 1991. Este avión realizó más de 110,000 misiones aéreas durante la Guerra del Golfo Pérsico, destruyendo todos los blancos. También hizo su aparición en 1983 el avión **AV8B** Harries II. Para operar en este milenio aparece el F-22 (**ATF**) que inicialmente fue previsto entrar en operación el año 2002. Es el indicado para ir reemplazando al F-15 Eagle de forma gradual. La fuerza aérea norteamericana aun continuará usando los dos modelos (F-15E y F-22) y el F-117 también. Aviones para la guerra que coronaron el siglo XX y para mantenerse aptos para la guerra en el presente siglo[286].

---

[285] **Referencia**. Publicado por http://pt.scribd.com/doc/174627018/Armamentismo-y-Sus-Consecuencias#scribd - Armamentismo y Sus Consecuencias

[286] Fuente: NASA - Technology Today, A Resource for Technology, Science, & Math Teachers. August/September 1997. Page 7 - 9.

Como sucintamente hemos podido observar duran la disertación de este capítulo "El Poder de Fuego Humanoide" es astronómico y aterrador. Solamente con la habilidad destructora obtenido por la generación de aviones norteamericanos podemos llegar a una simple conclusión que la Especie Humana, realmente está muy bien preparada para atacar cualquier blanco que pertenezca a cualquier otro Humano en la faz de la Tierra. Pero esta obra no puede descubrir cuál es la finalidad de tanta preocupación por el armamentismo si la finalidad de la vida en el Planeta Tierra es otra. Y si pensáramos en la verdadera misión de la Especie Humana, oriunda del Planeta Tierra, nos encontramos en una paradoja difícil de explicar ante tantas evidencias construidas por el hombre para destruir al propio hombre. Hasta parece que estas armas están viniendo para solucionar la superpoblación del Planeta Tierra que se encuentra en su verdadero "Rumbo al Final".

Como fácilmente se pudo comprobar "El Poder de Fuego Humanoide" es realmente monstruoso, destructivo, contaminador, irradiador, destructor y continuado. La moraleja de toda esta realidad orienta para que la Especie Humana, oriunda del Planeta Tierra: sepa respetar su verdadera misión en el Planeta Tierra; que no olvide que generaciones de humanos tienen que continuar viviendo; que la proliferación de su raza no se ha detenido y que el Poder de Fuego Humanoide no conduce a ningún lugar positivamente. El Ser Humano no debe esperar que sea tarde para poder recapacitar al respecto. Si se espera por una solución futura, mañana no habrá más tiempo para remediar. Claro, esta realidad no lo vivirá esta generación y tal vez esa sea la justificación. El Ser Humano de hoy no puede actuar egoístamente: "Sólo le interesa vivir este momento y que el problema del mañana que sean los humanos que vendrán los que lo resolverán".

CAPÍTULO X

Gastos en Armamentos

PARA HACER REALIDAD el monstruoso "Poder de Fuego Humanoide", resumidamente demostrado aquí, gran parte de la Especie Humana tuvo que privarse de los beneficios nutuales que le pertenecía por la vía natural, como la de poder vivir más tiempo y mejor; alimentarse, permanecer en condiciones básicas razonables; sin la existencia de las odiosas clases sociales y sin la presencia del racismo y la pobreza.

Hasta llegar al estado actual del "Poder de Fuego Humanoide" mucho de lo que le tocaba al Ser Humano y de lo que se podría hacer por él, fue dejado atrás. El dinero, producto de la ambición egoísta del hombre, mayoritariamente siempre fue direccionado para el rubro armamentismo y en tiempos modernos para "Defensa". Se ha dejado en el olvido a la Especie Humana que solo necesitaba vivir con naturalidad y saludablemente para completar su Ciclo de Vida en paz. Se ha olvidado también que la Especie Humana podría vivir más tiempo y mejor y que para hacer realidad esa premisa, solo dependía de la obra humana racional y social, actuando bajo los principios naturales que la Madre Naturaleza impone, cuidándola tal y como nuestros antepasados lo hicieron y manteniendo al Planeta Tierra que los alberga robusto y saludable.

Según la Organización de las Naciones Unidas (**ONU**) para la Agricultura y la Alimentación (**FAO**), el hecho de invertir más en los conflictos armados que en la agricultura ha generado un desequilibrio que es la principal causa de las hambrunas en el mundo: estas tuvieron que ver con el 35% de las emergencias alimentarias ocurridas en el mundo entre 1992 y 2003. Como **Oxfam** resalta: *"En toda África, se* *pierden cada año 15 mil millones de euros por el impacto de las guerras, un desperdicio de recursos monstruoso si se tiene en cuenta la necesidad desesperada de aumentar la ayuda al desarrollo que tiene dicho continente."* Corroborando el Economista egipcio **Samir Amin** destaca que: *"en la actualidad, la economía está enormemente deformada: casi un tercio de la actividad económica depende directa o indirectamente del complejo militar".* Con lo que se concluye que una de las razones por las que las guerras, alrededor del mundo se sostienen, es porque la industria de la guerra resulta ser un negocio expresivamente lucrativo y que declarar la guerra es el inicio de un grande negocio.

La implantación de tecnológica de punta ha sido una característica constante en la carrera armamentista. Los fabricantes requieren de tecnología y consecuentemente un mayor empleo de mano de obra calificada como científicos, técnicos, administradores, estadistas, diseñadores y mucha gente más especializada, para implantar procesos de producción cualitativos, rápidos y eficientes. La incesante búsqueda de innovaciones cualitativas y de precisión está profundamente enraizada en la lógica intrínseca de la carrera de armamentos. Cada año que pasa aparece una inmensa cantidad de nuevas armas y los programas económicos existentes se afianzan cada vez más en los sistemas militares y políticos de los países, con lo que resulta más difícil interrumpirlos. Por tales razones el resultado de los efectos económicos, de la carrera armamentista contribuye para mantener y aumentar las diferencias entre los países desarrollados y en desarrollo y las desigualdades dentro de cada uno de ellos.

Las instituciones militares contemporáneas constituyen sectores poderosos e influyentes en la sociedad, pueden repercutir en las condiciones y en las concepciones políticas y sociales y pueden imponer los límites importantes a la evolución de las sociedades; llegando hasta la presidencia de su país. En cuanto el costo de los armamentos modernos, cuyo gasto es difícil de soportar, literalmente ha devastado las economías mundiales. Comprobada situación que obligó a imponer la idea de un desarme general, muy acentuado en los años cincuenta del milenio pasado. Dos décadas después esta idea cambió su objetivo para otro mayor, que consistía en un realista y limitado control de armas. Fue cuando las grandes potencias nucleares iniciaron negociaciones para ponerse de acuerdo en algunas reglas de buena vecindad y en el incremento de sus arsenales respectivos. Los materiales nucleares norteamericanos y soviéticos nunca progresaron con tanta rapidez como en los últimos tiempos del milenio pasado y continuando en la actualidad.

Para algunos países del Tercer Mundo, que desde la última década del milenio pasado han penetrado fuertemente en el mercado de los armamentos, esas exportaciones representan ahora un sector importante de sus economías. Sin embargo no se ve en esa región el mismo interés en usar esos ingresos en obras que vendrían a beneficiar a las clases menos favorecidas.

En Europa, países como Checoslovaquia y Rusia rápidamente se dieron cuenta que el factor económico dependía de la ventas de armamentos y que les resultaría totalmente imposible suprimir su esquema de producción de armas. Por ejemplo en la economía rusa, el sector de fabricación de armas es el único que lograba autofinanciarse en divisas. Después de la **Guerra del Golfo**, las técnicas empleadas en sus armamentos demostraron su eficacia y se comercializaron con mayor facilidad. La gran liquidación postsoviética se tradujo en transferencias superabundantes y acelerada de armas y tecnología bélica. Y a esos proveedores clásicos se sumaron poderosos productores del Tercer Mundo. En tales circunstancias la amenaza que constituían los ejércitos del **Pacto de Varsovia** para occidente se habían esfumado, las Armas Nucleares Tácticas (**ANT**) habían desaparecido casi por completo del continente europeo, consecuentemente el nuevo concepto estratégico de la **OTAN** conseguía un lugar destacado en el control de armamentos y del desarme general.

A quedado más que comprobado que los gastos militares son improductivos, sin embargo representan casi un billón de dólares (5% del **PNB** mundial), más de 50 millones de personas trabajan en actividades militares, y más de 20% de los ingenieros y científicos del planeta están empleados en el sector de investigación y desarrollo de armas. Según los economistas marxistas, las economías del mercado necesitan que aumenten los gastos militares para luchar contra la baja tendencial del índice de beneficios.

Si bien los gastos militares pueden tener a corto plazo efectos positivos en el crecimiento de algunos países, esos beneficios son menores que los que reportan los demás gastos públicos. Es innegable que los gastos militares son, de todos los gastos públicos, los que menos empleo y actividad económica generan. Los gastos militares hacen disminuir el esfuerzo de inversión. Así, no sólo entrañan una amenaza para el crecimiento a corto plazo, sino también para el desarrollo económico a largo plazo. Sin embargo, es innegable que estos análisis globales sólo tienen validez a escala mundial. A nivel de países, una actividad armamentista puede resultar provechosa para la economía de algunos de ellos. Pero no caben dudas de que los modelos generales no son aplicables a los casos particulares y que cada situación debe examinarse individualmente. Con todo, sería erróneo creer que una política de armamento con efectos beneficiosos a corto plazo en la economía de un país tendrá las mismas consecuencias para la economía de otro.

Todas las naciones saben que deben hacer cortes drásticos en sus presupuestos relacionados con las armas; al mismo tiempo saben que eso sería imposible en el actual sistema (bélico-capitalista) que vive el mundo. Una de las tantas alternativas que encontró **Estados Unidos** fue el de hacer cortes o modificaciones en sus proyectos con la finalidad de "disminuir sus gastos", pero jamás erradicarlo. Situación en la que surgió la Iniciativa de Defensa Estratégica (**IDE**) o Strategic Defense Iniciative (**SDE**) pero al mismo tiempo los expertos creían que esta Iniciativa era impracticable. Paralelamente ocurría la separación de la Unión de Repúblicas Soviética (**URSS**) y la firma de los tratados **START I, START II** y **START III**. En la nueva administración, la IDE, al igual que otros programas de armamento, tuvieron sus presupuestos disminuidos. En el año 1993 se abandonó la idea de la IDE y en su lugar se creó la Organización de la Defensa con mísiles Balísticos - Ballistic Missile Defense Organitation (**BIVIDO**), un programa menos costoso, basado en los sistemas antimisiles desde bases terrestres, incluyendo el sistema de mísiles **Patriot** especializado para derribar a su antónimo.

Anteriormente ya habían ocurrido procesos similares en EEUU como el programa de investigación militar para el desarrollo de un sistema defensivo de mísiles anti balísticos - Antiballistíc, Mísiles (**ABM**), propuesto en primer lugar en marzo de 1983 por el presidente **Ronald**

Reagan. El costo total de este gigantesco programa se estimó entre 100 millones y un billón de dólares. Los gastos reales alcanzaron los 30 mil millones de dólares. En cambio el presupuesto anual inicial para el **IBIVIDO** fue de apenas 3,800 millones de dólares.

Entre 1986 a 1987 el gasto de EEUU en defensa fue estimado en 1,000 billones de dólares. El gasto total de 1993 a 1994 fue del orden de los 823 billones de dólares. El presupuesto de EEUU para 1994, tenía 264 mil millones de dólares solamente para el Pentágono. Pero finalizando el año, el presidente Bill Clinton, pedía 25,000 millones de dólares extras al Congreso Americano, apenas para cubrir el déficit en las fuerzas armadas.

En el último año del milenio pasado, solamente la empresa norteamericana **Lockheed Martin Corporation** totalizó en sus ventas la suma de 25.5 billones de dólares, donde el propio gobierno de Estados Unidos es el mayor comprador. El gasto norteamericano continúa creciendo con el transcurso del tiempo. Estados Unidos aumentó su presupuesto para la compra de armamento para la guerra contra Irak, luego, con el pretexto de defenderse y combatir el terrorismo, después del derrumbe de las Torres Gemelas en Nueva York, el 2001, aumentó más aún.

Haciendo un análisis comparativo entre los Gastos Militares y los Gastos en Inversión Social observamos que hay más interés para invertir en contingente militar, armas y defensa que en los programas sociales del que el mundo humano es carente. Situación que queda demostrada en el estudio realizado por **Arianne Arpa**, Directora del "**Intermón Oxfam**". En el año **2006** el gasto militar global superó las cifras récord registradas durante "La Guerra Fría"; el gasto alcanzó los 834 mil millones de euros. Este valor representa quince veces más de lo invertido en ayuda internacional. El gigante crecimiento en los presupuestos militares generó el 2006 un boom en la industria armamentística. Tal y como queda demostrado por las cien mayores empresas de armas que incrementaron sus ventas desde el inicio de este milenio hasta el año 2004. Durante este período aumentaron en 70% sus ganancias, pasaron de 123 mil millones de euros a los 211 mil millones el 2004 y sus ventas continúan incrementándose en estos últimos años.

En las dos primeras décadas de este milenio se observa que el gasto en el rubro armas, guerra, militares y defensa no dejó de incrementarse. El gasto en el campo militar mundial se aproximó a dos billones de dólares el 2014; pero fue una cifra inferior al del 2013.

El Instituto Internacional para la Investigación de la Paz de Estocolmo, (**SIPRI de** Stockholm International Peace Research Institute), realizó un estudio entre en más de 170 países y estimó los gastos anuales en el rubro militar de todos ellos; de los cuales seleccionamos a los 10 países con más gastos en ese rubro y como es de esperar **Estados Unidos,** es quien encabeza la lista con mucha ventaja, a pesar de la reducción realizada en su presupuesto de defensa en el orden de 40 mil millones de dólares. El 2012 Estados Unidos gastó 682 mil millones de dólares; este monto representa el 39% del gasto mundial. Sus gastos el 2013 fueron de $619 billones de dólares[287].

Desde 2001, después de los atentados a las Torres Gemelas en New York, en la administración **Bush**, los gasto de defesa de Estados Unidos vienen aumentando de $287 billones de dólares para 530 billones. Sin embargo en los últimos años, ya en la administración del primer y segundo mandato del presidente Barack **Obama**, los gastos militares disminuyeron de 4.8% del PIB el 2009 para 3.8% el 2013, debido a las políticas de austeridad económica y la diminución de los conflictos en Irak y Afganistán, que incluye la gran recesión mundial económica iniciada el 2008[288].

China es el segundo país que más gasta en el rubro militar en el mundo. En los últimos años los gastos en ese rubro creció 7.4%, esto representa un porcentaje superior a lo de los demás países. Sus exportaciones en ese rubro alcanzaron 1.8 billones de dólares.

---

[287] Referencias: Frutos do Passado Sementes do Futuro. Alcides Vidal, Editora Erica, 1993, Brasil. Consulte también http://actualidad.rt.com/actualidad/view/101774-mundo-gastar-armas-guerras-eeuu

[288] Referencias: Frutos do Passado Sementes do Futuro. Alcides Vidal, Editora Erica, 1993, Brasil. Fuente: http://top10mais.org/top-10-paises-com-mais-gastos-militares/#ixzz3krLpnDKY

Rusia Sigue a China. Su gasto militar alcanza los 84.9 billones de dólares. De ese modo Rusia lleva ventaja con los países restantes en el mundo en lo relacionado con la exportación de productos relacionados con la guerra y militares, con más de 8 billones de dólares el 2014, superando a las exportaciones de Estados Unidos que fueron del orden de los 6.2 billones.

Arabia Saudita se encuentra en cuarto lugar en el orden de gastos militares. En el año 2014 su gasto llegó a 62.8 billones de dólares. El 2013 su presupuesto militar fue en el orden de los 14.3% de su presupuesto total. La justificativa puede ser porque sus vecinos, Irak e Iêmen se encontraban en conflictos internos y tal vez porque Irán podría convertirse en una amenaza ya que adquiría mayor capacidad nuclear.

Francia tiene un gasto Militar del orden de los 62.3 billones de dólares, lo que lo ubica en el quinto lugar en la lista de los países que más gastan en armamentos en el mundo. Esto ocurre a pesar de que Francia disminuyó sensiblemente sus gastos en ese rubro en los últimos años. Francia gastó casi 70 billones de dólares el 2009, alto gasto si comparado con el realizado el 2014 que fue de 62 billones.

Japón se encuentra en el sexto lugar en gasto militar. En ese rubro Japón gastó 59.4 billones de dólares. La disputa con China en el Mar de China Oriental llevó a Japón aumentar su presupuesto militar el 2013. Esto ocurriría por la primera vez en más de 10 años. El presupuesto de Japón de 2013 aumentó en 0.8% en gasto militar, mientras que sus gastos militares se mantuvo en la orden del 1% de su PIB.

Inglaterra es el séptimo país en la lista de los que más gastan en militares. El 2014 Inglaterra gastó 56.2 billones de dólares a pesar de los cortes en su presupuesto que venía siendo realizado desde 2010. Los gastos de Inglaterra siempre se ubicaban entre los más altos en el mundo. Cuando asumió el cargo el Primer Ministro David Cameron (11 de mayo de 2010), lo hizo implantando severas medidas de austeridad fiscal que incluían grandes cortes en gastos militares. Continuó con la misma política al ser reelecto en las elecciones del 7 de mayo de 2015, por cinco años más.

Alemania se encuentra en el octavo lugar en el ranquin de los países que más gastan en el rubro militar. Alemania gastó 49.3 billones. A propósito, Alemania tuvo un PIB per cápita superior a 40,000 dólares el 2014. Con una fuerte economía se siente en la obligación de mantener una fuerza militar bien equipada. A pesar de sus gasto en ese rubro el total apenas represent el 1.4% de su PIB, una de las menores proporcionalmente.

India está en noveno lugar en la lista. Gastó 49.1 billones. India estaba siendo considerada en los principales países exportadores de armas en el mundo por décadas. India continua modernizando sus fuerzas armadas, solamente el 2013 importó 5.6 billones en armamento. Inversión probable por el conflicto con Paquistán que amenaza la estabilidad y el bienestar de su nación. Lamentablemente, mientras India invierte en armas su PIB per cápita está entre los menores del mundo[289].

Brasil es el décimo país en la lista de los que más gastan en el campo militar y defensa. En los últimos años Brasil gastó 36.2 billones en ese rubro. Puede justificar esa inversión a los ingresos que ostenta por el comercio de petróleo. Brasil, así como muchos otros países en el mundo viene realizando drásticos aumentos en el armamentismo desde el inicio de este siglo. Brasil también es participe de las fuerzas de paz y su participación en Haití es destacada y fundamental. Sin olvidarse de que Brasil es la séptima economía en el mundo[290].

Como se observa, el gasto en armamentos en el mundo, que incluye defensa, especialmente en Estados Unidos, es billonario. Los países alrededor del mundo invierten constante y significativamente grandes cantidades de dinero en armamentos, mientras que los programas sociales se ven muy afectados y en algunos países simplemente son ignorados. Situación que hace concluir que el mundo está armado, algunos países más que los otros. ¿Para qué? El mundo está siendo poblado masivamente por la Especie Humana, el hombre está

---

[289] Referencias: Frutos do Passado Sementes do Futuro. Alcides Vidal, Editora Erica, 1993, Brasil. Fuente: http://top10mais.org/top-10-paises-com-mais-gastos-militares/#ixzz3krLaZl5F

[290] Referencias: Frutos do Passado Sementes do Futuro. Alcides Vidal, Editora Erica, 1993, Brasil. Fuente: http://top10mais.org/top-10-paises-com-mais-gastos-militares/#ixzz3krLKz6fe

consiguiendo vivir más tiempo pero el inminente "Rumbo al Final" del Planeta Tierra es imparable. Y ahí nuevamente preguntamos: ¿Para qué tantas armas? Y finalmente ¿Por qué matar inocentes soldados que luchan sin saber por qué, para qué y para quién? Y ¿Por qué matar civiles inocentes con el pretexto de algo o en nombre de una causa que resulta imposible de justificar?

Es de conocimiento público que los resultados de todo proceso bélico destruye el medio ambiente, afecta la armonía social de un pueblo y nación, perjudica la economía de las naciones, afecta al país atacado e invadido, deja pobreza y lo que es peor, es difícil reconstruir lo destruido con extrema prepotencia y con mala fe. Todo ataque o invasión militar trae como resultado muertes de seres humanos, en la mayoría de los casos son soldados que luchan contra de su voluntad, que participan por la causa de una única persona o peor, por el interés de una única empresa. Los beneficios de algunos y el sacar ventaja de la situación de los mandantes han sido las causas de todo lo que viene ocurriendo en el mundo actualmente.

Pero los gastos no son solamente en todo lo descrito hasta aquí; hay todavía que invertir grandes cantidades de dinero en la solución de las consecuencias que generan los problemas del mundo bélico. Apenas en las dos últimas décadas del milenio pasado fueron contaminados billones de litros de agua y millares de toneladas de suelo con la basura de las fábricas de bombas, solamente por EEUU. Razón que exigió que el Presidente, Bill Clinton, inicie el mayor proyecto público de la historia, en un esfuerzo cuyo costo fue calculado en 200 billones de dólares, contemplado solamente hasta las dos primeras décadas de este milenio, para la limpieza de la basura radiactiva y sus derivados. Todo ese gasto es sin incluir los centenares de pedidos de indemnizaciones por valores que superan los 80 millones. Estudios realizados por el Departamento de Energía (DOE), responsable por la limpieza, calculan el costo entre 35 y 64 billones de dólares. Solamente en la década de 1980, los valores superaban los 150 billones. Lo que hace ver que el DOE, gasta 5,5 billones al año en esa actividad.

Ahora si incluyéramos los costos en las guerras, todo dinero queda poco para pagarlo. Solamente en la Guerra del Golfo EEUU gastó de 47,100 billones de dólares, según el informe del porta-voz del Pentágono, Pete Williams, realizadas el 26 de octubre de 1992.

¿Cuándo el Ser Humano se dará cuenta de su real finalidad de ser un habitante del Planeta Tierra? Sabiendo que el "Rumbo al Final" del Planeta Tierra está en curso, vamos colaborar para que ese rumbo sea cada vez más lento y lo más natural posible y no contribuyamos para que ese proceso se acelere.

La Guerra Fría y sus Armas Calientes

Personas con más de 30 años de edad que en la actualidad disfrutan de la vida, ciertamente nacieron y crecieron en el milenio pasado y dentro de un clima de tensión bélica, donde la URSS y los EEUU eran consideradas las dos únicas grandes potencias nucleares del mundo. Situación cuando Estados Unidos aprovechaba para imponer su poder en los otros países alrededor del mundo. Asimismo las nuevas generaciones así asumían esa situación ya que no existía ninguna incredulidad al respecto. Todo el mundo confiaba que esa situación reflejaba la potencialidad de esas dos grandes naciones.

Con la existencia de las dos potencias mundiales, prácticamente se formaron dos bloques: El capitalismo, formado por los países que se adhirieron a Estados Unidos y los comunistas que estaban al lado de la URSS. (Llamados, despectivamente por cierto, países de la "Cortina de Hierro").

El crecimiento bélico de los países capitalistas como: Alemania, Gran Bretaña, Italia, Francia, Holanda, Bélgica, Canadá, España y otras, era creciente y constante. Así ellos se transformaron en grandes potencias también, fabricando armamento bélico altamente sofisticado y con tecnología de punta. La más alta tecnología estaba a disposición del armamentismo y muchas otras tecnologías surgieron por la misma razón.

La eficacia de los armamentos bélicos era indiscutible. Los fabricantes de armas esperaban ansiosos el momento para poner en prueba sus nuevas armas; o sea, solo esperaban el próximo ataque o la sospechada invasión. No se esperó largo tiempo, ya que muchas de las armas se pusieron a prueba en algunas intervenciones, ataques, invasiones y guerras, como en la **Guerra de Corea**, **Guerra de las Malvinas** (Atlántico, Argentina, abril a junio de 1982), **Guerra del Golfo Pérsico**, en la **invasión a Irak** (1990 a 1991, Operación Tormenta del Desierto) siendo el motivo de esta invasión: "la invasión a Kuwait realizada por el ejército del líder iraquí **Saddam Hussein",** en agosto de 1990.

Luego se sucintaron otras guerras o intervenciones, donde las novedades eran las armas y su eficacia. Esto ocurrió en la llamada "Operación Serpiente Gótica", en Somalia; ya que en junio de 1993, las Naciones Unidas aprobaron una resolución declarando la guerra a **Mohamed Farah Aidid y su milicia**, luego que de Aidid ordenara un ataque contra un grupo de paquistaníes que eran parte de la Operación de las Naciones Unidas en Somalia (**ONUSOM**); fue la justificativa para que las tropas estadounidenses atacaron varios objetivos en Mogadiscio, la capital Somalí, buscando a Aidid.

En agosto de 1998, después de los bombardeos a las embajadas en Kenia y Tanzania, Estados Unidos lanzó misiles de crucero en cuatro campos de entrenamiento terrorista en Afganistán, en un intento de asesinar a **Osama Bin Laden** y otros líderes de **al-Qaida**. (Pero Bin Laden no fue muerto ahí). En esa misma operación también se lanzaron misiles sobre una fábrica farmacéutica en Sudán, alegando que estaba ayudando a Bin Laden a fabricar armas químicas. EE.UU. llamó a este bombardeo, en Afganistán y Sudán de "Operación Alcance Infinito". Con este historial bélico se encerraba el milenio (1000-1999) en un clima de Especie Humana Belicista y con armas cada vez más eficientes (modernas) y mortales.

Como era de esperar, el Nuevo Milenio (2000-2999) no podría iniciarse con un mundo absolutamente pacificado. Todo volvió al estado bélico con los ataques terroristas del 11 de septiembre del 2001 en Estados Unidos. Y, los ataques de represaría de Estados Unidos tenían como albo Afganistán. Las Naciones Unidas autorizaron la Operación de la OTAN llamando a la invasión "Operación Libertad Duradera". Estados Unidos declaró una guerra en Afganistán, atacando a las fuerzas de al-Qaida y los talibanes, que facilitaron el alojamiento al-Qaida en ese país. Dos meses después de los ataques, el Consejo de Seguridad de la ONU autorizó el establecimiento de la Fuerza Internacional de Asistencia para la Seguridad, encargada de supervisar la seguridad y entrenar a las fuerzas afganas.

En marzo de 2003, el presidente **George W. Bush**, unilateralmente anunció el inicio de guerra contra Irak, justificando "desarmar a Irak de armas de destrucción masiva" y sacar a Saddam Hussein del poder. Los ataques fueron llamados de la "Operación Libertad Iraquí". Estados Unidos realizó ataques aéreos contra Bagdad que llevó a la caída del régimen de Saddam Hussein e Irak fue destruido. Estados Unidos se retiró formalmente de Irak a finales de 2011, ya en la administración del Presidente Obama.

Pakistán. Desde 2002, Estados Unidos ha utilizado regularmente drones armados como el ***Predator*** para atacar y matar a terroristas en Pakistán, Yemen y Somalia, como era de esperar, mató civiles también. Los ataques se han duplicado durante la presidencia de Barack Obama, que ha ampliado el alcance y la intensidad de la campaña con aviones no tripulados contra terroristas en Oriente Medio y África. Las Naciones Unidas han criticado las tácticas de uso de aviones no tripulados, y ha dicho que Estados Unidos hace caso omiso de la amenaza de muerte de civiles en sus operaciones aéreas y todo quedó en críticas.

Libia. En marzo de 2011, con autorización de la ONU, Francia y Gran Bretaña, con ayuda de EEUU, realizaron una operación militar en Libia para llevar a cabo ataques aéreos contra instalaciones del ejército libio y los sistemas de defensa aérea, e como representantes de la OTAN impusieron una zona de exclusión aérea. Llamaron a los ataques de "Operación Amanecer de la Odisea". En octubre de 2011 murió Muamar Gadafi y luego terminó la misión de la OTAN en Livia.

Como la historia registra, cuando terminaron las dos guerras mundiales (entre 1914-1918 y 1938-1945 respectivamente), las potencias bélicas, en el occidente los EUA y en el oriente la URSS, se preparaban para la Tercera Guerra Mundial. Como esta guerra estaba lejos de ocurrir, basado en la integración de los países y los compromisos firmados para el desarme, comercio y de fronteras, se vivió largos años de estabilidad. Las posibilidades de una "III Guerra Mundial" fueron desapareciendo. No obstante, existía una tremenda inseguridad y desconfianza entre las grandes potencias bélicas. Así ellas continuaron armándose, con la excusa de un posible ataque traicionero de parte de alguna de las potencias adversarias.

Las Armas Calientes - Durante el período de una guerra congelada la fabricación de modernas armas nucleares, químicas y de artillería calentaron el ambiente de la comercialización. A pesar de lo que ocurría, en el mundo bélico se vio la intención de la necesidad de la integración de los países y el cumplimiento de los compromisos firmados entre muchos de ellos. Razón por las que se vivió largos años de estabilidad bélica. Pero la guerra no podía estar lejos de la agenda de las grandes potencias y es cuando se inventa una **Guerra Virtual** o una "Guerra Diferente" a las que ocurrieron antes. Entonces, como la III Guerra Mundial estaba lejos de ocurrir en la práctica, entre bastidores se iniciaba otra, la llamada "**Guerra Fría**". Esta guerra realmente fue fría, sin embargo ella "fue la más caliente entre sus promotores, más de lo que muchos pudieran imaginarse". Finalmente se congeló, pero de ella se heredó sus Armas Calientes[291].

Durante la real frialdad de la Guerra Fría en EEUU se calentaban las fábricas de misiles intercontinentales "**MX**" y en la URSS se fabricó su equivalente, el misil "**SS24**", incluyendo poderosas ojivas nucleares. La antigua URSS tenía el misil Scud y los EEUU el misil Patriot, exactamente para interceptar al Scud. Estos misiles fueron probados y usados en la práctica en 1991 en plena Guerra del Golfo; cuando el 2 de agosto de 1990, el ejército de Irak invadió Kuwait.

Paralelamente a la carrera por los misiles, se fabricaron sofisticados aviones bombarderos para la guerra, como el **FA-18** Hornet, con velocidad de 2,133 Km por hora (vKh); el F-117A Caza Furtivo, (1,184 vKh); el **F-111F** (1,827 vKh); el F-15E **Eagle** (2,960 vKh); el **A-6** Intruder (1,280 vKh); el **Mirage-2000** (2,560); Tornado (2,560 vKh)

---

[291] Referencias: Frutos do Passado Sementes do Futuro. Alcides Vidal, Editora Erica, 1993, Brasil.

no estamos incluyendo los actuales como los drones. También forman parte los cohetes fabricados por EEUU como Hawk, Paveway II, Harm, Harpoom, Maverick, Hellfire, AIM-54 Phoenix, AIM-7F Sparrow, AIM-9 Siderwinder, AA-2 Atoll. Y, los fabricados por ex-URSS, como el AA-7, AS-4, Scud-B, Frog, SA-3, SA-9, AT-3, entre otros, no dejando de incluir los actuales de doble ojiva nuclear. Todo este armamento sin contar con la corrida por el dominio atómico y nuclear (que incluye las ojivas nucleares y las bombas) que su fabricación fue notoria y hasta exagerada desde los años 60 del milenio pasado.

Dando cumplimiento a los tratados internacionales, en 1993 comenzaron a ser desmontadas 6,000 ojivas, integrantes del inmenso arsenal atómico fabricados durante décadas por la URSS, en cuyo territorio existían 30 mil ojivas nucleares, actualmente distribuidas en varias repúblicas. Consecuentemente, millares de toneladas de uranio y plutonio serian manipuladas.

> Resumiendo, la situación de EEUU y de Rusia, en términos de ojivas, estaba agrupada de la siguiente manera: 10,815 EUA contra 10,053 de Rusia; del nivel START-I, 8,556 contra 6,449 y del START-II, 3,500 contra 3,000, respectivamente.

Respondiendo al pronunciamiento **Mikhail Gorbachov** del 27 de setiembre de 1991, **George Bush** se pronunció al día siguiente diciendo que no confiaba en ese pronunciamiento, ya que él quería saber, y con mucha razón, el destino del armamento nuclear de Inglaterra y de Francia también. Por eso preguntamos: ¿Es de esta manera que quedará suspendida la fabricación de los mísiles intercontinentales norte-americanos "**MX**"? ¿Será esa la actitud, también tomada por la URSS con respecto a sus mísiles "**SS24**"? Creemos que Si, el 5 de octubre de 1991 la ex-URSS, que poseía el mayor ejército del mundo, antes de dividirse como resultado de las medidas iniciadas con el *Glasnot* y *Perestroika*, integrado por 5 millones de militares, anunció también su programa de desarme.

El 1992, sea por suerte de los EEUU, o por ironías del destino, **la URSS no existía más**. Frente a esa situación preguntamos: ¿Será que EEUU se convirtió en la única gran potencia del mundo? Una primera respuesta fue dada cuando en EEUU se crearon leyes que (para ellos universales) permitan secuestrar a cualquier individuo y en cualquier lugar del mundo como si se estuviera deteniendo a un marginal en las calles de Nueva York.

Ante la victoria electoral de **Bill Clinton** en las elecciones presidenciales, en noviembre de 1992, derrotando el presidente **George Bush**, el mundo esperaba una consolidación militar norte-americana. Restaba conocer las verdaderas intenciones de Clinton, ya que se esperaba que EEUU se convirtiera en la única gran potencia, en función de que las otras probables potencias, seguidas más de cerca por China, no manifestaban tales pretensiones, por lo menos públicamente, en la época.

Bajo los mismos objetivos las actuales repúblicas: Rusia, Ucrania, Casaquistán y Bielorrusia, son repúblicas nucleares remanentes de la URSS (Unión de Repúblicas Socialistas Soviética). El 22 de enero de 1993, en Minsk, se realizó la 8ª reunión de la cúpula de la CEI (Comunidad de Estados Independientes) para discutir el problema nuclear entre ellos, pero no llegaron a una decisión sobre el control de sus arsenales estratégicos. Al respecto, *"La cuestión no fue abordada tan categóricamente que exigiese una decisión final e irreversible"*, dijo Iván Korotchenya, alto funcionario de la CEI. *"Los jefes de los Estados reunidos no tenían, de hecho, el compromiso de llegar a un acuerdo en la reunión"*. Mas el ministro ruso de la Defensa, **Pavel Grachev**, fue más claro: Él admitió que Rusia fracasó en su tentativa de convencer a Ucrania y Casaquistán de que confiaran en la guarda de todas las armas nucleares estratégica de la antigua URSS. Al mismo tiempo Grachev dijo que el problema afecta directamente la entrada en vigor del tratado de desarme ruso-americano Start II y tendrá que ser resuelto en negociaciones bilaterales.

La preocupación con las centenas de mísiles nucleares estratégicos y millares de ojivas dispersas en los cuatro países es uno de los más graves problemas para ser enfrentados por las repúblicas democráticas de la ex-URSS. Especialistas occidentales temen que, ante las penurias en la ex-URSS, algunas de esas armas sean vendidas para los países del Oriente Medio, como Irán e Irak. Por informar algo: **Ucrania** tiene

176 mísiles y 30 bombarderos estratégicos, que cargan un total de 1,656 ojivas nucleares. Las autoridades ucranianas concuerdan en un primer momento en desactivarlas. Alentador fue, cuando el 17 de diciembre de 1993, Ucrania aceptaba renunciar a su arsenal nuclear, a cambio de, según los entendidos, US$ 2,800 millones, pagados por EEUU y Rusia. Mas temiendo una disminución de su soberanía, Ucrania se está resistiendo en la entrega inmediatamente del control de esas armas a Rusia, que pasó a responder por la mayor parte de los compromisos de la ex-URSS. Por otro lado **Bielorrusia** aceptó plenamente el principio de que Rusia mantenga en su territorio los mísiles nucleares de la ex-URSS. Igualmente, Casaquistan también concuerda, en principio, más quiere saber cuál será la posición definitiva de Ucrania. **Casaquistan** tiene en su poder 1,410 ojivas; **Bielorrusia** no posee bombarderos, pero posee 81 mísiles, con una ojiva cada uno.

Por todo eso, especialistas no tienen dudas de que India, Paquistán e Israel (ninguno de ellos firmante del TNP) tienen armas nucleares o capacidad para producirlas rápidamente. Otros países como Ucrania, Casaquistan y Bielorrusia, heredaron parte del arsenal nuclear de la ex-URSS, aunque bien controlados por Moscú. Las estimativas dicen que existen en el mundo mil toneladas de plutonio y 1,300 toneladas de uranio altamente enriquecido. Una bomba o arma nuclear puede ser hecha con siete kilos de plutonio.

Al respecto, el 24 de marzo de 1993, el Presidente sud-africano, **Frederik le Klerk** dirigiéndose al Parlamento admitió, por primera vez, que produjo seis bombas nucleares, mas garantizó también, que en julio de 1991, fecha en que el país se unió al TNP, todas estaban desmontadas. Según ellos, las bombas fueron producidas bajo el control directo de su antecesor, **Piter Botha**, al costo de 800 millones de rands, en la época equivalente a US$ 400 millones. El proyecto de desarrollar la bomba atómica fue decidido en 1974, época del "crecimiento de la amenaza expansionista soviética. El plano fue para la construcción de siete bombas, más sólo seis fueron fabricadas exactamente porque en 1989, con su pose en el gobierno, **Klerk** canceló el programa, asociado con la firma del cese al fuego en Angola y en el Sul del país. El confirmó también, que nunca desarrollarán armamento avanzado, como bombas termo-nucleares, de Hidrógeno."

El fin de la URSS, debe haber dado una gran tranquilidad a los EEUU; considerándose que ellos no necesitan más preocuparse por el Comunismo de Lenin ni por la potencia bélica URSS; ahora ya pueden retirar la conexión del teléfono rojo en la Casa Blanca. Pero cuidado, otras potencias paralelas surgirán, no necesariamente bélicas, más tecnológicas, con recursos naturales, con alimentos, con inteligencia, con mano de obra calificada, con territorio, con aguas, mares, etc. etc.

Ya a finales del milenio pasado y dentro del clima bélico comentado, Bill Clinton, se iniciaba en el comando de los EEUU con un discurso al cuerpo diplomático, en 18 de enero de 1993, antes de la realización de la ceremonia de toma de posición en la presidencia de su país. **Clinton expuso tres pilares** en el que se sustentaría su gobierno: "*Primero: haremos de la seguridad económica de nuestro país un objetivo prioritario de la política externa. Los EEUU no pueden tener una participación activa en el exterior sin una economía sólida en casa. … Por eso, vamos buscar fuerzas económica en casa a través del aumento de la productividad, mientras procuramos simultáneamente garantizar que el comercio global este basado en los principios de apertura, realidad y reciprocidad.* **Segundo**: *Nuestra política externa será basada en una reestructuración de nuestras Fuerzas Armadas para enfrentar a las nuevas y continuas amenazas a nuestros intereses de seguridad y la paz internacional. Continuaremos la reducción prudentemente de los gastos en defensa. Mas los agresores potenciales no deben dudar de la reacción de los EEUU para enfrentarlos. No favoreceremos la perspectiva de la fuerza militar, mas, cuando es necesario, no dudaremos en usarla cuando estuvieran agotadas todas las medidas diplomáticas apropiadas. Y* **Tercero**: *la política externa de mi gobierno se basará en los principios e instituciones democráticas que unen nuestro propio país a los cuales, ahora, tantos aspiran en todo el mundo. La diseminación de valores democráticos de esperanza, de libertad a millones que soportaron décadas de opresión. Siempre que sea posible apoyaremos aquellos que comparten nuestros valores, porque hacerlo es de interés de los americanos y de todo el mundo a largo plazo*".

A inicios de la última década del milenio pasado existía un panorama de temor con la guerra por la increíble cantidad, en términos de armamentos. **China** tenía centenas de bombas. India, tiene un número indeterminado de ojivas y, en la época se preparaba para evaluar (hacer testes) su bomba de fisión. El Paquistán ya debe haber realizado pruebas de una bomba con la ayuda de China y hasta podría producir 25 ojivas hasta 1995. El Irán, compró reactores de China y **Rusia**. También existieron rumores negados de que Irán habría comprado tres ojivas del Cazaquistan. **Ucrania** quería retener los mísiles soviéticos en su territorio. El Cazaquistan decía que no desistirá de su arsenal nuclear mientras Rusia mantenga la suya. **Siria**, hacía poco tiempo que compró un reactor para pesquisas. Irak, está a pocos años de producir una ojiva. Argelia, tiene por lo menos un reactor chino y vínculos nucleares con Irak. Libia, compró varios componentes, pero no consiguió comprar una ojiva completa. África del Sur, pudo producir 40 ojivas hasta 1995 y tiene un campo de pruebas en el desierto de Kalahari. Argentina pudo producir varias ojivas hasta 1995, tendría plutonio suficiente para otras 7 ojivas hasta el año 2000. El Brasil podría producir ojivas nucleares hasta el año 2000.

Total de Armas Nucleares de Estados Unidos dispersadas en:

País	1975	1985	1992	2000
Alemania	5,116	3,396	325	190
Gran Bretaña	1,018	1,268	300	100
Turquía	467	489	150	95
Italia	439	549	150	95
Grecia	232	164	25	0
Holanda	96	81	10	10
Bélgica	40	25	10	10
Corea de Sur	683	151	0	0
Guam	1,213	428	0	0
Canadá	240	0	0	0
España	512	0	0	0
Filipinas	225	0	0	0
Porto Rico	30	0	0	0
TOTAL	10,311	6,551	970	500

Este era al panorama de cierre del milenio pasado y una proyección de lo que ocurrirá desde el inicio de este milenio, tal y como lo estamos evidenciando. Pero de una o de otra manera pinta un cuadro que expresa que el mundo se está armando y lo está haciendo muy bien. Las armas, como mínimo son ojivas nucleares y como máximo son bombas atómicas. Apenas haciendo un paréntesis: con la cantidad, potencia y localización del arsenal bélico nuclear ya es posible destruir la vida del Planeta Tierra. Por lo que preguntamos ¿Con la cantidad de este tipo de armamento atómico se intentará atacar Marte u otro planeta cercano?

A propósito, a fines del milenio pasado escribí: *"En el período pos guerras mundiales, allá por los finales de los años de 1947 hasta el inicio de la década de 1990, las grandes potencias desenvolvieron armas atómicas, nucleares, químicas y bacteriológicas. Asimismo, las convencionales fueron perfeccionadas y nuevas versiones fueron fabricadas. Muchas de ellas fueron puestas en práctica en la Guerra de las Malvinas (Inglaterra y Argentina) y en la Guerra del Golfo Pérsico (Irán, Irak y EEUU). Muchas otras, por ser de consecuencias mayores y fatales, aun no fueron utilizadas. No obstante, para hacerlas funcionar, es sólo presionar un botón de color rojo en el panel de control del monitoramiento."*[292]

Iniciado este milenio, con los atentados del Nueve de Noviembre del 2001 ("9-11"), en Nueva York, todo cambió. Y el mundo parece que se enrumbó por el camino del terrorismo, y para combatir el terrorismo se han incrementado los presupuestos en anti terrorismo, direccionando casi todo el presupuesto en la compra de armas.

> Viviendo la segunda década del Nuevo Milenio, Estados Unidos tenía cerca de 8,000 ojivas nucleares en reserva; sin contar las que se encontraban en proceso de destrucción por las exigencias de los Tratados STARTs.

Concluyendo: como pudimos observa con facilidad, la Guerra Fría no fue tan fría pero se congeló. Desde el mismo punto de vista las armas, producto del congelamiento de la Guerra Fría, calentaron el ambiente

---

[292] Fuente: Frutos do Passado Semente do Futuro, Alcides Vidal, Editora Erica, 1993, Brasil.

bélico, que ahora hasta es estratégico poder hacer un inventario de todas ellas. Mucho se podrá decir en justificativa de la existencia de las bombas atómicas en un planeta que se encuentra en su verdadero Rumbo al Final pero nada ni nadie podrán justificar su existencia.

Humano También para Liderar

> *Todos los animales tienen su líder, él es un guía, un protector, defensor del rebaño y todos lo tienen que seguir; la Especie Humana no podría ser la excepción. Lo que ocurre con la Raza Humana es que todos quieren ser líderes y mandar; nadie quiere formar parte del rebaño.*

En sus inicios la especie humana comenzó a desarrollar un incipiente estilo de vida: primero, ante las inclemencias de la madre naturaleza y después cumpliendo la necesaria "Ley del Más Fuerte". En los cánones naturales de la sobrevivencia, inicia su trayectoria sin fin, en parejas o sólo el macho con sus hembras. Migra para formar una aparente sociedad en un grupo familiar y luego en grupos de familias y vecinos, más tarde elabora los principios para una "Sociedad Organizada". Lo hace exactamente como respuesta para algo que tenía que hacer obligatoriamente en su beneficio; caso contrario el progreso de su raza sería desorganizado, sin ningún punto central que logre mantenerlos juntos, sin consideraciones ni respetos recíprocos entre ellos y posteriormente repercutiendo entre las pequeñas aldeas y pueblos.

En aquellas épocas la ausencia de normas grupales y sociales a seguir traería consigo un grupo de humanos desorganizados y con dificultades para la convivencia social y hasta entre los diversos grupos socio familiares existentes. Tras milenios de vida humana, realmente la sociedad de humanos dio señales de que realmente se está organizando o que ya se organizó; ahora si esa organización fue o es de la mejor manera o no, aún es un punto por discutir. Pero la preocupación por organizar bien y mejor a los grupos de humanos ha provocado la aparición de algunos que se destacan en ese ambiente; creándose así la figura del líder, del cacique, del faraón, del taita, del inca, del jefe, del juez, del dios y finalmente de la casta de los todo poderosos, entre ellos presidentes de las naciones, militares de alto rango y hasta políticos. Lo que hace observar también que la ambición de unos por el liderazgo y por querer demostrar el poder ante los otros siempre fue una característica en toda especie animal y no podría ser diferente con la humana; ya que el liderazgo hizo la historia de los pueblos desde el principio, lo hizo en los últimos milenios, lo está haciendo actualmente y lo hará posteriormente.

Grandes personalidades surgieron en la historia de la humanidad y hoy sus nombres perduran inmortales como ejemplo de un pasado indeleble que ahora, beneficia a algunos, que pueden ser castas sociales o naciones alrededor del mundo. Pero al mismo tiempo la creación de la figura del líder ha creado el calificativo marcador de dos tipos de ellos: Los líderes buenos y los líderes malos. Aunque ya quedó bien claro que: "lo que es bueno para unos no siempre es para otros y lo que es malo para los otros es bueno para los unos". Entonces el liderazgo se convierte en un factor que viene a ser el resultado de un *marqueteo* interesado y parcial y un juego de intereses.

"Quieres saber quién era Hugo Chávez? Solo observen quienes lloran su muerte y quienes la festejan" Fidel Castro, 2016.

En el caso de los "grandes líderes", los que reciben el respaldo de los medios de comunicación y son apoyados, serán los líderes buenos y los que no cuentan con ese mismo poder de comunicación apoyándolos serán, casi siempre, los peores o los malos; ya que ese medio de comunicación solamente se dedicará a atacarlo y a vender una imagen destructiva de él.

Ayer ocurrió con el Comunismo; la propaganda y el Poder Capitalista hacían creer que el Comunismo era malo y condenable, hasta persecución y embargos tuvieron los fanáticos seguidores alrededor del mundo. Qué decir de Mao (en China); Ocurrió con Fidel Castro (en Cuba), el mundo hablaba mal de él. Y ¿Qué decir de Hugo Chávez? (en Venezuela); Pinochet (en Chile) fue bueno para muchos pero malo para el resto. Saddam Hussein (en Iraq); de igual manera lo ubicamos a Perón en Argentina; Velasco Alvarado y Fujimori (en Perú), Geiser e Figueredo en Brasil. Bush en Estados Unidos y muchos más.

Es clara la situación de que al líder bueno o al líder malo (local, nacional y global) son los medios de influencia los que lo seleccionan y clasifican; claro, con excepciones. Lo que hace concluir que para saber si un líder es bueno o es malo existe dificultad y todo dependerá mucho del tipo de propaganda que se le haga. Si no queremos asumir un líder a la fuerza y por la constancia de la alienación de los medios de comunicación, la propia sociedad se encargará de tildarlo como adepto de un líder malo y como tal, él también será malo. Lo que hace con que esta sea una situación creada por el propio hombre para confundir a los hombres y sacar provecho de ello. Por eso, para que podamos definir, ayudados por nuestro propio don de discernir, estamos incluyendo el nombre de muchos de ellos, no comprometiéndonos con los mismos, para que puedan ser vistos como los lideres buenos o malos. Para nosotros, todos los líderes son iguales y es exactamente la historia la que está juzgando y uno de esos jueces, individualmente eres tú, apreciado lector.

> En mi caso, Mi respuesta es clara: Yo no sé si soy bueno para alguien y no estoy preocupado en saberlo (es mejor que ellos sean los que me juzguen); más una cosa en mi vida está asegurado, yo sé que no soy malo con nadie (aunque los otros me miren diferente) eso me hace vivir más seguro. Y, ¿Cuál es tu respuesta?

Un ejemplo que no es muy antiguo, si comparado con otros eventos similares, ocurrido en el milenio que pasó (menos de seis siglos) es el siguiente: **Francisco Pizarro** (Español) llega al suelo del Imperio Inca, el **Tawantinsuyo**, en América del Sur (Nuevo Mundo para los españoles), específicamente al lugar que hoy es llamado Cajamarca, actualmente convertido en la Región Cajamarca, Perú. Pizarro y su grupo, cabalgaban caballos mansos y tenían armas que disparaban (retrocargas, balas y pólvora). Se realizaba el primer histórico encuentro pacífico entre dos culturas, por no decir entre dos mundos. Al que lo estamos llamando "la Gran Oportunidad Desperdiciada", exactamente porque el interés exclusivo de la ambición por el bien material hizo con que se invirtieran los intereses de la comunión humanitaria.

En la Gran Oportunidad Desperdiciada estaban juntos, cara a cara, el Rey del Imperio Incaico, el Tawantinsuyo, el Inca Atawalpa y el representante del Rey del Imperio Español, Francisco Pizarro. Como un acto de la cúspide del encuentro y ante la normalidad de la situación, sobre todo demostrado por el Inca, Pizarro ordena a su súbdito que haga la entregue de un objeto al Inca **Atawalpa**; era un libro, la Biblia. El Inca después de observarlo por todos lados y por un tiempo prudencial arrojó el objeto al suelo (El Monarca, jefe del Imperio Incaico no sabía que podría o debería follearlo; el Monarca Inca no sabía que ese objeto extraño era un libro de papel que contenía muchas páginas, símbolos, letras formando frases para interpretarlo, leerlo).

Ante la actitud hostil del Inca según observación de Pizarro, éste manda hacer rehén al Inca y pide un rescate en oro a cambio de la vida del monarca Inca. "Así se consumaba el primer secuestro, seguido por pedido de rescate y luego ejecución de la historia de la humanidad en el Nuevo Mundo".

Inocente y con muy buena fe el Inca ofrece un montón de oro y dos de plata, hasta la altura de su mano, brazo levantado. Cumplida la propuesta del Inca, el grupo de Pizarro simplemente "degolló al Inca" (Atawalpa) en el lugar más público o escampado que existe ahí (actual Región Cajamarca). Consumando de esa manera el fin del Imperio Incaico seguido de su rápida y total destrucción.

> "¡*No hay nada en la historia que haya sido conquistado sin derramamiento de sangre!*" **Adolf Hitler.**

A partir de ese momento Pizarro pasó a ser el Héroe para la Realeza española; **el líder bueno** y finalmente el **héroe de la nación** española.

Resumiendo y para encuadrarlo en nuestro caso, Pizarro fue y continua siendo el "Líder Bueno" y de los mejores para España. Ahora, si preguntáramos al pueblo del Tawantinsuyo ¿Qué dirían ellos? Ciertamente confirmarán que Pizarro es el peor (el Líder Malo). Por eso, independientemente de los calificativos que los líderes reciban de los demás, la conclusión siempre será la misma: "Lo que es bueno para unos (España) es malo para otros (indios del Tawantinsuyo)". Pero hay algo de concreto: "Los hombres pasan pero sus obras quedan". A propósito, Albert Einstein decía: "*Las generaciones por venir apenas creerán que un hombre como éste caminó en la tierra en carne y hueso,*" con ocasión de la muerte de Gandhi.

En Perú, a finales del milenio pasado, y por muchas décadas, una gigante estatua de Francisco Pizarro (como el gran conquistador) de bronce macizo se lucía orgullosamente al costado de Palacio de Gobierno. Recién en este milenio se retiró ese monumento y fue trasladado para otro lugar, ahora escondido y a orillas del Rio Rímac. Lo que demuestra la idiosincrasia de las autoridades peruanas antes, durante y después de retirar el monumento de su lugar inicial. Del mismo modo, hasta finales del siglo pasado, en la entrada y al lado derecho de la Catedral de Lima, Perú, se exhibía un ataúd de vidrio conteniendo los restos del Gran Conquistador. Igualmente, desde inicios de este milenio, todo se resumió en un tubo (cartucho) de un metro diciendo que ahí están los restos de Pizarro.

Los tiempos cambian cuando la información fluye; más aún cuando la sociedad se concientiza con la verdad al obtener la razón de los actos.

Entre millares de líderes que encontramos en el mundo, vamos a citar a algunos: **Jesús**, dicen que convenció a multitudes de su pueblo y de su tiempo con sus palabras y acciones. **Simón Bolívar**, libertador de América, pensando en el Astro-Sol y refiriéndose al General San Martín (argentino), que proclamó la independencia de Perú, decía: *"Dos Soles no pueden brillar en el firmamento"*. **Juan Pablo II**, su nombre Karol Wojtyla (Wadowice, Cracovia, 1920 - Roma, 2005), nombrado Papa en octubre de 1978 fue el primer pontífice que no fue italiano en más de cuatro siglos de papado. Cambios que permitieron para que el actual el Papa Francisco sea de Argentina.

Es de considerar que la lista de personalidades calificadas como líderes a nivel mundial es interminable. La óptica de la Revista TIME consideró a los siguientes: Theodoro Roosevelt, Wood Wilson, Vladimir I. Lenin, Adolfo Hitler, Winston Churchill, Charles de Gaulle, Franklin Delano Roosevelt, Joseph Stalin, Harry S.Truman, Mao Zedong, John F.Kennedy, Lyndon B.Johnson, Richard Nixon y Mikhail Gorbachev como las grandes figuras del milenio pasado[293]. Otras revistas y periódicos relacionan también a algunos de ellos, al mismo tiempo que

---

[293] Fuente de consulta y Referencia: TIME, The Weekly Newsmagazine, US, "Great People of the 20th Century", 1996.

a muchos otros los ignoran, pero no dejan de incluir nuevos nombres que no figuran en la lista original.

Siguiendo con nuestro deseo de hacer un recuento histórico de los líderes en el mundo, sean ellos buenos o malos a los ojos de los calificadores, y respetando la libre opinión de todos, estamos contemplando a algunos de ellos por considerarlos ejemplos de Seres Humanos que se destacaron por algo que los caracteriza, ayudados por su ambición de querer ser líderes, superiores, mejores, más ricos, inteligentes, pudientes, letrados, etc. Son personalidades que se destacaron a nivel mundial en diferentes áreas y de una o de otra forma vinieron a ser célebres a través de la historia; muchos de ellos están sirviendo de buenos ejemplos para generaciones:

Adolf Hitler, Máximo dirigente de la Alemania nazi, nació en Braunau, Bohemia, Austria-Hungría en 1889 y falleció en Berlín en el año 1945. Líder nato, clara inteligencia y mucha capacidad de convencimiento. Manejó masas como quiso. Convenció multitudes diciendo que sus ideas eran las únicas y correctas[294]. En 1913 Adolf Hitler huyó del Imperio Austro-Húngaro para no prestar servicio militar y se refugió en Múnich. Se enroló en el ejército alemán durante la Primera Guerra Mundial hasta 1918. La derrota lo hizo pasar a la política. Como nacionalista e influenciado por el rechazo del nuevo régimen democrático de la República de Weimar, acusó a los políticos de haber traicionado a Alemania ya que aceptaron las humillantes condiciones de paz del Tratado de Versalles (1918). De vuelta a Múnich, Hitler ingresó a un pequeño partido rebautizándolo como Partido Nacionalsocialista de los Trabajadores Alemanes (NSDAP) del que pronto se convirtió en dirigente principal. Influenciado por el fascismo de Mussolini, este movimiento, representaba la respuesta reaccionaria a la crisis del Estado liberal que la guerra había acelerado. En 1923 fracasó en un primer intento de tomar el poder desde Múnich, apoyándose en las milicias armadas de Ludendorff. Fue detenido, juzgado y encarcelado por un año y medio; encarcelado escribió su libro "Mi lucha" donde diseñaba las grandes líneas de su actuación posterior. En 1924 escribió "Mein Kampf". De nuevo en libertad desde 1925, Hitler reconstituyó

---

[294] Fuente de consulta: Visite la Página web: www.Monografias.com

el NSDAP expulsando a los posibles rivales y se rodeó de un grupo de colaboradores fieles como Goering, Himmler y Goebbels. La profunda crisis económica desatada desde 1929 y las dificultades políticas de la República de Weimar le permitieron ganar una audiencia creciente entre grupos de ciudadanos descontentos dispuestos a escuchar su propaganda demagógica, envuelta en una parafernalia de desfiles, banderas, himnos y uniformes. En el año 1933 fue nombrado Canciller de Alemania. En 1939 invadió Polonia.

Charles de Gaulle, Nació en Francia en 1890. En 1940 Llevó adelante la resistencia del gobierno francés. En el año 1944 marchó para librar París. En setiembre de 1958 presentó la nueva constitución para el pueblo francés; la misma fue aprobada y se convirtió en el primer presidente de la Nueva República de Francia. En 1968 salió de la presidencia después de perder votos en las elecciones de 1969. En 1970 murió en Francia.

Fidel Castro, Nació en Mayarí, Cuba, en 1926. Revolucionario y estadista cubano. Estudió Derecho en la Universidad de La Habana, y luego se doctoró en 1950. Su ideología izquierdista le llevó a participar en diversas actividades revolucionarias desde muy joven. Formó parte en la sublevación contra la dictadura de Rafael Leónidas Trujillo en Santo Domingo (1947). Militó en el Partido del Pueblo Cubano, desde 1949. Fue exiliado en México. En 1952 inició su actividad revolucionaria contra la dictadura del general Batista, quien había entregado al país a manos de intereses norteamericanos. Su primer intento fue el asalto al Cuartel Moncada en Santiago de Cuba, que se saldó con un fracaso (1953). El cuartel no fue tomado ni provocó la esperada insurrección popular, pero no fracasó como político, ya que ganó gran popularidad que se acrecentó durante el juicio subsiguiente, en el que Castro se defendió a sí mismo y aprovechó para pronunciar un extenso alegato político "La Historia me absolverá". Fidel Castro fue condenado a 15 años de prisión, de los que sólo cumplió dos -en la isla de Pinos- merced a un indulto fue puesto en libertad en 1955. Se exilió entonces en México, donde preparó un segundo intento; pero esta vez apostó por crear una guerrilla rural, en la zona más apartada y montañosa del país: Sierra Maestra, en el Oriente de Cuba. Desembarcó allí a finales de 1956 con un contingente de 80 hombres (el "Grupo 26 de julio" a bordo del yate Granma). Dos años después, sus bases en la Sierra eran lo suficientemente sólidas y sus efectivos lo bastante nutridos como para llevar a cabo con éxito la ocupación de Santiago (1958). Desde allí Fidel Castro lanzó la ofensiva final que recorrió la isla de este a oeste, hasta entrar en La Habana en 1959, secundado por sus colaboradores Ernesto Guevara (el Che), Camilo Cienfuegos y su hermano Raúl Castro[295]. Curiosidades de Fidel: "Me fingí de muerto para ver el entierro que me harían." *Un revolucionario puede perder todo: la familia, la libertad y hasta la vida; menos la moral.*

Hugo Chávez, (Sabaneta de Barinas, Venezuela, 28 Julio 1954 – Caracas 5 Marzo 2013) Ex militar y político venezolano. Hugo Chávez se graduó de subteniente en 1975; también en Ciencias y Artes Militares. Luego ocupó diversos cargos de comandante en las Fuerzas Armadas de Venezuela. En 1982 Hugo Chávez fundó el Movimiento Bolivariano Revolucionario (MBR-2000). Fue comandante de la operación militar Ezequiel Zamora, que protagonizó la rebelión del 4 de febrero de 1992. Fue encarcelado por rebeldía en la cárcel de Yare (1992-1994), tras ser liberado fundó el Movimiento V República, al frente del cual presentó su candidatura a las elecciones presidenciales del 6 de diciembre de 1998. Fue presidente de Venezuela desde 2 de febrero 1999 hasta 5 marzo 2013[296].

John F. Kennedy, Nació en Boston, Massachusetts en 1917, en 1943 sobrevivió al chocarse su embarcación "PT" en el Océano Pacifico, En el año 1952 fue electo Senador por el Estado de Massachusetts, en 1969 gana las elecciones a la presidencia de los EEUU a Richard Nixon. El 22 de noviembre de 1963 arriba al aeropuerto de Dallas para continuar con su campaña electoral, muriendo asesinado por un disparo.

José Martí, (La Habana, 1853 - Dos Ríos, Cuba, 1895) Político y escritor cubano. El joven Martí pronto se sintió atraído por las ideas revolucionarias de muchos cubanos, y tras el inicio de la guerra de

---

[295] Fuente de consulta: Visite la Página web: Leer más: http://www.monografias.com/trabajos93/lideres-mundiales-positivo-y-negativos-biografias/lideres-mundiales-positivo-y-negativos-biografias2.shtml#ixzz3TAfw6Ply

[296] Fuente de consulta: Página web: http://www.monografias.com/trabajos93/lideres-mundiales-positivo-y-negativos-biografias/lideres-mundiales-positivo-y-negativos-biografias.shtml#ixzz3TAfY9PmJ

los Diez Años y el encarcelamiento de su mentor, inició su actividad revolucionaria: publicó una gacetilla El Diablo Cojuelo, y poco después una revista, La Patria Libre, que contenía su famoso poema Abdalá.

Joseph Stalin, nació en la ciudad de Gori, Georgia en 1879. En el año 1917 llegó a la presidencia en contra de los Bolcheviques. Se reunió con Lenin en 1922. Ya en 1929 tenía el absoluto control de la situación de la agricultura soviética. Stalin murió en Moscú en 1953.

Madre Teresa de Calcuta, nació en Skopje, Yugoslavia el 26 Agosto de 1910. Su nombre original es Agnes Gonxha Bojaxhiu y su nacionalidad es albanesa. En 1928 arriba a India. En 1950 funda la Orden Misionaria de Caridad en Calcuta. En 1979 recibe el Premio Nobel de la Paz. A propósito, cuando recibió este premio fue preguntada: "¿Qué podemos hacer para promover la paz mundial?" Ella respondió: "Regresen a sus hogares y amen a sus familiares." Falleció en Calcuta el 5 Setiembre 1997. Es un digno ejemplo de bondad para la humanidad, muy buen ejemplo para los actuales tiempos inmortalizando sus siguientes frases: *"Lo que yo hago es una gota en el medio del Océano. Mas sin ella, el Océano será pequeño." "Es fácil amar a los que están lejos. Mas no siempre es fácil amar a los que viven a nuestro lado." "Todas nuestras palabras serán inútiles si no brotan del fondo del corazón. Las palabras que no dan luz aumentan la oscuridad." "Lo que yo hago es simple: pongo pan en las mesas y los comparto." "La fuerza más potente en el universo es la fe." "A todos los que sufren y están solos, dale siempre una sonrisa de alegría. No les proporciones apenas tus cuidados, mas también tu corazón." "¿Cuál es el lugar del hombre? Donde sus hermanos necesiten de él"*[297].

Manuel Antonio Noriega, (Panamá, 1939) Militar y político panameño. Jefe de los servicios secretos de la Guardia Nacional Ante la muerte del general Torrijos (1981) ocupó la cúpula del poder militar. En 1987 destituyó al jefe de Estado Mayor, Díaz Herrera, quien lo había acusado de complicidad con la CIA en la muerte de Torrijos. A partir de entonces, tuvo que hacer frente a una fuerte oposición popular y a

---

[297] Fuente de consulta http://www.frasesfamosas.com.br/buscar-frases/?q=fidel+castro. Página web: http://www.monografias.com/trabajos93/lideres-mundiales-positivo-y-negativos-biografias/lideres-mundiales-positivo-y-negativos-biografias.shtml#ixzz3TAfY9PmJ

presiones de EEUU por sus implicancias con en el narcotráfico. Tras la anulación de las elecciones de mayo de 1989, fue nombrado jefe de Gobierno. Sin embargo, en el mes de diciembre de ese mismo año el ejército estadounidense invadió Panamá y lo capturó para juzgarlo por tráfico de drogas. Fue trasladado a EEUU, en 1992 donde el tribunal del Estado de Florida lo condenó a cuarenta años de reclusión por ocho cargos de tráfico de drogas y blanqueo de dinero procedente de esta actividad delictiva. En 1998 el Tribunal Superior de EEUU rechazó la petición de sus abogados defensores para que se le sometiera a un nuevo juicio.

Mao Tse-tung, Nació en la provincia de Hunan, China, 1893. Político y estadista chino. Se inicia en el campo laboral en la granja familiar a la edad de trece años. Posteriormente ingresó a la Escuela de Magisterio en Changsha, donde comenzó a tomar contacto con el pensamiento occidental. Más tarde se enroló en el Ejército Nacionalista, en el que sirvió durante medio año, tras lo cual regresó a Changsha y fue nombrado director de una escuela primaria. Luego trabajó en la Universidad de Pekín como bibliotecario. Leyó a los autores Bakunin y Kropotkin, además de tener contacto con Li Dazhao y Chen Duxiu, hombres clave de la que habría de ser la revolución socialista china[298]. Mao fue un mandatario enérgico. En 1949 en Beijing inauguró la era del comunismo, triunfó en la guerra civil y unificó China. De 1966 al 69 fue la revolución cultural china. En 1972 recibió la visita de Richard Nixon y de Kissinger. Mao murió en Pekín, en 1976.

Martin Luther King, nació en Georgia, Atlanta en 1929 - Pastor baptista, defensor de los derechos civiles. Estudió teología en la Universidad de Boston. En 1954 se graduó como Pastor Baptista y luego se hizo cargo de una iglesia en la ciudad de Montgomery, Alabama. En 1957, con sus 28 años fue Pastor y fue arrestado por sus pronunciamientos. Por su coraje y resistencia fue aclamado el Hombre del Año por la revista TIME en 1963 y en 1964 recibió el Premio Nobel de la Paz. En 1963 escribió su más famoso pronunciamiento sobre los Derechos Civiles, en un papel botado en la celda de la prisión conocida como: "Letter from a

---

[298] Fuente de consulta: Página web: http://www.monografias.com/trabajos93/lideres-mundiales-positivo-y-negativos-biografias/lideres-mundiales-positivo-y-negativos-biografias2.shtml#ixzz3TAfq1xDq

Birmingham Jail". En 1963, Martin Luther King sale libre y pronuncia su discurso en Washington inmortalizando la frase: *"I Have a Dream"* (Yo tengo un sueño). En 1964 su casa fue bombardeada tres veces y él fue encarcelado 14 veces. En 1965 organiza una marcha por los votos correctos en Selma. En 1968 por sus manifestaciones contra la violencia gana adeptos de parte de los blancos. **King** es un ejemplo por luchar en defensa de los derechos civiles con métodos pacíficos, inspirándose en la figura de Mahatma Gandhi y en la teoría de la desobediencia civil de Henry David Thoreau. Fue asesinado en marzo de 1968 en el balcón del hotel Memphis, EEUU, a consecuencia de un cerrado racismo de los blanco contra los negros.

Mohandas Karamchand Gandhi, nació el 2 de Octubre de 1869 en Porbandar, India. Es considerado uno de los más respetados líderes espirituales y políticos del Siglo XX. Gandhi a los 15 años se convirtió en el líder del movimiento nacionalista indio ayudando a la liberación del pueblo hindú del colonialismo de Gran Bretaña con su resistencia pacífica. En 1900, con sus 23 años de edad fue para Sud África, para practicar leyes; ya que se había graduado en la Universidad de Londres. En 1915 retornó a India para dedicarse a las prácticas de los derechos civiles. En 1931 Gandhi llamó al Primer Ministro Ramsay McDonald para ir a la calle 10 Downing Street mostrando su genuina simplicidad, demostrando la fuerza de su humilde y escasa ropa. En 1947 se reunió con Biscount Mountbatten, jefe británico y representante en India para discutir detalles de la salida de Gran Bretaña de su territorio; consolidando la célebre frase: *"Imperialism is the Great Satan of our day"*. En 1947 India alcanzó la independencia. Actualmente es considerado como el Padre de la Nación India. Es llamado por los indios Gandhi Mahatma, que significa Alma Grande. Un 30 de Enero de 1948, a la edad de 78 años, fue asesinado por un fanático hindú que se oponía a su programa de tolerancia hacia todos los credos y religiones.

Mikhail Sergeyevich Gorbachev, Nació en Stávropol Krai (Privolnoye), Rusia, Unión de Repúblicas Socialistas Soviética (URSS), el 2 de marzo de 1931; En los años de 1950 frecuentó el Colegio. En la Universidad Estatal de Moscú estudio leyes. Contrajo matrimonio a comienzos del año 1954. A los 39 años de edad, retornó a Stávropol y se convirtió en el Primer Secretario del territorio de Stávropol, en 1970. En el año

1977 fue portada de la revista TIME con su entrevista dada en Prada. Fue Secretario General del Partido Comunista Soviético del 11 de marzo 1985 a 24 de agosto de 1991. Fue Presidente de la URSS del 15 de marzo de 1990 al 25 de diciembre de 1991, año que se desmembró la URSS en repúblicas, comandada por Rusia. En 1990 fue el Hombre de la Década en la portada de la misma revista. En marzo de 1985 fue nombrado oficialmente el Secretario General del Partido. Seguidamente resalta dos frentes de acción definitiva que concluye con el cambio total de la sociedad y del Estado de la URSS conocidas como el **Glasnot** la **Perestroika**. Glasnot consistía en la libertad para que la gente discuta los problemas sociales soviéticos, por primera vez. Lo que resultó ser un verdadero cambio total de la sociedad. Y, Perestroika que consistía en la reestructuración significativa del país; proceso que tardó dos años. En 1991 la URSS se disuelve en pequeñas naciones. Letonia, Lituania y Estonia son las primeras naciones en separarse de la URSS; en seguida deja el cargo. En el año 1996 sin fuerza democrática, participa en las elecciones y es elegido presidente. Es famoso por desmembrar la URSS.

Nelson Rolihlahla Mandela, Nació en Transkei, Sud África, el 18 de julio de 1918. Siempre fue firme en su consagración a la democracia, la igualdad y la instrucción. En 1960 Mandela funda la guerrilla para ser militante, triunfando en el Congreso Nacional Africano. Mandela fue preso en 1962 por subversivo y activista. En 1985 el régimen de Botha ofrece su libertad condicionada; Mandela responde con su famosa frase: **"Sólo un hombre libre puede negociar"**. Recuperó su libertad en 1990, después de 27 años de prisión. Entra en la vida de libertad juntamente con su controversial esposa, Winnie, de quien se divorció formalmente en 1996. Negoció con el Presidente F. W. de Klerk la elaboración de la nueva constitución para Sud África en 1991. Después de meses de una ardua conversación entre Mandela y el Presidente F.W. de Klerk acordaron promulgar la Nueva Constitución. Motivo por la que tuvieron que compartir el Premio Nobel de la Paz en 1993, premio en nombre de todos los sudafricanos que tanto sufrieron y se sacrificaron por lograr la paz duradera. El 27 de abril de 1994, Mandela triunfa en su larga lucha poniendo fin al Apartheid. Ese día a las 12.01 AM las Leyes de los blancos en África del Sur llegaban a su final definitivo. Su vida ha sido ejemplo para Sudáfrica y para el mundo entero ya que la lucha armada fue, para él, la "última alternativa". Fue el primer presidente de

Sudáfrica elegido demócraticamente por el sufragio universal (el voto). En Sudáfrica es conocido como Madiba, un título honorifico adoptado por ancianos de la tribu de Mandela. Algunos sudafricanos también se refieren a él como 'mkhulu' (abuelo).

Theodore Roosevelt, nació en Nueva York, en 1858; fue el 26th Presidente de los Estados Unidos (1901-09), antes había sido Vicepresidente de William McKinley. Recibió el Premio Nobel de la Paz en 1905. Falleció a los 60 años en 1919.

Franklin Delano Roosevelt, 1882-1945; fue el 32th Presidente de los Estados Unidos (1933-45). Falleció a los 63 años en 1945.

V.I. Lenin - Vladimir Ilyich Ulyanov, nació en la pequeña ciudad de Simbirsk, Rusia, en 1870; fue exiliado a Siberia en 1897. Con casi 20 años en el exilio retornó a Rusia el 16 de abril de 1917, llegando a la estación de tren Finland en Petrograd. Luego lideró la revolución Rusa; trabajando dos años con fuerza y en 1919 propició el mayor mitin llamado de "El Día de Mayo" en Moscú con los que los llamó de "Trabajadores del Mundo Unidos". Fue el más influente revolucionario ruso. Falleció en 1924 a los 53 años. Vale la pena recordar sus frases célebres: *"Es verdad que la libertad es preciosa - tan preciosa que necesita ser racionalizada." "La razón humana descubrió diversas cosas maravillosas respecto de la naturaleza y todavía descubrirá más, aumentando así su poder sobre ella." "Ud. se convierte un comunista cuando enriquece su mente con todos los tesoros creados por la humanidad." "La consciencia del hombre no solo refleja el mundo objetivo, si no también, acción de su creadora." "Todas las maravillas de la ciencia y las conquistas de la cultura pertenecen a la nación como un todo". "Las revoluciones son las fiestas de los oprimidos y explotados."*

Winston Churchill, Nació y creció en el esplendor del Palacio Blenheim, una mansión con 320 habitaciones en Inglaterra, en 1874. Considerado un héroe en vida. En 1899 fue capturado y encarcelado en Boer de donde escapó. En el año 1914 fue primer Lord en la primera Guerra Mundial. En 1940 fue nombrado Primer Ministro y sobrevivió al bombardeo en la batalla de Britania. Su hobby era estar a orillas del río donde dijo: "Pintar es como la batalla". Su cumpleaños número 90 lo pasó en Londres, en 1964. En 1965 murió.

Steve Jobs, Nació el 24 de Febrero de 1955, en San Francisco, California, Estados Unidos. Eximio profesional en Tecnología de la Información y también inventor. Fue el cofundador y CEO de Apple Inc. Murió el 5 de octubre del 2011, en Palo Alto, California. Su esposa fue Laurene Powell (m. 1991–2011) y sus hijos: Lisa Brennan-Jobs, Erin Siena Jobs, Eve Jobs y Reed Jobs. Afortunadamente fueron preservadas sus últimas palabras que con mucho respeto y consideración las reproducimos a seguir:

> *"He llegado a la cima del éxito en los negocios. A los ojos de los demás, mi vida ha sido el símbolo del éxito. Sin embargo, aparte del trabajo, tengo poca alegría. Finalmente, mi riqueza no es más que un hecho al que estoy acostumbrado. En este momento, acostado en la cama del hospital y recordando toda mi vida, me doy cuenta de que todos los elogios y las riquezas de la que yo estaba tan orgulloso, se han convertido en algo insignificante ante la muerte inminente. En la oscuridad, cuando miro las luces verdes del equipamiento para la respiración artificial y siento el zumbido de sus sonidos mecánicos, puedo sentir el aliento de la proximidad de la muerte que se me avecina. Sólo ahora entiendo, una vez que uno acumula suficiente dinero para el resto de su vida, que tenemos que perseguir otros objetivos que no están relacionados con la riqueza. Debe ser algo más importante: Por ejemplo, las historias de amor, el arte, los sueños de mi infancia. (…) No dejar de perseguir la riqueza, sólo puede convertir a una persona en un ser retorcido, igual que yo. Dios nos ha formado de una manera que podemos sentir el amor en el corazón de cada uno de nosotros, y no ilusiones construidas por la fama ni el dinero que gané en mi vida, que no puedo llevarlos conmigo. Solo puedo llevar conmigo los recuerdos que fueron fortalecidos por el amor. Esta es la verdadera riqueza que te seguirá; te acompañará, le dará la fuerza y la luz para seguir adelante. El amor puede viajar miles de millas y así la vida no tiene límites. Muévete adonde quieras ir. Esfuérzate para llegar hasta las metas que desea alcanzar. Todo está en tu corazón y en tus manos. ¿Cuál es la cama más cara del mundo? La cama de hospital. Usted, si tiene dinero, puede contratar a alguien para conducir su coche, pero no puede contratar a alguien para que lleve su enfermedad en lugar de cargarla usted mismo. Las cosas*

materiales perdidas se pueden encontrar. Pero hay una cosa que nunca se puede encontrar cuando se pierde: la vida. Sea cual fuere la etapa de la vida en la que estamos en este momento, al final vamos a tener que enfrentar el día cuando la cortina caerá. Haga tesoro en el amor para su familia, en el amor por su esposo o esposa, en el amor por sus amigos.(...) Trátense bien y ocúpense del prójimo"[299]. Fueron las últimas palabras de **Steve Jobs**.

Pero no solamente encontramos líderes buenos y líderes malos en una clasificación de personalidades a nivel mundial como representantes de la Raza Humana, también hay muchas otras clasificaciones donde se pueden agrupas a personalidades que se destacan, unos más que las otras, en diferentes aspectos. Oportunamente la revista semanal TIME, US, publicó el libro "**Great People of the 20th Century**", en 1996; claro, haciendo un inventario de lo que estaba ocurriendo en el milenio que se iba (1000-1999) y dando la bienvenida al actual (2000-2999). El libro descubre otras categorías importantes donde el Humano tiene gran destaque: Activistas, pioneros, innovadores, científicos y creadores[300].

No podemos dejar de citar también a los líderes combatientes en la Segunda Guerra Mundial, que ya fueron homenajeados por la revista americana TIME, tales como: **Isoroko Yamamoto**, Almirante japonés, que fue portada en la revista TIME del 22 de diciembre de 1941, acción de ataque sorpresivo y devastador a Pearl Harbor, demostró su extremo poder maniobrando su avión. **Hewin Roomel**, África del Norte, portada en la revista TIME del 13 de julio de 1942, reclutado para operar los tanques de Hitler en el Norte de África. <u>**Almirante Karl Doenitz**</u>, portada en la revista TIME del 10 de mayo de 1943, especialista en submarinos desde la Primera Guerra Mundial, mejorándolos en la Segunda. **George C. Marshall**, General, portada en la revista TIME del 3 de enero de 1944, visionario líder de las fuerzas

---

[299] Fuente: Agradezco la gentileza del Dr. Hugo Salinas González quién oportunamente compartillo la publicación de Pablo D'Arcangelo de 11 de noviembre 2015.

[300] Fuente de consulta y Referencia: TIME, The Weekly Newsmagazine, US, "Great People of the 20th Century", 1996.

militares de EEUU. Secretario de Estado y su Plan Marshall resucitó Europa. **Bernard Montgomery**, portada en la revista TIME del 1 de febrero de 1943. **George S. Patton**, General, portada en la revista TIME del 26 de julio de 1943. Con su división armada recorrió África, Italia y Francia. **Dwight D. Eisenhower**, General, portada en la revista TIME del 1 de enero de 1945. Líder histórico, Participó en el "Día D" arribando a Normandía. Declarado el Hombre del Año por la Revista TIME, en 1944. **Douglas MacArthur**, portada en revista TIME del 27 de agosto de 1945[301].

Como podemos observar la Historia de la Humanidad está constituida por la presencia de hombres que se convirtieron en grandes, sea por su obra, virtud, y acción que los inmortaliza. Claro, hay también hombres que fueron hechos grandes independientemente de lo que hicieron. Los grande hombres son vistos como tales porque son los otros hombres que así lo consideran; como ya dijimos antes: muchos de los grandes hombres del pasado son líderes buenos como también otro tanto de ellos es considerado como el líder mal, malo, por no decir el peor. Todo depende de quién lo juzgue, por el ángulo del juzgamiento y por los interese del juzgador. Pero la historia de la Humanidad no fue concluida, ella continua siendo escrita día a día y segundo a segundo. Los hombres históricos del mañana serán los héroes de las batallas de hoy. Son tantas las razones relacionados con los hombres del ayer que nos sentimos en la obligación de traer a luz a muchos más de ellos como en el caso del poder de alienación humana, para nuestra recapacitación.

Poder de Alienación Humana

Convencer a una sola persona, a un grupo de ellas, a multitudes, a naciones completas, es una misión. Es una tarea fácil para unos y muy difícil para la mayoría. ¿Por qué es fácil para unos y difícil para otros? Verifiquemos los casos a seguir:

---

[301] Fuente de consulta y Referencia: Referencia: TIME, The Weekly Newsmagazine, US, "Great People of the 20th Century", 1996. Paginas 31 y 31.

"Transforme a la mentira grande, simplifíquela, continúe afirmándola y eventualmente todos creerán en ella." **Adolf Hitler**.

Vladimir Lenin, revolucionario y político en la URSS, convenció a su pueblo fundando el Partido **Comunista** en la URSS. Fue el líder de la Revolución Bolchevique. En 1924 murió a los 54 años. La URSS permaneció Comunista y victoriosa por generaciones; hasta que, en los finales del siglo pasado se desmembró.

Micail Gorbachev, en los 90's del milenio pasado convenció a su pueblo ofreciéndoles realizar un cambio total de la sociedad con el *"Glasnot"* y la **"Perestroika"** como escudo. Gorbachev disuelve el régimen comunista y la URSS se desmembró en Naciones Independientes. Consecuentemente el 8 de diciembre de 1991 se creó la Comunidad de Estados Independientes (**CEI**) liderada por Rusia. Rusia entra a un régimen capitalista, cuando los Jeans y las franquicias de Mc Donals Americano fueron los primeros negocios en instalarse allí.

Fidel Castro convenció a su pueblo transformando a Cuba en una nación Comunista. Anunció al mundo que Cuba es una nación Comunista en abierta oposición a su vecino del Norte y así se mantuvo firme por más de medio siglo; soportando el Embargo que los cubanos llamaron "Bloqueo". Embargo que se inició el 7 de febrero de 1952, entre otras cosas para perjudicar el sector publico cubano, especialmente en el aspecto de la salud.

Una Nación también convence. **Estados Unidos** convenció al mundo que era necesario aplicar un sistema de **Embargo a Cuba**. Increíble, el mundo lo cree y lo peor, apoya. Situación que en 1952 el Embargo a Cuba se hace realidad (que se extenderá por medio siglo). En mayo de 1958 Estados Unidos suspende la ayuda militar oficial al gobierno de **Fulgencio Batista**, por considerarlo dictador; este episodio quedó conocido como el "Embargo Militar a Cuba".

Fidel Castro convenció a un grupo de personas para luchar juntos en las guerrillas contra Fulgencio Batista, el llamado dictador en Cuba, para llegar al poder.

El Presidente norteamericano **Dwight D. Eisenhower**, el 6 de julio de 1960, convenció al Congreso que como respuesta a las nacionalizaciones realizadas por Batista en Cuba, se tenía que reducir su cuota de importación de azúcar de Cuba, lógicamente el Congreso fue convencido, lo solicitado fue aprobado y la cuota de azúcar de Cuba se redujo para apenas 700,000 toneladas. De ojo en la situación y en las judas, la URSS entra en acción y compra el excedente de azúcar de Cuba, ofreciendo pagar altos precios; situación que permitió al gobierno cubano continuar con su revolución comunista.

Eisenhower el 3 de enero de 1961 convenció al Congreso y Estados Unidos rompe sus Relaciones Diplomáticas con Cuba: "(...) *Accordingly, the Government of the United States here by formally notifies the Government of Cuba of the termination of such relations*".

El presidente **John F. Kennedy**, el 7 de febrero y 23 de marzo de 1962 convenció al Congreso que amplió las restricciones comerciales dictadas por **Eisenhower** justificando la aproximación de Cuba con los soviéticos. Ocurría en plena Guerra Fría,

El 8 de julio de 1963 el Presidente **Kennedy**, Estados Unidos, convenció al Congreso y se emite el Reglamento de Control de los Recursos Cubanos (*Cuban Assets Control Regulations*), con el pretexto de hospedar mísiles rusos en suelo cubano. De esa manera todos los activos cubanos fueron congelados en Estados Unidos.

Estados Unidos también convenció a la Organización de Estados Americanos (OEA). Razones por las cuales la OEA, el 26 de julio de **1964**, impone sanciones multilaterales a Cuba. Tres días después una nueva resolución fue aprobada en la OEA, reafirmando sus principios de no-intervención: "*dejar en libertad a los Estados miembros del Tratado Interamericano de Asistencia Recíproca (TIAR) para que conduzcan sus relaciones con Cuba*".

Época en la que Fidel Castro pierde la esperanza de una conversación con Estados Unidos. Tiempos cuando Castro ingresa al mundo de las predicciones filosóficas vislumbrando lo imposible para la época: "*Estados Unidos dialogará con Cuba solo cuando tenga un Presidente negro y haya un Papa latinoamericano*", La Abana 1973.

El presidente de Estados Unidos, **Jimmy Carter**, el 19 de marzo de **1979** convenció y se negó renovar las restricciones para que los ciudadanos norte-americanos puedan viajar a Cuba; restricción que debería renovarse a cada seis meses.

El 19 de abril de **1982** el presidente **Ronald Reagan** convenció y reinstauró el embargo comercial ya que las restricciones para los gastos en dólares también fueron reducidas. En octubre de **1992**, el embargo fue reforzado por la Acta para la Democracia Cubana. Esta Acta fue conocida como la **Ley Torricelli**.

El 1º de marzo de **1996** fue publicado la "**Ley de la Libertad Cubana y Solidaridad Democrática**"; más conocida por los nombres de sus principales promotores, el Senador por Carolina del Norte, **Jesse Helms**, y el representante por Illinois, **Dan Burton,** como la **Ley Helms-Burton**. El 12 de marzo de ese año, el presidente de los Estados Unidos, **Bill Clinton**, firmó y puso en vigor esta ley. Artículos de estas dos leyes establecían que las filiales de empresas estadounidenses situadas en terceros países, no podrían establecer ningún tipo de relación comercial con Cuba. La **Ley Helms-Burton** se implantó como consecuencia del incidente el 24 de febrero de 1996, cuando un avión MiG-23 y otro, MiG-29 de la Fuerza Aérea Cubana derribaron dos avionetas, operados por el grupo de cubanos que emigraron a Estados Unidos "Hermanos al Rescate". La Ley Helms-Burton, es una ley estadounidense que continúa vigente y refuerza el embargo de Estados Unidos contra Cuba.

En **1999**, el Presidente **Bill Clinton** convenció y amplió el valor del embargo comercial prohibiendo a las filiales de multinacionales americanas de comercializar con Cuba valores superiores a 700 millones de dólares anuales. Desde el año 2000 fue autorizado exportar alimentos desde Estados Unidos para Cuba. La venta está condicionada a los siguientes puntos: pago exclusivamente al contado y anticipado: la carga debe ser pagada antes de que el carguero zarpe del puerto americano rumbo a Cuba.

Estados Unidos convenció mantener el embargo a Cuba y este embargo es formalmente condenado por Naciones Unidas. La Asamblea General de las Naciones Unidas votó, por más de 23 años consecutivo, para condenar el embargo a Cuba por los Estados Unidos. Nada se hizo.

En este contexto Estados Unidos actúa con dos caras: con una combate a Cuba por ser comunista y con la otra mantiene relaciones comerciales con otros países comunistas: República Popular China y la República Socialista del Vietnam. Lo que prueba que el Comunismo no tenía nada que ver con lo que ocurría con Cuba, apenas era un pretexto.

El comercio de Estados Unidos con **China** aumentó de US$ 5 billones en 1980 para US$ 231 billones el 2004; convirtiendo a China: en su tercer mayor aliado comercial; segunda mayor fuente de importaciones y quinto mayor mercado exportador.

En febrero de 1994 Estados Unidos levantó su embargo contra **Vietnam**, país comunista. Esto hizo crecer el comercio internacional entre ambas naciones de US$ 220 millones en 1994 para US$ 6,4 billones el 2004.

Hasta el 2014 Estados Unidos no había levantado el embargo a Cuba. Exilados cubanos mantenían un fuerte "lobby contra Cuba", liderado por el Comité de Acción Política Democrática Cuba-Estados Unidos, en el estado de Florida, cujas influencias políticas venían dificultando la normalización de las relaciones diplomáticas con Cuba.

Barack Obama, en aquel entonces candidato a la presidencia de Estados Unidos convenció a sus electores demócratas, que él era la esperanza, el pacificador, el solucionados de los conflictos bélicos que enfrentaba su nación; que retiraría la tropa Americana de Irak y de Afghanistan y que cerraría la cárcel de Guantánamo, que era considerada como un centro de tortura. Ganó las elecciones y el 20 de enero de 2009 asumió la presidencia de los Estados Unidos, después de derrotar a su contrincante, el Republicano John McCain. Simultáneamente el mundo fue convencido, otra vez, que Barack Obama, sería (en ese caso ya era) el presidente "pacificar" y con apenas nueve (9) meses en el cargo ya era Laureado con el Premio Nobel de la Paz 2009. A pesar de que las promesas de campaña no se habían hecho realidad.

En diciembre de 2014, el Presidente cubano, **Raúl Castro** reconoció que el presidente de Estados Unidos, **Barack Obama** estaba flexibilizando el bloqueo, o sea, quería: *"remover los obstáculos que impiden o restringen los vínculos entre nuestros pueblos"*, afirmaba Castro. Realmente, superado el medio siglo de Embargo a Cuba nuevos aires de mudanzas comenzaron soplar en la isla de **Fidel**. En el año 2015, de acuerdo con el vocero de la administración de **Barack Obama**, Presidente de los Estados Unidos, se dictaron medidas, que en nada agradó a la Colonia Cubana de Miami, reanudando las relaciones diplomáticas con Cuba (prácticamente era el inicio para el proceso que conduciría al tan esperado término del Embargo a Cuba). Iniciándose de esa manera las primeras conversaciones en la isla, referente a cómo administrar la etapa de transición[302].

Cuba dio la señal que restableció las relaciones diplomáticas con Estados Unidos primero, enviando a su representante consular a la capital Norteamérica, Washington DC. La bandera cubana era izada en su respectivo mástil, el 14 de agosto de 2015. También John Kerry, Secretario de Estado norteamericano, viajó a Cuba y presenció el izamiento de la bandera Norteamericana. Acto que no se hacía a más de medio siglo. Para Fidel Castro, la Novela Embargo tuvo un final feliz y reconfortante. (A pesar que él pensaba que el embargo seria levantado solamente a muchos años después de su muerte).

El 21 de setiembre de 2015, el Papa Francisco visitó Cuba; al día siguiente, de mañana, el Papa visitó a Fidel Castro en su residencia. La mayor alegría de Castro, en aires de fin de embargo y viviendo este Nuevo Milenio, fue cuando se alagó diciendo: *"Sabes que eres muy importante cuando ¡Hasta el Papa va a tu casa a visitarte!"* El 19 de marzo del 2016, Nicolás Maduro, Presidente de Venezuela, juntamente con su esposa hacían lo mismo. Visitaron a Castro, por casi dos horas.

No obstante, la mejor noticia para Castro, en lo que va del milenio, sucedió al día siguiente de la visita de Maduro. El 20 de marzo de 2016 terminó siendo un día histórico para el mundo también. El Presidente de Estados Unidos, Barack Obama, juntamente con su esposa y sus dos hijas, pisaban suelo Cubano.

---

[302] Referencia: Prensa escrita y televisiva internacional..

Hacían 88 años que un presidente visitó Cuba. Quién lo hizo fue el Presidente Calvin Coolidge en 1928. Esto ocurría después de 55 años de haber roto las relaciones y 20 años de la Ley Helms-Burton, implantada en la administración del Presidente Bill Clinton, que para los cubanos fue "El Embargo".

Volviendo al tema, Barack Obama convenció a su pueblo, a través del congreso (en las dos Cámaras) que era imprescindible viajar a Cuba. Después de haber convencido, Obama anunció, el 18 de febrero 2016 lo siguiente: *"El próximo mes, voy a viajar a Cuba para avanzar en el progreso y los esfuerzos que pueden mejorar la vida de la población cubana[303]"* y así fue. Consecuentemente la cancillería de Cuba emitió un comunicado en el cual señala que el mandatario estadounidense será bienvenido a la isla.

Otro caso es el siguiente: En noviembre del 2002 el presidente **George W. Bush**, convenció y delegó el pronunciamiento al General Colin Powell quien convenció al mundo de las evidencias, que *"Saddam Hussein tenía en su poder armas químicas y de destrucción masiva"*. Estados Unidos tiene armas y en gran escala, sin ninguna clase de embargo ni retaliaciones pero no quiere, aunque sea acusando, que los otros tengan. Paradoja del destino, ya en la segunda semana de diciembre del mismo año los Inspectores de las Naciones Unidas decían todo lo contrario, con base en estudios de inspección. Conclusión: fue muy fácil convencer al mundo (con algunas pocas excepciones, por supuesto) y el mundo respaldando y aprobando con la venia de los presidentes que endosaron inmediatamente el pronunciamiento que Bush transfirió para que Powell lo pueda hacer. ¿Convenció? ¿Qué vergüenza, verdad?

> *"I think George Bush is the most incompetent President we've had in our lifetime. I mean, nobody would accuse President Nixon of being incompetent"* **Howard Dean**, *Democratic National Committee Chairman*[304].

---

[303] El Presidente Obama anunciava su ida a Cuma a través de su cuenta Twitter @POTUS el 18 de febrero 2016.

[304] Referencia: Revista Tine. 13 de Noviembre 2006 Times Page 25.

Felizmente el reconocimiento de parte de Bush tardó pero llegó: "*Yo pienso que no estuve preparado para la guerra*" decía George W. Bush al dejar la presidencia[305].

También en las elecciones del 2006, **Lula** convenció al pueblo brasileño que es posible combatir el hambre (ya, como parte de las Metas del Milenio de la ONU) y el pueblo convencido eligió al candidato Lula como Presidente. El plan **"Hambre Cero"** se implanta en su país pero termina su mandato y el hambre no era cero sino un número mayor seguido por algunos ceros[306].

En el Perú, en la campaña presidencial del 2011, Ollanta Humala Tasso, candidato, esperanza del pueblo, convenció a las masas y ganaba adeptos y seguidores con su discurso en plazas públicas donde preguntaba a boca de jarro: Uds. Quieren: ¿El agua o el oro? Y el pueblo, lógicamente respondía: ¡El Agua! Pero pronto, elegido Presidente, decía que Conga si va; por lo que su discurso cambió para: ¡el oro y el agua! Y que se puede convivir con los dos. El pueblo peruano no aceptó esta nueva propuesta consolidando su eslogan como repudio: "Conga no va".

Más todavía: los políticos gobernantes, temerosos de la fuerza de la oposición contundentemente y sin miedos, convencen a las autoridades que terminan encarcelando al líder campesino Gregorio Santos (Goyo) fuerte candidato para presidente de la república peruana, por el partido político el MAS. Mientras las elecciones presidenciales no se realizan (2016) Goyo permanecerá en la cárcel.

Con lo que queda demostrado que el hombre siempre tuvo gran capacidad de alienación y sus ganas de convencer son constantes y casi siempre con mala fe, sea por ideas donde impera siempre la voz del más fuerte o por creencias religiosas que inicialmente fueron impositivas, que incluía la decapitación en caso de no obedecerlas.

---

[305] Referencia: Revista Tine. 13 de Diciembre 153 2008 Times Page 14.
[306] Referencia: Revista 12/27/2007 Sears.

La historia de los pueblos está escrita por grandes y tradicionales mentiras de hombres que convencían a multitudes con engaños. Adolf Hitler esta correcto al decir: *"Transforme a la mentira grande, simplifíquela, continúe afirmándola y eventualmente todos creerán en ella"*. Como cuando el mundo decía (repetía): *"Saddam Hussein, quimical weapens"*.

CAPÍTULO XI

Bajo el amparo Legal de la Biocosmos

BIOCOSMOS – BIODIVERSIDAD en el Cosmos. Biocosmos (Biodiversidad) **Vida** en el Cosmos. Teoría que afirma y confirma la existencia de los organismos vivientes que aparecen al reproducirse desde células de otros organismos vivientes y, no desde una materia no viviente, en lo que comprende la inmensidad del cosmos o del universo.

Biocosmos es el conjunto de mundos con algún tipo de particularidades para ser habitables y de ser poseedores de similares características a lo que viene a ser la Biología para el Planeta Tierra.

Biocosmos, vida de especies en diferentes niveles de desarrollo viviente fuera y dentro del Planeta Tierra.

La Biocosmos es un sistema viviente en sus más diversos niveles de evolución viviente; desde el previo al primitivo hasta a los más desarrollados y evolutivos sistemas actuales en evidencia.

La Especie Humana es oriunda del Planeta Tierra. El Ser Humano nació, creció se reproduce, vive y 99.9% de seguridad que desaparecerá en el Planeta Tierra. Concluido el proceso del Rumbo al Final del Planeta Tierra la biodiversidad se habrá ido con él.

Leyes en la Biocosmos

La Biocosmos es un sistema viviente con leyes naturales y propias. Sus enunciados principales son los siguientes:

I. La vida es finita.

II. Nada es eterno en la Biocosmos.

III. Todo inicio tiene su final.

IV. Las galaxias nacen y mueren.

V. Los astros y las estrellas mueren también.

VI. La mayoría de satélites naturales aparecieron muertos.

VII. El Planeta Tierra forma parte de la Biocosmos.

VIII. Todos los planetas tendrán su Rumbo al Final.

IX. Todo ente que hoy tiene vida, mañana no lo tendrá.

X. Todo ser que nace obligatoriamente muere.

XI. Las especies también mueren.

XII. No basta nacer, todavía hay que luchar para sobrevivir.

XIII. Mantenerse vivo es la mayor misión cósmica.

XIV. Las especies luchan para huir de la muerte.

XV. Vivir hoy no necesariamente garante vivir mañana.

XVI. Ayer vivió, hoy vive y mañana no vivirá más.

XVII. No existe especie que haya detenido su evolución.

XVIII. La vida es limitada donde quiera que ella se encuentre.

XIX. Todo inicio tendrá su final y todo final tuvo su inicio.

XX. ¿Por qué la Especie Humana es oriunda del Planeta Tierra?

XXI. ¿Para qué la Especie Humana habita el Planeta Tierra?

Enunciados de la Leyes de la Biocosmos

La conciencia clamorosa que esta obra arenga es para que la **Especie Humana** pueda recapacitar a tiempo, ya que el Planeta Tierra lamentablemente se encuentra en su verdadero e imparable "**Rumbo al Final**" y donde no hay nada más que hacer al respecto, ya que ese proceso es natural y se realiza bajo los dogmas de la "**Ley de la Biocosmos**". No obstante, se concluye que mucho se podrá hacer para que ese proceso no se acelere. Una actitud conciliadora del Ser Humano muy bien podría minimizar esa situación, pero jamás debería hacer algo para apresurar ese proceso degenerativo, como lamentablemente está ocurriendo en la actualidad.

1) La "**Ley de la Biocosmos**" dice**: "Todo ente que hoy tiene vida, mañana no lo tendrá"** concepto arduamente redundante en esta obra, más tiene su finalidad. Este postulado es una verdadera Ley Universal con principios irrefutables instituidos en la lontananza del pasado comprendiendo el espacio sideral que alberga a los planetas dentro de la Biocosmos. Lo que explicado de otra manera, bajo la propia "**Ley de la Biocosmos**" se resume en: **"Todo ser que nace obligatoriamente muere y el que aún no nació, también tendrá la oportunidad para hacerlo y luego, después de haber completado su ciclo viviente, obligatoriamente dejará de existir, muriendo; por lo que más tarde, su especie también desaparecerá. Las especies también mueren"**.

2) Como todas estas afirmaciones dentro de la "**Ley de la Biocosmos**" muy bien pueden ser corroboradas, entonces concluyamos de la siguiente manera: **"la muerte es obligatoria y ella tiene que ocurrir deseándola o no"**, es una afirmación; ya que **"la vida es finita"**, entonces **"la vida no podrá ser**

eterna". Postulado aplicado para todos los seres vivos como también para todo el medio ambiente viviente que alberga (a la biodiversidad en el universo cósmico) y no excluye a los otros planetas o astros comprendiendo la **Cosmosbiótica** en la Biocosmos también.

3) Bajo la "**Ley de la Biocosmos:**" **Las especies vivientes que aparecen en el Planeta Tierra nacen de dos células como un conjunto de seres para poblarlo durante el corto ciclo viviente que le es permitido (unas viven horas, otras viven días, otras semanas, meses, años, pocos años y muchos años)**. Vivirán en su esplendor y con autonomía, pero siempre bajo la obligatoriedad de que esa vida siempre será temporal; porque el postulado de la "**Ley de la Biocosmos**" es la Ley Universal: "**Nació sabiendo que tendrá que vivir un tiempo más ya que obligatoriamente morirá un día en que menos lo espera por alguna razón o causa, o cuando haya completado su ciclo vital (fin de la vejez)**" lo que está siendo explicado teórica y gráficamente en el desarrollo de los enunciados del "**Teorema de la Vida Limitada**".

4) Para apaciguar esta alarmante realidad, podemos tranquilizar al lector anticipando que el "**Rumbo al Final**" del Planeta Tierra es un proceso que en tiempos cósmicos viene a ser medido en CVT, lo que hace creer que es un proceso poco perceptible en lo que va del Ciclo de Vida de un Ser Terrenal. Pero en la sumatoria de esos ciclos ese proceso es rápido y tiene que hacerse realidad sin opciones para su detención. Realidad que la "**Ley de la Biocosmos**" dictamina y como tal, perdura.

5) Más, si el humano pensara que "**ese fin**" es un momento impostergable y que normalmente es un ciclo definitivo y obligatorio que no se puede cambiar, porque toda esta situación obedece a la "**Ley de la Biocosmos**" (una Ley Universal) ya predefinida dentro de un ente mayor, que en este caso es el Planeta Tierra en armonía con el astro Sol, no le restará más alivio que enfrentarla con naturalidad, conciencia y resignación. Entonces: ¿Podría decirse que eso sería una resignación humana?

Creemos que no sea necesariamente una resignación por algo que obligatoriamente tiene que ocurrir.

6) Más allá de lo apocalípticamente dicho, es también inimaginable continuar comentando que: **lo que viene después del fin de "Era de La Habitabilidad Terrena" es algo peor, más es una situación muy natural en la "Ley del Cosmos: Las galaxias nacen y mueren, los astros mueren, las estrellas mueren, la mayoría de satélites naturales ya aparecieron muertos; en fin, nada es eterno en la Biocosmos"**. Una vez que el Planeta Tierra pierda la genuina característica, la de actualmente permitir que la Biodiversidad se desarrolle en su vigoroso interior, esa condición jamás volverá a ocurrir y lo que es peor, jamás se recuperará. Será cuando la vida terráquea, simplemente desaparecerá del Planeta Tierra y lo será con todo, para todos y para siempre. El ayer vigoroso planeta azul habrá perdido su azules y rotará desplazándose, muerto.

7) La **Ley del Cosmos** dice: **"No basta nacer, todavía hay que luchar para sobrevivir y mantenerse vivo como si estuviera huyendo de morir"**.

8) Felizmente que el proceso de la aparición de la vida en el Planeta Tierra va dejando indicios, con los que se pueden realizar estudios y análisis de cómo surgió la vida en el Planeta Tierra y cómo pudo llegar al grado de evolución de nuestros días. Es por eso que recalcamos aprovechando los postulados de la "**Ley de la Biocosmos**": "**vivir hoy no necesariamente quiere decir vivir mañana**". Recordemos a los <u>dinosaurios</u>; ellos vivieron su época de gloria y de ellos hoy, sólo quedan algunos fósiles dispersos o escondidos por ahí, para que podamos ser nosotros los descubridores, estudiosos y los que podamos hacernos una idea de cómo fueron ellos cuando vivos. A pesar de las evidencias grandes dudas nos quedan. Esto nos hace recordar que, "**lo que ayer vivió y hoy continua vivo, ciertamente mañana no vivirá más**" (en CVT). La "**Ley de la Biocosmos**" así lo dice, cuando se refiere a las especies vivientes en el Planeta Tierra. El

mismo principio se aplica también a todo lo que englobe vida en la Biocosmos.

9) ¿Podrá el Planeta Tierra transformarse en una Luna del Sistema Solar? De este modo, **en un futuro contabilizado por los CVT o por los años calendario solar humano, la Tierra y la Luna serán iguales, inertes y la poderosa Especie Humana actual habrá desaparecido del mapa terrestre**. Esta afirmación forma parte de la "**Ley de la Biocosmos**".

10) "El Teorema Vida Limitada" esquematizado y por convención resumido en el "**Teorema Vida'l – Cuadro AV 10**" explica gráficamente que quien posee Vida en primera magnitud es el Planeta Tierra, graficada en la **Línea del Tiempo (LT)** iniciándose en "**T1**" y terminando en "**Tn**" (como si apuntara para el infinito, que en la **Biocosmos no existe**) y en cuyo interior se identifica el denominado punto "**X**", para que tenga mayor sentido, como el Punto "**Va**" que identifica y marca el tiempo: el día de hoy, ahora, este preciso momento, el inicio de una Nueva Vida en el Planeta Tierra, como muy bien está descifrado en la LT.

11) La didáctica visión que la obra presenta para explicar el "Rumbo al Final" del Planeta Tierra está simbolizado por el "Teorema Vida'l". Existe el **T**iempo "**1**", el inicio, la partida y el origen. Del mismo modo hay que suponer, bajo el amparo de la "**Ley de la Biocosmos**" que existe también el "Punto final"; que en este caso es marcado por el extremo "**Tn**", simbolizando un **T**iempo "**n**" para vivir, existir o estar latente. Es exactamente bajo esta base que se desarrolla el tema explicando el "**Rumbo al Final**" del Planeta Tierra y más adelante, en el próximo libro, "**La Curva de la Vida** (CV)", donde el **Punto "Va"** viene a simbolizar la aparición de una vida (**V**ida **a**parición) en el Planeta Tierra o dentro los demás componentes de la Biocosmos.

12) Para el enunciado del "Teorema Vida'l" los llamados seres vivos aparecen para vivir, o nacen en algún punto de la LT iniciado en "T1" y terminando en "Tn", identificado como el punto

"X" donde el inicio de una Nueva Vida en el Planeta Tierra es identificado como el Punto "**Va**" donde **Va** = **V**ida **a**parición; todo eso ocurre en la Línea del Tiempo LT. Es exactamente a partir del Punto "Va" que el nuevo ser viviente podrá desarrollarse cuando y cuanto quisiera y pudiera, sin restricciones y sin límites, pero esa genial característica no exonera de realizarse el principio más básico de la **"Ley de la Biocosmos": Nació, vivirá y morirá, en cualquier instante de un día, obligatoriamente y sin excepción**. Consecuentemente vida es también sinónimo de mortal y, como todo ente viviente que nace tiene que morir; entonces, todo ente viviente obligatoriamente morirá; por lo que vida, es morir también.

13) Una de las circunstancias que rige nuestro sistema viviente terrenal es la protección que viene de la propia y esperada **Ley de la Madre Naturaleza**; que son espontáneas y realmente naturales. Pero las circunstancias excepcionales, que a veces son en mayor número, marcan la diferencia.

14) Vivir más o vivir menos tiempo realmente dependerá de muchos factores ya mencionados, como la Ley de la **Madre Naturaleza**, que por un lado beneficia y aumenta el tiempo de vida y por el otro, perjudica, acortando el tiempo de vivir.

15) Es oportuno concluir recordando los conceptos que la **"Ley de la Biocosmos" propaga y cuestiona: ¿Por qué y para qué la Especie Humana está viviendo en el Planeta Tierra?**

16) La finalidad de tener un inicio, bajo la **"Ley de la Biocosmos: Todo inicio tiene su final"**, obligatoriamente nos conduce a crear un final y con ello se obtiene un intermedio, (que es calculado en unos 800 millones de años de evolución hasta llegar al día de hoy); un límite o un espacio con su final que será utilizado para la supervivencia, que en este caso está simbolizado por el Punto "**Tn**", representando un Tiempo "**n**", desconocido y muy distante, que de una u otra manera, delimita un período donde la Biodiversidad se desarrolla dentro de la Línea del Tiempo TVT (**T1 a Tn**). Consecuentemente marca un tercer "Punto"

fijo que es el Punto "**X**" renombrado como "**Va**" que viene a ser la época de la aparición o del nacimiento de las especies que a una de ellas se le denominó de la "Especie Humana", la nuestra. Especie que apareció y continuó su evolución hasta llegar al grado evolutivo que hoy muestra o al modelo de Ser Humano Actual, que también no es su forma final, ya que su evolución continúa su imparable curso.

17) En la **Ley de la Biocosmos "no existe especie que haya detenido su evolución"** (todas las especies vivientes cumplen obligatoriamente ese proceso. Lo que puede ocurrir con algunas especies, como por ejemplo: microbios y bacterias invernan por largos períodos de tiempo); es que la evolución no siempre es notada a simple vista. La evolución es un proceso silencioso y lento que sólo ocurre a nivel celular y en el gen; por lo que solo "el tiempo es el único quién puede demostrar los grados de evolución que las especies pasan"; obedeciendo también a que "la transformación biológica es un fenómeno obligatorio, constante e impostergable, dentro de la Biocosmos".

18) Bajo la **Ley de la biocosmos: "La vida es limitada donde quiera que ella exista"**. Esto quiere decir que ninguna vida es infinita. Esta afirmación que es contemplada en "La Ley de la Biocosmos" vale para la vida de entes vivientes, mundos, planetas y universos.

19) El "Teorema Vida'l" se inicia definiendo que: en la Ley de la Biocosmos: "El Planeta Tierra tiene vida propia, temporalmente". Bajo la misma Ley: "el Planeta Tierra permite vida en su interior temporalmente" y es exactamente a esa vida que la estamos identificando con la letra "X" que aparece en la Línea "TVT" del MSVT comprendido entre el Punto "T1" a "Tn", marcándose el Punto "X" que recibe el nombre genérico de Punto "**Va**" (Vida aparición) en función de su significado.

"Todo inicio tendrá su final y todo final tuvo su inicio". Ley de la Biocosmos.

La única Ley que rige la vida del Planeta Tierra y a la vida de las especie en su interior es la Ley de la Biocosmos. Lo que hace concluir que la vida del Planeta Tierra está sujeta a los postulados de la Ley de la Biocosmos. Razón que plenamente explica el Rumbo al Final del Planeta Tierra.

CAPÍTULO XII

Conclusión

> *"Sea cual fuere la etapa de la vida en la que estamos en este momento, al final vamos a tener que enfrentar el día cuando la cortina caerá".* **Steve Jobs**. Texto extraído de sus últimas palabras.

COMO SE PUEDE observar, la serie de temas tratados en esta obra demuestra la falta de conciencia y de acción, sobre todo benéfica de parte de los representantes de la EH para con su Madre Tierra. Achacan responsabilidades al hombre porque directa o indirectamente contribuye para que el normal proceso de la vida del Planeta Tierra quede perjudicado. Al mismo tiempo se encuentran temas complejos y muy delicados señalando que el hombre, el ser racional, provoca en perjuicio de la Naturaleza y de los animales; actitudes por las que la EH, tarde o temprano tendrá que rendir cuentas, sobre todo por su autoría, participación y complicidad.

No obstante, se observa que la obra, a pesar de presentar temas polémicos y algunos hasta un tanto novedosos, orienta su esfuerzo para tratar su disertación dentro de la línea de la naturalidad, sin pretensiones de intitularse innovador, descubridor y menos inventor. Siempre recalcando que los temas versan con la realidad vivida en el Planeta Tierra, situación muy acentuada desde la aparición de la EH, habitándolo masivamente, con acentuada presencia en estos dos últimos siglos. Todo lo relatado es muy notorio, es realidad, y lo mejor, son situaciones totalmente mensurables.

La situación por las que el Planeta Tierra pasa hoy es visible hasta para el más simple observar. El Planeta Tierra de hoy ya no es más el vigoroso planeta grandemente viviente y productivo del ayer; nos referimos a aquellas épocas de la Tierra Virgen; donde todo lo que ella producía era de lo mejor, sobre todo muy grande, o mejor diciendo, poblada por gigantes: plantas, frutos, animales y montañas de hielo; algunas especies de animales fueron bautizadas de dinosaurios, que vivieron en un periodo glorioso cuando el Planeta pasaba por su máximo esplendor.

Lo que la obra trajo a relucir es la situación camuflada de la Especie Humana, que a pesar de saber que está destruyendo, empeorando, agravando y para las otras especies, perturbando y desalojando, no quiere asumir la realidad reflejada y ni se interesa en conocer su impacto, razones por las que, menos querrá asumir su responsabilidad. La justificativa encontrada para tanto desinterés en asumir su culpabilidad tal vez sea que el hombre sabe muy bien que tiene que morir pronto y entonces, lo que venga a ocurrir mañana lo interesa un comino. Algo así como diciendo: ahora yo estoy viviendo, disfrutando y beneficiándome y que del mañana nada me interesa, no viviré ese tiempo venidero, y que sean ellos los que sepan resolver sus problemas. Situación que hace concluir preguntando ¿Es el hombre malo y egoísta? Para esta pregunta, todos gritarán diciendo: ¡Yo no soy! Entonces, ¿Quiénes serán los malos y egoístas? Como siempre, siempre tienen que ser los otros.

El parecer de la obra es que la Especie Humana tiene que recapacitar a tiempo y responder: el por qué y el para qué de su existencia en el Planeta Tierra.

"Rumbo al Final - La Agonía del Planeta" explica la situación y el estado de vida del Planeta Tierra de hoy, por lo que concluye que el Rumbo al Final del Planeta Tierra está en curso, y que ese rumbo es un proceso irreversible, tiene velocidad y es rítmico. El Teorema Vida'l fue creado exactamente para graficar una realidad que parecía ser invisible y que nadie lo quería ver ni lo podía notar. Hoy tenemos una idea mejor de donde, en el paso del tiempo (CTV), se encuentra el Planeta Tierra. Y podemos vislumbrar el tiempo del fin de la era de "La Habitabilidad Terrena" con más conciencia y culpabilidad. Aprendimos que bajo la "Ley del Cosmos:" Las galaxias nacen y mueren, los astros mueren, las estrellas mueren, la mayoría de satélites naturales ya aparecieron muertos; en fin, nada es eterno en la Biocosmos". Es entonces cuando el ayer vigoroso planeta azul, habrá muerto también al completar el ciclo de su Rumbo al Final.

"La Lucha por el Equilibrio Biológico" es uno de los asuntos importantes que la obra presenta. Intuye recapacitar sobre los principios de la Ley de la Biocosmos: "No basta nacer, todavía hay que luchar para sobrevivir y para mantenerse vivo".

La "Aparición de la Vida Terrenal" ratifica y afirma que "La Especie Humana es oriunda del Planeta Tierra" y que el hombre ejerce dominios, preponderancia y el uso de la fuerza y del poder en detrimentos de las demás especies y del propio medio ambiente también. Anuncia lo que es muy importante conocer: *"En el Simposio del Mundo Animal (SMA), por consenso se llegó a la conclusión final de que el peor animal en el Planeta Tierra, es el Hombre (El representante de la Especie Humana)".*

"La Vida en la Biocosmos" clarifica el origen de la vida en el Planeta Tierra, señalando que la existencia viviente puede muy bien ser representado por la Curva de la Vida y mejor medido en Ciclos de Vida Terrenal y muy bien explicado utilizando la técnica del Teorema de la Vida Limitada. Concluyendo que la vida es una característica singular en toda la magnitud de la Biocosmos.

"La Superpoblación del Planeta, el Peligroso aumento poblacional terrestre y la lista de los Países más poblados del Planeta Tierra" se transforman en tópicos interesantes trayendo abúndate información para poder concluir rápidamente que el Planeta Tierra realmente está superpoblado y que camina en ese ritmo, situación que hace difícil pronosticar dónde irá a parar. Esta situación que podría considerarse apenas como datos estadísticos no dejan de ser preocupantes ya que se perfilan como serios problemas potenciales para las generaciones de humanos en el siglo venidero. La lucha del hombre por el hombre para adquirir más y más poder y dinero será cada vez más acérrima. Esta situación creó algo que vendrá en un otro problema potencial ya que creó las castas de los ricos y de los pobres, siendo los pobres abundantes y muchos de ellos miserables, mientras que los ricos, pocos, cada vez en menor número. La mayor riqueza mundial se acumula en las manos de pocos.

Las "Consecuencias del Aumento Poblacional" son las circunstancias más preocupantes que la Especie Humana tendrá que solucionar a corto y largo plazo; concentrado sobre todo en la producción y consumo de alimentos. Sin olvidar que el aumento poblacional genera una seria de otros problemas difíciles de solucionar a corto plazo. Es oportuno concluir recordando los conceptos que la "Ley de la Biocosmos" propaga para siempre cuestionarse: ¿Por qué y para qué la Especie Humana apareció y vive en el Planeta Tierra?

"La Pobreza Mundial" es una de las grandes características en la sociedad de Humanos Terrícolas. A pesar de existir preocupaciones para intentar minimizarla las cifras de los resultados de los estudios relacionados con la pobreza en el mundo son asustadoras.

"La Pobreza en el Mundo" es un mal neurálgico que generaciones tras generación tendrán que convivir con las consecuencias que ese mal genera. Los esfuerzos por enfrentarla son constantes y bajo diferentes formas y niveles de acción pero el mal es están grande y es muy bien heredado, con mayor intensidad, desde el principio de este milenio, que realmente se está convirtiendo en un problema difícil de resolver en todas sus esferas.

Paradójicamente, a pesar de existir esa acentuada pobreza que degrada el estándar de vida social gran parte de seres humanos está viviendo más tiempo de lo esperado como límite máximo de su expectativa de vida; pero, y más paradójico aún es cuando el Planeta Tierra, donde la Especie Humana apareció, se encuentra en su verdadero "Rumbo al Final". Situación que agudiza más el problema de la pobreza global que se viene a sumar a muchos otros problemas, también globales que la Especie Humana tiene que enfrentar de todas maneras. Curioso es observar que mucha gente ignora esta situación o finge no saberlo. Como la vida es pasajera, demostrada en la Curva de la Vida, tal vez sea esa su justificación conformista. Viviré hoy ya que mañana no sé si estaré vivo.

"Los Problemas Heredados del Siglo Pasado", los mismos que vienen siendo arrastrados desde el milenio anterior, han agudizado esos problemas llegando a consolidar el Primer Problemas del Siglo - El

Hambre, que para tenerlo bajo control hasta se ha creado el Índice Global del Hambre. Del mismo modo como un otro de los grandes problemas heredados encontramos al Segundo Problema del Siglo - El Agua. Estos dos problemas asociados a la contaminación generalizada y a la superpoblación del Planeta Tierra, acarrearán diversos y nuevos problemas que la cultura venidera de humanos terrícolas tendrá que enfrentar y resolver.

"El Ambiente Ecológico y su Protección; Las Acciones para Salvar al Mundo; Las Cumbres, los Pactos Internacionales y la Firma de los Tratados" entre ellos los de la serie START, aparentemente trajeron sosiego para el mundo terrenal. Pero se observa que no vinieron para curar el mal por la raíz. Se firmaron tratados donde las grandes potencias se negaron ratificar, otros simplemente lo ignoraron y muchos otros, aun siendo firmantes lo des respetaron. Pero de una o de otra manera, en su mayoría ellos ayudaron y si aún algo de bueno que ocurre en el Planeta Tierra es exactamente por la iniciativa de la firma de tratados, convenios, compromisos y respeto por lo firmado.

No obstante, independientemente de la firma de los tratados START I al III, el armamento nuclear en el mundo está constituido por cerca de 8,400 ojivas nucleares muy estratégicamente escondidas, de las cuales 2,000 están listas para desplegar inmediatamente. En total, contando las cabezas nucleares que están almacenadas, esperando ser destruidas, de acuerdo a lo estipulado en los tratados SATRT, en los arsenales de las potencias nucleares: Estados Unidos, Rusia, China, Gran Bretaña, Francia, India, Pakistán e Israel, existen cerca de 23,300 bombas nucleares, dispersas estratégicamente; de acuerdo con el Instituto Internacional para la Investigación de la Paz de Estocolmo (**SIPRI**), siglas en inglés. Con el estallido de las bombas, tranquilamente se pondría fin a la vida del Planeta Tierra y con repercusiones también en sus fronteras cósmicas y el Rumbo al Final sería anticipado, por la "excelente" obra humana.

Del mismo modo "La Contaminación y Desastres", sean ellos naturales u ocasionados por la acción del hombre; asociado al "Peligro de la Basura Nuclear", producto de la fabricación de "La Bomba Atómica"; incluyendo el Caso Nuclear Brasileño y el "Poder de Fuego Humanoide";

demuestran con claridad y hechos, que el hombre y las naciones están armadas hasta los dientes; que tienen capacidad para fabricar bombas atómicas y que ciertamente no quieren correr los riegos que podría generar el mal uso de lo que construyen. La contaminación, especialmente la radioactiva, de una o de otra manera, es constante y los peligros de ocurrir accidentes son más latentes aún.

Si a todo lo mencionado sumáramos los increíbles Gastos en Armamentos, cuando gran porcentaje de los presupuestos nacionales de las naciones es destinado al rubro bélico; asociándolo a la Guerra Fría, que felizmente se congeló pero que lamentablemente se tuvo que heredar sus Armas Calientes; a lo que se puede agregar la aparición del Humano también para liderar y aliado al Poder de Alienación Humana, concluimos que el Ser Humano, masivo poblador del Planeta Tierra, no cumple su misión, la de mantener a un planeta altamente viviente y absolutamente saludable como cuando la Especie Humana la encontró en su aparición.

Para la Especie Humana, oriunda del Planeta Tierra, no basta saber que su Planeta se encuentra en su verdadero Rumbo al Final, porque este dato no es Noticia para él. El Ser Humano de este milenio está entretenido en vivir egoístamente su vida, sin mirar en todo lo que ocurre en su alrededor. Ese ser Humano, no ve que existe hambre en el mundo; no siente la falta de agua; no le interesa que ya hasta está faltando un lugar digno para vivir saludablemente; no sabe que existen las desigualdades en todos los niveles y esferas; no nota que el racismos es su características principal, donde los unos pisan a los otros y los otros humillan a los demás; no quiere ver la existencia de la pobreza extrema y ni quiere saber que hay miserables; no sabe que los ricos son poquísimos y los pobres abundantes.

> *"En gran parte nuestra civilización es responsable por nuestras desgracias; seríamos mucho más felices si abandonáramos y retrocediéramos a las condiciones primitivas"* FREUD

Verdad, ese Ser Humano narrado hasta aquí, finge que no sabe nada; pero lo ve todo, siente y escondido hasta sufre, pero ante los ojos de los demás simula no saberlo, no verlo y ni conocerlo. Ese es el Ser Humano que apareció y habita el Planeta Tierra.

El hecho de fingir no saber que el Planeta Tierra se encuentra en su verdadero Rumbo al Final es para no sentirse culpado, para dejar de ser cómplice e ignorar la culpabilidad de su obra y para que sean los demás los que la asuman. La única justificativa para este aparente desconcierto es que él sabe que un día morirá, consecuentemente no le interesa hoy lo que será el mañana. Una actitud egoísta que anticipadamente demuestra ser irresponsable; pero que las generaciones venideras lo condenarán por eso.

La Madre Naturaleza, bajo los dogmas de la Ley de la Biocosmos enseña que la vida viene y se va y que los seres vivientes, integrantes de todas las especies: aparecieron, nacen, viven, cresen y mañana morirán. Todo lo que hoy existe, un día tendrá su final; entonces: ¿Quiénes somos nosotros, humildes pobladores de un planeta en su Rumbo al Final que nos transporta en su trayectoria para donde ella va, los llamados para fiscalizar acciones que naturalmente no deberían existir?

Definitivamente la Especie Humana ha olvidado su principio básico del por qué ha aparecido en el Planeta Tierra y lo que es peor, ni siquiera carga en su conciencia el hecho de que el Planeta Tierra, don es habitante huésped y lo superpuebla, se encuentra en su definitivo Rumbo al Final.

Bibliografía, Referencias y Notas

- Benson Harry, First Families, BULFINCH. 1992 USA
- Bill & Melinda Gates Foundation, Planeta Futuro en Colaboración con: El mapa de la reducción del hambre http://elpais.com/elpais/2014/10/14/media/1413281089_244919.html
- **Canals Teresa Díaz** Una Profe Que Habla Sola. Publicaciones Acuario. Centro Félix Varela. 6/30/2006
- **Castellón Sánchez del Pino** - Revisión: Rev Mult Gerontol 2003; págs. 88-192 - Calidad de vida en la atención al mayor. Alberto Castellón Sánchez del Pino Coordinador cursos Master y Experto en Gerontología Social Universidad de Gran
- **Dawkins, R. & Krebs, J. R.** (1979). Arms races between and within species. Proceedings of the Royal society of London, B 205, 489-511. Bibliografía Armamentismo.

- Donald E. Worcester, Bolivar, 1977, Little Brown & Company Limited
- Enciclopedia Barsa, 1971, Encyclopedia Britannica Editores Ltda.
- Enciclopedia Barsa, Livro do ano 1971, Encyclopedia Britannica Editores Ltda.
- Heylighen, Francis (2000): "The Red Queen Principle", in: F. Heylighen, C. Joslyn and V. Turchin (editors): Principia Cybernetica Web (Principia Cybernetica, Brussels), URL: http://pespmc1.vub.ac.be/REDQUEEN.html. Bibliografía Armamentismo.
- Instituto Nacional de Estadísticas Chile (**INE**)
- **J. Bronowiski**, The Ascent of Man, BACK BAY BOOKS. Little, Brown and Company, Boston/New York/London. Pagina 293.
- J. Bronowski, The ascent of man, 1973, Little Brown & Company Limited
- **Leigh Van Valen**. (1973). "A new evolutionary law". Evolutionary Theory 1: 1—30.
- **Markx Karl**, [1867] Le Capital, Livre premier, Le développement de la production capitaliste, Editions sociales, 1977
- **Morin, Edgar** La unidualidad del hombre. Y la ¿Sociedad mundo, o Imperio mundo? Más allá de la globalización y el desarrollo
- **Oxfam libro** "Le capital au XXI XXI e siècle".
- Oxfam es una organización sin fines de lucro que engloba a 17 organizaciones que trabajan en aproximadamente 90 países de todo el mundo para encontrar soluciones a la pobreza
- Pagina web http://letras-uruguay.espaciolatino.com/aaa/tellez_garcia_magdalis/algunas_consideraciones.htm
- Pagina web: http://consejosvendoyparaminotengo.com/cual-es-la-calidad-de-vida-en-el-mundo-actual-el-desarrollo-fisico-mental-social-y-familiar/
- Pagina web: http://udicor-tumbes.bligoo.com/mejorando-la-calidad-de-vida-del-adulto-mayor-con-musicoterapia-y-atencion-integral-tumbes-2011#.UmMUI3BJ6oc
- Pagina web: http://www.buenastareas.com/ensayos/Calidad-De-Vida-En-La-Atenci%C3%B3n/1925386.html
- Pagina web: http://www.cienciapopular.com/n/Ecologia/Calidad_de_Vida_en_el_Mundo/Calidad_de_Vida_en_el_Mundo.php
- Pagina web: http://www.ine.cl/canales/chile_estadistico/calidad_de_vida_y_salud/calidad_de_vida.php

- Pagina web: http://www.portalesmedicos.com/publicaciones/articles/1552/1/ Portales Médicos - Calidad de la atención en Salud al adulto mayor. Policlínico "5 de Septiembre".
- **Pearson, Paul N.** (2001) Red Queen hypothesis Encyclopedia of Life Sciences http://www.els.net. Bibliografía Armamentismo.
- **Pérez María Elena Benítez, Dra.**, Centro de Estudios Demográficos Universidad de La Habana
- **PIKETTY** Thomas, [2013] Le capital au XXI e siècle, Editions Seuil, Paginas 92-93
- Project Syndicate, 2014 - www.project-syndicate.org Copyright: Traducción de Kena **Nequiz**. Asit K. **Biswas** es profesor visitante distinguido de la Escuela de Políticas Públicas, Lee **Kuan Yew**, de Singapur y cofundador del Centro del Tercer Mundo de Gestión del Agua (Third World Center for Water Management). Cecilia **Tortajada** es presidenta y cofundadora del Centro del Tercer Mundo de Gestión del Agua (Third World Center for Water Management).
- Revista EPOCA ISSN 14 155494 Brasil. 12 febrero 2015. www.epoca.com.br
- **Rhoads**, Steven R. The Economist'sView of the Word, 1985, Cambridge University Press
- **Ridley, M.** (1995) the Red Queen: Sex and the Evolution of Human Nature, Penguin Books, ISBN 0-14-024548-0. Bibliografía Armamentismo.
- **Salinas Hugo** [2009] Progreso y Bienestar, urbi et orbi. Una nueva visión de la economía y de la sociedad, tomo I, Lima, in http://bvirtual.bnp.gob.pe/bnp/faces/BVIC/Captura/upload/salinas_progresoybienestar.pdf
- **Salinas Hugo** [2013] Las empresas-país y la gran transformación, Lima, in http://bvirtual.bnp.gob.pe/bnp/faces/BVIC/Captura/upload/2011/empresas-pais-gran-transformacion-final.pdf
- **Salinas** Hugo, Articulo del 23 de enero del 2015. Publicado en Lima, SJL, Peru.
- **Salinas Hugo**. 2015. Fuente: Email: salinas_hugo@yahoo.com SALINAS Hugo [1993] Hacia dónde va la economía-mundo. Teoría sobre los procesos de trabajo, segunda edición en español, 2011, Lima, disponible en http://bvirtual.bnp.gob.pe/bnp/faces/BVIC/Captura/upload/2011/economia.pdf
- **Sánchez del Pino Alberto Castellón**, Autor Dialnet - Calidad de vida en la atención al mayor. Localización: Revista multidisciplinar de

gerontología, ISSN 1139-0921, Vol. 13, Nº. 3, 2003, págs. 188-192. http://dialnet.unirioja.es/servlet/articulo?codigo=645490
- **Stepke, Fernando Lolas**. Bioética y Vejez: El proceso de desvalimiento como constructor Biográfico
- **Téllez, García Magdalis Téllez, Lic.** - Maestrante en Bioética. Segunda Edición 2008
- **Téllez, García Magdalis Téllez**, Lic. y Maestrante en Bioética. Segunda Edición 2008. Algunas consideraciones sobre la calidad de vida de los ancianos en el mundo actual.
- The American Almanac, 1996-1997, Hoover's, Inc.
- The World Almanac, 1968, Newspaper Enterprise Associations, Inc.
- Time Almanac, 1999, Information Please LLC
- Universia España: Noticias de actualidad Marte 27012015 http://noticias.universia.es/actualidad/noticia/2014/10/17/1113361/8-datos-sorprendentes-hambre.html 8 datos sorprendentes sobre el hambre 17/10/2014
- **Vermeij, G.J**. (1987). Evolution and escalation: An ecological history of life. Princeton University Press, Princeton, NJ. Bibliografía Armamentismo.
- **Vidal**, Alcides, Cartas na Mesa, Empresa Empresario e Informática, Editora Érica, 1992, Brasil
- Vidal, Alcides, Del Sueño a la Realidad, Los Inmigrantes USA, Quazar Editora, 1995, USA
- Vidal, Alcides, Encorajándote, Xlibris, 2014, USA
- Vidal, Alcides, Frutos do Passado Sementes do Futuro, Editora Érica, 1993, Brasil
- Vidal, Alcides, La Curva de la Vida, Xlibris, 2016, USA
- Vidal, Alcides, Original Perseptions, Xlibris, 2014, USA
- Vidal, Alcides, Percepciones Originales, Xlibris, 2008, USA
- Vidal, Alcides, Terceirização a Arma Empresarial, Editora Erica, 1993, Brasil
- Vidal, Alcides, Tú eres Dios, Xlibris, 2009, USA
- **Vidal**, Alcides, You are God, Xlibris, 2009, USA
- Wilder Penfield, No Man Alone, 1977, Little Brown & Company Limited
- William L. Shirer, The rise and Fall of the Third Reich, 1960, Simon and Schuster, Inc.
- World Economic Situation and Prospects 2015.
- Yatri, Unknown Man, 1988, Simon and Schuster, Inc.

Ref. 0098 – Referencias:

- Universia Espanna: Noticias de actualidad, Martes 27/01/2015 http://noticias.universia.es/actualidad/noticia/2014/10/17/1113361/8-datos-sorprendentes-hambre.html 8 datos sorprendentes sobre el hambre 17/10/2014

Ref. 0099 – Referencias:

- Alimentos y Organización de las Naciones Unidas para la Agricultura. 2013 El Estado Mundial da la Agricultura y la Alimentación 2013: Sistemas Alimentarios párr Una Mejor Nutrición. Roma
- IFPRI, Welthungerhilfe y Concern Worldwide: 2013 Índice Global del Hambre – El Desafío del Hambre: Formar Resiliencia para lograr la Seguridad Alimentaria y Nutricional (En inglés). Bonn, Washington D. C., Dublin. October 2013.
- IFPRI, Welthungerhilfe y Concern Worldwide: 2014 Índice Global del Hambre: El Desafío del Hambre Oculta (En inglés). Bonn, Washington D. C., Dublin. October 2014.
- IFPRI. 2011. Índice Global del Hambre 2011: Resumen. Washington, DC
- IFPRI/ Concern/ Welthungerhilfe: 2011 Índice Global del Hambre – El Desafío del Hambre: Domar los picos y la volatilidad excesiva de los precios de los alimentos. Bonn, Washington D. C., Dublin. Octubre 2011.
- IFPRI/ Concern/ Welthungerhilfe: 2012 Índice Global del Hambre – El Desafío del Hambre: Garantizar la seguridad alimentaria sostenible en situaciones de penuria de tierras, agua y energía. Bonn, Washington D. C., Dublin. Octubre 2012.
- IFPRI/ Concern/ Welthungerhilfe: Índice Global del Hambre – El Desafío del Hambre: La Crisis de la Desnutrición infantil (En inglés), Bonn, Washington D. C., Dublin. Octubre 2010.
- IFPRI/Concern/Welthungerhilfe: El Desafío del Hambre – Índice Global del Hambre: Hechos, determinantes y tendencias. Casos de estudios sobre los países en post conflicto, Afganistán y Sierra Leone (En inglés), Bonn, October 2006.
- IFPRI/Concern/Welthungerhilfe: El Desafío del Hambre 2007 – Índice Global del Hambre: Hechos, determinantes y tendencias. Medidas en curso para reducir la desnutrición aguda y el hambre crónica (En inglés), Bonn, October 2007.

- IFPRI/Concern/Welthungerhilfe: Índice Global del Hambre – El Desafío del Hambre 2008 (En inglés), Bonn, Washington D.C., Dublin. October 2008.
- IFPRI/Concern/Welthungerhilfe: Índice Global del Hambre – El Desafío del Hambre: Énfasis en la crisis financiera y la desigualdad de género, Bonn, Washington D. C., Dublin. Octubre 2009.
- IGME (Inter-agency Group for Child Mortality Estimation). 2013. CME Info Database. New York.
- Índice Global del Hambre 2009 – El desafío del hambre: Énfasis en la crisis financiera y la desigualdad de género, ReliefWeb, Octubre 2009
- Menon, Purnima / Deolalikar, Anil / Bhaskar, Anjor: Índice del Hambre de los Estados de la India (2009): Comparación del hambre entre los Estados (En inglés, IFPRI: Washington, DC.
- Organización de las Naciones Unidas para la Agricultura y la Alimentación. 2014. Determinantes de Inseguridad Alimentaria. Roma
- Participantes: K. von Grebmer; A. Saltzman; E. Birol; D. Wiesmann; N. Prasai; S. Yin; Y. Yohannes; P. Menon; J. Thompson; A. Sonntag. 2014. 2014 Índice Global del Hambre: El Desafío del Hambre Oculta (En inglés). Bonn, Washington, DC, and Dublin: Welthungerhilfe, IFPRI, and Concern Worldwide.
- Portal Es.wikipedia.org/wiki/indice_global_del_Hambre#cite_note-FAO2014-15
- Schmidt, Emily / Dorosh, Paul (October 2009): Índice Sub-nacional de Etiopía: evaluando el progreso en los resultados regionales (En inglês), International Food Policy Research Institute (IFPRI) and Ethiopian Development Research Institute (EDRI): ESSP-II Discussion Paper 5
- **Victora, C. G.**, L. Adair, C. Fall, P. C. Hallal, R. Martorell, L. Richter und H. Singh Sachdev für die Maternal and Child Undernutrition Study Group. 2008. Maternal and child undernutrition: Consequences for adult health and human capital. The Lancet 371 (9609): 340–57
- Victora, C. G., M. de Onis, P. C. Hallal, M. Blössner und R. Shrimpton. 2010. Worldwide timing of growth faltering: Revisiting implications for interventions. Pediatrics 125 (3): 473.
- Welthungerhilfe, IFPRI, y Concern Worldwide. 2014. 2014 Índice Global del Hambre (En inglés). Issue Brief No. 83. Washington, DC.

Ref. 0100 - Referencias:

- LAS EMPRESAS-PAÍS Y LA GRAN TRANSFORMACIÓN, Paginas 9 y 10. ISBN: 978-2-9523212-5-9 Copyright 2012©, Dr. Hugo SALINAS. Dirección: Calle Coricancha 714, Zárate SJL - LIMA – PERÚ. E-mail: salinas_hugo@yahoo.com - Page web: www.mpalternativa.org

Ref. 0101 – Referencias:

- Realización: científicos de la Universidad Agraria Nacional La Molina, en Lima en colaboración con: Organismo Internacional de Energía Atómica (OIEA) y la Organización de la ONU para la Agricultura y la Alimentación. Científica, profesora Gómez-Pando. Campesinos pioneros en el cultivo: Edwin Ortega Carvajal y Juan Paytán.

Ref. 0102 - Referencias:

- LA REPUBLICA DE COSTA RICA - LEY N° 7433 - LA ASAMBLEA LEGISLATIVA DE LA REPUBLICA DE COSTA RICA DECRETA: CONVENIO PARA LA CONSERVACION DE LA BIODIVERSIDAD Y PROTECCION DE AREAS SILVESTRES PRIORITARIAS EN AMERICA CENTRAL Artículo 1°: Apruébase el Convenio para la Conservación de la Biodiversidad y Protección de Áreas Silvestres Prioritarias en América Central, suscrito en Managua, Nicaragua, el 5 de Junio de 1992, cuyo texto es el siguiente: CONVENIO PARA LA CONSERVACION DE LA BIODIVERSIDAD Y PROTECCION DE AREAS SILVESTRES PRIORITARIAS EN AMERCIA CENTRAL Los Presidentes de las Repúblicas de Costa Rica, El Salvador, Guatemala, Honduras, Nicaragua y Panamá. CAPÍTULO I - PRINCIPIOS FUNDAMENTALES - Artículo 1: Objetivo. El objetivo de este Convenio es conservar al máximo posible la diversidad biológica, terrestre y costero-marina, de la región centroamericana para el beneficio de las presentes y futuras generaciones. Artículo 13: Con el propósito de cumplir a cabalidad con el presente Convenio se deberá: a) Cooperar con la Comisión Centroamericana de Ambiente y Desarrollo (CCAD), para el desarrollo de medidas, procedimientos tecnologías, prácticas y estándares, para la implementación regional del presente Convenio.

b) Implementar las medidas económicas y legales para favorecer el uso sustentable y el desarrollo de los componentes de la diversidad biológica. c) Asegurar el establecimiento de medidas que contribuyan la conservar los hábitats naturales y sus poblaciones de especies naturales. d) Proveer individualmente o en cooperación con otros Estados y organismos internacionales, fondos nuevos y adicionales para apoyar a implementación de programas y actividades nacionales y regionales, relacionadas con la conservación de la biodiversidad. e) Promover y apoyar a investigación científica nacionales y centros de investigación regional, internacionales interesados. f) Promover la conciencia pública en cada Nación, usar sustentablemente y desarrollar la riqueza biológica g) Facilitar el intercambio de información entre los países de la región centroamericana, y otras.

➢ La calidad de vida de pacientes no influenció/influyó en la de los familiares. http://www.buenastareas.com/ensayos/Calidad-De-Vida-En-La-Atenci%C3%B3n/1925386.html A. Castellón Sánchez del Pino; Revisión: Rev Mult Gerontol 2003; 188-192 - Calidad de vida en la atención al mayor; Alberto Castellón Sánchez del Pino Coordinador cursos Master y Experto en Gerontología Social Universidad de Granada

Ref. 0103 - Referencia:

➢ Enciclopedia Británica Barsa, William Benton, Editor, 1971, Rio de Janeiro, Sao Paulo. Página 382.
➢ Enciclopedia Británica Barsa, William Benton, Editor, 1971, Rio de Janeiro, Sao Paulo. Página 383.
➢ Libro del Año Barsa 1977. Enciclopedia Británica Barsa, William Benton, Editor, 1971, Rio de Janeiro, Sao Paulo. Página 246. Anuário Ilustrado 1070.
➢ Welthungerhilfe, IFPRI, y Concern Worldwide. 2014. 2014 Índice Global del Hambre (En inglés). Issue Brief No. 83. Washington, DC.

Ref. 0104 - Referencias:

➢ Menon, Purnima / Deolalikar, Anil / Bhaskar, Anjor: Índice del Hambre de los Estados de la India (2,009): Comparación del hambre entre los Estados (En inglés, IFPRI: Washington, DC).

Ref. 0105 - Referencias:

➢ Schmidt, Emily / Dorosh, Paul (October 2009): Índice Sub-nacional de Etiopía: evaluando el progreso en los resultados regionales (En inglês), International Food Policy Research Institute (IFPRI) and Ethiopian Development Research Institute (EDRI): ESSP-II.

Ref. 0106 - Referencias:

➢ ONU - ¿Sabías que? http://www.un.org/es/events/worldwateryear/factsfigures.shtml

Ref. 0107 - Referencias:

➢ Índice global del hambre 2009 – El desafío del hambre: Énfasis en la crisis financiera y la desigualdad de género, ReliefWeb, Octubre 2009.

Ref. 0108 - Referencias:

➢ http://www.un.org/es/events/worldwateryear/index.shtml   Año Internacional de la cooperación en la esfera del agua

Ref. 0109 – Referencias:

➢ Histórico de la Población de India

Año	Población	Población M.	Población F.	Densidad Población
2016	1.304.162.999			
2015	1.286.956.392			
2014	1.288.122.436			
2013	1.243.337.000	647.436.643	604.702.953	378
2012	1.236.686.732	639.565.682	597.121.050	376
2011	1.221.156.319	631.654.407	589.501.912	371
2010	1.205.624.648	623.743.762	581.880.886	367
2009	1.190.138.069	615.858.678	574.279.391	362
2008	1.174.662.334	607.980.200	566.682.134	357
2007	1.159.095.250	600.052.076	559.043.174	353
2006	1.143.289.350	591.993.293	551.296.057	348

Año	Población M.	Población F.	Densidad población	
2005	1.127.143.548	583.747.955	543.395.593	343
2004	1.110.626.108	575.299.020	535.327.088	338
2003	1.093.786.762	566.672.703	527.114.059	333
2002	1.076.705.723	557.909.267	518.796.456	328
2001	1.059.500.888	549.068.641	510.432.247	322
2000	**1.042.261.758**	**540.196.575**	**502.065.183**	**317**
1995	955.804.355	495.536.415	460.267.940	291
1990	868.890.700	450.591.011	418.299.689	264
1985	781.736.502	405.547.103	376.189.399	238
1980	**698.965.575**	**362.836.762**	**336.128.813**	**213**
1975	622.232.355	323.238.605	298.993.750	189
1970	**555.199.768**	**288.156.143**	**267.043.625**	**169**
1965	497.952.332	258.171.352	239.780.980	151
1960	**449.595.489**	**232.520.073**	**217.075.416**	

Ref. 0110 Referencias:

- ✓ ¿Cómo se calcula el GHI? El índice global del hambre se calcula de acuerdo a la siguiente fórmula matemática: $GHI = \frac{PUN + CUW + CM}{3}$
  Donde **PUN** es proporción de la población que está sub nutrida (en porcentaje); **CUW** es la frecuencia de insuficiencia de peso en niños menores de cinco años (en porcentaje) y **CM** que es la proporción de niños que mueren antes de los cinco años (en porcentaje).
- ✓ ¿Quién publica los datos y cuáles son las fuentes para la realización del cálculo del GHI?. El GHI 2014 contempla datos de 2009 a 2013.
- ✓ Fuente de los datos, entidades y períodos. Los datos sobre la proporción de sub nutridos son (estimativas) de la (FAO), ONU para la Agricultura y la Alimentación-2014 y IFPRI. Determinantes de Inseguridad Alimentaria, Roma.
- ✓ Desnutrición Infantil, UNICEF, OMS, Banco Mundial, [www.measuredhs.com MEASURE DHS], Ministerio de Mujeres y Desenvolvimiento de los niños de India, y estimativas de los autores en (IFPRI, Welthungerhilfe y Concern Worldwide: 2014 Índice Global del Hambre; El Desafío del Hambre Oculta (En inglés) Bonn, Washington D.C., Dublin. October 2014.) y el IGME 2013. CME Info Database. New York.

- ✓ Mortalidad Infantil, UN-IGME, y IGME 2013. CME Info Database. New York..
- ✓ Los datos para la realización de GHI vienen de diferentes fuentes y contemplan algunos períodos específicos como lo demostrado a seguir:
- ✓ Los datos sobre la **Proporción de Sub Nutridos** son (estimativas) de la Organización de las Naciones Unidas para la Agricultura y la Alimentación (FAO) Organización de las Naciones Unidas para la Agricultura y la Alimentación, 2014. Determinantes de Inseguridad Alimentaria. Roma y del IFPRI.
- ✓ Los datos de **Desnutrición Infantil** fueron colectados por UNICEF, la Organización Mundial de la Salud (OMS), el Banco Mundial (BM), [www.measuredhs.com MEASURE DHS], el Ministerio de Mujeres y Desenvolvimiento de los niños de India, e incluye estimativas de los autores en (*IFPRI, Welthungerhilfe y Concern Worldwide: 2014 Índice Global del Hambre; El Desafío del Hambre Oculta (En inglés); Bonn, Washington D. C., Dublin, October 2014.*) y el IGME (Inter-agency Group for Child Mortality Estimation) 2013. CME Info Database, New York.
- ✓ Los datos de **Mortalidad Infantil** son del Grupo Interinstitucional para las Estimaciones sobre Mortalidad Infantil de las Naciones Unidas (UN-IGME, por sus siglas en inglés) y de IGME (*Inter-agency Group for Child Mortality Estimation*), 2013. CME Info Database. New York. **Ver Info 0124** – Fuente de los datos, entidades y períodos.

Ref. 0111 – Referencias:

- GHI - Fuente de los datos, entidades y períodos
¿Quién fornece y cuáles son las fuentes de los datos para la realización del cálculo del Índice? Para el caso del GHI de 2014 los datos cubrieron el período de 2009 a 2013 de donde se obtiene los datos globales más recientes disponibles para los tres componentes del GHI. Específicamente, los datos sobre la proporción de sub nutridos son de la Organización de las Naciones Unidas para la Agricultura y la Alimentación (FAO) y IFPRI (estimativos) y la Organización de las Naciones Unidas para la Agricultura y la Alimentación. 2014. Determinantes de Inseguridad Alimentaria. Roma.

Los datos de desnutrición infantil en los datos colectados por UNICEF, la Organización Mundial de la Salud (OMS), el Banco Mundial, [www.measuredhs.com MEASURE DHS], el Ministerio de Mujeres e Desarrollo de los niños de India, e incluye estimativas de los autores en (IFPRI, Welthungerhilfe y Concern Worldwide: 2014 Índice Global del Hambre: El Desafío del Hambre Oculta (En inglés). Bonn, Washington D. C., Dublin. October 2014.) y el IGME (Inter-agency Group for Child Mortality Estimation). 2013. CME Info Database. New York. Ya los datos de mortalidad infantil son del Grupo Interinstitucional para las Estimaciones sobre Mortalidad Infantil de las Naciones Unidas (UN-IGME, por sus siglas en inglés) y de IGME (*Inter-agency Group for Child Mortality Estimation*). 2013. CME Info Database. New York.

Ref. 0112 – Referencias:

Primeros y últimos de los países del mundo por número de habitantes

China ≈	1 377 583 156	**Ultimos**	
India ≈	1 304 162 999	Islandia ≈	326 000
Estados Unidos	326 492 060	Barbados ≈	281 000
Indonesia ≈	257 733 333	Vanuatu ≈	268 000
Brasil ≈	207 837 936	Samoa ≈	191 000
Pakistán ≈	185 955 000	Santo Tomé y Prí.≈	187 000
Nigeria ≈	176 999 000	Santa Lucía ≈	170 000
Bangladés ≈	155 574 000	Kiribati ≈	107 000
Rusia ≈	143 657 000	Granada ≈	104 000
Japón ≈	127 220 000	Tonga ≈	104 000
México ≈	119 426 000	Micronesia ≈	101 000
Filipinas ≈	98 940 000	San Vicente/Gra. ≈	97 000
Vietnam ≈	90 179 000	Seychelles ≈	95 000
Etiopía ≈	87 773 000	Antigua y Barbuda ≈	89 000
Egipto ≈	85 576 000	Andorra ≈	76 000
Alemania ≈	80 673 000	Dominica ≈	71 000
Irán ≈	77 285 000	Islas Marshall ≈	56 000
Turquía ≈	76 671 000	San Cristóbal y Ni.≈	56 000
Rep.Demo.Congo ≈	75 823 000	Liechtenstein ≈	37 000
Tailandia ≈	67 615 000	Mónaco ≈	36 000
Reino Unido ≈	64 340 000	San Marino ≈	33 000
Francia ≈	63 929 000	Palaos ≈	21 000
Birmania/Myanmar ≈	62 935 000	Tuvalu ≈	11 000
Italia ≈	60 004 000	Nauru ≈	10 000
		Ciudad del Vaticano ≈	800

* Las poblaciones para 2014 han sido extraídas de fuentes oficiales de cada uno de los países (Wikipedia, 2014). Las de las cinco primeras los números son de febrero de 2016.

Ref. 0113 - Referencias:

> Metas del Milenio (para 2015) ONU.

Ref. 0114 – Referencias: Reconocimientos:

- ✓ 29/05/2014 – São Paulo (SP) Medalla "Knowledge Advancing Social Justice" (Conhecimento para o Avanço da Justiça Social), da Universidade Brandeis (USA)
- ✓ 21/05/2014 – Santa Cruz de la Sierra (Bolivia) Honoris causa da Universidade de Aquino
- ✓ 23/04/2014 – Salamanca (España) Doctor Honoris Causa de Salamanca donde Lula dijo: "Tuvimos que enfrentar el preconcepto de las elites, que nunca confiarán en la capacidad del pueblo".
- ✓ 17/10/2013 – Ciudad de Méjico Premio Interamérica 2013
- ✓ 15/10/2013 – Buenos Aires (Argentina) Doutor Honoris Causa da Universidade de Buenos Aires
- ✓ 6/6/2013 – Quito (Ecuador) Doutor honoris causa por la Universidad Andina Simón Bolívar Doutor honoris causa por la Escuela Politécnica del Litoral Orden Nacional de San Lorenzo
- ✓ 5/6/2013 – Lima (Perú) Doutor honoris causa por la Universidad San Marcos Medalla Ciudad de Lima
- ✓ 17/5/2013 – Buenos Aires (Argentina) Doutor honoris causa por la Universidad Nacional de Cuyo, Doutor honoris causa por la Universidad Nacional de San Juan, Doutor honoris causa por la Universidad Nacional de Córdoba, Doutor honoris causa por la Universidad Nacional de La Plata, Doutor honoris causa por la Universidad Nacional de Tres de Febrero, Doutor honoris causa por la Universidad Nacional de Lanús Doutor honoris causa por la Universidad Nacional de San Martín, Doutor honoris causa por la Facultad Latino-americana de Ciencias Sociales (Flacso), Mención Honrosa Domingo Faustino Sarmiento, Premio Josué de Castro
- ✓ 22/4/2013 – Nova York (EUA) Premio "En Busca de la Paz", do International Crisis Group
- ✓ 17/3/2013 – Cotonou (Benin) Ordem Nacional do Benin
- ✓ 1/3/2013 – Redenção (CE) Doutor honoris causa da Unilab e título de cidadão de Redenção e de Aracape

- ✓ 22/11/2012 – Nova Déli (Índia) Prêmio Indira Gandhi por la Paz, Desarmamento e Desenvolvimento 2010
- ✓ 22/8/2012 – Toronto (Canadá) Prêmio Nelson Mandela de Derechos Humanos
- ✓ 20/7/2012 – Maputo (Mozambique) Prêmio José Aparecido de Oliveira da Comunidade dos Países de Língua Portuguesa
- ✓ 15/5/2012 – Middelburg (Holanda) Lula agradece pelo Premio de las Cuatro Libertades, que recibió en Holanda
- ✓ 2/4/2012 – Barcelona (España) Ex-presidente Lula recibe Premio Internacional de la Cataluña 2012 por el combate a la pobreza y a la desigualdad
- ✓ 9/11/2012 – Washington (EUA) Africare
- ✓ 26/10/2011 – Ciudad de México (México) Prêmio Amalia Solórzano
- ✓ 13/10/2011 – Des Moines (EUA) World Food Prize
- ✓ 29/09/2011 – Gdansk (Polonia) Premio Lech Walesa
- ✓ 27-09-2011 – Paris (Francia) Doctor Honoris Causa por el Instituto de Estudios Políticos de Paris – Sciences Po
- ✓ 08/09/2011 – Lisboa (Portugal) Medalla Leonardo da Vinci
- ✓ 05/08/2011 – Bogotá (Colombia) Cidadão de Bogotá
- ✓ 21/06/2011 – Washington (EUA) World Food Prize
- ✓ 15/04/2011 – Cádiz (España) Prêmio Libertad Cortes de Cádiz
- ✓ 30/03/2011 – Coímbra (Portugal) Doutor Honoris Causa por la Universidade de Coímbra
- ✓ 29/03/2011 – Lisboa (Portugal) Prêmio Norte-Sul de Derechos Humanos
- ✓ 28/01/2011 – Viçosa (MG) Doutor Honoris Causa por la Universidade Federal de Viçosa[307].

SIGLAS

AA AA = 2016 (Variable para el Año Actual - AA) Variable del Teorema Vida´l
ABM Balísticos Antiballistíc, Missile (ABM),
ACOPE Comité Especial para los Problemas del Medio Ambiente (ACOPE)
ACTA Acuerdo Comercial Anti-Falsificación
ADN Acido Desoxirribonucleico

---

[307] Fuente: (Extraída do http://www.institutolula.org/premios-e-homenagens-recebidos-por-lula-apo...). É o reconhecimento internacional ao homem que tem como meta extinguir a fome e as injustiças sociais em todo o mundo.

ADNmt ADN mitocondrial

AEMET Modelización y Evaluación del Clima de la Agencia Estatal de Meteorología (AEMET)

AGGG Advisory Group on Greenhouse Gases

AH   Antes Hoy antes hoy (a.h.) (A.H.)

AIDS   o Sida

AISS   Asociación Internacional de Seguranza Social (AISS)

ALADI   Asociación Latinoamericana de Desarrollo e Integración

ALCA   Área de Libre Comercio de las Américas (ALCA)

ANT   Armas Nucleares Tácticas (ANT)

ARN   Ácido Ribonucleico ribosómico (ARN)

ATF   Advanced Tactical Fighter

BCD   Bio-Cosmos-Diversidad (BCD)

Bomba-A Bomba Atómica

Bomba-C Bomba Cobalto

Bomba-N Bomba Nitrógeno

BP   Before Past (BP)

CAF   Corporación Andina de Fomento" (CAF)

CDC   Centro de Prevención y Control de Enfermedades de Estados Unidos (CDC, (sigla en inglés)

CDC   Centro de Prevención y Control de Enfermedades de Estados Unidos (CDC)

CEI   Confederación de Estados Independientes (CEI)

CELAC   CELAC IV Cumbre de la Comunidad de Estados Latinoamericanos y Caribeños (Celac)

CH   CompHands (CH)

CIA   CIA y KGB Servicio de Inteligéncia de Estados Unidos y la URSS

CIHEAM Centro Internacional de Estudios Superiores sobre Agronomía Mediterránea (CIHEAM) y

CIN   Conferencia Internacional sobre Nutrición (CIN)

CIP   International Potato Center

CIP   Centro Internacional de la Papa (CIP), en inglés, "International Potato Center" (CIP)

CLO   Ciclo Luz Oscuridad (CLO)

CMA   Cumbre Mundial sobre la Alimentación (CMA)

CO^2 Dióxido de Carbono (CO^2)

COP   Cúpula del Clima de las Naciones Unidas (COP)

COP21   Conferencia de las Partes (COP21)

COP21   Conferencia de las Partes 2015-2016
CPS   Consumo y Producción más Sostenibles (CPS)
CV   Curva de la Vida (CV)
CVA   Ciclo de la Vida Actual (CVA)
CVT   Ciclo Viviente Terrenal (CVT)
CVT   Ciclos-Vida-Terrenal (CVT)
CV-T   Curva de la Vida-Terrenal (CV-T)
DCB   Diversidad-Cosmos-Biótico (DCB)
DOE   Departamento de Energía
EEUU   Estados Unidos de Norteamérica (EEUU)
EFPs   Explosivo Formed Penetrators
EH   Especie Humana (EH)
EIA   Estudio de Impacto Ambiental
EV   Expectativa de Vida (EV)
EV   Expectativa de Vida (EV), de VdelPT (E-VdelPT)
EVH   Etapas de la Vida Humana (EVH)
EVH   Etapas de la Vida Humana (EVH)
FAO   Organización para la Alimentación y la Agricultura (FAO)
FCI   Corporación de Alimentos de India (FCI)
FIDA   Fondo Internacional de Desarrollo Agrícola (FIDA)
FIDA   Fondo Internacional de Desenvolvimiento Agrícola (FIDA)
Fiv   Fecundación in vitro es conocida también por sus siglas (FIV o IVF en inglés)
G2   Estados Unidos y China (G2)
GATT   Acuerdo General Sobre Tarifas y Comercio
GCF   Fondo Verde del Clima" (GCF)
GD   Grado Dios (GD)
GHI   Índice Global del Hambre (IGH) y en inglés "Global Hunger Index (GHI)
H^2O Fórmula química del agua es (H^2O)
HLPE   Grupo de Alto Nivel de Expertos en Seguridad Alimentaria y Nutrición (HLPE)
IAG   Instituto de Astronomía, Geofísica y
IAG-USP Ciencias Atmosféricas de la Universidad de São Paulo (IAG-USP)
ICBM   Lanzaderas de misiles intercontinentales balísticos no desplegados (ICBM)
ICBMs   Este tratado prohibía el uso de los de cabezas múltiples (MIRV)
IDH   Índice de Desarrollo Humano (IDH)
I GM   Primera Guerra Mundial
II GM   Segunda Gerra Mundia

III GM	III Guerra Mundial (III GM)
III GM	Tercera Guerra Mundia
INF	Destrucción de los Mísiles Nucleares de Alcance Medio
IPCC	Grupo II del Panel de Expertos de Cambio Climático (IPCC)
IPCC	Informe de Evaluación del Panel de Expertos del Cambio Climático (IPCC),
ITT	Ishpingo, Tambococha y Tiputini (ITT)
JMR	Cholito de Cholón (JMR)
KGB	KBG y CIA Servicio de Inteligéncia Estados Unidos de la URSS
KGB	KBG y CIA Servicio de Inteligéncia de la URSS y Estados Unidos
Kml	Km luz
Kmlh	Km luz hora
LT	Línea del Tiempo (LT)
LTV	Línea TVT
MAB	El Hombre y Biosfera (MAB)
MDE	Memorándum de Entendimiento
MDE	Memorándum de Entendimiento (MDE)
MDS	Ministerio do Desenvolvimiento Social y Combate al Hambre (MDS)
Mega-PIB	Mega
MERCOSUR	Mercado del Sur, Países que lo integran (MERCOSUR)
MIC	Methil Isocyanate
MIRV	Mísiles de Cabeza Múltiple con base en Tierra
MIRV	Mísiles de Cabeza Múltiple con base en Tierra (MIRV)
MIRV	Vehículo Múltiple de Reentrada Ajustable Independientemente" (MIRV, sigla en inglés)
MIRV	Múltiple Independently targetable Reentry Vehicle (MIRV)
MIT	Massachusetts Institute of Technology (MIT)
MMG	mosquitos modificados genéticamente (MMG)
MSCT	Macro Sistema Viviente Terráqueo (MSVT)
MTA	Marcador del Tiempo Actual (MTA)
Mundo-2	
Mundo-3	
Mundo-C	Mundo Científico (Mundo-C)
Mundo-sC	Tercer Mundo (Mundo-sC)
Mv	Línea "Meridiana-virtual" (Mv)
Mv	Meridiana Virtual (Mv)
Mv	Mv = x Variable del Teorema Vida'l
Mw	Megawatts

NAFTA North American Free Trade Agreement
NASA   Administración Nacional de Aeronáutica y Espacio de EEUU
NASA   The National Aeronautics and Space Administration (NASA)
NOAA   Administración Atmosférica y Oceánica (NOAA) de la (NASA)
OCDE   Organización para la Cooperación y Desenvolvimiento Económico (OCDE); Integrada por
CE   Comunidad Europea (CE)
ODM   Objetivos de Desarrollo del Milenio (ODM)
OIEA   Organismo Internacional de Energía Atómica (OIEA)
OMS   Organización Mundial de Salud (OMS)
OMS   Organización Mundial para la Salud (OMS)
ONG   Organización No Gubernamental
ONU   Naciones Unidas (ONU)
ONU   Organización de Naciones Unidas (ONU)
OPAS   Organización Pan-Americana de Salud (OPAS/ONU),
OPEP   Organización de Países Exportadores de Petróleo.
OTAN   Organización del Tratado del Atlántico Norte.
PAC   Política Agrícola Común (PAC)
PCA   Previos Calendario Actual (PCA)
PIB   Producto Interno Bruto (PIB)
PM   Planeta Marte (PM)
PNB   ProductO Nacional Bruto (PNB)
PSAS   Programa de Sistemas Alimentarios Sostenibles (PSAS)
PT   Planeta Tierra (PT)
PVF   Preservación de la Vida y su Final (PVF)
PWR   Pressurized Water Reactor (PWR)
R UV   Rayos Ultravioleta (R UV)
RF   RF = Año Actual (AA) + TPC (Tiempo Previus Calendario)
RF   Rumbo al Final (RF)
RIA   Real Inteligencia Artificial (RIA)
RIMA   Reporte del Impacto Ambiental (RIMA)
SALT   Tratado de Limitación de Armas Estratégicas
SAS   Sistema SAS Alimentario Sostenible (SAS)
SIDA   VIH o AIDS o SIDA
SISNAMA Sistema Nacional del Medio Ambiente (SISNAMA)
SLBM   Lanzaderas submarinas para misiles balísticos (SLBM)
SMA   Simposio del Mundo Animal (SMA)
SOPA   Ley Stop Online Piracy Act (SOPA)

SOPA   Stop Online Piracy Act
T1   Tiempo 1" (T1)
Teorema Vida'l Teorema de la Vida Limitada (Teorema Vida'l)
TLC   Tratado de Libre Comercio (TLC)
TLC-NA Tratado de Libre Comercio de América del Norte
TNP   Tratado de No-Proliferación de Armas Nucleares
Tnt   Trinitrotolueno (Tnt)
TPC   TPC = x – AA Variable del Teorema Vida'l
TPP   Acuerdo Transpacífico de Cooperación Económica o Transpacífico Partnership (TPP)
TPP   El Acuerdo Transpacífico de Cooperación Económica o Transpacífico Partnership (TPP)
TTIP   Asociación Transatlántica para el Comercio y la Inversión (TTIP), B.P Antes del Presente
UCLA   Universidad de California, Los Ángeles (UCLA)
UE   Unión Europea (UE)
UFRJ   Universidad Federal de Rio de Janeiro (UFRJ)
UICN   Unión Internacional para la Conservación de la Naturaleza (UICN)
UN   Organización de las Naciones (UN)
UNCSD Conferencia de Naciones Unidas Sobre Desarrollo Sustentable
URSS   Unión de Repúblicas Socialistas Soviética (URSS)
USA   United States of America - Estados Unidos (USA)
Va   Va = Vida aparición Variable del Teorema Vida'l
Va   Va = x + RF o (Va=nTn) Variable del Teorema Vida'l
VdelPT Vida del Planeta Tierra (VdelPT)
VenPT Vida en el Planeta Tierra (VenPT)
X   x = Tn / 2
YUNGA Alianza Mundial de la Juventud de las Naciones Unidas (YUNGA)

Palabras nuevas

1. Biocarburantes
2. Biocéfalochip
3. Biocenosis
4. Biocenótico
5. biocensores
6. Biocinética
7. Bioclima

8. Biocomponentes
9. Biocósmica
10. Biocósmico
11. Biocósmicos
12. Biocosmos
13. Biodiversidad
14. biofertilización
15. biofortificación
16. biomarcadores
17. Biomoléculas
18. bioprocesadores
19. biostoragechip
20. biotelechip
21. Biótico
22. biotransmisores
23. biovisores
24. clonadores
25. CompHands CH
26. Cosmosbiótica
27. Ecocosmos
28. extereoceptiva
29. extereoceptivo
30. gigatelescopios
31. hombrebiomáquina
32. hombre-biomáquina
33. Hormi-net
34. HormiNet
35. humanito
36. humanote
37. Macromillonlapsus
38. macroscópios
39. marqueteo
40. mentebiochip
41. mentecéfalo
42. meritocracia
43. Merivital
44. Mesoligicas
45. microbiocéfalochip

46. microbiocensores
47. microbiomáquina
48. microbioprocesadores
49. microbiosensorial
50. microbiostoragechip
51. microbiotelechip
52. microbiótica
53. microbiotransmisores
54. microbiovisores
55. microfauna
56. Micromillometricas
57. Micromilloscopico
58. neuroniais
59. postmortus
60. telecéfalo
61. transplacentária

www.ingramcontent.com/pod-product-compliance
Lightning Source LLC
Chambersburg PA
CBHW020720180526
45163CB00001B/52